高等学校应用型本科创新人才培养计划指定教材

高等学校金融与财务外包专业"十三五"课改规划教材

Excel 数据处理与财务分析

青岛英谷教育科技股份有限公司 编著

西安电子科技大学出版社

内 容 简 介

本书主要介绍使用 Excel 2010 进行数据处理和财务分析的各种方法,包括理论和实践两大模块。具体内容主要包括:Excel 2010 的基本操作、数据的输入和编辑、工作表格式的设置、数据列表的简单数据处理、数据透视表的应用、公式与函数的应用、往来账款的核算管理、存货与固定资产的核算管理、员工工资核算管理、收入成本核算管理、财务报表的编制、财务分析、Excel 的扩展应用。

本书在编写过程中吸收了有关 Excel 2010 版本的理论和实践的最新成果,力求科学性与趣味性相结合,理论性与实践性相统一。理论篇讲解了 Excel 2010 数据处理与财务分析的基本理论,并介绍了一些常用操作案例,体现了学做结合的完整工作流程,语言表述通俗易懂。实践篇则设计了一些较为简洁易懂的 Excel 操作案例,以帮助读者更轻松有效地学习 Excel 2010。

本书注重理论与实践的结合,可以作为高等学校教育阶段会计学、财务会计、财务管理等相关财经类专业的教材,也可以作为在职财务人员岗位培训、自学进修的参考书。

图书在版编目(CIP)数据

Excel 数据处理与财务分析/青岛英谷教育科技股份有限公司编著.
—西安:西安电子科技大学出版社,2016.1(2017.7 重印)
高等学校金融与财务外包专业"十三五"课改规划教材
ISBN 978-7-5606-3983-3

Ⅰ. ① E… Ⅱ. ① 青… Ⅲ. ① 表处理软件 ② 表处理软件—应用—财务管理
Ⅳ. ① TP391.13 ② F275-39

中国版本图书馆 CIP 数据核字(2016)第 002844 号

策 划	毛红兵
责任编辑	刘炳桢 毛红兵
出版发行	西安电子科技大学出版社(西安市太白南路 2 号)
电 话	(029)88242885 88201467 邮 编 710071
网 址	www.xduph.com 电子邮箱 xdupfxb001@163.com
经 销	新华书店
印刷单位	陕西华沐印刷科技有限责任公司
版 次	2016 年 1 月第 1 版 2017 年 7 月第 2 次印刷
开 本	787 毫米×1092 毫米 1/16 印 张 25.25
字 数	596 千字
印 数	3001~6000 册
定 价	63.00 元

ISBN 978-7-5606-3983-3/TP
XDUP 4275001-2
如有印装问题可调换

高等学校金融与财务外包专业"十三五"课改规划教材编委会

主编　王　燕

编委　李树超　　杜曙光　　张德升　　李　丽

　　　王　兵　　齐慧丽　　庞新琴　　王宝海

　　　鹿永华　　刘　刚　　高延鹏　　刘　鹏

　　　郭长友　　刘振宇　　王爱军　　王绍锋

❖❖❖ 前　言 ❖❖❖

Excel 作为 Microsoft 公司开发的办公软件，是目前社会认可度最佳的电子表格系统。Excel 作为普遍使用的工具，在企业的财务数据处理与分析中发挥着巨大的作用，它为财务工作者提供了快捷的工具，使财务管理工作向科学和细致化发展。Excel 具有表格处理、绘图和图形处理、函数运算、支持数学模型以及使用外部数据等功能，满足了不同层次的财务工作需要，使财务决策者能够更加清楚明了地看到财务数据，更加快速了解公司的财务状况，以便准确地做出财务决策和财务预算。

Excel 数据处理与分析在财务工作中的地位和作用日益凸显，对从业人员的专业能力提出了较高的要求。于是，我们集合各方力量，精心编写了本书，系统地介绍了 Excel 2010 的基本操作、数据的输入和编辑、工作表格式的设置、数据列表的简单数据处理、数据透视表的应用、公式与函数的应用、往来账款的核算管理、存货与固定资产的核算管理、员工工资核算管理、收入成本核算管理、财务报表的编制、财务分析、Excel 的扩展应用等内容。本书力求理论与实践相结合，通过对企业真实案例的分析讲述，使读者能够真正领会企业实际业务的处理方法，力求最大程度上避免"只懂理论不会实际操作"现象的出现。

本书分为理论篇和实践篇，具有以下特点：

1．知识安排以需要为主线。本书在编写时充分考虑了财务相关专业的培养目标，简化了理论知识的阐述，紧紧围绕财务工作所需的 Excel 技能选取理论知识。

2．结构安排以科学为导向。本书在原有传统课程的基础上进行了改革，将知识点根据读者学习的难易程度以及在工作中应用的轻重顺序来安排。此外，重点强化了"应用型"财务技能的学习。

3．以新颖的教材架构来引导学习。本书打破了以理论讲述为主导的传统教材编写方法，采用"理论+案例"+"实践"的模式来对知识进行讲解。

4．实例设计以实用为目的。本书以案例为导向，各主要操作均以实例形式进行讲解。在实践部分则设计了一些有针对性的案例，以帮助读者有效地学习 Excel 的有关技能。

本书由青岛英谷教育科技股份有限公司编写，参与本书编写工作的有王燕、王莉莉、宁孟强、赵雪梅、刘明燕、宋伟伟、李健、崔明璐、于志军、耿卓、杜继仕、张孟、杨宏德等。本书在编写期间得到了各合作院校的专家及一线教师的大力支持，在此衷心感谢每一位老师与同事为本书的出版所付出的努力。

由于水平有限，书中难免有不足之处，欢迎广大读者批评指正！读者若在阅读过程中发现问题，可以通过邮箱(yinggu@121ugrow.com)联系我们，以期进一步完善。

编　者

2015 年 10 月

❖❖❖ 目　　录 ❖❖❖

理　论　篇

实 践 篇

理论篇

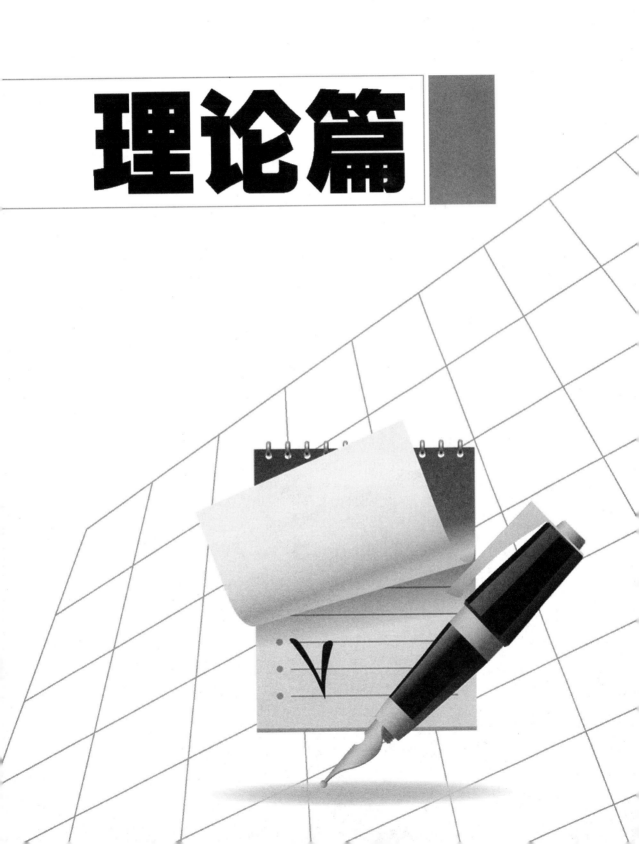

第 1 章　Excel 2010 的基本操作

📖 本章目标

- ■ 熟悉 Excel 2010 的启动方式和退出方式
- ■ 熟悉 Excel 2010 的工作界面
- ■ 熟悉 Excel 2010 工作界面的自定义功能
- ■ 掌握 Excel 2010 工作簿的基本操作
- ■ 掌握 Excel 2010 工作表的基本操作
- ■ 掌握 Excel 2010 行与列的基本操作
- ■ 掌握 Excel 2010 单元格和区域的基本操作
- ■ 掌握 Excel 2010 工作窗口的视图控制

📖 重点难点

重点：
- ◈ Excel 2010 行与列的基本操作
- ◈ Excel 2010 单元格和区域的基本操作
- ◈ Excel 2010 工作窗口的视图控制

难点：
- ◈ Excel 2010 单元格和区域的基本操作
- ◈ Excel 2010 工作窗口的视图控制

会计是现代企业管理中不可缺少的一部分，其主要职责是核算和监督企业的经济活动。在会计日常账务处理中，Office 办公软件的使用非常广泛，特别是 Excel 软件非常实用与方便，如编制各种会计报表、通过公式和函数计算表格中数据、对数据进行分析和预测等。

1.1 初识 Excel 2010

Excel 2010 是 Office 2010 软件中的重要组成部分，它在财务、统计、办公等领域有着广泛的应用。与以往的版本相比，它的操作界面与功能都有了较大的变化。本节将学习 Excel 2010 的启动与退出功能，认识 Excel 2010 的工作界面以及相关概念。

1.1.1 启动与退出 Excel 2010

在计算机中安装了 Excel 2010 以后，可以通过以下几种方法来启动 Excel 程序：

方法一：在桌面上依次单击【开始】/【所有程序】/【Microsoft Office】/【Microsoft Excel 2010】命令。

方法二：双击桌面上 Microsoft Excel 2010 的快捷方式。

方法三：双击打开已存在的 Excel 文档。

编辑完文档以后，需要退出 Excel 程序，其操作方法为单击【文件】选项卡，在打开的菜单中选择【退出】命令，也可以直接单击右上角的 ████ x ████ 按钮，此时，如果文档没有保存，则弹出一个提示框，如图 1-1 所示。

图 1-1 退出 Excel 程序的提示框

在该提示框中，可以选择【保存】、【不保存】或者【取消】操作。另外，用户也可以按快捷键【Alt + F4】退出 Excel 程序。

1.1.2 Excel 2010 的工作界面

对于 Excel 2010 而言，使用菜单和工具栏的时代已经过去，取而代之的是 Ribbon 功能区。所有的命令都集成在 Ribbon 功能区的各个选项卡中，各个选项卡由不同的组组成，各个组中包含相关联的操作按钮，这样，简化了用户对操作命令的查找，使操作更加简单、快捷。Excel 2010 的工作界面主要包含快速访问工具栏、标题栏、Ribbon 功能区、编辑栏、工作区、状态栏、工作表标签等，如图 1-2 所示。

图 1-2　Excel 2010 工作界面介绍

1．快速访问工具栏

快速访问工具栏中包含最常用的快捷操作按钮，可以通过单击其右侧的按钮进行快速访问工具栏的自定义设置。

2．标题栏

标题栏的主要作用是显示工作簿的名称与应用程序的名称，右侧的三个按钮分别为"最小化"、"最大化/还原"和"关闭"按钮。

3．Ribbon 功能区

Ribbon 功能区提供了多种操作设置功能，并将其显示出来。单击其中某个选项卡会显示出相应的功能区。

4．编辑栏

编辑栏的主要作用是用于输入或者编辑数据、公式等，由"名称框"、"插入函数"和"编辑框"三个部分组成。

5．工作区

工作区的主要作用是编辑表格。

6．状态栏

状态栏由信息提示区、自动计算区、页面布局区以及显示比例区四部分组成。

7．工作表标签

工作表标签位于工作簿窗口的最底部，默认以 Sheet1、Sheet2、Sheet3……表示，工作表标签名称可以通过重命名操作进行修改。

1.1.3　工作簿、工作表和单元格

Excel 文档指的就是 Excel 工作簿，其扩展名为 .xlsx。Excel 中的工作簿、工作表、单

元格之间是包含与被包含的关系，即工作簿包含工作表，通常一个工作簿默认包含 Sheet1、Sheet2、Sheet3 三张工作表，用户可以根据需要进行增删，但最多不能超过 255 个；而每一张工作表中又包含单元格，单元格是存储数据的最小单位。在 Excel 2010 中，每张工作表可以拥有 1 048 576 行与 16 384 列，单元格总数是 Excel 2003 的 1024 倍，每张工作表可以存储的数据量大大增加。工作簿、工作表、单元格之间的关系如图 1-3 所示。

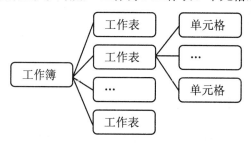

图 1-3　工作簿、工作表、单元格的关系

1.2　工作簿的基本操作

Excel 程序生成的单个文件就是一个单独的工作簿文件，工作簿是用户使用 Excel 进行操作的对象和载体。因此，Excel 中最基本的操作就是对工作簿的操作，包括创建工作簿、打开工作簿、保存工作簿、关闭工作簿和隐藏工作簿等。

1.2.1　创建工作簿

创建工作簿即新建工作簿，Excel 提供了多种不同的创建方式。例如，可以在系统中创建工作簿，也可以在 Excel 工作窗口中创建工作簿。

1．在系统中创建工作簿

在电脑桌面或者文件夹窗口的空白处单击鼠标右键，在弹出的快捷菜单中单击【新建】/【Microsoft Excel 工作表】命令。完成操作后即可在当前位置创建一个新的 Excel 工作簿文件，该文件是一个存在于磁盘空间内的真实文件。

2．在 Excel 工作窗口中创建工作簿

通过系统【开始】菜单或者桌面快捷方式启动 Excel，启动后的 Excel 工作窗口中自动创建了一个名为"工作簿 1"的空白工作簿(如多次重复启动，则会依次出现"工作簿 2"、"工作簿 3"……)，这样创建的工作簿在保存之前只存在于内存中，没有实体文件存在。具体的操作方法有以下两种：

第一种方法：在功能区内单击【文件】/【新建】命令，打开【新建工作簿】对话框，选择【空白工作簿】，单击右侧的【创建】按钮，则建立一张新工作簿，如图 1-4 所示。

第二种方法：启动 Excel 程序后直接在键盘上按【Ctrl + N】组合键，也可以建立一张新工作簿。

图 1-4　工作簿的创建

知识拓展

　　新建工作簿时，Excel 提供了多种可供选择的类型：空白工作簿、样本模板以及 Office.com 模板。其中，空白工作簿不包含任何内容；样本模板中包含一些系统自带的日常工作中常用的工作簿；当计算机连接 Internet 后，可以选择 Office.com 模板，即可显示 Microsoft Office Online 网站中的模板，这些模板都可以直接下载使用。

1.2.2　打开工作簿

　　当查看或者编辑某个已经存在的工作簿时，需要先打开该工作簿，才能继续其他操作。如果已经启动了 Excel 程序，可以通过【打开】命令打开指定的工作簿。具体操作方法如下：

　　方法一：在功能区中依次单击【文件】/【打开】命令。

　　方法二：在键盘上按【Ctrl+O】组合键。

　　执行上述操作后，将弹出【打开】对话框，如图 1-5 所示。

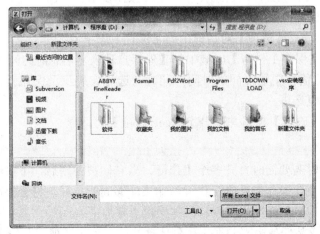

图 1-5　【打开】对话框

7

1.2.3 保存工作簿

工作簿都需要经过保存才能够成为磁盘空间的实体文件，用于以后的读取和编辑。养成良好的文件保存习惯对于长时间进行表格操作的用户来说，具有重要的意义。

1．保存工作簿的方法

Excel 提供了多种保存工作簿的方法：

(1) 在功能区中依次单击【文件】/【保存】(或【另存为】)命令。

(2) 单击快速启动工具栏上面的【保存】按钮。

(3) 在键盘上按【Ctrl+S】组合键。

(4) 在键盘上按【Shift+F12】组合键。

另外，未进行保存的工作簿在被关闭时会自动弹出提示信息，询问是否保存，如图 1-6 所示。此时，单击【保存】按钮即可。

图 1-6   保存提示

在对新创建的工作簿进行第一次保存操作时，"保存"和"另存为"两个命令的功能完全相同。但对于之前已经被保存过的工作簿修改后再次执行保存操作时，两个命令是有区别的："保存"命令不会打开【另存为】对话框，保存后工作簿的文件名、存放路径不会发生改变；"另存为"命令将会打开【另存为】对话框，允许重新设置存放路径、重新命名和重新设置其他的保存选项，得到当前工作簿的一个副本。

2．自动保存的设置

为防止发生死机或者断电等突发事件而导致正在编辑的 Excel 文件丢失，可以使用"自动保存"功能来实现文件的自动保存。具体操作步骤如下：

步骤 1：选择【文件】/【选项】命令，打开【Excel 选项】对话框。

步骤 2：单击【Excel 选项】对话框中的【保存】选项卡。

步骤 3：勾选【保存工作簿】区域中的【保存自动恢复信息时间间隔】复选框(默认被勾选)，在其后的数值框中输入间隔时间，同时勾选【如果我没保存就关闭，请保留上次自动保留的版本】复选框。

步骤 4：单击【确定】按钮并退出【Excel 选项】对话框。

3．保存工作区

处理某些任务时需要同时打开多个工作簿，当它们被关闭后，下次继续该任务时依然需要再次全部打开上次操作的几个工作簿，如果能够同时打开，将会提高工作效率，这时可以通过【保存工作区】操作来实现。具体操作步骤如下：

步骤 1：将完成某任务所需的工作簿全部打开后，单击【视图】/【窗口】组中的【保存工作区】按钮。

　　步骤 2：在弹出的【保存工作区】对话框内选择保存路径及文件名，然后单击【保存】按钮即可完成当前工作区的信息保存，其文件扩展名为 .xlw，如图 1-7 所示。保存后的工作区文件再次使用时，与打开普通 Excel 文件的操作一样。

图 1-7　保存工作区的选择

 　　保存工作区只是保存当前工作窗口中所有工作簿的名称及路径等信息，它不能取代工作簿的保存。而且，如果保存工作区文件中所包含的工作簿发生位置或者名称变化，则再次打开工作区，Excel 将无法找到发生更改的文件。

4．保存为加密版本

　　在使用 Excel 工作簿的过程中，可能会有一些机密文件或者内部资料，需要通过对工作簿加密来实现一定程度上的保密。具体操作步骤如下：

　　步骤 1：单击【文件】/【另存为】命令，打开【另存为】对话框。

　　步骤 2：在【另存为】对话框中，打开【工具】下拉菜单。

　　步骤 3：单击【工具】下拉菜单中【常规选项】命令，打开【常规选项】对话框，如图 1-8 所示。

　　步骤 4：在弹出的【常规选项】对话框中的【打开权限密码】和【修改权限密码】栏中输入密码，同时勾选【建议只读】选项，如图 1-9 所示。

图 1-8　打开常规选项

图 1-9　常规选项的设置

1.2.4　关闭工作簿

　　完成 Excel 工作簿的编辑之后，可以将其关闭，这样能够释放计算机内存。具体操作方法为：在功能区上依次单击【文件】/【关闭】命令或者单击工作簿窗口上的■按钮；如果需要直接退出 Excel 程序，则单击 Excel 工作窗口中的███按钮。

1.2.5 隐藏工作簿

在 Excel 中同时打开多个工作簿时，Windows 任务栏上会显示所有的工作簿标签，或在功能区【视图】选项卡上单击【切换窗口】按钮查看所有打开的工作簿列表，如图 1-10 所示。若通过最小化窗口来进行处理，则在工作窗口的底部仍会显示各个工作簿的标签。

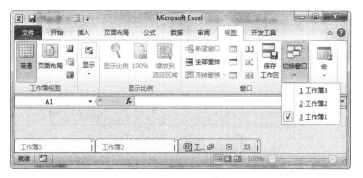

图 1-10   显示在 Windows 状态栏中的全部工作簿

用户可以通过隐藏工作簿的操作来达到防止其他用户查看的目的，具体操作方法为：在功能区单击【视图】/【窗口】组中的【隐藏】按钮，即可实现单个工作簿的隐藏，如果需要全部隐藏，重复上述操作即可。所有工作簿都被隐藏后的效果如图 1-11 所示。

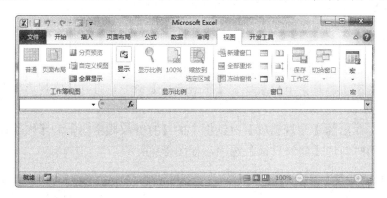

图 1-11   隐藏所有工作簿

隐藏后的工作簿并没有关闭或者删除，而是继续存在于 Excel 程序中，只是无法通过正常的窗口切换来显示。

如果要取消隐藏，可通过以下操作步骤来实现：在功能区中单击【视图】/【窗口】组中的【取消隐藏】按钮，在弹出的【取消隐藏】对话框中选择拟取消隐藏的工作簿名称，最后单击【确定】按钮。此时的工作簿将恢复到隐藏前的状态。

取消隐藏工作簿的操作，一次只能取消一个隐藏的工作簿，如果对多个工作簿取消隐藏，则需要重复操作。

1.3 工作表的基本操作

工作表包含在工作簿中，是工作簿的必要组成部分，用户数据的输入和编辑都是在工作表中进行的，接下来介绍工作表的一些基本操作。

1.3.1 选择工作表

选择工作表是所有操作的基础。工作表的选择分为选择单个工作表和选择多个工作表。单个工作表的选择非常简单，单击某张工作表标签即可完成该工作表的选择操作。下面重点介绍多个工作表的选择，具体操作步骤如下：

步骤 1：单击要选择的第一个工作表标签。

步骤 2：按住键盘上的【Shift】键，同时单击要选择的最后一个工作表标签，即可实现所有工作表的选择。

如需选择不连续的多个工作表，只需选中其中一个工作表后，按住键盘上的【Ctrl】键，同时再单击要选择的其他工作表标签即可。

1.3.2 插入工作表

默认条件下，一个工作簿包含三个工作表，如果需要添加更多的工作表，可以通过插入工作表的方法来实现，具体操作如下：

方法一：在 Excel 功能区【开始】/【单元格】组中单击【插入】下方的下三角按钮，选择【插入工作表】命令，如图 1-12 所示。

图 1-12 通过【插入工作表】命令插入工作表

方法二：在键盘上按【Shift+F11】组合键，即可在当前工作表前插入新工作表。

方法三：单击工作表标签右侧的【插入工作表】按钮，可以在当前工作表末尾快速插入新工作表，如图 1-13 所示。

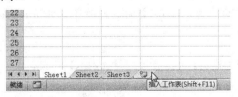

图 1-13 使用【插入工作表】按钮插入工作表

方法四：在当前工作表标签上单击鼠标右键，然后在弹出的快捷菜单中选择【插入】命令，在【插入】对话框中选【工作表】，然后单击【确定】按钮，如图 1-14 所示。

图 1-14　使用快捷菜单插入工作表

1.3.3　移动或复制工作表

使用【移动或复制】命令，可以实现工作表的移动和复制，以便在不同的工作簿中创建工作表副本、改变工作表在同一工作簿中的排列顺序以及工作表在不同工作簿之间的移动。

1．菜单操作

方法一：在工作表标签上单击鼠标右键，在弹出的快捷菜单中选择【移动或复制】命令，在【移动或复制工作表】对话框中选择放置位置，单击【确定】按钮，如图 1-15 所示。

图 1-15　通过右键快捷菜单移动或复制工作表

方法二：选中需要进行移动或者复制的工作表，在 Excel 功能区上单击【开始】/【单元格】组中的【格式】下拉按钮，选择【移动或复制工作表】命令，然后在【移动或复制工作表】对话框选择放置的位置，单击【确定】按钮，则完成该移动或复制的操作，如图 1-16 所示。

注　意　在【移动或复制工作表】对话框中，【建立副本】复选框是一个操作类型开关，勾选此复选框，则执行的是"复制"操作，取消勾选则为"移动"操作。

图 1-16 通过功能区移动或复制工作表

2．拖动工作表标签

通过拖动工作表标签来实现移动或者复制工作表的操作更加简便。具体操作方法如下：

将光标移至需要移动的工作表标签上，按下鼠标左键，当鼠标指针显示出文档的图标时，拖动鼠标将工作表移动至其他位置。如图 1-17 所示，拖动资产负债表至利润表上方时，利润表后面出现黑色三角图标，此时松开鼠标键即可将资产负债表移动到利润表的后面。

进行上述操作时，按住鼠标左键的同时按住键盘上的【Ctrl】键，即可执行"复制"操作。

图 1-17 移动工作表

1.3.4 删除工作表

当不需要某个工作表中的数据时，可以将该工作表删除。本节介绍两种删除工作表的方法：

方法一：在工作表标签上单击鼠标右键，在弹出的快捷菜单中选择【删除】按钮，如果被删除的工作表中包含数据，则系统会弹出提示框，单击【删除】按钮即可，如图 1-18 所示。

图 1-18 通过快捷方式删除工作表

方法二：选中要删除的工作表标签，在 Excel 功能区中单击【开始】/【单元格】组中的【删除工作表】下拉按钮，选择【删除工作表】命令，如图 1-19 所示。

 删除工作表是无法撤销的操作，一旦删除将无法恢复，所以，执行删除操作需要谨慎。在某些情况下，如果是错误的删除操作，可以马上关闭当前工作簿，并选择不保存，则能够挽回被误删的工作表。另外，工作簿中至少要包含一张可视工作表，如果工作窗口中只剩一张工作表，则无法删除该工作表。

图 1-19　通过功能区删除工作表

1.3.5　工作表标签颜色

为方便用户对工作表进行辨识，可以对工作表标签设置不同的颜色。具体操作为：在某一工作表标签上单击右键，在弹出的快捷菜单上选择【工作表标签颜色】命令，在弹出的【主题颜色】中选择合适的颜色即可。

1.3.6　重命名工作表

默认条件下，系统会以 Sheet1、Sheet2、Sheet3……来对工作表进行命名，这样的名称不便于区分和查找。为方便用户进行查找和管理，可以对工作表进行重新命名。主要方法如下：

方法一：右键单击工作表标签，在弹出的快捷菜单中选择【重命名】命令。

方法二：双击工作表标签。

方法三：在 Excel 功能区中单击【开始】/【单元格】组中的【格式】下拉按钮，选择【重命名工作表】命令。

以上任意一种操作完成之后，选定的工作表标签会显示黑色背景，表明当前工作表标签名称处于编辑状态，此时可以输入新的工作表名称。

 重新命名的工作表不得与工作簿中现有的工作表重名，否则重命名不成功。工作表名称不区分英文大小写，并且不得包含*、/、:、?、[、]、\等字符。

1.3.7　隐藏和取消隐藏工作表

为了安全或者操作的需要，有时需要将工作表隐藏或取消隐藏。

1．隐藏工作表

隐藏工作表可以通过功能区选项卡操作或快捷菜单操作两种方法来实现，具体方法如下：

方法一：选定工作表后，在 Excel 功能区单击【开始】/【单元格】组中的【格式】下拉按钮，选择【隐藏和取消隐藏】/【隐藏工作表】选项，如图 1-20 所示。

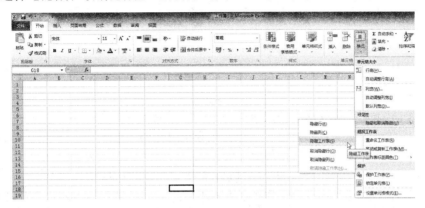

图 1-20 使用选项卡操作隐藏工作表

方法二：在工作表标签上单击鼠标右键，在弹出的快捷菜单上选择【隐藏】命令。

2．取消隐藏工作表

与隐藏工作表操作类似，取消隐藏工作表的具体方法如下：

方法一：选定工作表后，在 Excel 功能区单击【开始】/【单元格】组中的【格式】下拉按钮，选择【隐藏和取消隐藏】/【取消隐藏工作表】选项，在弹出的【取消隐藏】对话框中选择要取消隐藏的工作表，最后单击【确定】按钮，如图 1-21 所示。

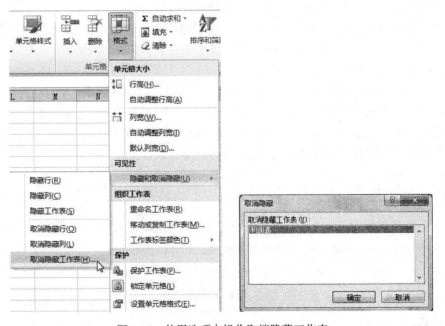

图 1-21 使用选项卡操作取消隐藏工作表

方法二：在工作表标签上单击鼠标右键，在弹出的快捷菜单中选择【取消隐藏】命令，然后在弹出的【取消隐藏】对话框中选择要取消隐藏的工作表，最后单击【确定】按钮。

1.4 行和列的基本操作

行和列是构成工作表的基本单位。在 Excel 2010 中，工作表的最大行数为 1 048 576 行，最大列数为 16 384 列。接下来介绍行与列的基本操作。

1.4.1 选择行和列

方法一：单击某个行号或者列标即可选中相应的整行或者整列。

方法二：光标指向某行的行号后，按住左键不放，向上或者向下拖动，即可选中与此行相邻的连续多行。选中列的操作与此类似。

方法三：选中单行后，按键盘上的【Ctrl】键，继续使用鼠标单击多个行标签，所有需选行被选中后松开【Ctrl】键，即可完成不相邻的多行选择。选中不相邻的列操作与此类似。

1.4.2 设置行高和列宽

当单元格的高度和宽度不足以显示所有内容的时候，可以通过调整行高和列宽来实现。根据所需调整的情况不同，有以下几种方式可供选择。

1. 精确设置行高和列宽

通过以下两种操作方法均可以实现行高和列宽的精确设置。

方法一：在选定行或者列之后，单击鼠标右键，在弹出的快捷菜单中选择【行高】(或【列宽】)命令，然后在弹出的【行高】(或【列宽】)对话框中输入所需设置的具体数值，最后单击【确定】按钮完成设置。

方法二：在设置行高之前，先选定需进行设置的目标行(单行或多行)整行或者行中的单元格，然后在 Excel 功能区上依次单击【开始】/【单元格】组中的【格式】下拉按钮，选择【行高】命令，在弹出的【行高】对话框中输入所需设置的行高具体数值，最后单击【确定】按钮完成设置。设置列宽的方法与此操作类似。

 知识拓展

行高的单位是磅(Point)，是一种印刷业描述印刷字体大小的专用尺度，1 磅近似等于 0.352 78 mm。行高的最大限制为 409 磅，即 144.286 mm。

列宽的单位是字符，列宽的值表示这一列所能容纳的数字字符个数。列宽设置的数字为 0～255，即列宽的最大限制为 255 个字符，最小列宽为 0，当设置为 0 时，该列被隐藏。

2．设置最合适的行高和列宽

在 Excel 中，可以通过【自动调整行高(或者列宽)】命令快速设置行高或者列宽，具体操作方法如下：

方法一：选中需要调整行高的范围，在 Excel 功能区上依次单击【开始】/【单元格】组中的【格式】下拉按钮，选择【自动调整行高】选项，即可将选定行的行高调整到"最合适"的高度，使每一行的字符都能完全被显示。列宽的调整方法与此操作类似。

方法二：同时选中需要调整的行，将光标放置在行标签之间的中线上，当光标显示为黑色双向箭头时，双击鼠标即可实现自动调整行高的操作。列宽的调整方法与此操作类似，如图 1-22 所示。

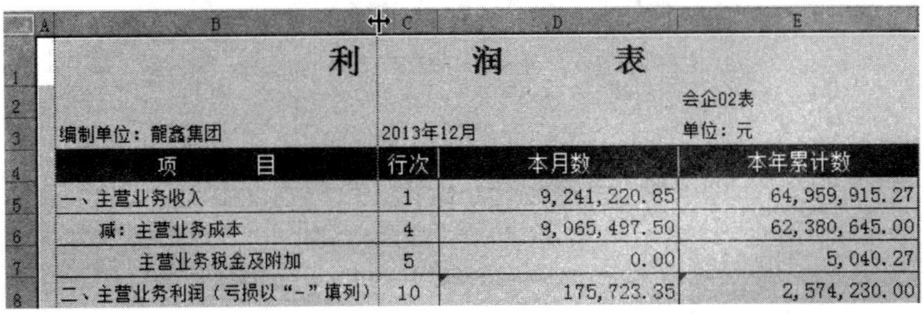

图 1-22　设置"最合适"行高和列宽

3．拖动改变行高和列宽

除了上述方法外，也可以通过直接拖动鼠标来改变行高和列宽，具体操作如下：

在工作表中选中多行，当光标移动到选中的行标签之间的中线上时，光标显示为黑色双向箭头。此时，按住鼠标左键不放，向上或者向下拖动鼠标，行标签附近会出现一个提示框显示当前行高，当调整到所需行高后，释放鼠标即可完成行高的设置，如图 1-23 所示。列宽的设置方法与此操作类似。

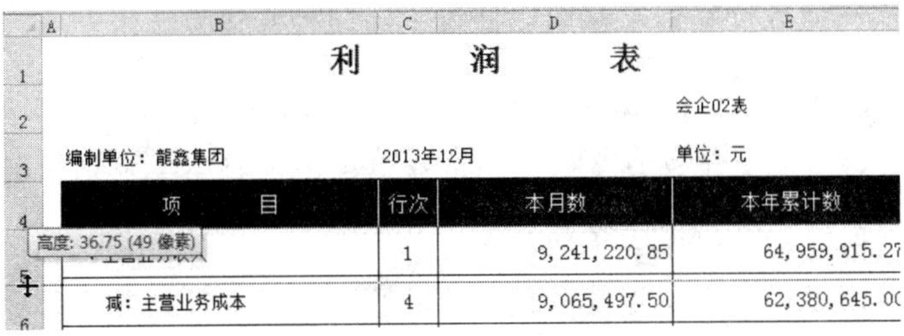

图 1-23　拖动鼠标设置行高

1.4.3　插入行与列

有时可能需要在表格的中间位置添加一些内容，这时就需要添加行或者列。以添加行为例，首先需要单击行标签，选中某行或者某个单元格，然后再通过下面的几种操作方法来完成行的添加。

方法一：在 Excel 功能区上单击【开始】/【单元格】组中的【插入】下拉按钮，在弹出的扩展菜单中选择【插入工作表行】选项，如图 1-24 所示。

图 1-24　通过工作窗口操作插入行

方法二：选定整行后单击鼠标右键，在弹出的快捷菜单中选择【插入】命令，如图 1-25 所示。或者选定某单元格后单击鼠标右键，在弹出的快捷菜单中选择【插入】命令，在弹出的【插入】对话框中选择【整行】选项，然后单击【确定】按钮完成操作。

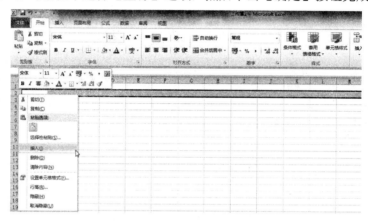

图 1-25　通过右键快捷菜单插入行

方法三：在选定整行的情况下，通过键盘上的【Ctrl+Shift+=】组合键，即可完成整行的添加；若选定某单元格后，按下上述组合键，则会弹出【插入】对话框，具体操作方法与方法二相同。

插入列的操作与插入行类似，都可以通过上述三种操作方法来完成。

知识拓展

如需添加连续多行或者连续多列，可以通过选定多行或者多列后再执行"插入"操作，即可实现同时添加多行或者多列。

如需添加连续多行或者非连续多列，可以通过选定多行或者多列后再执行"插入"操作来实现，而且插入的空白行或者列也是非连续的，所添加的行或者列的数目与选定数目也是一致的。

1.4.4　删除行与列

删除行或者列的具体操作方法如下：

方法一：选定需要删除的整行或者多行，在 Excel 功能区上依次单击【开始】/【单元格】/【删除】/【删除工作表行】命令。

方法二：选定需要删除的整行或者多行，单击鼠标右键，在弹出的快捷菜单中选择【删除】命令。

如果上述两种操作前选定的不是整行，而是选中的单元格，则会在执行【删除】命令时，弹出【删除】对话框，在对话框中选择【整行】选项，然后单击【确定】按钮完成操作。

删除列的操作与删除行的操作类似，也可以通过上述两种方法来完成。

　　插入行或者列的操作，不会引起 Excel 工作表中行列总数的变化，同样，删除行或者列也不会引起 Excel 工作表中行列总数的变化。在删除目标行列的同时，Excel 会在行列的末尾位置自动加入新的空白行列，以保证总行列数不变。

1.4.5　隐藏与显示行或列

如果不希望显示工作表中的某些行或者列，可以将这些行或者列设置为隐藏。如需显示时，只需取消隐藏即可。

1. 隐藏行列

选定需要隐藏的整行或者行中的单元格，在 Excel 功能区上单击【开始】/【单元格】/【格式】/【隐藏和取消隐藏】/【隐藏行】命令，即可完成目标行的隐藏。隐藏列的操作与此类似，需选择【隐藏列】来实现。

当选定整行或者整列来进行操作时，可以直接单击鼠标右键，在弹出的快捷菜单中选择【隐藏】命令来实现行列的隐藏。

知识拓展

　　从实质上来讲，被隐藏的行列实际上就是行高或者列宽设置为零的结果。所以，用户也可以通过将目标行高或者列宽设置为零的方式来实现隐藏行或者列的目的。

2. 显示被隐藏的行或列

想要将被隐藏的行或列显示出来，首先需要找到隐藏行列的位置。通过查看行号或者列标的连续性来查找，且隐藏处的标签分割线明显比其他位置的分割线粗，如图 1-26 所示。

图 1-26　隐藏行(列)后的图标显示

要取消隐藏的行列，有以下两种操作方法：

方法一：使用【取消隐藏】命令取消隐藏。在工作表中，选定包含隐藏行的区域，在 Excel 功能区上单击【开始】/【单元格】/【格式】/【隐藏和取消隐藏】/【取消隐藏行】命令，即可将隐藏的行恢复显示。按下键盘上的【Ctrl+Shift+9】组合键，可以代替菜单操作，更快捷地达到效果。

方法二：使用设置行高和列宽的方法取消隐藏。选中已隐藏的行，将行高设置为大于 0 的数值，即可实现隐藏行的显示。

取消隐藏列的操作与上述取消隐藏行的操作类似。

 通过设置行高、列宽的方式来取消隐藏会改变原来的行高和列宽，通过菜单操作的方法不会改变原来的行高和列宽。

1.5　单元格和区域

通过前面的介绍，了解了行或列的相关操作后，下面介绍工作表中最基础的构成元素和操作对象：单元格和区域。

行和列相互交叉形成的格子称为"单元格"，它是构成工作表最基础的元素。默认条件下，每张工作表中所包含的单元格数目为 17 179 869 184 个。

每个单元格都可以通过单元格地址进行标识，它是由单元格所在列的列标和所在行的行号组成的。如"B2"单元格就是位于 B 列第二行的单元格。

1.5.1　单元格的基本操作

单元格的基本操作包括选取单元格、定位单元格、插入单元格、删除单元格和合并与拆分单元格。

1. 选取单元格

在当前工作表中，无论用户是否用鼠标单击过工作区域，都会存在一个被激活的单元格，称为"活动单元格"。活动单元格的边框为黑色，在 Excel 工作窗口的名称框中会显示活动单元格的地址，在编辑栏中显示其中的内容，活动单元格所在行与列的标签以亮色显示，如图 1-27 所示。

如果需要选取某个单元格成为活动单元格，可以通过鼠标或键盘按键的方式来实现。使用鼠标操作可以直接单击目标单元格，即可将其切换为当前活动单元格；使用键盘上的按键也可以在工作表中选取活动单元格，具体可使用按键及其含义如下：

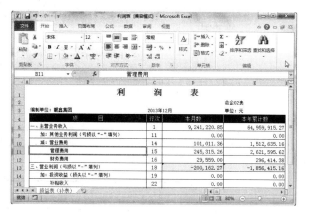

图 1-27　活动单元格展示图

◆　↑：活动单元格向上移动一行。

◆　↓：活动单元格向下移动一行。

◆　←：活动单元格向左移动一列。

◆　→：活动单元格向右移动一列。

◆　Page Up：活动单元格向上移动一屏。

◆　Page Down：活动单元格向下移动一屏。

◆　Alt+ Page Up：活动单元格向左移动一屏。

◆　Alt+ Page Down：活动单元格向右移动一屏。

　知识拓展

　　在工作窗口的名称框中直接输入目标单元格地址可以快速定位到目标单元格所在位置，同时激活目标单元格为当前活动单元格。

2. 定位单元格

　　在 Excel 功能区上依次单击【开始】/【编辑】组中的【查找和选择】下拉按钮，选择【转到】命令，在弹出的【定位】对话框的【引用位置】文本框中直接输入目标单元格地址，单击【确定】按钮即可定位单元格。也可以按下键盘上的快捷键【F5】或【Ctrl+G】组合键，在弹出的【定位】对话框中继续后面的操作。

注意　　已隐藏行列中包含的单元格不能够通过鼠标或键盘激活，只能通过名称框直接输入选取和定位的方法来激活。

3. 插入单元格

　　用户在进行数据处理和填充过程中，可能会在后期编辑处理时发现重要数据有遗漏，必须添加进去才能保证整个工作表内容的完整，此时可以通过插入单元格的方法来添加。具体操作方法如下：

　　在需要插入单元格的位置附近单击鼠标右键，此时会弹出一个快捷菜单，选择【插入】命令，在弹出的【插入】对话框中选择要插入的选项，最后单击【确定】按钮即可。

4. 删除单元格

　　删除单元格与插入单元格的操作方法类似，在选定要删除的单元格之后单击鼠标右键，在弹出的快捷菜单中选择【删除】命令，在弹出的【删除】对话框中进行选择性操作。也可以在 Excel 功能区上单击【开始】/【单元格】组中的【删除单元格】下拉按钮，选择【删除单元格】命令。

5. 合并与拆分单元格

　　在使用 Excel 编制报表、明细表等报表框架时，需要频繁使用合并与拆分单元格。

　　合并单元格最常用的操作方法是直接选中需合并的单元格区域，然后单击鼠标右键，在弹出的快捷菜单中选择【设置单元格格式】命令，在打开的【设置单元格格式】对话框中单击【对齐】选项卡，在其中选择【合并单元格】选项后，单击【确定】按钮即可完成操作。

　　拆分单元格是在合并单元格的基础上进行的操作。其操作方法与合并单元格类似，只是在【设置单元格格式】对话框的【对齐】选项卡中，取消选中【合并单元格】选项后，单击【确定】按钮即可完成操作。

1.5.2　选取区域

多个单元格构成的单元格群被称为"区域"。它可以是相互连续的单元格构成的连续区域，也可以是相互独立不连续的多个单元格构成的不连续区域。

在 Excel 工作表中选取区域后，可以对区域内所包含的所有单元格同时执行相同的操作。选定区域后，区域中包含的单元格所在的行与列标签也会显示出不同的颜色。而且，在选定区域中总是包含一个活动单元格，这个活动单元格的显示风格与区域内其他单元格明显不同，在选定区域后其他单元格区域颜色明显增亮，但活动单元格则无变化，以突出活动单元格的位置，工作表名称框内显示的地址即为该活动单元格的地址，如图 1-28 所示。

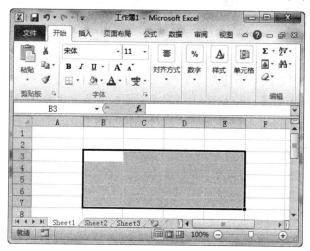

图 1-28　选定区域

　知识拓展

　　选定区域后，在键盘上连续按下【Enter】键，可以在区域范围内切换不同的单元格作为当前活动单元格；如果连续按下【Shift+Enter】组合键，则会以相反的方向切换区域内的单元格。

1. 选取连续区域

选取连续的单元格，有以下四种操作方法：

方法一：选定一个单元格，按住【Shift】键，用方向键在工作表中选择相邻的连续区域。

方法二：选定一个单元格，按【F8】快捷键进入【扩展】模式，再用鼠标单击另一个单元格，即可自动选中两个选定的单元格之间所构成的连续区域。再按一次【F8】快捷键，可以取消【扩展】模式。

方法三：选定一个单元格，按住鼠标左键在工作表中拖动鼠标来选取连续区域。

方法四：直接在工作窗口的名称框内输入区域地址，即可选取并定位到目标区域。

2. 选取不连续区域

不连续区域的选取与上面连续区域的选取操作方法类似，主要有以下三种方法：

方法一：选定一个单元格后，按住【Ctrl】键，然后使用鼠标左键单击或者拖拉选择多个单元格，即可实现不连续区域的选取。

方法二：按【Shift + F8】组合键，可以进入【添加】模式，然后用鼠标选取的单元格或者区域会添加到之前的选取中，形成一个不连续的区域。

方法三：在工作窗口的名称框内输入多个单元格或者区域地址，地址之间用半角状态下的逗号隔开，最后按【Enter】键确认即可选取并定位到目标区域。

知识拓展

　　通过以下操作也可以实现多表区域的选取：选定当前工作表 Sheet1 中的某一区域，按键盘上的【Shift】键，然后单击 Sheet3 的工作表标签，再松开键盘上的【Shift】键，即可实现同时选中 Sheet1 ~ Sheet3 中相同区域的目的。

1.6　工作窗口的视图控制

在处理一些复杂的表格时，可能需要多个工作簿或者工作表的数据信息。为了能够在有限的屏幕区域中显示更多的信息，可以通过工作窗口的视图控制来改变窗口的显示，以节约在多个工作簿或工作表之间切换的时间。

1.6.1　窗口切换

在日常使用中，用户可以通过以下菜单操作将其他工作簿窗口选定为当前工作窗口。

在 Excel 功能区中单击【视图】/【窗口】组中的【切换窗口】下拉按钮，在下拉列表中会显示当前所有的工作簿窗口名称，单击相应名称即可将其切换为当前工作簿窗口，如图 1-29 所示。

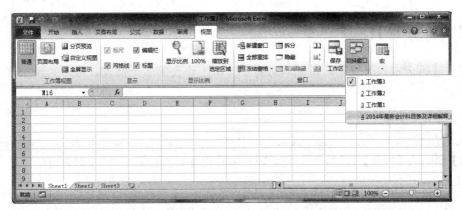

图 1-29　多窗口切换

1.6.2　重排窗口

用户在检索或者监控表格内容的过程中，有时需要同时看到多个工作簿窗口，这时可以通过菜单命令将 Excel 中已打开的多个工作簿同时显示在工作窗口中，具体操作如下：

在 Excel 功能区上单击【视图】/【窗口】组中的【全部重排】按钮，在弹出的【重排窗口】对话框中选择所需排列方式，然后单击【确定】按钮，即可实现多个工作簿同时在当前工作窗口中显示，如图 1-30 所示。

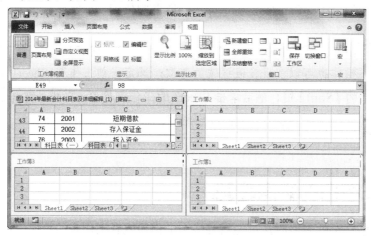

图 1-30　重排窗口

1.6.3　并排比较

在日常表格的使用中，有时需要两个表格同时显示并且能够同步滚动浏览，以便进行数据的比较和校对。这时可通过"并排比较"功能来实现，具体操作方法如下：

选定需要对比的工作簿窗口，单击 Excel 功能区上【视图】/【窗口】组中的【并排查看】按钮，如果存在两个以上的工作簿，则会弹出【并排比较】对话框，选取需要进行比较的工作簿后，单击【确定】按钮完成设置。

1.6.4　拆分窗口

通过【拆分窗口】操作，可以同时显示一个工作表的多个位置。常用的操作方法有以下两种。

1．使用菜单命令拆分

操作之前需要先将光标定位于 Excel 工作区域内，然后在 Excel 功能区上单击【视图】/【窗口】组中的【拆分】按钮，即可将当前表格拆分为 4 个窗格，如图 1-31 所示。

　拆分窗口是根据光标所定位单元格的左边框和上边框的方向来进行的，所以光标的位置不

注　意　同，拆分操作可能会出现只将表格区域拆分为水平或者垂直两个窗格的情况。

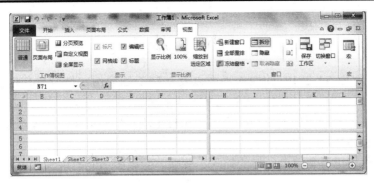

图 1-31　使用菜单命令拆分窗口

2. 直接拆分

用户可以通过直接拖动 Excel 窗口中的拆分条来实现窗口拆分。将光标移动到垂直滚动条的上端或者水平滚动条的右端，然后按住鼠标左键向下或者向左拖动鼠标，即可实现对当前窗口的拆分，如图 1-32 所示。

图 1-32　直接拆分窗格

1.6.5　冻结窗格

在滚动浏览复杂的表格时，有时需要固定显示表头标题列或者标题行，这需要使用【冻结窗格】的操作来实现，具体操作方法如下：

选定需冻结行下面一行与需冻结列右面一列交汇处单元格为活动单元格，然后在 Excel 功能区上单击【视图】/【窗口】组中的【冻结窗格】下拉按钮，选择【冻结拆分窗格】命令，这时会在活动单元格的左边框和上边框方向出现水平和垂直方向的两条黑色冻结线条，如图 1-33 所示。

图 1-33　冻结窗格

小　　结

本章介绍了 Excel 2010 的操作界面以及一些基础应用，结合操作应用重点介绍了 Excel 工作簿、工作表、行与列以及单元格的基本操作。

Excel 2010 的操作界面与以前的版本相比有了进一步的优化，通过本章讲解可帮助读者了解 2010 版本的操作界面。

通过对工作表以及表中单元格的插入、删除、隐藏等功能的讲解，可帮助读者更好地应用 Excel。

通过对工作窗口的切换、排序、拆分以及窗格冻结的讲解，可帮助读者选择自己需要的显示界面。

练　　习

一、填空题

1．当用户打开 Excel 进行操作时，首先面对的是工作界面，该界面主要包含_____、_____、_____、_____、_____、_____、_____等 7 部分。

2．选择不连续的多个工作表，需要选中其中一个工作表后，按住键盘上的_____键，同时再单击要选择的其他工作表标签即可。

3．在键盘上按_____组合键，即可实现在当前工作表前插入新工作表。

4．行和列相互交叉形成的格子被称为_____，它是构成工作表最基础的元素。

二、判断题

1．拆分窗口的时候，无论光标定位在哪个位置都能将其拆分为四个窗格。（　　）

2．【字体】组在【视图】选项卡的下方。（　　）

3．将光标移至需要移动的工作表标签上，按下鼠标左键的同时按住键盘上的【Ctrl】键，即可执行"移动"操作。（　　）

4．可以通过先选定需要进行设置的目标行中的单元格来设置行高。（　　）

三、简答题

1．选取连续的单元格区域，有哪四种操作方法？

2．选取不连续的单元格区域，有哪三种方法？

3．拆分窗口的方法有哪些？

第2章　数据的输入和编辑

📖 本章目标

- 熟悉各种数据类型
- 掌握数据输入和编辑的基本方法
- 掌握快速填充数据的方法
- 掌握财务数据的输入技巧
- 掌握财务数据的格式设置
- 掌握数据有效性的设置方法
- 掌握单元格的复制与粘贴
- 掌握数据的查找和替换操作

📖 重点难点

重点：
- ◈ 财务数据的基本操作
- ◈ 数据有效性的设置方法

难点：
- ◈ 数据有效性的设置方法
- ◈ 财务数据的输入技巧

　　财务工作的任何环节都离不开数据，数据是一切财务工作的核心。如何操作相关数据以及如何显示不同类型的数据是财务人员需要面临的问题。Excel 2010 在设计之初就解决了这些问题，其自身提供了多种数据类型，并支持多功能的输入和编辑来满足用户的财务应用。

2.1　认识数据类型

　　在众多数据输入方法中，不同情况需选用不同的方法以满足使用者的需要。因此，在学习数据的录入和编辑之前，首先需要了解 Excel 中数据的类型。在财务数据录入中一般会涉及到四种基本类型：数值、日期、文本和公式。除此以外，还有逻辑值、错误值等一些特殊的数据类型。

2.1.1　数值

　　数值是指所有代表数量的数字形式，如企业的货币资金数额、当月销售额、员工的工资额等。数值不管是正数还是负数，都可以进行加、减等数值计算。Excel 将一些特殊符号，如百分号(%)、货币符号(￥)、千分间隔符(,)、科学计数符号(E)都理解为数值。

　　由于软件系统自身的限制，Excel 可以表示和存储的数字最大精确到 15 位。对于超过 15 位的整数数字，Excel 会自动将 15 位以后的数字变为零；对于超过 15 位的小数数字，则会将超出的部分截去。因此，Excel 无法精确计算超出 15 位有效数字的数值。对于一些很大或者很小的数值，Excel 会默认以科学计数法来表示。如 987,654,321,987,654 会以科学计数法表示为 9.87654E+14，即为 9.87654×10^{14}，其中 "E" 代表 10 的乘方。

2.1.2　日期和时间

　　在 Excel 中，日期和时间以一种被称做 "序列值" 的特殊数值形式存储。序列值是介于 0～2 958 466 之间的数值。因此，日期型数据也包括在数值数据范畴中。

　　因为日期以数值的形式进行存储，所以它继承着数值的所有运算功能，即可以直接通过减法运算来求得两个日期之间的相距天数。

2.1.3　文本

　　与数值不同，文本一般是指一些非数值性的文字、符号等，如企业名称、部门名称、会计科目名称等。此外，一些不代表数量、不需要进行数值计算的数字也可以保存为文本格式，如身份证号码、会计科目代码等。在使用过程中，Excel 将许多不能理解为数值、时间和日期、公式的数据都视为文本。

2.1.4　公式

　　公式是 Excel 中一种非常重要的数据，所有财务数据的计算功能都是通过公式来实现的。

公式是进行数据处理与分析的工具，通俗地讲，公式就是使用数据运算符来对数值、文本、函数等进行处理，从而得到运算结果。

Excel 2010 比之前版本的公式功能更加强大，主要体现在：

(1) 公式长度限制(字符)：8K 个字符，即 1024×8=8192 个字符，远超过 Excel 2003 的 1K 个字符。

(2) 公式嵌套的层数限制：64 层，远超过 Excel 2003 的 7 层。

(3) 公式中参数的个数限制：255 个，远超过 Excel 2003 的 30 个。

一般情况下，输入公式的单元格显示的内容为公式运算后的结果。选中公式所在的单元格，可以在编辑栏内显示所输入的公式。还可以通过其他设置，使公式直接显示在单元格内。具体方法有以下两种：

(1) 按键盘上的【Ctrl+~】组合键，可以在【公式】与【值】两种显示方式间切换。

(2) 单击功能区上的【公式】/【公式审核】组中的【显示公式】按钮。

2.1.5　逻 辑 值

逻辑值在 Excel 中是比较特殊的一类参数，它只有 TRUE(真)和 FALSE(假)两种类型。Excel 中规定，在优先级上"逻辑值"＞"字母"＞"数字"。逻辑值对于一些函数或运算起到至关重要的逻辑判断作用。

2.1.6　错 误 值

在使用 Excel 的过程中很可能会遇到一些错误值信息，如"#####"、"#VALUE！"、"#NAME？"等。出现这些错误的原因有很多种，现将几种常见错误及其解决方法归纳如下。

1．#####

出现错误的原因：单元格内输入的内容比单元格宽，或者单元格的日期时间公式产生了负值。

解决方法：因单元格内输入内容比单元格宽导致的错误，可以通过调增列宽来解决；因单元格的日期时间公式产生负值导致的错误，可以通过调整公式，或公式正确的情况下调整单元格格式(调整为非日期和时间型)来解决。

2．#VALUE！

出现这种错误的原因有以下三种：

原因一：将单元格引用、公式或函数作为数组常量输入。

解决方法：确认数组常量不是单元格引用、公式或者函数。

原因二：在需要数字或者逻辑值时输入了文本。

解决方法：确认公式或函数所需的运算符或参数是否正确，并且确保公式引用的单元格中包含有效的数值。

原因三：赋予需要单一数值的运算符或函数一个数值区域。

解决方法：将数值区域改为单一数值。修改数值区域，使其包含公式所在的数据行或者列。

3．#DIV/0！

出现这种错误原因有以下两种：

原因一：在公式中，除数使用了指向空单元格或包含零值的单元格引用。

解决方法：修改单元格引用，或者在用作除数的单元格输入不为零的值。

原因二：输入的公式中直接包含了除数 0，例如：=10/0。

解决方法：将零改为非零值。

注意　在 Excel 中如果运算对象为空白单元格，则 Excel 将此空白单元格默认为零值！

4．#NAME？

在公式中使用了 Excel 不能辨别的文本时会产生此错误值，原因有以下四种：

原因一：使用了不存在的名称，或者删除了已在公式中使用的名称。

解决方法：确认使用的名称是真实存在的。

原因二：名称拼写有误。

解决方法：修改拼写错误的名称。

原因三：在区域的引用中缺少冒号。

解决方法：公式中所有区域引用都必须使用冒号。

原因四：在公式中输入文本时没有使用双引号。

解决方法：将公式中的文本括在双引号内。

5．#REF！

单元格引用无效时会产生此错误值。

出现错误的原因：删除了由其他公式引用的单元格，或将移动单元格粘贴到由其他公式引用的单元格中。

解决方法：更改公式或者撤销删除、移动单元格的操作。

6．#NULL！

两个不相交的区域指定交叉点时产生此错误值。

出现错误的原因：使用了错误的区域运算符或错误的单元格引用。

解决方法：更改公式或者撤销删除、移动单元格的操作。

7．#N/A

出现错误的原因：在函数或公式中没有可用数值时，将会产生此错误值。

解决方法：在暂时没有数值的单元格中输入"#N/A"，公式在引用时就可以不进行数值计算，避免出现错误。

8．#NUM！

当公式或者函数中某个数字有问题时会产生此错误值，原因有以下三种：

原因一：公式产生的数字太大或太小，Excel 不能表示。

解决方法：修改公式，使结果在有效数字范围之内。

原因二：使用了迭代计算的工作表函数，且函数不能产生有效结果。

解决方法：为工作表函数使用不同的初始值。

原因三：在需要数字参数的函数中使用了不能接受的参数。

解决方法：确认函数中使用的参数类型的正确性。

2.2　财务数据的基本操作

财务数据的基本操作主要包括财务数据的输入、财务数据的编辑和插入批注。

2.2.1　财务数据的输入

在单元格内输入数值和文本类型的数据，可以先选中目标单元格，使其成为当前活动单元格后，然后直接在单元格内输入数据。

1．一般数据的输入

在当前活动单元格内直接输入，输入完毕后按【Enter】键或者使用鼠标单击其他单元格来确认，还可以单击编辑栏左边的 按钮来确认。除此以外，用户也可以激活单元格后，在编辑栏内输入数据。

2．符号的输入

在日常财务数据的录入及分析中经常用到一些特殊符号，可以通过单击 Excel 功能区的【插入】/【符号】组中的【插入符号】按钮，在打开的对话框中选择需要插入的符号，单击【插入】按钮即可。

3．日期和时间的输入

在日常的财务表格中经常会用到日期和时间的输入，而日期和时间属于一类特殊的数值类型，在输入和识别上都会有一些特别之处。

在中文 Windows 系统的默认日期设置下，可以被 Excel 自动识别为日期数据的输入形式有以下几种：

(1) 使用短横线分隔符"-"的输入，如输入"2014-7-1"，Excel 自动识别为"2014 年 7 月 1 日"。

(2) 使用斜线分隔符"/"的输入，如输入"2014/7/1"，Excel 自动识别为"2014 年 7 月 1 日"。

(3) 使用中文"年月日"的输入，如输入"2014 年 7 月 1 日"，Excel 自动识别为"2014 年 7 月 1 日"。

(4) 使用包含英文月份的输入，如输入"July 1"，Excel 自动识别为"当前年份 7 月 1 日"。

除上述四类可以被 Excel 自动识别为日期的输入方式以外，其他的不被识别的日期输入方式，均被视为文本格式。

知识拓展

　　短横线分割 "-" 与斜线分割 "/" 可以结合使用，如输入 "2014-7/1" 与输入 "2014/7-1"、"2014-7-1"、"2014/7/1" 都可以表示 "2014 年 7 月 1 日"。

　　只输入年份和月份时，Excel 会自动以当月 1 号作为它的完整日期值，如输入 "2014-7"，系统会识别为 "2014 年 7 月 1 日"。

　　只输入月份和日期时，Excel 会自动以系统当年年份作为它的年份值，如输入 "7/1"，系统会识别为 "2015 年 7 月 1 日"。

　　包含英文月份的输入方式只可用于包含月份和日期的数据输入，其中月份可以用完整拼写的英文单词也可以用标准缩写。

2.2.2　财务数据的编辑

　　已经输入数据的单元格，如需添加、删除或者修改内容，就需要对单元格数据进行编辑，可以先激活目标单元格进入编辑模式后进行数据的编辑处理。进入编辑模式的方式有以下几种：

　　方法一：双击单元格，这是最常用也是最简便的一种方法。双击目标单元格后，单元格内容后面会出现一个竖线光标，表示当前进入编辑模式。光标所在位置即为插入数据内容的所在位置，可以通过鼠标或者键盘上的左右方向键移动光标，定位后进行数据的录入。

　　方法二：激活目标单元格后，按键盘上的【F2】快捷键进行相应的操作。

　　方法三：激活目标单元格后，单击 Excel 工作窗口的编辑栏内容即可激活编辑栏，然后将光标移动到所需位置后输入数据。

 知识拓展

　　在数据的输入和编辑过程中，有几个按键可以快速完成所需操作：

　　按【Insert】键可以快速实现 "插入" 或 "改写" 模式的替换；在活动单元格状态下按【Home】键可以将光标插入点位定位到单元格内容的开头；而在活动单元格状态下按【End】键可以将光标插入点位定位到单元格内容的末尾。

2.2.3　插入批注

　　在日常的财务工作中，需要对工作表中的数据进行说明或者注释，这可以通过对单元格添加批注的方式来实现。具体的操作方法有以下几种：

　　方法一：选定单元格后，单击【审阅】/【批注】组中的【新建批注】按钮，然后在文本框内输入批注内容。

方法二：选定单元格后，单击鼠标右键，在弹出的快捷菜单中选择【插入批注】命令，在文本框内输入批注内容。

方法三：选定单元格后，按键盘上的【Shift+F2】组合键，在文本框内输入批注内容。

插入批注后，目标单元格右上角会出现红色三角符号的批注标识符，表示当前单元格包含批注。输入批注内容后，鼠标单击其他任意位置即可完成添加。此时的批注内容为隐藏状态，只显示红色的三角标识符。

在批注中输入内容后，可以对批注的格式进行编辑。Excel 2010 在"字体"、"对齐"、"颜色与线条"、"大小"、"保护"、"属性"、"页边距"、"可选文字"这 8 个方面提供编辑修改选项。用户可以通过选中该批注后单击右键，在弹出的快捷菜单中选择【设置批注格式】命令，在弹出的对话框中将包含这 8 个项目。通过设置相应的选项，可以将批注编辑成自己满意的样式。

知识拓展

通过以下操作可以切换批注内容的"显示"和"隐藏"状态。

在包含批注的单元格上单击鼠标右键，在弹出的快捷菜单中选择【显示/隐藏批注】命令，取消批注的隐藏，使其固定显示在工作表上；在显示状态下，选定该单元格后单击鼠标右键，在弹出的快捷菜单中选择【隐藏批注】命令即可实现批注的隐藏。

2.3　财务数据的填充

日常会计处理和财务管理中需要进行大量的数据填充和分析，为了快速完成相同数据或者有一定规律数据的输入，可以使用 Excel 的数据填充功能来实现，以提高输入的准确性和效率。

2.3.1　自动填充数据

Excel 为用户提供了快速填充数据的自动填充功能，主要用于有规律数据的快速输入。填充柄就是一种快速填充工具。它位于单元格的右下方，当鼠标指针移动到它的位置时，会变成一个细黑"十"字形，这时拖动填充柄，可以按指定方式填充单元格内容。

例如：在工作表中 A1:A10 的区域内快速输入数字。具体操作步骤如下：

步骤 1：在 A1 单元格内输入"1"。

步骤 2：选中 A1 单元格，将光标移动至填充柄的位置，当鼠标指针显示为黑色"十"字形，按住鼠标左键向下拖动，直至 A10 单元格时释放鼠标，即可实现在 A1:A10 的表格区域内快速输入 1 的操作，如图 2-1 所示。

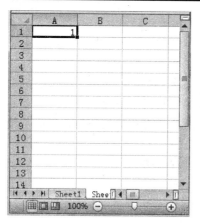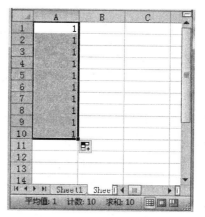

图 2-1　填充柄的应用(一)

再如：通过填充柄的使用在 A1:A10 的表格区域内快速连续输入 1～10 之间的数字。具体操作步骤如下：

步骤 1：在 A1 单元格内输入"1"，在 A2 单元格内输入"2"。

步骤 2：选中 A1:A2 单元格区域，将光标移动至填充柄的位置，当鼠标指针显示为黑色"十"字形，按住鼠标左键向下拖动，直至 A10 单元格时释放鼠标，即可实现在 A1:A10 的表格区域内快速连续输入 1～10 之间的数字操作，如图 2-2 所示。

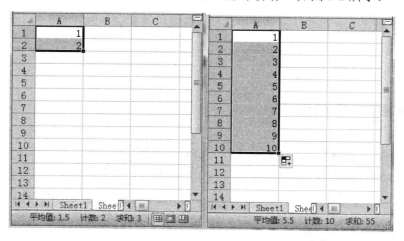

图 2-2　填充柄的应用(二)

 　　填充柄的使用是在系统默认启用的"单元格拖放"正常启用的前提下进行的，可以通过 Excel【选项】对话框【高级】/【编辑选项】组里的【使用填充柄和单元格拖放功能】复选框是否已经勾选来确认是否已启用该功能。

2.3.2　序列

实现自动填充"顺序"的数据在 Excel 中被称为序列。例如："一月、二月、三月……"、"星期一、星期二、星期三、……"，Excel 具有自动填充序列的功能。

在使用过程中，用户可以通过设置【自定义序列】来添加新的数据序列。依次单击

Excel 功能区上的【文件】/【选项】，在弹出的【Excel 选项】对话框中单击【高级】选项，在右侧的【常规】分组中单击【编辑自定义列表】按钮，则弹出【自定义序列】对话框，在这里可以自定义序列，如图 2-3 所示。

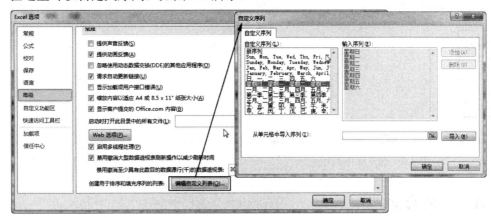

图 2-3　自定义序列

Excel 2010 中自定义序列的元素个数最大允许 421 个，多数日常使用的序列都已被系统列为可以被识别的序列。

Excel 中自动填充的功能非常灵活，并非必须从序列的第一个元素开始进行自动填充，可以从任意一个元素开始，当填充的数据到达序列尾部时，下一个填充数据会自动获取序列开头的数据，循环进行填充，如图 2-4 所示。

当用户只在第一个单元格中输入序列数据时，自动填充功能默认以连续方式进行填充。但如果是纯数值数据则默认重复第一单元格内数值填充，如图 2-5 所示。

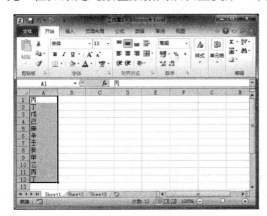

图 2-4　循环数据填充

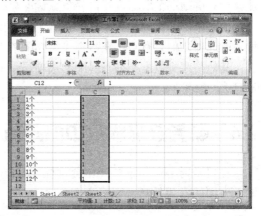

图 2-5　连续填充与重复填充

如果在第一个、第二个单元格输入有间隔的序列元素，Excel 会自动按照间隔的规律进行填充。例如，在第一个、第二个单元格分别输入"1"、"3"之后，拖动填充柄进行填充时，就实现了固定间隔的数据填充，即最后的填充结果为一个单数序列，如图 2-6 所示。

如果输入的初始信息无任何规律可循，Excel 将不会把它视为序列，此时使用填充柄来进行填充则不会出现规律性填充的情况，系统仅仅将其视为简单的复制功能。例如，在输入了"A、F、O"之后使用填充柄进行填充连续多个单元格的效果，如图 2-7 所示。

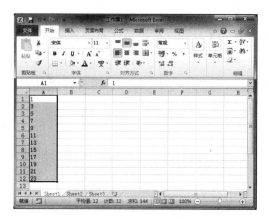 

图 2-6 非连续序列填充　　　　　　　　　图 2-7 无规律填充

2.3.3 填充选项

　　自动填充后，会在填充区域的右下角显示【自动填充选项】按钮，单击【自动填充选项】按钮即可打开扩展菜单，出现更多填充选项。扩展菜单中的选项内容取决于所填充的数据类型，系统会根据不同的数据类型区别显示选项内容。

　　除上述方法外，还可以通过右键快捷菜单来选取这些选项，具体方法为：将光标指向填充柄并按住鼠标右键拖动至所需位置，释放鼠标即可弹出一个快捷菜单，弹出的快捷菜单中包含了所有数据类型下的选项，但只有与填充数据类型匹配的选项可选，其他与序列数据类型不匹配的选项显示为灰色不可选，如图 2-8 所示。

图 2-8　自动填充时的快捷菜单

2.4　财务数据输入中的技巧

　　在日常财务工作中，经常会使用 Excel 工作表输入大量的数据，接下来介绍一些数据输入方面的常用技巧，以提高工作效率。

2.4.1　强制换行

　　日常工作中，有时候需要在单元格内输入大量的文字信息，如果不经过特殊处理，就会变为没有段落划分、比较乱的一堆文字，而且这些文字很难在一个单元格内完全显示，需要不断移动光标才能够完整查看。如果使用自动换行功能，这种情况会在一定程度上得到改善，但换行的位置或者段落的划分却不能随时进行控制，只能根据列宽来决定，此时可以使用"强制换行"功能来解决这一问题。

单元格处于编辑状态时，在需要换行的位置按键盘上的【Alt+Enter】组合键来实现强制换行。

使用"强制换行"功能后，系统会自动勾选【自动换行】复选框，如果取消【自动换行】复选框的勾选，已被强制换行的单元格内文字会显示为单行，但编辑栏中依然保留换行后的效果。

2.4.2　在多个单元格内同时输入相同数据

如果需要在多个单元格内同时输入相同数据，可以在其中一个单元格内输入数据后，复制到其他单元格内，或者在输入一个单元格数据后使用填充柄进行自动填充。还可以同时选中所有需要输入相同数据的多个单元格，输入所需的数据，然后按键盘上的【Ctrl+Enter】组合键确认，即可在所有选中单元格内输入相同的数据。

 注意　　使用【Ctrl+Enter】组合键完成在多个单元格内同时输入相同数据的操作，不仅适用于在连续单元格中输入的情况，同样适用于不连续的多个单元格的操作。

知识拓展

在不同工作表中批量输入数据的操作如下：选定当前工作簿其中一个工作表中的一个或多个单元格，然后按住键盘上的【Shift】键，依次单击所需同时输入数据的工作表标签后，在活动单元格内输入所需数据，按键盘上的【Ctrl+Enter】组合键，即可实现所有被选中的工作表中相同位置的单元格内输入相同数据的效果。

2.4.3　自动输入小数点

在实际工作中，财务数据往往带有不同位数的小数。如果需要这些数据保留的小数位数相同，可以通过免去输入小数点进行操作，以提高输入的工作效率。

例如：将工作表中所有财务数据保留到小数点后两位，具体操作步骤如下：

步骤 1：在 Excel【选项】对话框的【高级】选项卡中，勾选【编辑选项】分组中的【自动插入小数点】复选框。

步骤 2：在右侧的【位数】微调框中调整所需保留的小数位数为"2"。

步骤 3：单击【确定】按钮完成操作。

在设置好自动输入小数点之后，要输入"10.1"，只需输入"1010"，单元格内即会自动显示为"10.1"；如需输入"0.15"，只需输入"15"，即可在单元格内得到正确数值。

2.4.4　指数上标的输入

在 Word 中输入指数上标，可以通过【上标】按钮来进行输入操作，但 Excel 中没有这个功能，就需要用户通过设置单元格格式的方法来完成。

例如：在当前活动单元格中输入"2090"。具体操作步骤如下：

步骤 1：在当前活动单元格内输入"2090"。

步骤 2：选中"90"，按键盘上【Ctrl+1】组合键打开【设置单元格格式】对话框。

步骤 3：在【设置单元格格式】对话框中【字体】选项卡内勾选【上标】复选框后，单击【确定】按钮，如图 2-9 所示。

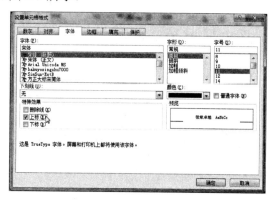

图 2-9　设置指数上标显示效果

2.4.5　输入分数

在日常数据的输入中，如果直接输入分数形式的数据，会被 Excel 识别为日期或者文本。根据不同情况需要采用不同的输入方法，以实现正确输入分数数据。

情况一：如需输入的分数包括整数部分，可以在输入整数部分后使用一个空格再输入分数部分，系统会自动将其识别为分数形式的数值类型，在编辑栏中以数值形式显示，在单元格中则以分数形式显示。如图 2-10 中 A1 单元格即为输入数据"1 1/2"后的显示效果。

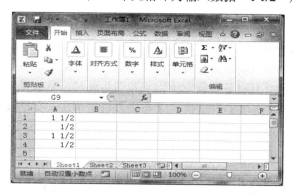

图 2-10　分数输入

情况二：没有整数部分的分数输入，需要在分数前面输入数字"0"，然后输入空格之后再输入分数部分。如图 2-10 中 A2 单元格即为输入数据"0 1/2"后的显示效果。

情况三：输入的分数分子大于分母，则系统会自动进行进位运算，以"整数+真分数"的形式体现。如图 2-10 中 A3 单元格即为输入数据"0 3/2"的显示效果。

情况四：输入分数的分子、分母包括大于 1 的公约数，则系统会自动进行约分处理，以最简形式体现。如图 2-10 中 A4 单元格即为输入“0 2/4”后的显示效果。

2.5　设置数据格式

用户输入到 Excel 表格中的数据一般没有格式，在查看数据时缺乏身份标记，不够直观，因此可以通过对数据进行格式化来增强数据的可读性。数据格式化前后的对比，如图 2-11 所示。

	A	B	C
1	原始数据	格式化后	格式类型
2	123.56	123.56	常规
3	123.56	123.56	数值
4	123.56	¥123.56	货币
5	123.56	¥ 123.56	会计专用
6	123.56	1900-5-2	短日期
7	123.56	1900年5月2日	长日期
8	123.56	13:26:24	时间
9	123.56	12356.00%	百分比
10	123.56	123 5/9	分数
11	123.56	1.24E+02	科学计数
12	123.56	123.56	文本
13	123.56	一百二十三.五六	特殊－中文小写数字
14	123.56	壹佰贰拾叁.伍陆	特殊－中文大写数字

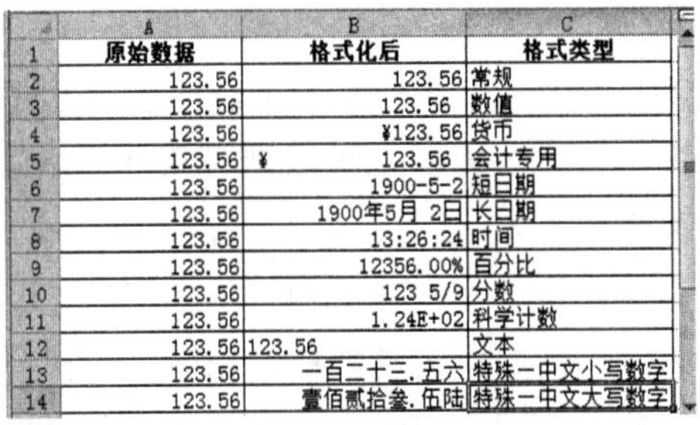

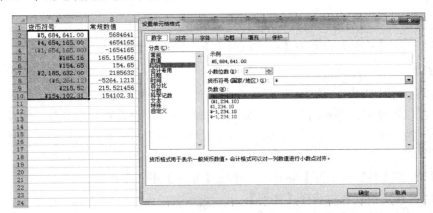

图 2-11　设置数据格式

设置单元格中数据的格式，一般有以下三种方法：

方法一：使用【开始】选项卡中的【数字】组。

方法二：使用键盘上的【Ctrl+1】组合键。

方法三：在活动单元格上单击鼠标右键，在弹出的快捷菜单中选择【设置单元格格式】命令。

例如：将图 2-12 中的数据设置为人民币格式、两位小数、负数以带括号的红色字体显示。

步骤 1：选中 A2:A10，按键盘上的【Ctrl+1】组合键打开【设置单元格格式】对话框，单击【数字】选项卡。

步骤 2：在【分类】列表框中选择【货币】，然后在右侧【小数位数】后面的微调框中设置数值“2”，在【货币符号】下拉列表中选择【￥】，最后在【负数】列表框中选择带括号红色字体样式的一组。

步骤 3：单击【确定】按钮完成设置，如图 2-12 所示。

图 2-12　设置数值显示为美元格式

2.6 数据有效性的设置

数据有效性是根据需要输入到单元格或单元格区域中的数据类型、长度等特征，为单元格设置一些规则，从而实现快速、准确输入数据的目的。

2.6.1 设置数据有效性的规则

数据有效性的设置需要通过 Excel 功能区上【数据】/【数据工具】组中的【数据有效性】按钮来实现。在 Excel 中，主要涉及七种数据有效性规则，分别是：整数、小数、序列、日期、时间、文本长度和自定义。

1. 整数

当单元格或者单元格区域中需要输入整数值数据时，可以通过数据有效性设置来限制输入的数据，用于提高输入的准确度。在设置整数条件时，可以使用【介于】、【未介于】、【等于】、【不等于】、【大于】、【小于】、【大于或等于】、【小于或等于】等比较运算来设置整数的限制条件，具体操作如图 2-13 所示。

图 2-13 设置单元格数据有效性为整数

2. 小数

小数的设置规则与整数的设置规则类似，也可以使用比较运算来设置小数的限制条件。例如可以将【数据】设置为【小于或等于】最大值为 "1"。

3. 序列

在日常应用中，有时需要在表格的同一行或者同一列中输入几个固定数据中的某一个，这时可以通过设置序列的有效性来实现该操作。选中已设置数据有效性的单元格后会显示一个下拉箭头，单击该下拉箭头即可从下拉列表中选择需要输入的数据。具体操作步骤如下：

步骤 1：在【数据有效性】对话框中单击【允许】下三角按钮。

步骤 2：在下拉列表中选择【序列】。

步骤 3：在【来源】文本框中输入需要显示的选项，多个选项中间需要用半角状态下的逗号间隔。

步骤 4：单击【确定】按钮完成设置。

步骤 5：单击设置好数据有效性的单元格，打开下拉列表即可选择所需数据，如图 2-14 所示。

知识拓展

设置数据有效性时，【来源】文本框中的数据除单个输入外，还可以通过引用单元格区域来实现。具体操作为：单击【来源】文本框最右侧的单元格引用按钮 后选中已输入数据的单元格，然后再次单击 按钮，返回【数据有效性】窗口，单击 确定 按钮完成操作，即生成了以所选区域数据为下拉选项的可选下拉列表。

图 2-14　设置序列有效性

4. 日期

如果需要在单元格内输入日期型数据，可以先将有效性条件设置为【日期】，再根据需要设置范围，如图 2-15 所示。操作步骤如下：

步骤 1：单击【允许】下的三角按钮，选择【日期】选项。

步骤 2：单击【数据】下的三角按钮，选择运算规则。

步骤 3：在【开始日期】、【结束日期】文本框中输入日期值，然后单击【确定】按钮完成操作。

图 2-15　设置日期有效性

5. 时间

与日期的有效性设置操作类似，如果要在单元格或者单元格区域中输入某个时间值，

需要从【允许】下拉列表中选择【时间】，然后从【数据】下拉列表中选择运算规则，再根据规则设置起始时间即可完成操作。

6. 文本长度

对一些特殊的数据可以通过限制文本长度的操作来完成准确输入，如电话号码、身份证号码等长度固定的数据。具体操作如下：

步骤 1：单击【允许】下的三角按钮，选择【文本长度】选项。

步骤 2：单击【数据】下的三角按钮，选择运算规则。

步骤 3：在【长度】文本框中输入长度值，然后单击【确定】按钮完成操作。

7. 自定义

除上述六种数据有效性以外，系统还给出了【自定义】条件。当选择【自定义】条件时，可以根据需要使用公式来限制输入的数据，如设置数据的唯一性，就可以通过自定义来实现。

2.6.2 设置数据有效性屏幕提示

对某些单元格设置了限制输入规则后，当输入不符合规则的数据时，会显示提示消息，但不能够快速找出出错原因。而设置“输入消息”以后，就可以根据屏幕上面的自动提示正确输入数据，使表格的可操作性大大加强。设置数据有效性屏幕提示的操作步骤如下：

步骤 1：在【数据有效性】对话框中单击【输入信息】标签。

步骤 2：勾选【选定单元格时显示输入信息】复选框。

步骤 3：在【标题】文本框中输入提示信息标题，在【输入信息】文本框中输入提示信息的内容后单击【确定】按钮完成设置，如图 2-16 所示。

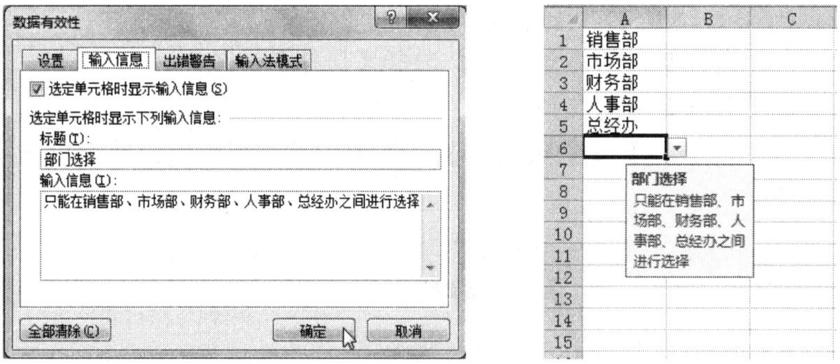

图 2-16 设置【数据有效性】屏幕提示

注 意 在设置【数据有效性】输入信息时，Excel 没有强制要求【标题】和【输入信息】两个文本框的内容都必须填写。在日常的操作过程中，一般都是只提示标题或者内容，能起到提示表格使用人的目的即可。

2.6.3 设置数据有效性出错警告

默认情况下，在已设置数据有效性的单元格中输入不符合规则的数据时，屏幕上会弹出一个错误提示框，提示用户输入的值非法。如输入非法值没有自动弹出错误提示框，可以通过下面的设置来显示出错警告。

步骤 1：在【数据有效性】对话框中单击【出错警告】标签，勾选【输入无效数据时显示出错警告】复选框。

步骤 2：从【样式】下拉框中选择【停止】选项后单击【确定】按钮。

出错警告的设置样式有三种：停止、警告、信息，它们分别代表不同级别的警告。

(1) 停止样式：选择【停止】样式后，在输入错误值时会弹出错误提示，提示框中显示【重试】、【取消】、【帮助】三个按钮，如图 2-17 所示。选择【重试】，单元格自动进入编辑状态重新输入；选择【取消】则自动删除不符合规则的数据。

(2) 警告样式：选择【警告】样式后，在输入错误值时会弹出错误提示，提示框中显示是否继续的选择性操作：【是】、【否】、【取消】、【帮助】，如图 2-18 所示。选择【是】则系统会自动忽略错误，显示输入；选择【否】则单元格进入编辑状态，可以重新输入正确的值；选择【取消】则直接删除不符合规则的值。

(3) 信息样式：选择【信息】样式后，在输入错误值时会弹出错误提示，提示框中显示【确定】、【取消】、【帮助】三个按钮，如图 2-19 所示。选择【确定】则系统会自动忽略错误，显示输入；选择【取消】则直接删除不符合规则的值。

图 2-17　停止样式下的出错警告　　图 2-18　警告样式下的出错警告　　图 2-19　信息样式下的出错警告

2.6.4　清除数据有效性

当单元格不再需要设置数据有效性时，可以清除数据有效性，清除数据有效性后的单元格可以输入任何值，但不会影响之前已经输入的数据。清除数据有效性的具体操作步骤如下：

步骤 1：选定要清除数据有效性的单元格区域。

步骤 2：打开【数据有效性】对话框，单击【全部清除】按钮后，再单击【确定】按钮完成操作。

2.7　高效操作技巧

在实务操作中，除了正常的数据录入和编辑以外，还应该掌握一些编辑技巧，以提高工作效率，达到事半功倍的效果。

2.7.1　复制、粘贴单元格及区域

在制作 Excel 相关表格时，经常需要将工作表的数据从一处复制或者移动到其他位

置，这在 Excel 中可以轻松实现。复制和移动的步骤如下：

◇ 复制：选择需要复制的区域，执行【复制】操作，然后选择目标区域，执行
   【粘贴】操作。

◇ 移动：选择需要移动的区域，执行【剪切】操作，然后选择目标区域，执行
   【粘贴】操作。

复制和移动操作的主要区别在于：复制是产生源区域的副本，最终效果对源区域不产生影响，而移动则是将数据从源区域移走。

1. 单元格和区域的复制

首先需要选中源区域，然后通过以下几种方式实现复制操作。

◇ 单击【开始】/【剪贴板】组中的【复制】按钮。

◇ 通过键盘上的【Ctrl+C】组合键进行复制操作。

◇ 在目标单元格或区域单击鼠标右键，在弹出的快捷菜单中选择【复制】命令。

完成复制后则将内容保存在剪贴板中，用于后续操作。这里的"内容"既包括单元格中的数据，还包括单元格中的公式、数据有效性及批注。

2. 单元格和区域的剪切

首先需要选中源区域，然后通过以下几种方式实现剪切操作。

◇ 单击【开始】/【剪贴板】组中的【剪切】按钮。

◇ 通过键盘上的【Ctrl+X】组合键进行剪切操作。

◇ 在目标单元格或区域单击鼠标右键，在弹出的快捷菜单中选择【剪切】命令。

完成剪切后，被剪切的内容将保存在剪切板中，用于后续操作。在进行粘贴操作之前，被剪切的源单元格或区域中的内容不会被清除。

 当完成复制或剪切操作后，如果按下【Esc】键，则会将数据从剪切板中清除，这将影响到后续的粘贴操作。

3. 常规粘贴

选中需要粘贴内容的单元格或区域后，可以通过以下几种方式来实现粘贴操作。

◇ 单击【开始】/【剪贴板】组中的【粘贴】按钮。

◇ 通过键盘上的【Ctrl+V】组合键进行粘贴操作。

Excel 允许粘贴操作的目标区域大于或者等于源区域。如果之前执行的是剪切操作，则在完成粘贴操作后，源单元格或者区域中的内容将被清除。

4.【粘贴选项】按钮的使用

在数据复制操作中，可能不需要每次将源单元格或区域内的数据以及其格式、公式都粘贴在目标位置，此时不能通过常规的快捷键或者按钮操作来实现，但可以通过被粘贴区域右下角的【粘贴选项】按钮进行操作。单击【粘贴选项】按钮展开下拉菜单，根据需要选择粘贴方式即可，如图 2-20 所示。

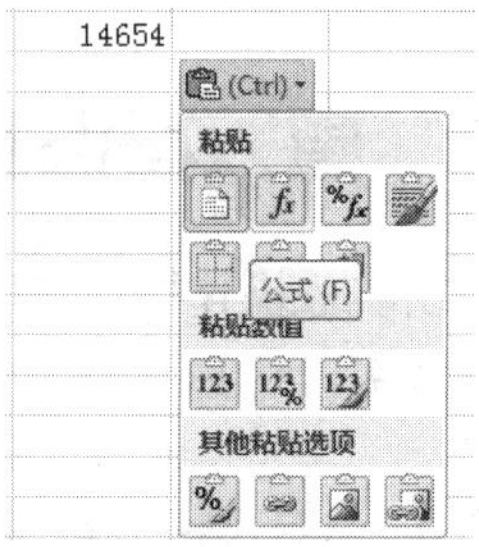

图 2-20　粘贴选项的下拉菜单

5. 【选择性粘贴】对话框的操作

可以通过以下几种方式打开【选择性粘贴】对话框：

方法一：单击【开始】/【剪贴板】组中的【粘贴】按钮下拉箭头，选择下拉菜单中的【选择性粘贴】命令，如图 2-21 所示。

方法二：在粘贴目标单元格或区域上单击鼠标右键，在弹出的快捷菜单中单击【选择性粘贴】命令，如图 2-22 所示。

图 2-21 【选择性粘贴】对话框

图 2-22 选择性粘贴快捷菜单

常见的【选择性粘贴】中的选项含义如下：

◇ 全部：系统默认的常规粘贴方法。粘贴源单元格和区域中的全部内容，包括数据、格式、数据有效性及批注等。

◇ 公式：粘贴所有数据(包括公式)，不保留格式、批注等内容。

◇ 数值：粘贴数值、文本及公式运算结果，不保留公式、格式、批注、数据有效性等内容。

◇ 格式：粘贴所有格式(包括条件格式)，不粘贴任何数值、文本、公式。

◇ 批注：只粘贴批注，不保留其他任何数据内容和格式。

◇ 有效性验证：只粘贴数据有效性的设置内容，不保留其他任何数据内容和格式。

◇ 所有使用源主题的单元：粘贴所有内容，并且使用源区域的主题。一般在跨工作簿复制数据时，如果两个工作簿使用的主题不同，可以使用该选项。

◇ 边框除外：保留粘贴内容的所有数据、格式、数据有效性以及批注等，但不包括单元格边框的设置格式。

◇ 列宽：仅将目标单元格的列宽设置与源单元格列宽相同，不保留其他任何内容。

◇ 公式和数字格式：粘贴时保留数据内容以及原有的数字格式，而去除原来所包含的文本格式。

◇ 值和数字格式：粘贴时保留数据数值、文本、公式运算结果以及原有的数字格式，不保留公式本身。

◇ 所有合并条件格式：合并源区域与目标区域的所有条件格式。

在图 2-21 中，在粘贴选项下面还有【运算】区域，可以通过【加】、【减】、【乘】、【除】四个选项，在粘贴的同时完成数学运算。

例如：将图 2-23 中 A1:B3 单元格中的数据复制到 C1:D3，并进行加法运算。

操作步骤如下：

步骤 1：选中 A1:B3 单元格并复制单元格内容。

步骤 2：选中 C1:D3 区域单击鼠标右键，在弹出的快捷菜单中选择【选择性粘贴】命令。

步骤 3：在弹出的【选择性粘贴】对话框的【运算】区域选中【加】选项，然后单击【确定】按钮完成操作。效果如图 2-24 所示。

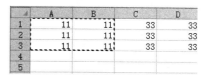

图 2-23　示例中的源数据　　　　　图 2-24　示例完成后效果图

6. 通过拖放进行复制和移动

除了上述常规操作以外，Excel 还提供了一种更简洁的方法：直接通过拖动鼠标来完成复制或者移动操作，操作步骤如下：

步骤 1：选中要复制的源数据所在单元格或区域。

步骤 2：将光标移至区域边缘(非填充柄位置)，鼠标指针显示为黑色"十"字箭头时，按住鼠标左键。

步骤 3：拖动鼠标，移至需要粘贴数据的位置后按住【Ctrl】键，此时鼠标指针显示为带"十"的指针样式，依次释放鼠标左键和【Ctrl】键，即可完成复制操作。移动操作步骤与复制类似，只是在操作过程中不需要按【Ctrl】键。

注意　　使用拖动鼠标方式进行复制或移动的内容包括原有的所有数据、格式、数据有效性以及单元格批注。这种方式只适用于连续的单元格区域。

知识拓展

要将数据复制到不同的工作表中，可以拖动鼠标至目标工作表标签上方时，按住键盘上的【Alt】键，直至移动到目标工作表后再松开【Alt】键。

7. 使用填充将数据复制到相邻单元格

在日常操作中，有时需要将数据复制到相邻的单元格，此时，可以使用填充功能来快速实现。单元格内数据复制到下方单元格的操作步骤如下：

步骤 1：选中需要复制的单元格或区域。

步骤 2：依次单击【开始】/【编辑】组中的【填充】下拉按钮，在下拉列表中选择【向下】选项(或通过键盘上的【Ctrl+D】组合键)。

除向下填充外，还可以执行【向右】、【向左】、【向上】3 个选项，可以根据需要分别执行。

　　填充功能还可以用于不同工作表之间的复制，使复制变得简单易操作，操作步骤如下：

　　步骤 1：同时选中当前工作表和复制的目标工作表，形成一个"工作组"。

　　步骤 2：在当前工作表中选中需要复制的单元格或区域。

　　步骤 3：依次单击【开始】/【编辑】组中的【填充】下拉按钮，在下拉列表中选择【成组工作表】选项，在弹出的【填充成组工作表】对话框中选择所需填充方式并单击【确定】按钮，即可完成跨工作表的填充。

2.7.2　查找和替换

　　在数据分析过程中，查找与替换是一项非常重要且常用的功能，应用此功能可以大大提高工作效率。

1. 常规查找和替换

　　使用"查找"、"替换"功能要先确定查找的目标范围。如果只在某一区域内查找，只需选取该区域即可；如果需要在整个工作表中查找，则需选取工作表中的任一单元格。

　　在 Excel 中，"查找"与"替换"位于同一个对话框的不同选项卡，如图 2-25 所示。

　　依次单击【开始】/【编辑】组中的【查找和选择】下拉按钮，在下拉列表中选择【查找】选项或者通过键盘上的【Ctrl + F】组合键，都可以打开【查找和替换】对话框并定位到【查找】选项卡。在该选项卡中可以直接单击【替换】选项卡，或者通过键盘上的【Ctrl + H】组合键来定位【替换】选项卡。

图 2-25　【查找和替换】对话框

　　如果需要查找单个数据，只需在【查找和替换】对话框【查找内容】文本框内输入需要查找的数据后，单击【查找下一个】按钮即可实现查找。在输入查找内容后，单击【查找全部】按钮，即可查找到所有符合条件的结果。

　　替换操作与查找类似，在【替换】选项卡下的【查找内容】文本框内输入需要查找的数据，并在【替换为】文本框中输入需要替换的数据，然后单击【全部替换】按钮，即可使所有满足【查找内容】条件的数据全部换成【替换为】中的内容。

知识拓展

　　如果进行了错误的替换工作，可以马上关闭【查找与替换】对话框并按键盘上的【Ctrl+Z】组合键来撤销。

2. 更多查找选项

在【查找和替换】对话框中，单击【选项】按钮，可以显示更多查找和替换选项，如图 2-26 所示。

图 2-26　更多的查找和替换选项

知识拓展

【查找内容】和【替换为】文本框内可以不输入数据，以空格呈现。如需将某个数据替换为空格，就可以通过在【替换为】框留空来实现。如同时将【查找内容】和【替换为】文本框留空的情况下，设定二者的格式，即可快速实现格式替换。

3. 通配符的运用

在 Excel 中，为了实现更复杂的查找，解决用户在不能完全确定查找数据的情况下进行查找的问题，可以使用包含通配符的模糊查找方式。支持模糊查找的通配符有 "*" 和 "？"，它们的代表含义如下所述：

◇ "*"：可代替任意数目的字符，可以是单个字符、多个字符或者没有字符。
◇ "？"：可代替任意单个字符。

2.7.3　单元格的隐藏和锁定

在日常使用中，有时需要将某些单元格或区域的数据隐藏起来，或者锁定整张工作表，以确保数据信息的安全。单元格的隐藏和锁定可以通过设置 Excel 单元格格式的"保护"属性，再配合"工作表保护"功能来实现。

1. 单元格和区域的隐藏

将单元格的背景和字体颜色设置为相同颜色即可起到隐藏单元格内容的作用，当单元格被选中时，单元格内的数据又会显示在编辑栏。要实现单元格内容的真正隐藏可以在上述基础上通过以下操作来实现：

步骤 1：选中需要隐藏内容的单元格。

步骤 2：单击【审阅】/【更改】组中的【保护工作表】按钮，在弹出的【保护工作表】对话框中单击【确定】按钮(如需设置密码，可以在【取消工作表保护时使用的密码】框内输入密码)即可完成单元格内容的隐藏操作。

取消单元格的隐藏状态，可以通过单击【审阅】/【更改】组中的【撤销包含工作表】按钮来实现。如果设置过密码，此处会要求输入正确密码。

2. 单元格和区域的锁定

如果不允许单元格或者区域被随便编辑，可以通过设置单元格锁定状态和工作表保护来实现。单元格是否允许被编辑会受到两项设置的共同制约。

❖　单元格是否被设置为"锁定"状态。

❖　当前工作表是否执行了【保护工作表】命令。

以上两项必须同时设置才能真正禁止单元格被编辑。将单元格设置为【锁定】状态，可以在【设置单元格格式】对话框的【保护】选项卡中勾选【锁定】复选框来实现。Excel 单元格的默认状态均为"锁定"状态。

小　　结

数据是会计和财务报表最基本、最重要的部分，是数据处理和财务管理及分析的基础。本章从介绍数据类型入手，重点讲述了财务数据的输入、编辑、添加批注等基本操作，以及财务数据的填充，数据格式、数据有效性的设置等提高操作效率的技巧。

Excel 中数据一般会涉及到四种基本类型：数值、日期、文本和公式。除此以外，还有逻辑值、错误值等一些特殊的数值类型。

Excel 为用户提供了快速填充数据的"自动填充功能"，主要用于有规律数据的快速输入。填充柄就是一种快速填充单元格的工具，它位于单元格的右下方，当鼠标指针移动到其位置时，会变成一个细黑"十"字形，当拖动填充柄时，可以按指定方式填充单元格内容。在使用过程中，按行填充和按列填充都可以通过填充柄来完成。

可以实现自动填充"顺序"的数据在 Excel 中被称为序列。Excel 能够完成各种序列的自动填充，并且允许用户自定义序列。

数据有效性是根据需要输入到单元格或单元格区域中的数据类型、长度等特征，来为单元格设置一些规则，从而实现快速、准确输入数据的目的。

在 Excel 中，为了实现更复杂的查找，解决用户在不能完全确定查找数据的情况下进行查找的问题，可以使用包含通配符的模糊查找方式。支持模糊查找的通配符有"*"和"？"。

练　　习

一、填空题

1. 财务数据录入中一般会涉及到五种基本数据类型：_____、_____、_____、_____和_____。

2. 在单元格处于编辑状态时，在需要换行的位置按下键盘上的_____组合键来实现强制换行。

3. 逻辑值在 Excel 中是比较特殊的一类参数，它只有_____和_____两种类型。

4. 选定单元格后，按键盘上的_____组合键后在文本框内输入批注内容。

二、判断题

1．Excel 将一些特殊符号如百分号(%)、货币符号(￥)、千分间隔符(,)、科学计数符号(E)都理解为数值。（　　）

2．身份证号码是"数值"型数据。（　　）

3．当在单元格中输入"July 1"时，Excel 自动识别为"当前年份 7 月 1 日"。（　　）

4．"复制"或"剪切"操作后，如果按下【Esc】键，则不会将数据从剪切板清除，不影响到后续的粘贴操作。（　　）

三、简答题

1．请简述数据有效性的概念。

2．请简述设置数据有效性的规则。

3．简述通配符"*"和"？"的作用。

第 3 章　工作表格式的设置

本章目标

- 熟悉单元格格式的设置
- 了解主题的应用
- 了解工作表背景的设置
- 掌握模板的创建方法
- 掌握模板的使用方法
- 熟悉打印的设置

重点难点

重点：
- 单元格格式设置
- 主题的使用
- 创建和使用模板

难点：
- Excel 中主题的应用
- 模板的创建方法及其使用方法

为了让用户能够更直观地阅读 Excel 的数据资料，需要将这些资料的格式进行美化设置，如字体的样式、大小及表的背景等。Excel 系统提供的多种技术支持使得用户能够将数据设置成自己满意的样式。本章将针对 Excel 系统自带的各项格式内容进行逐一讲解。

3.1 单元格格式

Excel 工作表由单元格组成，它是表格中行与列的交叉，是组成表格的最小单位。单元格的格式决定了工作表的整体外观。单元格的格式设置，包括文本对齐方式、字体样式、边框样式以及单元格颜色。

3.1.1 对齐

Excel 表格未设置格式前，对齐方式为系统默认的常规方式。输入数值时，默认为靠右显示；输入文本时，默认为靠左显示。在日常的使用中，需要对数据进行不同的对齐格式设置，甚至有时需要将文本以一定的角度倾斜显示，这些都可以通过【对齐】选项卡进行设置。

可以通过以下几种方式打开【对齐】选项卡：

方法一：选择 Excel 功能区【开始】/【对齐方式】组中的对齐选项。

方法二：按键盘上的【Ctrl+1】组合键，在弹出的【设置单元格格式】对话框中单击【对齐】选项卡。

方法三：选中单元格，单击鼠标右键，在弹出的快捷菜单中选择【设置单元格格式】命令，在【设置单元格格式】对话框中单击【对齐】选项卡。

在 Excel 中单元格对齐可以分为水平方向和垂直方向，下面分别进行讲解。

1．文本方向及文字方向设置

【对齐】选项卡除了用于设置单元格文本的对齐方式，还可以对文本方向、文字方向以及文本控制等内容进行设置。

(1) 文本角度倾斜设置。文本角度倾斜设置是在【设置单元格格式】/【对齐】选项卡界面右侧的【方向】半圆形表盘显示框中，通过鼠标改变指针的倾斜角度，或者通过下方的微调框设置文本的倾斜角度，可以改变文本的显示方向。文本倾斜角度设置范围为 –90°～+90°。

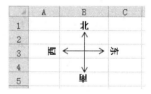

图 3-1　方向标

如图 3-1 所示的方向标中，"北"、"东"、"南"、"西"分别是倾斜了 0°、90°、180°、–90°之后的显示效果。

知识拓展

在系统设置的文本倾斜角度设置范围为 –90°～+90°的前提下，如果想得到倾斜 180°的显示效果，可以通过字体设置时在字体前面加 "@" 符号，使文本逆时针方向旋转，然后再设置 90°的倾斜角度，即可达到倾斜 180°的效果。

(2) 竖排文本方向。竖排文本方向是指文本的排列由水平状态转化为竖直状态，而文本中的每一个字符仍然保持水平显示，设置方法如图 3-2 所示。

图 3-2　竖排文本方向

除上述方法外，还可以在【设置单元格格式】对话框中【对齐】选项卡界面右侧的【方向】选项中进行设置。如图 3-3 所示，在【方向】选项下单击垂直的【文本】，背景显示为黑色，此时表示已选中竖排设置。

图 3-3　设置竖排文本方向

(3) 垂直角度文本。垂直角度文本是指将文本依照字符的直线方向垂直旋转 90°或 −90°后形成的垂直显示文本，文本中的字符均相应地旋转 90°，如图 3-4、图 3-5 所示。

图 3-4　向上旋转文字

图 3-5　向下旋转文字

除以上所讲方法外，还可以通过【设置单元格格式】对话框中【对齐】选项卡右侧的【方向】半圆形表盘显示框，将文本方向设置为 90°或–90°。

2．水平对齐

水平对齐是指单元格中的数据相对于单元格水平方向显示的方式。水平对齐包括八种方式：常规、靠左(缩进)、居中、靠右(缩进)、填充、两端对齐、跨列居中、分散对齐(缩进)，如图 3-6 所示。

图 3-6　【水平对齐】选项卡

(1) 常规。

Excel 默认的单元格对齐方式为数值型数据靠右对齐，文本型数据靠左对齐，逻辑和错误值居中。

(2) 靠左(缩进)。

单元格内容靠左对齐显示。若单元格内容长度大于单元格列宽，则内容会从右侧超出单元格边框显示。

对单元格进行靠左(缩进)设置，可在【设置单元格格式】对话框的【对齐】选项卡中设置【水平对齐】选项为【靠左(缩进)】，并将【缩进】数值设置为"2"，如图 3-7 所示。

图 3-7　靠左(缩进)对齐

(3) 居中。

单元格内容居中显示。若单元格内容长度大于单元格列宽，内容会从两侧超出单元格边框显示。若两侧单元格非空，超出部分不被显示。

对单元格进行居中设置，可在【设置单元格格式】对话框的【对齐】选项卡中设置【水平对齐】选项为【居中】，如图 3-8 所示。

图 3-8　居中对齐

(4) 靠右(缩进)。

单元格内容靠右对齐显示。与靠左(缩进)对齐方式类似，只是方向相反。若单元格内容长度大于单元格列宽，内容会从左侧超出单元格边框显示。若左侧单元格非空，超出部分不被显示。

如图 3-9 所示，选中单元格 B2，在【设置单元格格式】对话框的【对齐】选项卡中设置【水平对齐】选项为【靠右(缩进)】。因为左侧单元格非空，所以超出部分不被显示。在靠右对齐方式下，可以通过对【缩进】微调的设置来控制单元格内容距右侧边框的距离。

图 3-9　靠右(缩进)对齐

(5) 填充。

自动重复单元格内容直至单元格宽度被填满，系统默认的填充倍数为整数倍数。如图 3-10 所示，A2 单元格即为设置填充方式后的显示效果。

图 3-10　填充对齐

(6) 两端对齐。

单元格内容两端对齐。单行内容显示效果类似靠左(缩进)对齐方式，如果文本较长，超过列宽时，会自动换行显示，如图 3-11 中 A2、A3 单元格的显示效果。

(7) 跨列居中。

单元格内容在同一行内相邻两个单元格或超过两个单元格的区域内居中显示，如图 3-12 中 A1:D1 区域的显示效果。

(8) 分散对齐(缩进)。

单元格内的中文字符及空格间隔的英文单词平均分布充满整个单元格，两端均靠近单元格边框。对于连续的数字或者字母符号等文本不产生此效果，而是居中显示。可以使用"缩进"微调框来调整内容距单元格两侧边框的距离，可缩进范围为 0～15 个字符。在分散对齐显示方式下，若内容过长时会自动进行换行显示，如图 3-11 中 C2、D2 单元格的显示效果。

图 3-11　两端对齐、跨列居中、分散对齐、两端分散对齐的显示效果

(9) 两端分散对齐。

这是一个位于垂直对齐下拉列表下方的复选框。当文本水平对齐方向选择为"分散对齐"时，此复选框可选，如图 3-12 所示。

勾选【两端分散对齐】复选框，水平对齐文本末行文字会在水平方向上两端留空白并且平均分布排满整个单元格宽度，这与水平对齐中的【分散对齐】不同，如图 3-11 中 C3 所示。

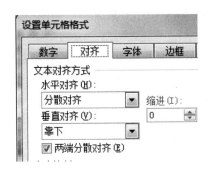

图 3-12　【两端分散对齐】复选框

3．垂直对齐

垂直对齐包括靠上、居中、靠下、两端对齐、分散对齐和两端分散对齐六种方式，如图 3-13 所示。

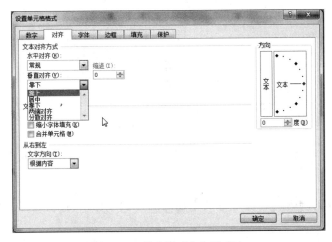

图 3-13　【垂直对齐】选项卡

(1) 靠上，也被称为顶端对齐，是指单元格内的文字沿单元格顶端对齐。

(2) 居中，也被称为垂直居中，是指单元格内的文字垂直居中。这是系统默认的对齐方式。

(3) 靠下，也被称为底端对齐，是指单元格内的文字靠单元格下端对齐。

改变单元格内容的垂直对齐方式，除了使用【设置单元格格式】对话框以外，还可以直接通过【开始】/【对齐方式】组中的按钮进行操作，如图 3-14 所示。

图 3-14　垂直对齐设置按钮

(4) 两端对齐。单元格内容在垂直方向上两端对齐并在垂直距离上平均分布，当文本过长时会自动换行显示。如图 3-15 中 A1 单元格即为两端对齐，A2 单元格为文本竖排方式时的两端对齐效果。

(5) 分散对齐。当文本显示为水平方向时，其显示效果与两端对齐相同，而当文本显示为竖排方式时，多行文字的末行文字会在垂直方向垂直分布并且两端靠近单元格边框。当文本内容过长时会自动换行显示。如图 3-15 所示，B1 单元格是当文本显示为水平方向时，分散对齐的显示效果，B2 单元格为当文本显示为竖排方式时分散对齐的显示效果，C1 单元格是文本垂直对齐方式为分散对齐状态下文本倾斜 90°后的显示效果。

(6) 两端分散对齐。该选项是【垂直对齐】下方的【两端分散对齐】复选框。只有当垂直对齐方式为【分散对齐】并且文本方向为垂直时，此复选框才为可选状态。勾选该复选框后，垂直显示的多行文字的末行会在垂直方向两端留空并且平均分布排满单元格。如图 3-15 所示，D1 单元格为两端分散对齐状态下文本倾斜 90°后的显示效果，D2 单元格为竖排方式下两端分散对齐的显示效果。

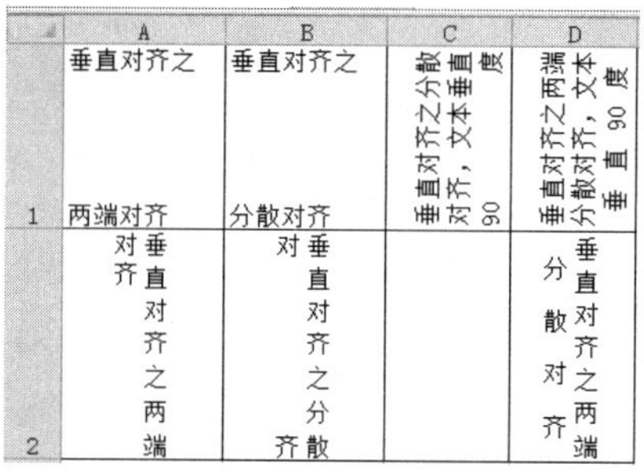

图 3-15　两端对齐、分散对齐、两端分散对齐的设置效果

4．文本控制

设置文本对齐的同时，可以进行文本输出的控制，包括自动换行、缩小字体填充和合并单元格。

(1) 自动换行。文本内容长度超出单元格宽度时，可以通过勾选【自动换行】复选框来实现同一单元格内文本内容的分行显示。设置自动换行后，如果调整单元格列宽，文本内容的换行位置也会相应调整。

(2) 缩小字体填充。文本内容自动缩小显示，以适应单元格大小。

(3) 合并单元格。合并单元格就是将两个或者两个以上连续单元格合并成一个较大单元格的操作。包括合并后居中、跨越合并、合并单元格三种方式。

◇ 合并后居中：将选中的多个单元格进行合并，并且将新单元格内容设置为居中。

◇ 跨越合并：将选中的多行多列单元格区域的每行进行合并，形成多行单列的单元格

◇ 区域。

◇ 合并单元格：将选定的单元格区域进行合并，并沿用原对齐格式。

设置合并单元格通常遵循以下步骤：选定需要进行合并操作的单元格，单击【开始】/【对齐方式】组中的【合并后居中】右侧的三角按钮，在下拉列表中选择所需合并单元格的方式，如图 3-16 所示。

图 3-16　合并单元格

如果选定的合并单元格区域内包含 1 个以上的非空单元格，在执行单元格合并操作时会弹出警告提示框，如图 3-17 所示。如果此时继续执行合并操作，则只能保留左上角单元格内数据，其他单元格内数据会被删除。

图 3-17　合并单元格包含多重数据的警告提示框

 合并单元格会对表格数据的排序、筛选、复制、粘贴等操作造成影响，建议谨慎使用此功能。

3.1.2　字体

字体格式包括字体、字号、颜色、背景图案等。中文版 Excel 默认的设置为宋体，11 号字。设置字体可以通过【设置单元格格式】对话框中的【字体】选项卡进行，如图 3-18 所示。

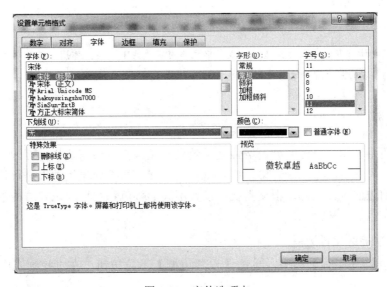

图 3-18　字体选项卡

【字体】选项卡中各选项的含义如下：

1．字体

在【字体】下拉列表内可以设置系统提供的各种字体。

2．字形

在【字形】下拉列表中提供了四种字形：常规、倾斜、加粗、加粗倾斜。

3．字号

在【字号】下拉列表中选择字号，也可以直接在文本框中输入字号的磅数。

4．下划线

在【下划线】下拉列表中可以进行下划线设置，系统默认设置为【无】。系统提供了四种下划线类型：单下划线、双下划线、会计用单下划线、会计用双下划线。

5．颜色

在【颜色】下拉调色板中可以设置字体颜色。

6．特殊效果

(1) 删除线。在单元格内容上显示横穿内容的直线，用以表示内容被删除。

(2) 上标。将文本内容显示为上标形式，如 10^3。

(3) 下标。将文本内容显示为下标形式，如 H_2O。

在 Excel 中，不仅可以对整个单元格进行字体格式的设置，还可以对同一单元格内的内容进行不同的字体格式设置，如图 3-19 所示。

图 3-19　同一单元格内不同字体设置

　"会计用下划线"比普通下划线离单元格内容更靠下一些，作用于整个单元格，如果仅对单元格内容的某一部分使用是无效的。

3.1.3　边框

边框主要用于划分表格区域，增强视觉效果，尤其在表格需要执行打印操作时边框的作用就显得更为重要。在 Excel 2010 中，既可以直接使用系统预置边框进行快速设置，也可以自己绘制边框，并且可以根据需要，设置不同的颜色和线型。设置边框主要有以下两种方法：

1．使用功能区设置边框

在【开始】/【字体】组中，单击【设置边框】下拉按钮，在下拉列表中选择所需的边框。

2．使用对话框设置边框

通过【设置单元格格式】对话框中的【边框】选项卡来设置更多的边框效果。在设置边框的过程中，可以对边框线条的颜色以及底色进行组合应用，使效果更立体。

3.1.4　填充

对单元格进行背景颜色的填充可以为单元格添加底色，使表格内容更加明显，易于查看。具体操作步骤如下：

步骤 1：打开【设置单元格格式】对话框，单击【填充】选项卡。

步骤 2：在【背景色】区域中选择 1 种填充颜色，或单击【填充效果】按钮，在【填充效果】对话框内设置渐变色；也可以在【图案样式】下拉列表中选择单元格图案进行填充，并在【图案颜色】下拉列表中选择填充图案的颜色。

3.1.5　复制格式

在 Excel 中，可以通过复制操作将单元格格式复制到其他单元格。将现有的单元格复制并粘贴到目标单元格，可以在复制单元格内容的同时实现单元格格式的复制。其方法如下：

方法一：复制已经设置格式的单元格，单击【开始】/【剪切板】组中的【粘贴】按钮，从下拉列表中选择【其他粘贴选项】中的【格式】选项。

方法二：使用【格式刷】将单元格格式复制到目标单元格区域。

知识拓展

如果需要使用【格式刷】将单元格格式复制到多个单元格区域，可以双击【格式刷】按钮，进入重复使用模式，直到所有目标单元格格式都设置完成后再次单击【格式刷】命令或者按【Esc】键结束。

3.1.6　套用表格格式的运用

Excel 2010 提供了 60 种表格格式，可以通过【套用表格格式】功能来使用这些预设的格式，即使最终不以表格形式体现的内容也可以借助【表格】功能来快速格式化。

1．套用表格格式的引用

步骤 1：选中数据表中任意单元格，单击【开始】/【样式】组中的【套用表格格式】右侧的三角按钮。

步骤 2：在下拉列表中选择合适的表格样式。

步骤 3：在弹出的【套用表格格式】对话框中确认引用范围，单击【确定】按钮，则数据表被创建为表格，并应用了相应的格式。

步骤 4：单击【设计】/【工具】组中的【转换为区域】按钮。

步骤 5：在打开的提示框中，单击【是(Y)】按钮，将"表格"转换为保留了表格式的普通数据表。

2. 自定义【表】样式的设置

在日常使用中，如果需要使用自己设置的表格样式，可以通过新建【表】样式对表格进行自定义设置，保存后便可存放在【表格工具】自定义的表格样式中，方便以后随时调用。

设置自定义【表】样式的操作步骤如下：

步骤 1：选中数据表中的任意单元格，单击【开始】/【样式】组中的【套用表格格式】右侧的三角按钮，在弹出的扩展列表中选择【新建表样式】命令，弹出【新建表快速样式】对话框。

步骤 2：在【名称】框内输入自定义样式的名称，在【表元素】下拉列表中选中【整个表】选项，单击【格式】按钮，弹出【设置单元格格式】对话框，进行边框、填充色、字体等设置，依次单击【确定】按钮，完成设置。

设置完成的自定义表以【自定义】分组显示在【表格样式】下拉列表中。

3.1.7　单元格样式

单元格样式即为一组特定单元格格式的组合。在日常使用中，可以通过应用单元格样式，对需要应用相同格式的区域进行格式化操作，以提高工作效率。

1. 内置样式的应用

Excel 中预置了一些典型样式，在使用时可以直接套用这些格式来进行快速设置，如图 3-20 所示。

步骤 1：选中目标单元格或区域，单击【开始】/【样式】组中的【单元格样式】下方的三角按钮，弹出单元格样式下拉列表。

步骤 2：在下拉列表中单击所需样式即可。

图 3-20　使用内置单元格样式

2．创建自定义样式

在日常使用过程中，有时候需要【新建单元格样式】来解决内置样式不能够完全满足实际需要的问题。

某公司现金日报表的原始数据清单，如图 3-21 所示，公司统一的报表格式如下：

(1) 表格的列标题采用 Excel 内置的"标题 3"样式。

(2) "序号"数据采用【数字常规】，字体【微软雅黑】10 号字，水平、垂直两个方向均为居中。

(3) "摘要"数据采用【微软雅黑】10 号字，水平、垂直两个方向均为居中。

(4) "收付款方式"数据采用【微软雅黑】10 号字，水平、垂直两个方向均为居中，使用"浅灰色"底色。

(5) "收入"、"支出"数据采用【Arial Unicode MS】10 号字，使用千位分隔符并保留 2 位小数，金额前面添加人民币符号"￥"。

(6) "合计"采用内置的"汇总"样式。

	A	B	C	D	E
1	序号	摘　　要	收付款方式	收入	支出
2	1	收当日维修费	现收*	832.56	
3	2	收当日维修费	现收	9965.05	
4	3	收当日维修费	现收	20560	
5	4	收当日维修费	银收	18053	
6	5	收当日车款	银收	192123	
7	7	退车款定金	现付*		3000
8	8	合计		241,533.61	3000

图 3-21　现金日报表

具体操作步骤如下：

步骤 1：单击【开始】/【样式】组中的【单元格样式】下三角按钮，打开样式下拉列表，选择【新建单元格样式】命令，打开【样式】对话框。

步骤 2：在【样式】对话框中的【样式名】选项中输入"序号"，如图 3-22 所示。

步骤 3：单击【格式】按钮，打开【设置单元格格式】对话框，按照"序号"列的要求设置单元格格式。

步骤 4：同样的方法建立新样式"摘要"、"收付款方式"、"收入"、"支出"。

新建自定义样式后，新样式会出现在样式下拉列表中【自定义】样式区，如图 3-23 所示。

図 3-22 新建"序号"样式

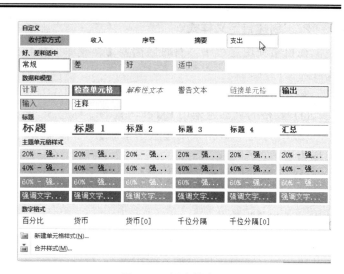

图 3-23 新建样式

步骤 5：选中列标题、各列数据以及合计栏，分别进行格式化，格式化后的效果如图 3-24 所示。

	A	B	C	D	E
1	序号	摘　　要	收付款方式	收入	支出
2	1	收当日维修费	现收*	¥　832.56	
3	2	收当日维修费	现收	¥　9,965.05	
4	3	收当日维修费	现收	¥　20,560.00	
5	4	收当日维修费	银收	¥　18,053.00	
6	5	收当日车款	银收	¥　192,123.00	
7	7	退车款定金	现付*		¥　3,000.00
8	8	合计		¥　241,533.61	¥　3,000.00

图 3-24 格式化后的表格

如果新建的自定义样式需要删除或者修改，可以通过鼠标右键单击该自定义样式名称，在打开的快捷菜单中进行相应操作，如图 3-25 所示。

3.合并样式

新创建的自定义样式只会保存在当前工作簿中，不会作用于其他工作簿。如果自定义样式要用到多个工作簿中，需要通过合并样式来实现。具体操作步骤如下：

图 3-25 修改、删除自定义样式

步骤 1：打开样式模板工作簿，激活需要合并样式的工作簿。单击【开始】/【样式】组中【单元格样式】下方的三角按钮，打开样式下拉列表，选择【合并样式】命令。

步骤 2：在弹出的【合并样式】对话框中，选中包含自定义样式的工作簿名，单击【确定】按钮，如图 3-26 所示。

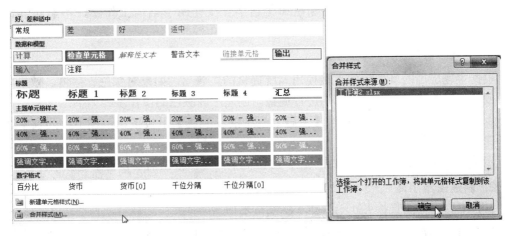

图 3-26　合并样式操作路径

合并样式后的自定义样式列表中，就会出现上个工作簿中新建的样式，如图 3-27 所示。与图 3-26 相比较，可以很明显地看到自定义区出现在最上面，而且包含了新创建的样式，如"收付款方式"、"收入"等。

图 3-27　合并样式自定义格式效果

3.2　使用主题

上一节中讲述了使用套用表格格式和单元格格式快速格式化工作表。本节将介绍另外一种快速格式化工作表的方法——使用主题。

3.2.1　主题的概念

主题是一组格式选型组合，包括主题颜色、主题字体(标题和正文字体)和主题效果(边框线条和填充效果)。它是赋予整个工作表最专业外观的一种快捷方式。

单击【页面布局】/【主题】组中的【主题】下拉按钮，在展开的下拉列表中可以看到 Excel 内置的主题共有 44 种，根据需要选定其中一种后，依次单击【颜色】、【字体】、【效果】下拉按钮，就可以看到相对应主题名称的颜色、字体、效果处于被选定状态。

3.2.2 自定义主题

除了使用系统自带主题外，用户也可以将不同的颜色、字体和效果进行搭配使用，并保存成新的主题。新创建的主题颜色和主题字体仅作用于当前工作簿，不影响其他工作簿。

1．新建主题颜色

根据主题应用的操作步骤直接使用系统提供的主题后，如果对颜色、字体、效果中的一项或者几项不满意，可以对它们进行调整。创建主题颜色的操作步骤如下：

步骤 1：单击【页面布局】/【主题】组中的【颜色】下拉按钮，在下拉列表中选择【新建主题颜色】命令。

步骤 2：在打开的【新建主题颜色】对话框中，可以根据需要设置主题颜色。

2．新建主题字体

新建主题字体的具体方法与新建主题颜色类似。

步骤 1：单击【页面布局】/【主题】组中的【字体】下按按钮，在下拉列表中选择【新建主题字体】命令。

步骤 2：在打开的【新建主题字体】对话框中，根据需要设置主题字体。

3．保存新建主题

新建主题只作用于当前工作簿，如果需要将自定义主题应用于其他工作簿，需要将当前主题保存为主题文件，保存的主题文件扩展名为".thmx"。

操作步骤为：单击【页面布局】/【主题】组中的【保存当前主题】按钮，在弹出的对话框中输入自定义文档主题的名称并单击【保存】按钮。

自定义文档主题将保存在"文档主题"文件夹中，在 Windows 7 操作系统中，保存路径为：C:\Users\User\AppData\Roaming\Microsoft\Templates\Document Themes，其中"User"是进入系统的实际用户名。

3.3 工作表背景

为工作表设置背景能够起到增强视觉效果的作用。具体操作步骤如下：

步骤 1：单击【页面布局】/【页面设置】组中的【背景】按钮，打开【工作表背景】对话框。

步骤 2：在【工作表背景】对话框中，选中需要插入的背景图片，单击【插入】按钮完成设置。

还可以通过关闭【网格线】显示的操作来增强背景图片的显示效果，具体操作为：在【视图】/【显示】组中，取消【网格线】选项前的勾选。

也可以将选定区域以外的单元格背景色设置为白色使得显示效果更加突出，如图 3-28所示。

A	B	C	D	E	F	G
	序号	摘　要	收付款方式	收入	支出	
	1	收当日维修费	现收*	832.56		
	2	收当日维修费	现收*	9,965.05		
	3	收当日维修费	现收*	20,560.00		
	4	收当日维修费	银收	18,053.00		
	5	收当日车款	银收	192,123.00		
	6	退车款定金	现付*		3,000.00	
		合计		241,533.61	3,000.00	

图 3-28　添加背景后效果图

3.4　创建和使用模板

在 Excel 中，使用统一模板产生的工作簿或工作表具有相同的属性。因此模板的使用对于工作效率的提高有很大帮助，避免了很多重复性的操作。

3.4.1　启用模板文件夹

创建和使用模板功能之前，首先需要了解 Excel 启动文件夹和模板文件夹的操作。Excel 设置了一些默认启动文件夹，文件夹中的文件在 Excel 程序启动时都会打开，如果有在每次启动时都需要打开的文件，就可以放到此默认文件夹中。

当选择本机模板创建新工作簿时，系统会自动定位到默认模板文件夹，以供选择使用。按键盘上的【Alt+F+T】组合键，快速打开【Excel 选项】对话框，在对话框中选择【信任中心】选项，单击【信任中心设置】按钮，在弹出的【信任中心】对话框中选择【受信任位置】选项，可以查看和修改所有默认的启动文件夹和模板文件夹所在的路径。

除系统默认的启动文件夹以外，用户也可以自己设置启动文件夹。在【Excel 选项】对话框中选择【高级】选项，在右侧的【常规】分组中【启动时打开此目录中的所有文件】的文本框内可以输入自定义启动文件夹路径，如图 3-29 所示。

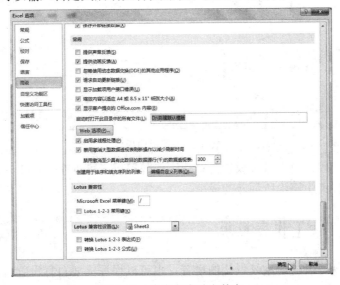

图 3-29　自定义启动文件夹

3.4.2　更改默认工作簿模板

在 Excel 中，系统默认设置对工作表、工作簿同样起作用，如中文版 Excel 2010 工作表，默认字体为 11 号宋体，列宽为 8.38 mm，行高 13.5 mm。而这些默认设置并非实际存在于模板文件中，只有当启动程序时没有检测到标准默认模板文件 Book.xltx 时才会使用。如果需要更改设置，只需要创建或者修改默认模板文件 Book.xltx 即可。具体操作步骤如下：

步骤 1：新建一个工作簿，并按照需求进行设置。

步骤 2：设置完成后，依次单击【文件】/【另存为】命令，打开【另存为】对话框，如图 3-30 所示。

步骤 3：在对话框【保存类型】下拉列表中选择"Excel 模板"并将【保存位置】定位到 Excel 默认启动文件夹或用户自定义的启动文件夹，在【文件名】文本框中输入"Book"，单击【保存】按钮。

步骤 4：关闭工作簿，退出 Excel 程序并重新启动。

经过上述操作后，新建工作簿时系统将会自动加载新设置的默认模板而非原有的默认模板。

"Book"文件名是 Excel 唯一可识别的默认工作簿模板文件名。

图 3-30　保存模板

如果不需要使用该自定义模板作为默认工作簿模板，可以在 Excel 启动文件夹或用户自定义的启动文件夹中删除所创建的模板。

3.4.3　更改默认工作表模板

工作表模板既可以使用系统默认的设置，也可以根据需要自行设置规范和样式，并保存为 Excel 所认可的默认工作表模板，以方便使用。

工作表模板的设置步骤与工作簿模板的设置步骤基本相同，唯一的差别是工作表的文件名为"Sheet"，不是工作簿的"Book"。

  "Sheet"文件名是 Excel 唯一可识别的默认工作表模板的文件名。在编制作为工作表模板的工作簿时尽量只保留一个工作表，以避免出现应用此模板创建工作表时，同时产生多个工作表的现象。

设置工作表模板时需要注意，有些设置针对整个工作簿有效，而非仅仅作用于单个工作表。如【Excel 选项】对话框【高级】选项中，只有【此工作表的显示选项】下的一些选项可以成为工作表模板的设置内容。

在工作表模板中可以创建自定义样式，若工作簿模板中包含了相同名称的样式，在新建工作表时会自动对样式重新命名。即使内置的样式，在工作簿模板和工作表模板中的设置有所不同时，也会自动重新命名。

3.4.4　使用自定义模板

创建自定义工作簿模板，需要先在工作簿的基础上完成自定义设置，然后保存到 Excel 的默认模板文件夹中。

在使用该模板创建工作簿时，可以单击【文件】/【新建】命令，在弹出的【可用模板】任务窗格中单击【我的模板】，在弹出的【新建】对话框中【个人模板】选项卡的列表框中，选中【自定义样式的模板】后单击【确定】按钮，即可创建以自定义模板为蓝本的工作簿。

在模板文件夹中可以存放多个模板文件，可以把日常性数据表格保存在自定义模板中，以方便操作。例如，每月编制的财务报表，除了数据需要变化以外，一些固定的栏目、表格格式、公式链接、数据透视表分析以及图表分析等固定内容页可以直接保存在自定义模板中。在需要制作报表时，创建基于此模板的工作簿，输入本月数据即可完成报表编制，极大地提高了工作效率。

3.4.5　使用内置模板创建工作簿

Excel 2010 提供了大量的免费电子表格模板，一部分保存在系统模板文件夹中，另一部分模板由 Office.com 进行维护并展示在 Excel 窗口，在连接互联网的状态下可以下载使用。具体的操作步骤如下：

步骤 1：单击【文件】/【新建】命令，在【可用模板】列表的【Office.com 模板】中选择所需模板，如"报表"。

步骤 2：单击所需要展示的项目分类，如"财务报表"，然后选择所需报表模板"资产负债表"，单击右下角的【下载】按钮，弹出【正在下载模板】对话框，如图 3-31 所示。

步骤 3：下载完成后，该模板会自动保存在 Excel 的默认模板文件夹中，同时也以此模板新建了一个工作簿文件。

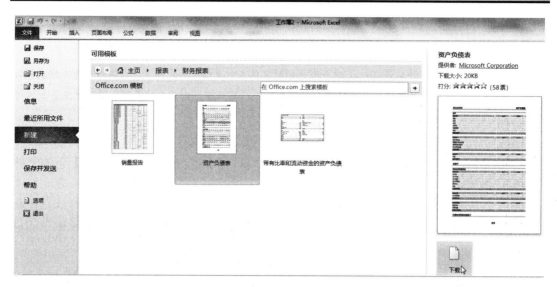

图 3-31　下载模板

3.5　文档打印

在无纸化办公越来越盛行的今天，很多时候还是需要将表格以纸质形式呈现，这就需要通过打印操作来完成。在打印之前需要对文档进行各种设置，以使输出的纸质文档显示出最佳的效果。

3.5.1　快速打印

在打印时，对于不需要进行任何设置的文档，可以使用【快速打印】命令。这一命令位于【快速访问工具栏】中，默认状态是不显示的，通过单击【快速访问工具栏】右侧的下拉箭头，在打开的下拉菜单中选择【快速打印】命令，即可将其添加到【快速访问工具栏】上。

将光标悬停在【快速打印】按钮上，可以显示当前的打印机名称，单击该按钮即可实现打印，如图 3-32 所示。

图 3-32　快速打印

3.5.2　打印设置

多数表格在完成编制后，打印前都需要进行一定的设置，这些设置包括打印区域的设置、打印内容的选定等。

1. 设置打印区域

在默认情况下，Excel 只能打印活动工作表上的内容，如果同时选中多个工作表后执行打印命令，则可以同时打印选中的多个工作表内容，或者可以通过【打印】中的【设置】命令进行设置。

在默认情况下，Excel 只能打印工作表中包含数据或格式的单元格区域。但是，如果选定了需要打印的固定区域，即使不包含任何数据或格式，也可以实现打印。

在打印内容比较多的表格时，可能需要打印成多页，但是每页又都需要显示标题内容，例如使图 3-33 固定资产明细表打印出来的每一页都显示标题行。可以通过以下步骤来实现。

A	B	C	D	E	F	G
名称	数量	启用日期	原值	月折旧额	累计折旧额	净值
电脑01	50	2014.01.01	15,396.56	304.72	1,523.62	13,872.94
电脑02	50	2014.01.01	20,936.00	414.36	2,071.79	18,864.21
空调01	7	2014.01.01	40,956.36	810.59	4,052.97	36,903.39
空调02	3	2014.01.01	8,695.23	172.09	860.47	7,834.76
扫描仪	2	2014.01.01	5,365.15	106.19	530.93	4,834.22

图 3-33 固定资产明细表

步骤 1：在【页面布局】选项卡中单击【打印标题】按钮，在弹出的【页面设置】对话框中单击【工作表】选项卡。

步骤 2：将光标定位到【顶端标题行】框中，选中工作表中的列标题区域(第一行)。

步骤 3：将光标定位到【左侧标题列】框中，在工作表中选中“名称”所在列(A列)，然后单击【确定】按钮完成设置。

打印的标题可以是单行也可以是多行，但不能是非连续的多行，否则【打印标题】按钮不可用。

如果需要打印不连续的单元格区域，系统默认打印输出时，会分别将每个区域显示在单独页面上。如果想要实现在相同页面显示，可以通过【照相机】功能来实现。

在同一页面打印不相邻数据，相关资料如图 3-34 所示。

E15 fx

	A	B	C	D	E	F	G
1	名称	数量	启用日期	原值	月折旧额	累计折旧额	净值
2	电脑01	50	2014.01.01	15,396.56	304.72	1,523.62	13,872.94
3	电脑02	50	2014.01.01	20,936.00	414.36	2,071.79	18,864.21
4	空调01	7	2014.01.01	40,956.36	810.59	4,052.97	36,903.39
5	空调02	3	2014.01.01	8,695.23	172.09	860.47	7,834.76
6	扫描仪	2	2014.01.01	5,365.15	106.19	530.93	4,834.22

	A	B	C	D	E	F	G
1	名称	数量	启用日期	原值	月折旧额	累计折旧额	净值
2	电视	3	2014.01.01	18632.05	368.76	1843.8	16788.25
3	饮水机	8	2014.01.01	23630	467.68	2338.39	21291.61
4	投影仪01	1	2014.01.01	4800	95	475	4325
5	投影仪02	1	2014.01.01	9505.2	188.12	940.62	8564.58
6	办公车	3	2014.01.01	5365.15	106.19	530.93	4834.22

图 3-34 需打印在同一页面的两个工作表

具体操作步骤如下：

步骤 1：选定"固定资产 1"工作表作为当前工作表，选定所需打印数据区域。

步骤 2：在【快速访问工具栏】单击【照相机】按钮，切换到"固定资产 2"工作表，在工作区中单击鼠标，则出现一张图片。

步骤 3：选中图片，单击鼠标右键，在弹出的快捷菜单中选择【设置图片格式】命令，在弹出的对话框中选择【线条颜色】选项，选择【无线条】选项，最后单击【关闭】按钮。

步骤 4：将图片与表格中的原有数据区域拼接对齐，然后打印输出当前工作表，如图 3-35 所示。

注意 　使用照相机功能时，需要先将照相机功能添加到快速访问工具栏，然后再进行上述操作。【照相机】命令实际上等同于复制后执行选择性粘贴的"链接的图片"选项命令。

名称	数量	启用日期	原值	月折旧额	累计折旧额	净值
电视	3	2014.01.01	18,632.05	368.76	1,843.80	16,788.25
饮水机	8	2014.01.01	23,630.00	467.68	2,338.39	21,291.61
投影仪01	1	2014.01.01	4,800.00	95.00	475.00	4,325.00
投影仪02	1	2014.01.01	9,505.20	188.12	940.62	8,564.58
办公车	3	2014.01.01	5,365.15	106.19	530.93	4,834.22
电脑01	50	2014.01.01	15,396.56	304.72	1,523.62	13,872.94
电脑02	50	2014.01.01	20,936.00	414.36	2,071.79	18,864.21
空调01	7	2014.01.01	40,956.36	810.59	4,052.97	36,903.39
空调02	3	2014.01.01	8,695.23	172.09	860.47	7,834.76
扫描仪	2	2014.01.01	5,365.15	106.19	530.93	4,834.22

图 3-35　使用照相机功能的打印预览效果

2．分页预览

分页预览模式可以方便地显示当前工作表的打印区域以及分页设置。

通过分页预览可以很方便地调整打印区域。选中需要打印的区域，单击鼠标右键，在弹出的快捷菜单中选择【设置打印区域】命令，对打印区域重新设置。

Excel 根据打印区域和页面范围会自动设置分页符。如图 3-36 所示，打印区域中的粗虚线即为"自动分页符"。图中背景上的灰色水印显示了该区域的页次，左侧为"第 1 页"，虚线右侧则为"第 2 页"，此显示即为实际打印输出时纸张页面的分布情况。

	A	B	C	D	E	F	G
1	名称	数量	启用日期	原值	月折旧额	累计折旧额	净值
2	电视	3	2014.01.01	18632.05	368.76	1843.8	16788.25
3	饮水机	8	2014.01.01	23630	467.68	2338.39	21291.61
4	投影仪01	1	2014.01.01	4800	95	475	4325
5	投影仪02	1	2014.01.01	9505.2	188.12	940.62	8564.58
6	办公车	3	2014.01.01	5365.15	106.19	530.93	4834.22
7	电脑01	50	2014.01.01	15,396.56	304.72	1,523.62	13,872.94
8	电脑02	50	2014.01.01	20,936.00	414.36	2,071.79	18,864.21
9	空调01	7	2014.01.01	40,956.36	810.59	4,052.97	36,903.39
10	空调02	3	2014.01.01	8,695.23	172.09	860.47	7,834.76
11	扫描仪	2	2014.01.01	5,365.15	106.19	530.93	4,834.22

图 3-36　分页预览

在使用过程中，可以对自动产生的分页符位置进行调整：将光标移至粗虚线的上方，当鼠标指针显示为黑色双向箭头时按住鼠标左键，拖动鼠标移动分页符的位置。移动后的分页符变为粗实线，即"人工分页符"。

除了可以设置"人工分页符"以外，还可以在打印区域插入新的分页符。在分页预览状态下，选定需分页位置下一行的最左侧单元格，单击鼠标右键，在弹出的快捷菜单中选择【插入分页符】命令，就可以实现在选定单元格上方插入水平分页符的效果。选定需分页位置右侧列的最顶端单元格，单击鼠标右键，在弹出的快捷菜单中选择【插入分页符】命令，就可以实现在选定单元格左侧边框插入垂直分页符的效果，如图 3-37 所示。

	A	B	C	D	E	F	G
1	名称	数量	启用日期	原值	月折旧额	累计折旧额	净值
2	电视	3	2014.01.01	18632.05	368.76	1843.8	16788.25
3	饮水机	5	2014.01.01	23630	467.69	2338.39	21291.61
4	投影仪01	1	2014.01.01	4800	95	475	4325
5	投影仪02	1	2014.01.01	9505.2	188.12	940.62	8564.58
6	办公车	3	2014.01.01	5365.15	106.19	530.93	4834.22
7	电脑01	50	2014.01.01	15,396.56	304.72	1,523.62	13,872.94
8	电脑02	50	2014.01.01	20,936.00	414.36	2,071.79	18,864.21
9	空调01	7	2014.01.01	40,956.36	810.59	4,052.97	36,903.39
10	空调02	1	2014.01.01	8,695.23	172.09	860.47	7,834.76
11	扫描仪	2	2014.01.01	5,365.15	106.19	530.93	4,834.22

图 3-37　插入水平和垂直分页符

 注意　　如果选定的单元格并非处于打印区域的边缘，则在选择【插入分页符】命令后，会沿选定单元格的上方以及左侧边框同时生成水平分页符和垂直分页符。

删除人工分页符，根据需要删除的人工分页符数量的不同，可以采用不同的操作方法，具体如下：

- ◇ 删除某一条水平人工分页符：选定需删除的人工分页符下方的单元格，单击鼠标右键，在弹出的菜单中选择【删除分页符】命令。
- ◇ 删除某一条垂直人工分页符：选定需删除的人工分页符右侧的单元格，单击鼠标右键，在弹出的菜单中选择【删除分页符】命令。
- ◇ 删除全部人工分页符：选中打印区域内任意单元格，单击鼠标右键，在弹出的快捷菜单中选择【重设所有分页符】命令。

3．选定打印内容

除了设定打印区域外，如果打印内容需要有选择性地输出，则需要在打印之前选定打印内容，包括打印对象、工作表背景等。

在 Excel 默认设置中，几乎所有对象都可以在打印输出中显示，例如图标、图片、艺术字、图形等。如果不希望打印出来，可以通过修改对象的打印属性来实现。具体操作步骤如下：

步骤 1：选中不需打印的图片，单击鼠标右键，在弹出的快捷菜单中选择【设置图片格式】命令。

步骤 2：在弹出的【设置图片格式】对话框中选择【属性】选项，取消勾选其中的【打印对象】复选框，单击【关闭】按钮。

如果需要更改所有对象的打印属性，可以通过【Ctrl+G】组合键，打开【定位】对话框，在对话框中单击【定位条件】按钮，在弹出的【定位条件】对话框中选择【对象】，单击【确定】按钮即可选定全部对象，然后再按照以上步骤依次进行设置。

在 Excel 中，打印输出时默认不打印工作背景，如果需要打印背景可以通过【照相机】功能，将包含背景的工作表区域粘贴为图片链接，然后打印该图片。

实际应用中，如果需要连同批注一起打印。首先，将批注状态设置为【显示】，然后在【页面布局】选项卡中单击【打印标题】按钮，在弹出的【页面设置】对话框中单击【工作表】选项卡，在批注后的下拉列表中选择合适的显示方式来完成打印，如图 3-38 所示。

图 3-38　打印批注

3.5.3　页面设置

如果需要对打印方向、纸张、页眉、页脚进行打印设置，可以通过【页面设置】对话框进行相应的设置。

【页面设置】对话框位于【页面布局】选项卡中，包括了【页面】、【页边距】、【页眉/页脚】、【工作表】四个选项卡，如图 3-39 所示。

图 3-39　【页面设置】对话框

在【页面】选项卡中可以设置方向、缩放、纸张大小、打印质量、起始页码。

在【页边距】选项卡中可以设置页边距、页眉、页脚、居中方式等。

【页眉/页脚】选项卡中可以进行页、眉页脚的打印设置。在【页眉】对话框中可以选择左、中、右三个位置来进行页眉显示位置的设定。

3.5.4　打印预览

在最终打印之前，可以通过"打印预览"来确认打印设置是否符合要求。可以通过【打印】选项右侧进行预览，也可以在【视图】选项卡中单击【页面边距】按钮进行预览。

在预览模式下可以拖动【标尺】来调整页边距。【页面布局】预览模式下的工作表具有 Excel 完整的编辑功能，可以在这个状态下进行调整，确认显示效果无误后，单击【快速打印】输出打印内容。

小　　结

本章讲述了 Excel 工作表单元格的格式设置、工作表背景的应用、主题和工作簿模板的套用以及自定义模板、文档的页面设置及打印设置。

通过对单元格格式的设置和背景的应用，可以使数据资料更加直观。通过工作簿主题和模板的套用，可以提高创建表格的工作效率。通过对文档的页面设置和打印设置，可以让用户获得更加完美的纸质数据。

练　　习

一、填空题

1. 合并单元格包括_____、_____、_____3 种方式。

2. 水平对齐的 8 种方式_____、_____、_____、_____、_____、_____、_____、_____。

3. 当选择用本机模板创建新工作簿时，系统会自动定位到默认模板文件夹，以供选择使用。通过依次按下键盘上的_____、_____、_____键，可以快速弹出【Excel 选项】对话框，在对话框中选择【信任中心】对话框，单击【受信任位置】选项，可以查看和修改所有默认的启动文件夹和模板文件夹所在的路径。

4.【页面设置】对话框位于【页面布局】选项卡中，包括了_____、_____、_____、_____4 个选项卡。

二、判断题

1. 对单元格中连续的数字或者字母符号应用"分散对齐(缩进)"以后，单元格中内容会平均分布充满整个单元格。（　　）

2. 在 Excel 中，不仅可以对整个单元格进行字体格式的设置，还可以对同一单元格内的内容进行不同的字体格式设置。（　　）

3．新创建的自定义样式既可以作用于当前工作簿中，也可以应用于其他工作簿。(   )

4．工作表模板的设置步骤与工作簿模板的设置步骤基本相同，唯一的差别是工作表的文件名为"Book"，不是工作簿的"Sheet"。(   )

三、简答题

1．简述设置边框的方法。

2．简述主题的概念。

3．简述使每页都显示标题行的打印设置步骤。

第4章 数据列表的简单数据分析

本章目标

- 了解 Excel 记录单功能的应用
- 熟悉数据列表的排序功能
- 熟悉数据列表的筛选功能
- 掌握高级筛选的使用方法
- 掌握在数据列表中创建分类汇总的操作方法

重点难点

重点：
◇ 数据列表的排序
◇ 数据列表的筛选功能
◇ 数据列表中的分类汇总操作

难点：
◇ 数据列表的筛选功能
◇ 数据列表的分类汇总操作

数据列表具有排序、筛选等功能，能够将杂乱无序的数据整理成使用者想要的顺序。这项功能在财务分析工作中被广泛应用。因此，本章将对数据列表的内容展开讲解。

4.1 了解数据列表

Excel 数据列表是标题字段和多行多列数据组成的信息集合。在数据列表中，通常称列为字段，行为记录，如图 4-1 所示。

	A	B	C	D	E	F
1	产品名称	销售数量	销售单价	成本金额	利润率	销售收入
2	A产品	10	1000	600	40.00%	10000
3	B产品	15	1500	1200	20.00%	22500
4	C产品	20	2000	1650	17.50%	40000
5	D产品	18	1600	1200	25.00%	28800
6	E产品	30	800	550	31.25%	24000

图 4-1　数据列表

数据列表有以下四个特点：

(1) 每列必须包含同类的信息，要求每列数据类型必须相同。

(2) 列表的第一行应该包含文字字段，每个标题用于描述下面所对应列的内容。

(3) 列表中的标题不能重复。

(4) 数据列表中最多不能超过 16 384 列、1 048 576 行。

管理数据列表是 Excel 最常用的功能之一，可用于管理销售表、成本表、产品列表、通讯录等。对于数据列表可以进行如下操作：

◇ 在数据列表中输入和编辑数据。

◇ 根据特定的条件对数据列表进行排序和筛选。

◇ 对数据列表进行分类汇总。

◇ 在数据列表中使用函数和公式达到特定目的。

◇ 在数据列表中创建数据透视表。

4.2 创建数据列表

用户可以根据自己的需要来创建数据列表以达到存储、分析数据的目的。创建步骤如下：

步骤 1：在表头(一般为第一行)输入每列的标题，即每列数据内容的描述，如果文字过长，可以使用"自动换行"来维持列宽不变。

步骤 2：在每一列中输入相同类型的信息。

步骤 3：单击数据列表的每一列设置相应的单元格格式。

4.3 使用记录单添加数据

在创建完成的数据列表内添加更多的内容，可以直接在列表下的第一空行内输入数据，也可以使用【记录单】功能添加。

　　【记录单】功能在 Excel 2010 功能区是默认不显示的命令。如果需要使用，可以单击数据列表内的任意单元格后，按下键盘上的【Alt+D+O】组合键打开【记录单】对话框。

　　使用【记录单】添加新数据的操作步骤如下(以图 4-1 所示的数据列表为例)：

　　步骤 1：单击数据列表中的任一单元格。

　　步骤 2：按键盘上的【Alt+D+O】组合键，打开【记录单】对话框，单击【新建】按钮，新建一条空白记录，如图 4-2 所示。

　　步骤 3：在新记录的空白字段中输入相关信息(在输入过程中可以使用【Tab】键在字段中快速移动)，信息全部输入

图 4-2　【记录单】窗口界面

完毕后可以单击【新建】命令或者【关闭】命令，也可以直接按【Enter】键，新增的数据即可显示到数据列表中。

4.4　数据列表的排序

　　在日常财务数据的录入、查询以及分析的过程中，数据列表的排列、筛选、分类汇总都属于经常要用到的功能。排序可以让数据按照特定的顺序进行排列显示，便于数据的查找，Excel 2010 提供了多达 64 个排序条件以供用户选择。

　　数据的简单排序是针对数据列表中的某一列进行的，最常用的主要有升序排列和降序排列两种，此外还有关键字排序、笔划排序、颜色排序等。

4.4.1　升序

　　升序排列是按照从小到大的顺序进行数据排列，排列后的数据更具规律性，方便查找数据以及发现数据的变化规律。具体操作步骤如下：

　　步骤 1：选中需要进行排序的列中的任一单元格。

　　步骤 2：在【数据】/【排列和筛选】组中单击【升序】按钮，Excel 即可实现数据区域数值从小到大升序排列的效果，如图 4-3 所示。

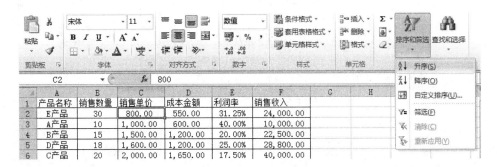

图 4-3　将"销售单价"数值升序排序

Excel 不能对合并单元格进行排序。可通过在表头和表格内容间插入一个空行来实现排序的顺利进行。

4.4.2 降序

降序排列正好与升序相反，操作步骤基本一致，唯一不同的是需要通过单击【数据】/【排列和筛选】组中的【降序】按钮来实现。以图 4-1 所示的数据列表为例，对"利润率"所在列进行降序排列的效果如图 4-4 所示。

图 4-4　将"利润率"数值降序排列

4.4.3 多个关键字排序

在 Excel 中除上述针对某一列进行的简单排序以外，还可以设置多个排序条件，让 Excel 按照设置条件的主次顺序对表格中的关键字进行排序。

以图 4-1 所示的数据列表为例对多个关键字进行排序，关键字依次为"产品名称"、"销售数量"、"销售单价"、"成本金额"、"利润率"、"销售收入"，具体操作步骤如下：

步骤 1：选中数据列表中的任一单元格，在【数据】选项卡中单击【排序】按钮，在弹出的【排序】对话框中，选择【主要关键字】为"产品名称"，然后单击【添加条件】按钮。

步骤 2：继续在【排序】对话框中设置【次要关键字】，依次为"销售数量"、"销售单价"、"成本金额"、"利润率"、"销售收入"。

步骤 3：关键字设置完成后，单击【确定】按钮，关闭【排序】对话框，完成排序，如图 4-5 所示。

图 4-5　多关键字排序操作界面

如需排序的数据中存在文本格式的数字时，会弹出【排序提醒】对话框，若整列数据都是文本型数字，可以在【排序提醒】对话框中直接单击【确定】按钮，排序结果不受影响。

除上述快捷方法可以一次性完成排序以外，还可以采用简单排序中的方法，依次对"产品名称"、"销售数量"、"销售单价"、"成本金额"、"利润率"、"销售收入"所在列进行排序。Excel 对多次排序的处理原则是：在多列表格中，先被排序过的列，会在后续其他列的排序过程中尽量保持自己的顺序。因此，采用此方法进行排序要遵循的原则是：先排序次要列，后排序重要列。

4.4.4　按笔划排序

默认情况下，Excel 对汉字的排序方式是按照"字母"顺序来进行的，但在日常使用过程中，按照"笔划"顺序进行排序更符合中国人的习惯。这种排序的规则大致是：按姓的笔划数多少排列，同笔划数内的姓字按照起笔顺序排列(横、竖、撇、捺、折)，划数和笔形都相同的字，按字形结构排列，先左右、再上下、最后整体。如果姓字相同，则依次看姓名的第二、三字，规则同姓字。

如图 4-6 中所示的数据列表，以姓氏笔划的顺序来进行排序，具体操作步骤如下：

	A	B	C	D
1	姓名	学号	性别	出生年月
2	王宁	20120503101	男	20050422
3	张强	20120503102	男	20050422
4	赵红	20120503103	女	20060430
5	陈小艺	20120503106	女	20060216
6	隋欣欣	20120503105	女	20061015
7	陈凯	20120503107	男	20061015
8	卢雪梅	20120503108	女	20060412
9	路梅雪	20120503109	女	20060318
10	乔晓玲	20120503110	女	20050108

图 4-6　学生信息列表

步骤 1：选中数据区域中任意单元格。

步骤 2：单击【数据】/【排序和筛选】组中的【排序】按钮，弹出【排序】对话框。

步骤 3：在【排序】对话框中，选择【主要关键字】为【姓名】，排列方式为【升序】。

步骤 4：单击【排序】对话框中的【选项】按钮，在出现的【排序选项】对话框中，选择【笔划排序】单选按钮，如图 4-7 所示。

步骤 5：依次单击【确定】按钮，分别关闭【排序选项】对话框和【排序】对话框，完成设置。设置完成后的效果如图 4-8 所示。

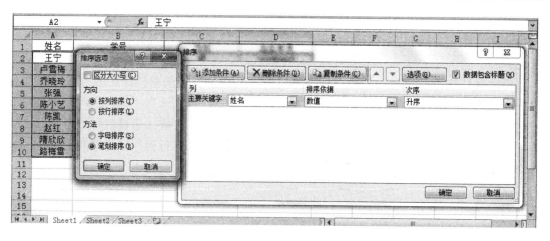

图 4-7　以姓名为关键字设置按笔划排序

	A	B	C	D
1	姓名	学号	性别	出生年月
2	王宁	20120503101	男	20050422
3	卢雪梅	20120503108	女	20060412
4	乔晓玲	20120503110	女	20050108
5	张强	20120503102	男	20050422
6	陈小艺	20120503106	女	20060216
7	陈凯	20120503107	男	20061015
8	赵红	20120503103	女	20060430
9	隋欣欣	20120503105	女	20061015
10	路梅雪	20120503109	女	20060318

图 4-8　按笔划排序后的效果

4.4.5　按颜色排序

在实际应用中，经常需要通过单元格背景色或者字体颜色来标注表格中比较特殊的数据。Excel 2010 在排序中也可以识别单元格颜色和字体颜色，从而使数据处理变得更加灵活，效果更加明显。

1．按单元格颜色排序

如图 4-9 所示的表格中，销售数量超过 20 的单元格都被设置成了黄色，如需按照单元格颜色排序，将填充黄色的单元格排在前面，具体操作步骤如下：

	A	B	C	D	E	F
1	产品名称	销售数量	销售单价	成本金额	利润率	销售收入
2	A产品	10	1,000.00	600.00	40.00%	10,000.00
3	E产品	30	800.00	550.00	31.25%	24,000.00
4	D产品	18	1,600.00	1,200.00	25.00%	28,800.00
5	B产品	15	1,500.00	1,200.00	20.00%	22,500.00
6	C产品	20	2,000.00	1,650.00	17.50%	40,000.00

图 4-9　部分单元格背景设置为黄色的表格

步骤 1：选中表中任意一个黄色单元格。

步骤 2：单击鼠标右键，在弹出的快捷菜单中依次选择【排序】/【将所选单元格颜色放在最前面】选项，即可实现黄色单元格排列在表格最前面的效果，如图 4-10 所示。

图 4-10　黄色单元格排在表格最前面的设置及效果

2．按单元格多种颜色排序

日常应用过程中，经常会遇到在同一表格的同一列中以不同颜色进行标注的情况，如需将图 4-11 中的表格按照"红色"、"浅棕色"、"浅蓝色"的顺序来排序，可以按照以下步骤进行操作：

产品名称	销售数量	销售单价	成本金额	利润率	销售收入
	30	800.00	550.00	31.25%	24,000.00
C产品	20	2,000.00	1,650.00	17.50%	40,000.00
	10	1,000.00	600.00	40.00%	10,000.00
D产品	18	1,600.00	1,200.00	25.00%	28,800.00
B产品	15	1,500.00	1,200.00	20.00%	22,500.00

图 4-11　包含不同颜色的单元格

步骤 1：选中表格中的任意一个单元格后，在【数据】/【排序和筛选】组中单击【排序】按钮，弹出【排序】对话框。

步骤 2：在弹出的对话框中，设置【主要关键字】为"产品名称"，【排序依据】为"单元格颜色"，【次序】为"红色"在顶端。

步骤 3：单击【复制条件】按钮，继续添加条件，分别设置"浅棕色"、"浅蓝色"为次级次序，最后单击【确定】按钮完成设置，如图 4-12 所示。

图 4-12　设置不同颜色的排序次序

除按照单元格颜色排序外，还可以根据字体颜色进行排序。

4.4.6　自定义排序

除上述排序方法外，还可以使用自定义排序方法，按照数字顺序或者字母顺序等进行排序。在使用自定义排序方法时，需要先设置一个新的序列，然后再据此进行排序。

如图 4-13 所示某公司的员工档案表，以学历高低进行排序。

编号	姓名	性别	出生日期	学历	职务	工资	联系方式
1	江雨薇	女	1979/2/2	硕士	主管	¥3,000	6234567
2	郝思嘉	女	1980/3/4	本科	副主管	¥2,500	6234568
3	林晓彤	女	1980/12/5	本科	员工	¥2,000	7234569
4	曾云儿	女	1978/6/1	博士	员工	¥2,000	8234561
5	邱月清	女	1980/4/16	本科	员工	¥2,000	6234562
6	沈沉	男	1980/7/8	本科	主管	¥3,000	5234563
7	蔡小蓓	女	1981/1/1	本科	员工	¥2,000	4234564
8	尹南	男	1979/12/25	本科	员工	¥2,000	3234565
9	薛婧	女	1980/8/9	本科	员工	¥2,000	7234560
10	乔小麦	女	1982/7/16	专科	副主管	¥3,000	5211314

图 4-13 员工档案表

首先，需要按学历的高低顺序创建自定义序列，操作方法如下：

步骤 1：在一张空白工作表的连续单元格区域内依次输入"博士"、"硕士"、"本科"、"专科"、"高中"，并选中该区域。

步骤 2：打开【Excel 选项】对话框，单击【高级】类别右侧的【编辑自定义列表】按钮，打开【自定义序列】对话框。

步骤 3：在【自定义序列】对话框右下角【导入】按钮的文本框中已显示选中的区域，此时，单击【导入】按钮。

步骤 4：单击【确定】按钮关闭【自定义序列】对话框，再次单击【确定】按钮关闭【Excel 选项】对话框，完成自定义序列的创建。

然后，再对员工档案表按照学历高低顺序进行排序，操作步骤如下：

步骤 1：单击数据区域中的任意单元格。

步骤 2：在【数据】/【排序和筛选】组中单击【排序】按钮，打开【排序】对话框。

步骤 3：在【排序】对话框中，选择【主要关键字】为"学历"，【排列依据】为数值，【次序】为"自定义序列"，则弹出【自定义序列】对话框，选择前面刚添加的新序列，单击【确定】按钮，如图 4-14 所示。

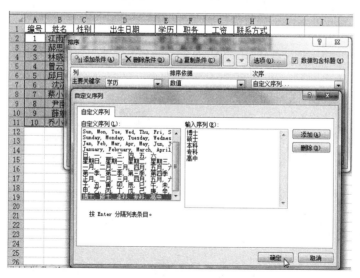

图 4-14 按照"学历"进行自定义排序

步骤 4：单击【排序】对话框中的【确定】按钮完成排序操作。

4.4.7　对数据列表中的某部分进行排序

在日常应用中，会遇到仅需要对数据列表中的某一特定部分进行排序的情况，如对图 4-13 所示员工档案表中 A4:H11 单元格区域按照"收入"进行排序，具体操作步骤如下：

步骤 1：选中表格中需要进行排序的单元格区域 A4:H11，在【数据】/【排序和筛选】组中单击【排序】命令，打开【排序】对话框。

步骤 2：在【排序】对话框中，取消【数据包含标题】复选框。

步骤 3：设置【主要关键字】为"列 G"，最后单击【确定】按钮关闭窗口，完成排序操作。

> Excel 中无法对套用了表格样式或者使用自定义表格样式的数据表进行某一特定部分的排序，可以先取消数据表表格样式的套用后再进行排序。

4.4.8　按行排序

Excel 除了能够按列进行排序外，还能实现按行进行排列。如图 4-15 所示的员工档案表以"工资"对表格进行排序，具体操作步骤如下：

	A	B	C	D	E	F	G
1	姓名	江雨薇	郝思嘉	林晓彤	曾云儿	邱月清	蔡小蓓
2	性别	女	女	女	女	女	女
3	出生日期	1979/2/2	1980/3/4	1980/12/5	1978/6/1	1980/4/16	1981/1/1
4	学历	硕士	本科	本科	博士	本科	本科
5	职务	主管	副主管	员工	经理	员工	员工
6	工资	¥3,000	¥2,500	¥2,000	¥4,500	¥2,000	¥2,000
7	联系方式	6234567	6234568	7234569	8234561	6234562	4234564

图 4-15　横排员工档案表

步骤 1：选定单元格区域 B1:G7。

步骤 2：在【数据】/【排序和筛选】组中单击【排序】按钮，打开【排序】对话框。

步骤 3：单击【排序】对话框中的【选项】按钮，在弹出的【排序选项】对话框中选择【按行排序】单选按钮，然后单击【确定】按钮关闭对话框。

步骤 4：此时的【排序】对话框中，关键字列表框的内容都发生了改变，选择【主要关键字】为"行 6"，【排序依据】为数值，次序为【升序】，单击【确定】按钮关闭对话框，如图 4-16 所示。

	A	B	C	D	E	F	G
1	姓名	林晓彤	邱月清	蔡小蓓	郝思嘉	江雨薇	曾云儿
2	性别	女	女	女	女	女	女
3	出生日期	1980/12/5	1980/4/16	1981/1/1	1980/3/4	1979/2/2	1978/6/1
4	学历	本科	本科	本科	本科	硕士	博士
5	职务	员工	员工	员工	副主管	主管	经理
6	工资	¥2,000	¥2,000	¥2,000	¥2,500	¥3,000	¥4,500
7	联系方式	7234569	6234562	4234564	6234568	6234567	8234561

图 4-16　按行排序的结果

> 按行排序时，不能选定整个目标区域进行操作。因为 Excel 的排序功能中没有"行标题"的概念，所以，只能选定行标题所在列以外的区域进行操作。

4.4.9 排序时含公式单元格的处理

对含有公式的数据列表进行排序时，可能会出现对不同行的单元格引用出现错误的情况，为避免这种错误的出现，在对含有公式的数据列表进行排序时需要遵守以下规则：

(1) 数据列表单元格的公式中引用了数据列表外的单元格数据，需使用绝对引用。

(2) 对行排序，避免使用引用其他行的单元格的公式。

(3) 对列排序，避免使用引用其他列的单元格的公式。

4.5 筛选数据列表

筛选数据列表功能与排序功能都是在日常财务数据处理和分析中频繁使用的功能。筛选数据列表是指只显示符合用户指定的特定条件的行，隐藏其他行。

4.5.1 筛选

对于工作表中的普通数据列表，可以通过【数据】选项卡中的【筛选】按钮进行筛选，也可以通过键盘上的【Ctrl+Shift+L】组合键启动筛选，还可以将普通列表转换为"表"格式来启动筛选功能。

数据列表进入筛选状态后，单击每个字段的标题单元格中的下拉箭头，都会弹出详细选项，如图 4-17 所示。

图 4-17　筛选下拉框

筛选完成后，被筛选字段的下拉按钮形状会发生改变，同时数据列表的行号颜色也会发生变化，如图 4-18 所示。

	A	B	C	D	E	F	G
1	姓名	性别	出生日期	学历	职务	工资	联系方式
3	郝思嘉	女	1980/3/4	本科	副主管	¥2,500	6234568
4	林晓彤	女	1980/12/5	本科	员工	¥2,000	7234569
6	邱月清	女	1980/4/16	本科	员工	¥2,000	6234562
7	蔡小蓓	女	1981/1/1	本科	员工	¥2,000	4234564
8	尹南	男	1979/12/25	本科	员工	¥2,000	3234565
9	薛婧	女	1980/8/9	本科	员工	¥2,000	7234560
10	沈沉	男	1980/7/8	本科	主管	¥3,000	5234563

图 4-18　筛选完成后的数据列表

4.5.2 按文本特征筛选

对于文本型数据字段，下拉菜单中会显示【文本筛选】的更多选项，但无论选择其中哪一项，最终都会弹出【自定义自动筛选方式】对话框，然后通过选择逻辑条件和输入具体条件完成自定义的筛选，如图 4-19 所示。

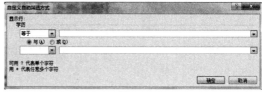

图 4-19 文本型数据字段筛选选项

注 意　【自定义自动筛选方式】对话框的设置条件中不区分字母大小写。

4.5.3 按数字特征筛选

对数值型数据字段进行筛选操作时，下拉菜单中会显示【数字筛选】的更多选项，与文本型数据字段相同的是，最终都需要通过【自定义自动筛选方式】对话框选择逻辑条件和输入具体条件完成自定义的筛选。

某公司人员资料如图 4-20 所示，需要筛选出表中高于平均工资的所有数据，具体操作步骤如下：

图 4-20 数值型数据字段筛选选项

步骤 1：单击 "工资" 筛选下拉框，在弹出的下拉列表中选择【数字筛选】选项。

步骤 2：在出现的下拉列表中选择【高于平均值】选项，如图 4-21 所示。

图 4-21　筛选工资数高于平均值的数据

4.5.4　按日期特征筛选

对于日期型数据字段，下拉列表中会显示【日期筛选】的更多选项，如图 4-22 所示。

图 4-22　日期筛选选项

Excel 2010 关于日期型数据的筛选仅用于日期，而不能用于时间。系统提供的筛选条件中也没有类似 "前一小时"、"上午" 这类的筛选条件，如果希望按照具体的日期值进行筛选，可以通过取消筛选菜单中的日期/分组来实现，具体操作步骤如下：

步骤 1：单击【文件】【Excel 选项】命令，打开【Excel 选项】对话框。

步骤 2：单击【高级】类别，在【此工作簿的显示选项】分组下取消【使用"自动筛选"菜单分组日期】复选框，单击【确定】按钮。

4.5.5　按字体颜色、单元格颜色筛选

Excel 的筛选功能支持字体颜色或者单元格颜色这类特殊标识作为条件来筛选数据。当要筛选的字段中设置了字体颜色或者单元格颜色时，筛选下拉菜单中的【按颜色筛选】选项会变为可用，并显示当前字段中所有用过的字体颜色或者单元格颜色供选择。如选中【无填充】或者【自动】，即可筛选出所有没有应用颜色的数据，如图 4-23 所示。

图 4-23　按单元格颜色筛选

按单元格颜色或者字体颜色筛选时，一次只能按一种颜色进行筛选。

4.5.6　使用通配符进行模糊筛选

对于数据量非常大的表格，在进行数据筛选时，有时不能明确指定某项内容，而是需要筛选某一类的内容，比如选择一个大类的产品编号，但具体编号全称又不完全一致，就需要使用通配符来进行筛选。

模糊筛选中使用通配符必须借助【自定义自动筛选方式】对话框来完成，并允许使用两种通配符条件，可用"？"代表一个字符，用"*"代表任意多个连续字符。

通配符仅适用于文本型数据，对数值和日期型数据无效。

4.5.7 筛选多列数据

对数据列表中的多列同时指定"筛选"条件时，通常是先以数据列表中某一列为条件进行筛选，然后在筛选出的记录中以另一列为条件进行筛选，以此类推。对多列同时应用筛选时，筛选条件之间的关系是"与"，而不是"或"。

如将图 4-24 中的列表进行筛选，条件是学历为"本科"，职务为"员工"，工资为"2000"，筛选后的结果如图 4-25 所示。

图 4-24 需进行多列筛选的数据		图 4-25 对数据列表进行三列值筛选后的结果	

4.5.8 取消筛选

如果需要取消对指定列的筛选，可以通过单击该列的下拉列表框并选择【全选】。

如果需要取消所有列的筛选，可以单击【数据】/【排序和筛选】组中的【清除】按钮。

如果需要取消所有的"筛选"下拉箭头，可以通过再次单击【数据】选项卡中的【筛选】按钮实现。

4.5.9 复制和删除筛选后的数据

对筛选结果中的数据进行复制操作时，只有可见的行被复制。同样，如果对筛选结果中的数据进行删除，也只有可见的行被删除，隐藏的行不受影响。

4.5.10 高级筛选

Excel 中高级筛选是自动筛选的升级，除包含自动筛选的所有功能外，还可以设置更多、更复杂的筛选条件。高级筛选可以提供的功能有以下几项：

◇ 可以设置更复杂的筛选条件。
◇ 可以将筛选后的结果输出到指定的位置。
◇ 可以指定计算的筛选条件。
◇ 可以筛选出不重复的记录项。

1. 设置高级筛选的区域条件

高级筛选要求在一个工作表区域内单独指定筛选条件，并与数据列表的数据分开。因为在执行筛选的过程中，所有的行都被隐藏起来，所以，通常是把条件区域放在数据列表的上面或者下面，避免放在旁边。

一个高级筛选的条件区域至少要包含两行：一行是列标题，列标题应该与数据列表中的标题相匹配；另外一行是筛选条件值。条件区域并不需要含有数据列表中的所有列标题，与筛选无关的列标题可以不用。

2. 两列之间运用“关系与”条件

以图 4-24 中的数据列表为例，运用【高级筛选】功能将“学历”为“本科”并且“职务”为“员工”的数据筛选出来并复制到单元格 A16 中。操作步骤如下：

步骤 1：在原表格上方插入 3 个空行来放置高级筛选的条件。

步骤 2：在新插入的 1、2 行中，输入用于描述条件的文本和表达方式。

步骤 3：单击表格中的任意单元格。

步骤 4：单击【数据】/【排列和筛选】组中的【高级筛选】按钮，弹出【高级筛选】对话框。

步骤 5：在【高级筛选】对话框中选择【将筛选结果复制到其他位置】选项。

步骤 6：将光标定位到【条件区域】框内，输入“$A$1:$B$2”。

步骤 7：将光标定位到【复制到】框内，输入“$A$16”，然后单击【确定】按钮完成设置，如图 4-26 所示。

	A	B	C	D	E	F	G
1	学历	职务					
2	本科	员工					
3							
4	姓名	性别	出生日期	学历	职务	工资	联系方式
5	江雨薇	女	1979/2/2	硕士	主管	¥3,000	6234567
6	郝思嘉	女	1980/3/4	本科	副主管	¥2,500	6234568
7	林晓彤	女	1980/12/5	本科	员工	¥2,000	7234569
8	曾云儿	女	1978/6/1	博士	经理	¥4,500	8234561
9	邱月清	女	1980/4/16	本科	员工	¥2,000	6234562
10	蔡小蓓	女	1981/1/1	本科	员工	¥2,000	4234564
11	尹南	男	1979/12/25	本科	员工	¥1,800	3234565
12	薛婧	女	1980/8/9	本科	员工	¥2,000	7234560
13	沈沉	男	1980/7/8	本科	主管	¥3,000	5234563
14	乔小麦	女	1982/7/16	专科	副主管	¥3,000	5211314
15							
16	姓名	性别	出生日期	学历	职务	工资	联系方式
17	林晓彤	女	1980/12/5	本科	员工	¥2,000	7234569
18	邱月清	女	1980/4/16	本科	员工	¥2,000	6234562
19	蔡小蓓	女	1981/1/1	本科	员工	¥2,000	4234564
20	尹南	男	1979/12/25	本科	员工	¥1,800	3234565
21	薛婧	女	1980/8/9	本科	员工	¥2,000	7234560

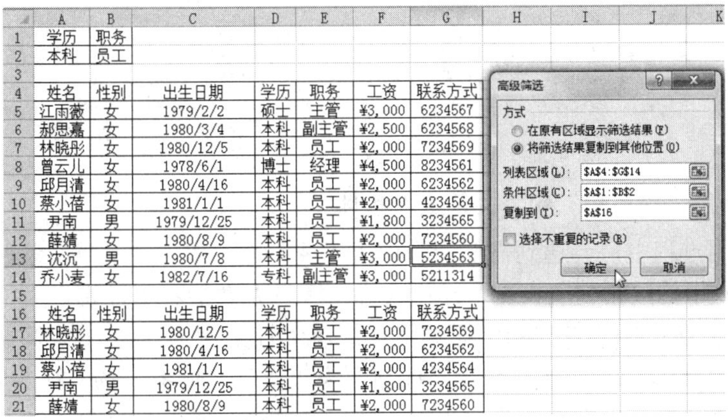

图 4-26　高级筛选

3. 两列之间运用“关系或”条件

以图 4-24 中的数据列表为例，运用【高级筛选】功能将“学历”为“本科”或“职务”为“员工”的数据筛选出来并复制到单元格 A17 所在区域。具体操作与运用“关系与”条件的步骤一致，只是设置条件区域的范围略有不同，需要将两个条件分开列示，如图 4-27 所示。

注意　使用【高级筛选】功能时，最重要的一步是设置筛选条件。一般情况下，将条件区域置于数据列表上方。在编辑条件时，需要遵循两个原则：其一，条件区域的首行必须是标题行，并且内容与数据列表中的列标题一致；其二，条件区域标题行下方的描述出现在同一行的，各个条件之间是“与”的关系，出现在不同行的，各个条件之间是“或”的关系。

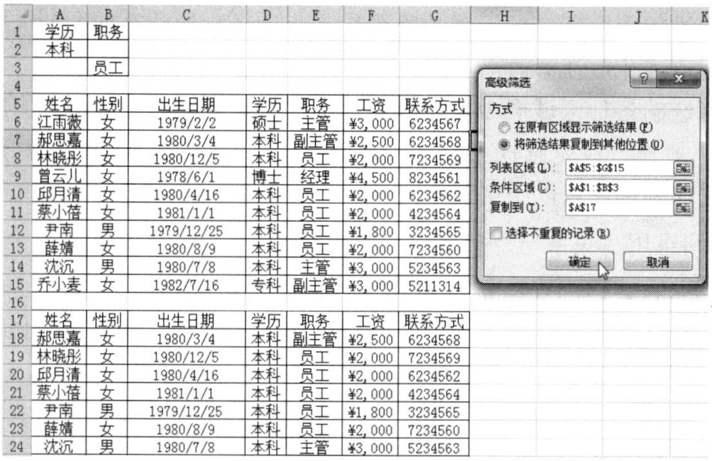

图 4-27 "关系或"设置条件及效果图

4. 在一列中使用多个 "关系或" 条件

以图 4-24 中的数据列表为例,运用【高级筛选】功能将 "学历" 为 "专科" 、 "硕士" 、 "博士" 的数据筛选出来,如图 4-28 所示。

图 4-28 多个 "关系或" 的筛选设置及效果图

5. 同时使用 "关系与" 和 "关系或" 条件

在日常使用过程中,会遇到需要同时使用 "关系与" 和 "关系或" 条件进行筛选的情况。以图 4-24 中的数据列表为例,运用【高级筛选】功能将 "性别" 为 "女" 、 "职务" 为 "职员" 、 "工资" 高于 "1500" 的数据,或者 "性别" 为 "男" 、 "职务" 为 "主管" 、 "工资" 高于 "2500" 的数据,或者 "性别" 为 "女" 、 "职务" 为 "副主管" 、工资高于 "2800" 的数据,或者 "性别" 为 "男" 的数据全部进行显示,如图 4-29 所示。

图 4-29 同时使用 "关系或" 和 "关系与" 进行高级筛选

6. 高级筛选中通配符的运用

在使用高级筛选功能时,文本数据字段中可以使用通配符进行相对模糊的筛选条件设置。

知识拓展

在高级筛选中可以通过选中【高级筛选】对话框中的【选择不重复的记录】功能过滤筛选结果，以避免显示大量重复数据。

4.6　分级显示和分类汇总

1．分级显示概述

分级显示功能可以将包含类似标题且行列数据较多的数据列表进行组合和汇总，分级后会自动产生工作表视图的符号，单击这些符号，可以显示或隐藏明细数据，如图 4-30 所示。

图 4-30　分级显示

使用分级显示可以快速显示摘要行或摘要列，或者显示每组的明细数据。分级显示既可以单独创建行或者列的分级显示，也可以同时创建行和列的分级显示，但在一个数据列表只能创建一个分级显示，一个分级显示最多允许有 8 层嵌套数据。

2．建立分级显示

对数据列表进行分类汇总既可使用自动建立分级显示的方式，也可以使用自定义样式的分级显示。

以图 4-31 为例，自动建立分级显示的操作方法为：在【数据】/【分级显示】组中单击【创建组】命令，在打开的菜单中选择【自动建立分级显示】命令即可创建一张分级显示的数据列表，如图 4-32 所示。

图 4-31　需建立分级显示的数据列表

图 4-32　自动建立分级显示

自定义方式分级显示更加灵活，可以根据用户需要进行手动组合显示特定数据，以图 4-31 中的数据列表为例，创建自定义分级的操作步骤如下：

步骤 1：选中 A3:J5 单元格区域，在【数据】/【分级显示】组中单击【创建组】下拉按钮，在打开的菜单中选择【创建组】命令。

步骤 2：分别选中 A7:J9，A11:J12，A14:J15，A17:J18，重复步骤 1 的操作，即可完成每个部门内数据的分组。

自定义分级只能针对某一区域进行，不能同时对多个不连续的区域进行分组操作。在自定义分级显示创建完成后，可以分别单击加号、减号和数字 1、2 等来显示或者隐藏明细数据。

3．清除分级显示

如果需要清除创建完成的分级显示，可以通过单击【数据】/【分级显示】组中的【取消组合】下拉按钮，在弹出的菜单中选择【清除分级显示】命令来实现。

4．创建简单的分类汇总

在日常使用中，很多时候需要快速对数据列表中的某些字段的数值进行各种统计计算，这就需要使用分类汇总的功能，它能够快速实现以某一字段为分类型，对其他表内字段进行求和、计数、平均值、乘积等运算。

但在使用分类汇总功能之前，需要对数据列表中的相关数据进行排序才能够使用该功能。以图 4-33 为例，如需计算表中所有公事用车的车辆消耗费合计，可以依照以下操作步骤进行：

	A	B	C	D	E	F	G	H
1	公司车辆使用管理表							
2	车号	使用者	所在部门	使用原因	使用日期	开始使用时间	交车时间	车辆消耗费
3	鲁A 45478	刘南	财务部	公事	2005/2/1	8:00	15:00	￥80
4	鲁A 45478	王露	财务部	公事	2005/2/3	14:00	20:00	￥60
5	鲁A 54789	王露	财务部	公事	2005/2/5	9:00	18:00	￥90
6	鲁A 45478	江雨薇	人力资源部	私事	2005/2/4	13:00	21:00	￥80
7	鲁A 45478	邱月晓	策划部	私事	2005/2/2	9:20	11:50	￥10
8	鲁A 34598	杨晓晓	市场部	公事	2005/2/2	8:30	17:30	￥60
9	鲁A 34598	杨晓晓	市场部	公事	2005/2/4	14:30	19:20	￥50
10	鲁A 34598	杨晓晓	市场部	公事	2005/2/6	9:30	11:50	￥30
11	鲁A 34598	乔平	销售部	公事	2005/2/3	7:50	21:00	￥100
12	鲁A 47538	乔平	销售部	公事	2005/2/2	10:00	19:20	￥50
13	鲁A 34598	江雨薇	人力资源部	公事	2005/2/1	9:30	12:00	￥30
14	鲁A 45478	邱月晓	策划部	私事	2005/2/6	8:00	20:00	￥120

图 4-33　分类汇总前的数据列表

步骤 1：以"使用原因"为排序主关键字，对列表进行排序。

步骤 2：在排序后的列表中单击任意单元格，在【数据】/【分级显示】组中单击【分类汇总】按钮。

步骤 3：在弹出的【分类汇总】对话框中，【分类字段】选择【使用原因】，【汇总方式】选择【求和】，【选定汇总项】勾选【车辆消耗费】，同时勾选【汇总结果显示在数据下方】复选框，如图 4-34 所示。

步骤 4：单击【确定】按钮完成设置，系统会自动进行数据分析，并运用 SUBTOTAL 函数插入指定公式完成加合计算。设置完成后的效果如图 4-35 所示。

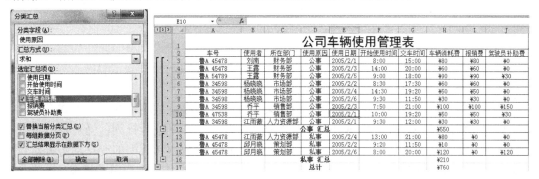

图 4-34　分类汇总设置　　　　　　　　　　图 4-35　分类汇总设置后的效果

5．多重分类汇总

在数据列表中，同时显示平均值、最大值、最小值时就需要进行多重分类汇总。以图 4-33 为例，如需计算所有公事用车的车辆消耗平均值、最大值、最小值，设置方法如下：

步骤 1：单击分类汇总求和后的数据列表中的任意单元格。在【数据】/【分级显示】组中单击【分类汇总】按钮。

步骤 2：在弹出的【分类汇总】对话框中，【分类字段】选择【使用原因】，【汇总方式】选择【平均值】，并取消【替换当前分类汇总】复选框。

步骤 3：单击【确定】按钮完成设置。

步骤 4：重复上述步骤，分别完成最大值、最小值的分类汇总，最终效果如图 4-36 所示。

	A	B	C	D	E	F	G	H	I	J
1				公司车辆使用管理表						
2	车号	使用者	所在部门	使用原因	使用日期	开始使用时间	交车时间	车辆消耗费	报销费	驾驶员补助费
3	鲁A 45478	刘南	财务部	公事	2005/2/1	8:00	15:00	¥80	¥80	¥0
4	鲁A 45478	王露	财务部	公事	2005/2/3	14:00	20:00	¥60	¥60	¥0
5	鲁A 54789	王露	财务部	公事	2005/2/5	9:00	18:00	¥90	¥90	¥30
6	鲁A 34598	杨晓晓	市场部	公事	2005/2/2	8:30	17:30	¥60	¥60	¥0
7	鲁A 34598	杨晓晓	市场部	公事	2005/2/4	14:30	19:20	¥50	¥50	¥0
8	鲁A 34598	杨晓晓	市场部	公事	2005/2/6	9:30	11:50	¥30	¥30	¥0
9	鲁A 34598	乔平	销售部	公事	2005/2/3	7:50	21:00	¥100	¥100	¥150
10	鲁A 47538	乔平	销售部	公事	2005/2/1	10:00	19:20	¥50	¥50	¥30
11	鲁A 34598	江雨薇	人力资源部	公事	2005/2/1	9:30	12:00	¥30	¥30	¥0
12			公事 最小值					¥30		
13			公事 最大值					¥100		
14			公事 平均值					¥61		
15			公事 汇总					¥550		

图 4-36　多重分类汇总设置效果

6．使用自动分页符

在对分类汇总的数据进行纸质输出时，经常需要将汇总后的数据列表按照汇总项进行显示，可以通过勾选【分类汇总】对话框中的【每组数据分页】复选框，实现每组数据单独打印一页的效果。

7．取消和替换当前的分类汇总

如需取消已经设置好的分类汇总，可以通过单击【分类汇总】对话框中的【全部删除】命令进行操作。如需替换当前的分类汇总，需要在【分类汇总】对话框中勾选【替换当前分类汇总】复选框来实现。

小　　结

排序、筛选以及分类汇总是日常数据处理及财务分析中频繁使用的操作功能，对于简化工作、提高工作效率有很大帮助。本章通过对排列、筛选、分类汇总的讲述，重点介绍了具体的操作方法和操作过程中的注意事项。

数据的简单排序通常是指对数据表格中某一列进行排序，排序最主要的方式有两种：升序排序和降序排序。升序排序时将数据按照从小到大的顺序进行排列，当对数据进行升序排序后，数据具有了一定的规律性，可以快速捕捉关键数据和数据的变化趋势等信息。降序排序正好与升序排序相反，它是将数值由大到小排序。在实际工作中，处理收入类数据或其他数据时，人们格外关注数据最大的前几项，因此，降序排序在工作中使用更为频繁。

在 Excel 2010 中，排序次序和排序依据更加多样化，除了升序和降序排序外，排序的依据还可以是关键字、笔划、颜色、行以及自定义。

在日常工作中，按单元格值进行筛选是使用较多的筛选方式，通常根据单元格值的类型不同，主要包括数字筛选、文本筛选和日期筛选。此外，还可按字体颜色、单元格颜色及通配符进行筛选。

分类汇总是对数据清单中数据进行管理的重要工具，可以快速地汇总各项数据，实现对数据按已有的分类进行一些简单的分析。在执行汇总之前，需要先对数据进行排序操作。

练　　习

一、填空题

1．Excel 提供了两种筛选数据列表的命令，分别是＿＿＿＿ 和＿＿＿＿。

2．一个分级显示最多允许有＿＿＿＿层嵌套数据。

3．模糊筛选中使用通配符必须借助【自定义自动筛选方式】对话框来完成，并允许使用两种通配符条件，可用＿＿＿＿代表一个字符，用＿＿＿＿代表任意多个连续字符。

4．在数据列表中，同时显示平均值、最大值、最小值时就需要进行＿＿＿＿。

二、判断题

1．在数据列表中，通常称列为记录、行为字段。（　　）

2．Excel 可以对合并单元格进行排序。（　　）

3．高级筛选可以在数据列表内进行，不需要与数据列表内数据分开。（　　）

4．在使用分类汇总功能之前，不需要对数据列表中的相关数据进行排序。（　　）

三、简答题

1．简述使用记录单添加新数据的操作步骤。

2．以图 4-1 为例简述对多个关键字进行排序的步骤。

3．简述高级筛选可以提供的功能。

第5章　数据透视表的应用

📖 本章目标

- ■ 熟悉数据透视表的界面结构
- ■ 掌握数据透视表的布局设计
- ■ 掌握数据透视表的格式设置
- ■ 了解数据透视表的刷新功能
- ■ 掌握数据透视表的切片器设置
- ■ 掌握数据透视表的项目组合设置

📖 重点难点

重点：
- ◈ 数据透视表的布局设计
- ◈ 数据透视表的项目组合设置

难点：
- ◈ 数据透视表的切片器设置
- ◈ 数据透视表的项目组合设置

Excel 中的数据透视表是一种满足使用者求和计数等运算需求的表格，且可以动态地改变它们的版面布置。在财务工作中，往往需要对相关数据进行汇总、求和、求平均值等，而数据透视表恰好能满足这一需求。本章将对数据透视表的创建与编辑进行讲解。

5.1 数据透视表概述

数据透视表是一种交互式报表，可以根据不同的需要以及不同的关系来提取、组织和分析数据；可以快速分类汇总以及比较大量的数据，并随时选择页、行和列中的不同元素，以快速查看源数据的不同统计结果；还可以显示和打印出所需区域的明细数据。

数据透视表能够帮助用户分析、组织数据，如计算平均数或者标准差、建立列联表、计算百分比和建立新的数据子集等。还可以通过对数据透视表重新设置，达到多角度查看数据的目的。

数据透视表综合了数据排序、筛选、分类汇总等数据分析工具的优点，可以方便地调整分类汇总的方式，灵活地以多种不同方式展示数据，是最常用、功能最全的 Excel 数据分析工具之一。

合理运用数据透视表进行计算与分析，能够将许多复杂的问题简单化并且极大地提高工作效率。

如图 5-1 所示，某公司的员工资料情况表已经整理完毕，根据该资料表的情况制作数据透视表，该透视表按照学历和职务进行了分类汇总，从中能够清晰看到不同学历职工的工资情况，也可以通过“职务”筛选来查看不同职务员工的工资情况。

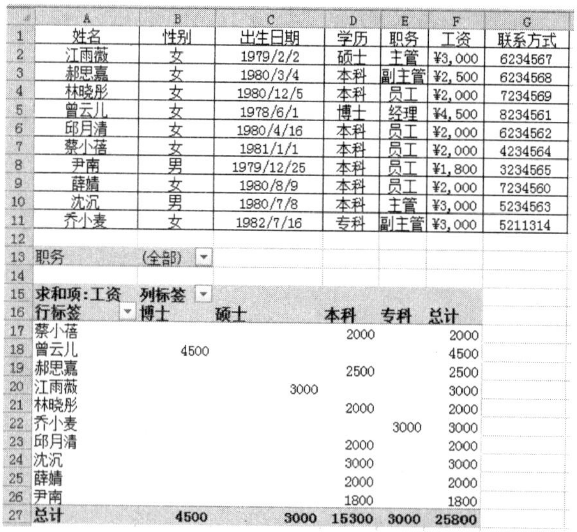

	A	B	C	D	E	F	G
1	姓名	性别	出生日期	学历	职务	工资	联系方式
2	江雨薇	女	1979/2/2	硕士	主管	¥3,000	6234567
3	郝思嘉	女	1980/3/4	本科	副主管	¥2,500	6234568
4	林晓彤	女	1980/12/5	本科	员工	¥2,000	7234569
5	曾云儿	女	1978/6/1	博士	经理	¥4,500	8234561
6	邱月清	女	1980/4/16	本科	员工	¥2,000	6234562
7	蔡小蓓	女	1981/1/1	本科	员工	¥2,000	4234564
8	尹南	男	1979/12/25	本科	员工	¥1,800	3234565
9	薛婧	女	1980/8/9	本科	员工	¥2,000	7234560
10	沈沉	男	1980/7/8	本科	主管	¥3,000	5234563
11	乔小麦	女	1982/7/16	专科	副主管	¥3,000	5211314
12							
13	职务	(全部)					
14							
15	求和项:工资	列标签					
16	行标签	博士	硕士	本科	专科	总计	
17	蔡小蓓			2000		2000	
18	曾云儿	4500				4500	
19	郝思嘉			2500		2500	
20	江雨薇		3000			3000	
21	林晓彤			2000		2000	
22	乔小麦				3000	3000	
23	邱月清			2000		2000	
24	沈沉			3000		3000	
25	薛婧			2000		2000	
26	尹南			1800		1800	
27	总计	4500	3000	15300	3000	25800	

图 5-1　数据表格与数据透视表

5.1.1 数据透视表的数据组织

数据透视表可以从四种类型的数据源中进行创建。

(1) Excel 数据列表：作为数据源的 Excel 数据列表，标题行不能有空白单元格或者合并的单元格，否则不能生成数据透视表。

(2) 外部数据源：文本文件、Microsoft SQL Sever 数据库、dBASE 数据库等都可以用来创建数据透视表。

(3) 多个独立的 Excel 数据列表：数据透视表在创建过程中可以将各个独立表格中的数据信息汇总到一起。

(4) 其他的数据透视表：创建完成的数据透视表也可以作为数据源来创建另外一个数据透视表。

5.1.2 数据透视表的结构

从结构上看，数据透视表分为 4 个部分：

(1) 行区域：标志区域中按钮作为数据透视表的行字段。

(2) 列区域：标志区域中按钮作为数据透视表的列字段。

(3) 数值区域：标志区域中按钮作为数据透视表的显示汇总的数据。

(4) 报表筛选区域：标志区域中按钮作为数据透视表的分页符。

如图 5-2 所示的某公司费用明细已经按部门每日的发生额进行了统计，现需以数据透视表的形式体现，具体操作步骤如下：

步骤 1：选择数据列表区域中任意单元格，单击【插入】/【表格】组中【数据透视表】右侧下三角按钮，弹出【创建数据透视表】对话框。

步骤 2：不改变【创建数据透视表】对话框内的数据，单击【确定】按钮即可创建一张空的数据透视表。

步骤 3：在【数据透视表字段列表】对话框中分别勾选【日】和【发生额】字段的复选框，它们将分别出现在【行标签】和【数值】区域中，同时也被添加到数据透视表中。

	A	B	C	D	E	F
1	月	日	凭证号数	部门	摘要	发生额
2	07	8	记-0030	总经办	广告费	¥4,130.00
3	07	3	记-0013	市场部	办公费	¥24.00
4	07	8	记-0030	总经办	广告费	¥37.54
5	07	2	记-0010	市场部	办公费	¥150.00
6	07	8	记-0030	客服部	招待费	¥160.00
7	07	8	记-0030	客服部	广告费	¥171.81
8	07	6	记-0025	售后部	差旅费	¥199.00
9	07	9	记-0031	财务部	招待费	¥241.00
10	07	8	记-0030	客服部	广告费	¥279.06
11	07	6	记-0029	售后部	差旅费	¥329.06
12	07	4	记-0021	销售部	办公费	¥500.00
13	07	1	记-0003	财务部	办公费	¥561.76
14	07	4	记-0021	销售部	办公费	¥618.00
15	07	1	记-0003	财务部	办公费	¥767.00
16	07	6	记-0025	售后部	差旅费	¥840.00
17	07	8	记-0030	行政部	招待费	¥1,307.00
18	07	8	记-0030	财务部	广告费	¥2,608.97
19	07	6	记-0029	销售部	差旅费	¥7,660.00
20	07	6	记-0029	销售部	广告费	¥12,600.00

图 5-2 费用明细

步骤 4：在【数据透视表字段列表】对话框中单击【部门】字段，并按住鼠标左键将其拖曳至【列标签】区域内，【部门】字段也作为列字段出现在数据透视表中。最终完成的数据透视表如图 5-3 所示。

	A	B	C	D	E	F	G	H	I
1									
2									
3	求和项:发生额	列标签							
4	行标签	财务部	行政部	客服部	市场部	售后部	销售部	总经办	总计
5	1	1328.76							1328.76
6	2				150				150
7	3				24				24
8	4						1118		1118
9	6					1368.06	20260		21628.06
10	8	2608.97	1307	610.87				4167.54	8694.38
11	9	241							241
12	总计	4178.73	1307	610.87	174	1368.06	21378	4167.54	33184.2

图 5-3 数据列表效果图

5.1.3　数据透视表字段列表

　　【数据透视表字段列表】对话框中反映了数据透视表的结构，可以利用它向数据透视表中添加、删除、移动字段，设置字段格式以及排序和筛选。

1．数据透视表结构

　　数据透视表的结构是通过【数据透视表字段列表】对话框进行布局安排的，通过该对话框，用户能够清晰地看到该数据透视表的结构。该对话框的上半部分是【选择要添加到报表的字段】，该部分的选项是从所选取的数据源中摘取获得的。下半部分为【在以下区域间拖动字段】，在该部分中将显示数据透视表中行列等区域所体现的项目情况。如图 5-4 所示，行列标签及数值等区域均进行项目设置。

图 5-4　【数据透视表字段列表】对话框

2．打开和关闭【数据透视表字段列表】对话框

　　在数据透视表中的任意单元格上单击鼠标右键，在弹出的快捷菜单中单击【显示字段列表】命令即可调出【数据透视表字段列表】对话框。在该对话框被调出过之后，只需要单击【数据透视表】按钮即可再次显示。

　　如需关闭【数据透视表字段列表】对话框，直接单击【数据透视表字段列表】对话框中的 × 按钮即可。

3．在【数据透视表字段列表】对话框显示更多的字段

　　如使用超大表格作为数据源来创建数据透视表，在创建完成后很多字段在【选择要添加到报表的字段】列表框内无法显示，只能靠拖动滚动条来选择要添加的字段，影响了创建报表的速度。

　　因此，可以通过展开列表框内的所有字段来实现全部显示，具体操作步骤为：单击【选择要添加到报表的字段】列表框右侧的下拉按钮，选择【字段节和区域节并排】命令，即可展开【选择要添加到报表的字段】列表框内的所有字段，如图 5-5 所示。

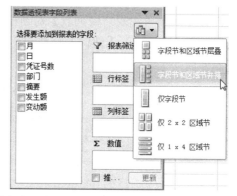

图 5-5　数据透视表字段列表中【字段节和区域节并排】设置

5.2　数据透视表的布局调整

可以通过改变数据透视表布局得到新的报表，以满足不同的数据分析需求。

Excel 2010 的数据透视表相对于之前的版本有了非常大的变化，如果希望运用 Excel 2003 版本的拖拽方式创建数据透视表，则可通过【数据透视表选项】命令来进行操作。具体操作步骤如下：

步骤 1：在已经创建好的数据透视表任意单元格单击鼠标右键，在弹出的快捷菜单中单击【数据透视表选项】命令。

步骤 2：在弹出的【数据透视表选项】对话框中，单击【显示】选项卡。

步骤 3：勾选【经典数据透视表布局(启用网格中的字段拖放)】复选框，即可切换到 Excel 2003 版本的经典界面，如图 5-6 所示。通过【数据透视表字段列表】中字段按钮的拖动就可以实现数据透视表布局的重新安排。或者选中某个字段，单击鼠标右键，在弹出的快捷菜单中选择【上移】、【下移】、【移至开头】、【移至末尾】命令即可实现布局的调整。

图 5-6　数据透视表选项的设置

5.2.1　数据透视表报表筛选区域的使用

当字段显示在列区域或者行区域上时，会显示字段中的所有项。当字段位于报表筛选区域中时，字段中的所有项都成为数据透视表的筛选条件。单击字段右侧的下拉箭头，在弹出的下拉列表中会显示该字段的所有项目，选择其中一项并单击【确定】按钮，则数据透视表将根据此项进行筛选。

1. 显示报表筛选字段的多个数据项

在实际应用中，有时需要对报表筛选字段中的多个数据项进行筛选，可以通过以下操作来实现。

引述图 5-1 中的数据资料设置的数据透视表，先要对其按照职位进行筛选，如图 5-7 所示。具体操作步骤如下：

步骤 1：单击报表筛选字段的下拉按钮，打开下拉列表框。

步骤 2：在弹出的下拉列表框中，勾选【选择多项】复选框。

步骤 3：去掉不需要显示项的勾选，单击【确定】按钮完成操作。

图 5-7 对报表筛选字段进行多项选择

2．显示报表筛选项

通过上述操作选择报表筛选字段的项目可以对整个透视表的内容进行筛选，但筛选结果显示在同一张表格中，每次只能进行一种筛选。

利用数据透视表的【显示报表筛选页】功能，可以创建一系列的链接在一起的数据透视表，每一张工作表显示报表筛选字段中的一项。

用图 5-8 中的数据透视表，生成各个职务的独立工资表，具体操作如下：

步骤 1：单击数据透视表中的任意一个单元格，单击【数据透视表工具】/【选项】/【数据透视表】组中的【选项】右侧的下三角按钮，单击【显示报表筛选页】命令，弹出【显示报表筛选页】对话框，如图 5-9 所示。

图 5-8 工资列表　　　　　　　　　　图 5-9 打开【显示报表筛选页】对话框

步骤 2：在【显示报表筛选页】对话框中选择【职务】字段并单击【确定】按钮，可以将【职务】字段中的每个职务数据分别显示在不同的工作表中，并且按照【职务】字段中的各项对工作表命名，如图 5-10 所示。

图 5-10　数据透视表的显示报表筛选项效果

5.2.2　数据透视表字段的整理

整理数据透视表的报表筛选区域字段可以从一定角度筛选数据内容，而对数据透视表字段的其他整理，可以使格式更加符合表格使用者的需求。

1．字段重命名

在数据区域添加字段后，会被系统自动重命名，如"工资"变为"求和项：工资"，加大了字段所在列的列宽，影响表格的美观，如图 5-8 所示。

如需对字段重命名，让列标题更加简洁，可以直接修改数据透视表的字段名称。双击需要修改名称的单元格后输入新标题，按【Enter】键即可。

2．删除字段

对于数据分析中不需要显示的字段可以通过【数据透视表字段列表】对话框来删除。具体操作方法为：鼠标单击数据透视表区域，经由弹出的快捷菜单打开【数据透视表字段列表】对话框，选中需要删除的字段，在弹出的快捷菜单中选择【删除字段】命令即可，如图 5-11 所示。

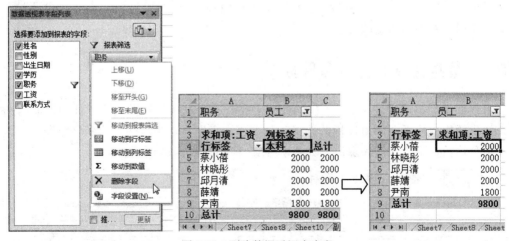

图 5-11　删除数据透视表字段

3．隐藏字段标题

如需隐藏字段标题，可单击数据透视表，在【数据透视表工具】/【选项】/【显示】

组中单击【字段标题】按钮，原有数据透视表中的行字段标题、列字段标题将被隐藏。再次单击【字段标题】按钮，即可显示被隐藏的行或列字段标题。

4．活动字段的折叠与展开

查看单元格的基础源数据时，鼠标右键单击想要查看的单元格，在弹出的快捷菜单中单击【显示详细信息】命令，即显示该单元格位置的详细信息，如图 5-12 所示。

查看或隐藏分类数据时，鼠标右键单击相关单元格，在弹出的快捷菜单中单击【展开/折叠】命令，选择将要展开或折叠隐藏的形式，如图 5-13 所示。

图 5-12　右键功能菜单中显示的详细信息

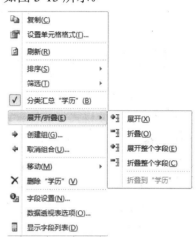

图 5-13　【展开/折叠】按钮选项

5.3　数据透视表的格式设置

通过对数据透视表格式的美化，可以使数据透视表在表现形式上更加美观。Excel 2010 给使用者提供了一系列可供选择的套用格式模板，同时支持自定义的格式设置，可以满足使用者对不同风格的要求。

5.3.1　数据透视表自动套用格式

可以在【数据透视表工具】/【设计】/【数据透视表样式】组中的下拉列表框内选择系统提供的格式模板，随着鼠标的选择，数据透视表也将随套用格式的变化而变化。该系统模板分浅色、中等深浅和深色三大类，各 28 种，如图 5-14 所示。

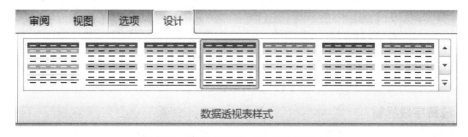

图 5-14　自动套用格式选项位置图示

5.3.2 自定义数据透视表样式

如想自行设计数据透视表的样式，则单击【数据透视表工具】/【设计】/【数据透视表样式】组中下拉列表框内的【新建数据透视表样式】，在弹出的【新建数据透视表样式】对话框中对格式的标题、行与列的条纹等进行设计，设计完毕后保存到默认模板中，在以后应用中可以随时调取，如图 5-15 所示。

图 5-15 自定义数据透视表样式的步骤

5.3.3 数据透视表与条件格式

如想进一步增强数据透视表的可视化效果，可利用条件格式进行设计。选中整个数据透视表，单击【开始】/【样式】组中的【条件格式】下三角按钮，根据设计需要，在弹出的【数据条】等选项中选择适合的效果，效果如图 5-16 所示。

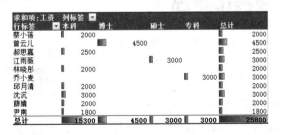

图 5-16 应用【条件格式】中的【数据条】的效果图

5.4 数据透视表的刷新

当数据透视表的数据源内容发生变化时，数据透视表的内容也应随之变化。对数据的变化刷新，可以人工手动进行，也可以设置自动刷新。

5.4.1 手动刷新数据透视表

当数据源的内容发生变化后，鼠标右键单击数据透视表的任意单元格，在弹出的快捷菜单中选择【刷新】命令，数据透视表的内容随之更新。选择【数据透视表工具】/【选项】/【数据】组中的【刷新】或【全部刷新】按钮也可实现数据更新。

5.4.2　自动刷新数据透视表

在每次重新打开 Excel 表时，数据透视表根据数据源的变化自动进行更新。在数据透视表中任意单元格上单击鼠标右键，单击快捷菜单中的【数据透视表选项】命令，在【数据】选项卡下勾选【打开文件时刷新数据】选项，单击【确定】按钮，如图 5-17 所示。之后每次重新打开，数据透视表数据随之变化更新。

图 5-17　自动刷新数据透视表的设置

5.5　在数据透视表中排序

在实际工作中，时常要求使用者对于数据透视表中的相关数据顺序进行重新排列，以满足各种财务分析的需求。

项目在【数据透视表字段列表】同一栏中的上下顺序不同，产生的效果也不同。如需要调整相关项目，可通过单击【数据透视表字段列表】中该栏内【列标签】列表框中相关项目，在快捷菜单中单击【上移】、【下移】等，如图 5-18 所示。

除上述方法外，也可以将光标放在【数据透视表字段列表】中列表框内需要变动的项目上，按住鼠标左键进行拖动，将该项目拖动到所需位置时松开左键，同时数据透视表的项目顺序也将随之发生变化，如图 5-18 所示。数据透视表中按字段或数值进行排序的方法与普通数据列表的操作方式相同。

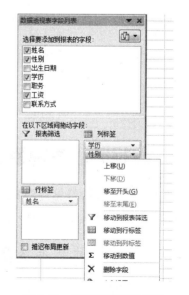

图 5-18　改变排列顺序按钮

5.6　数据透视表的切片器

Excel 2010 版的数据透视表切片器比以前的版本有了很大的改进，通过切片器的引入将原来不直观的数据筛选功能变得形象易用。

5.6.1　为数据透视表插入切片器

为数据透视表设置切片器，需将光标放在该数据透视表中，单击【数据透视表工具】/【选项】/【排序和筛选】组中的【插入切片器】按钮，在弹出的【插入切片器】对话框中选择需要的选项；或者单击【插入】/【筛选器】组中的【切片器】按钮，也将弹出【插入切片器】对话框，达到同样的效果，如图 5-19 所示。

图 5-19　插入切片器效果图

5.6.2　筛选多个字段项

如果想在数据透视表中选取其中几项显示，可按住【Ctrl】键，同时在切片器中选择将要筛选掉的数据，被选中的项目将会呈现浅色，同时其他切片器中的选项也自动筛选变化，数据透视表也随之变化，对应显示相关数据，如图 5-20 所示。

图 5-20　筛选多个字段项的演示图

5.6.3 共享切片器实现多个数据透视表联动

当根据同一个数据源设置的多个数据透视表需要按照同样条件筛选变化时，可通过切片器将各个数据透视表进行关联，在切片器中选中某项时，所有数据透视表均对应发生变化。

单击切片器的空白处，单击【切片器工具】/【选项】/【切片器】组中的【数据透视表连接】按钮，在所有列示的数据透视表中，选中需要连接的选项，勾选完毕单击切片器中的选项，所有连接的数据透视表都随选项的筛选而进行变化，如图 5-21 所示。

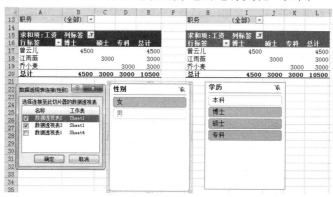

图 5-21　切片器链接多个数据透视表变动演示图

5.6.4 清除切片器的筛选器

要清除切片器的筛选器可以单击相关切片器的右上角按钮，清除后按钮由亮色变为灰色；或者将光标放在要清除的切片器上，单击鼠标右键，在弹出的快捷菜单中单击【从××中清除筛选器】命令(××为该切片器名称)，如图 5-22 所示。

图 5-22　清除切片器的筛选

5.6.5 删除切片器

要删除切片器时，可选中该切片器按【Delete】键删除；或单击鼠标右键，在弹出的快捷菜单中单击【删除××】(××为该切片器名称)。

5.7 数据透视表的项目组合

因数据分析的复杂性，在用数据透视表进行分析时，需进一步分类或重新组合，在这个过程中，需要用到数据透视表的组合功能。

5.7.1 组合数据透视表的指定项

当需要在数据透视表中将相关数据进一步组合分类时，可以在原有的数据透视表上进行操作。按住【Ctrl】键，选中需要合并归类的项目，单击【数据透视表工具】/【选项】/【分组】组中的【将所选内容分组】按钮，所选项目之上将会出现上一级的项目，并重新命名。

如图 5-23 所示为组合前的数据透视表，财务部需要根据该表中"二级代理商"、"加盟店"、"一级代理商"进行组合归类，将其归为非直销方式，以便于进行财务数据分析。

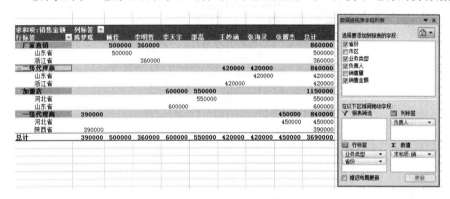

图 5-23 组合前的数据透视表

选中该三项所在的区域，单击【数据透视表工具】/【选项】/【分组】组中的【将所选内容分组】按钮，将在单元格 A21 中出现"数据组 1"的名称，将名称改为"非厂家直销"即可，如图 5-24 所示。

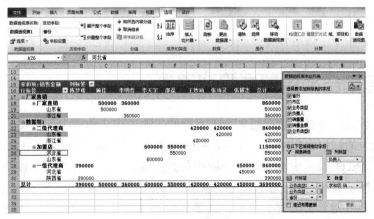

图 5-24 数据透视表的指定组合

5.7.2 数字项组合

当需要将一些数值型项目分组合并时，可以应用相同的操作方式，自行设定合并的数值长短，将其归类重组。

例如，将某公司 1~12 月份的销售收入表按照季度进行分类归总，可单击【数据透视表工具】/【选项】/【分组】组中的【将所选内容分组】按钮，弹出【组合】对话框，在该对话框中按照时间进行输入(起始于 1 月份，终止于 12 月份，步长设置为 3)，如图 5-25 所示。

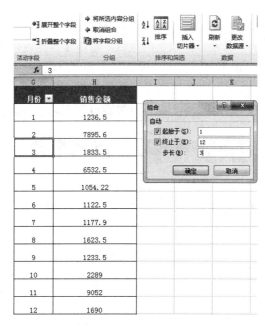

图 5-25　数字组合项

5.7.3 取消项目组合

当不需要某项组合时，将光标放在该组合上，单击鼠标右键，在弹出的快捷菜单中单击【取消组合】命令，该组合将被删除。

5.8 创建复合范围的数据透视表

有时创建数据透视表的数据源来自于不同的工作表或工作簿中，这就需要掌握多范围创建数据透视表的知识。在实际工作中，财务数据非常繁多，一张工作表难以完成工作，时常是在多张 Excel 表格中输入计算分析相关的财务数据，需要对这些数据做一个复合的数据透视表。接下来将对多张工作表中数据的情况进行操作讲解。

在创建复合范围数据透视表之前，需要先添加【数据透视表和数据透视图向导】。单击【文件】/【选项】/【自定义功能区】命令，在【从下列位置选择命令】下拉菜单中选择

【不在功能区中的命令】选项，将其中的【数据透视表和数据透视图向导】添加到右侧的新建组中，如图 5-26 所示。

图 5-26　【数据透视表和数据透视图向导】的添加

在 Excel 中，对甲、乙、丙三张数据透视表中的数据进行设置，这三张数据透视表的资料如图 5-27 所示。

图 5-27　数据资料

步骤 1：单击 Excel 快速访问栏的【数据透视表和数据透视图向导】按钮，弹出【数据透视表和数据透视图向导】对话框，在该对话框中选择【多重合并计算数据区域】选项，并单击【下一步】按钮，如图 5-28 所示。

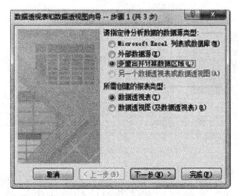

图 5-28　命令向导(一)

步骤 2：在【数据透视表和数据透视图向导--步骤 2a】中，选择【创建单页字段】选项，并单击【下一步】按钮，如图 5-29 所示。

图 5-29　命令向导(二)

步骤 3：单击【选定区域】下方空白处，在工作表中选择将要进行数据计算的区域，并单击【添加】按钮(同样的方式添加其余 2 张表格的相同区域)，并单击【下一步】按钮，如图 5-30 所示。

图 5-30　工作表数据区域的选择

步骤 4：在【数据透视表和数据透视图向导--步骤 3】中选择【新工作表】，并单击【完成】按钮，如图 5-31 所示。

图 5-31　命令向导(三)

步骤 5：将 3 张表格的数据进行复合数据透视表的设置完毕。根据自己设计需要，将"行"、"列"、"值"、"页 1"等分别放在该表对应的位置中，通过对话框【数据透视表字段列表】进行设置。最终效果如图 5-32 所示。

图 5-32　复合数据透视表最终效果图

知识拓展

　　数据透视表和数据透视图向导的选择也可以通过快捷键的方式调出，按键盘上【Alt+D+P】组合键，将会在界面中调出【数据透视表和数据透视图向导】对话框。

5.9　创建数据透视图

　　数据透视图的引入使原来数字化的表述变得更加形象直观，让阅读者感觉更生动。

　　将光标放在数据透视表的任意单元格中，单击【数据透视表工具】/【选项】/【工具】组中【数据透视图】按钮，弹出【插入图表】对话框，其中提供了可供选择图形的模板，选定适合的图形模板，单击【确定】按钮，数据透视图创建完毕。

　　选中该表格区域 A1:B14，通过【插入】/【表格】/【数据透视图】命令进行透视图设置，最终如图 5-33 所示。

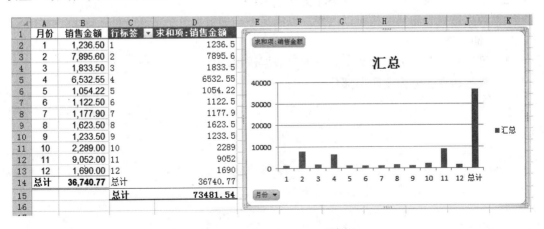

图 5-33　数据透视图最终效果图

小　结

数据透视表是一种交互式报表，可以根据不同的需要以及不同的关系来提取、组织和分析数据；可以快速分类汇总以及比较大量的数据，并随时选择其中页、行和列中的不同元素，以达到快速查看源数据的不同统计结果；还可以显示和打印出所需区域的明细数据。

数据透视表使 Excel 表可以满足不同使用人群的需要，他们可以通过透视表的创建、排序、筛选等功能来实现自己的不同需求。

数据透视图是将相关的数据形象化，通过柱状图、饼状图、折线图等图形直观反映各数据之间的关系。

练　习

一、填空题

1. 作为最常用、功能最全的 Excel 数据分析工具之一的数据透视表，综合了数据_____、_____、_____等数据分析的优点，可以方便地调整分类汇总的方式，灵活地以多种不同方式展示数据。

2. 为数据透视表设置切片器，需将光标放在该数据透视表中，单击_____/_____/_____按钮。

3. 从结构上看，数据透视表分为_____、_____、_____和_____四部分。

4. _____对话框中反映了数据透视表的结构，可以利用它向数据透视表中添加、删除、移动字段，设置字段格式以及排序和筛选。

二、判断题

1. 数据透视表是一种交互式报表，可以根据不同的需要以及不同的关系来提取、组织和分析数据。（　　）

2. 数据透视表一旦创建，就不能更新数据。（　　）

3. 数据透视表布局结构可以改变，以满足不同的数据分析需求。（　　）

三、简答题

1. 可以从哪四种类型的数据源中创建数据透视表？

2. 数据透视表分为哪四个部分？

第6章 公式、函数的应用

本章目标

■ 了解公式、函数的基本概念

■ 掌握常见函数的应用

■ 掌握财务中常见函数的应用

重点难点

重点：

◇ 常见函数中 IF、VLOOKUP、SUM、SUMIF 等函数的应用

◇ 财务函数中 SLN、PV、FV 等函数的应用

难点：

◇ VLOOKUP、HLOOKUP 函数的区别

◇ PV、NPV、IRR、XIRR 函数的区别

Excel 能够帮助使用者实现数据的计算与分析，这些计算与分析是通过 Excel 中已经提前设定的公式或函数来实现，其应用范围涵盖了日常工作及财务专项分析等方面。本章将针对日常工作与财务专项这两方面中涉及函数的含义及语法应用进行举例讲解。

6.1 公式

公式是进行数据处理与分析的工具。通俗地讲，公式就是使用数据运算符来处理数值、文本、函数等，从而得到运算结果。

6.1.1 认识公式

Excel 中的公式与数学中的公式类似，是一种进行计算的表达式。通常以"="开头，在后面包含了各种运算符、常量数值、文本、工作表函数及单元格地址。

1. 公式的组成

公式的组成要素主要有等号"="、运算符、常量、单元格引用、函数、数值或任意字符串等。

 ◇ 常量：直接输入公式中的值，如数字"1"，日期"2015-07-15"。
 ◇ 运算符：连接公式中的基本元素并完成特定计算的符号，不同运算符进行不同的运算，如"+"、","。
 ◇ 单元格引用：指定要进行运算的单元格地址，包括单个单元格、单元格区域、同一工作簿中其他工作表的单元格或其他工作簿中的某张工作表的单元格。
 ◇ 函数：包括函数及函数的参数，也是公式中的基本元素之一。
 ◇ 数值或任意字符串：包括数字或文本等各类数据，如"0.2456"、"单位名称"、"BMW007"。

2. 公式常用的运算符

公式中的运算符有四种类型：算数运算符、比较运算符、文本运算符和引用运算符。

 ◇ 算数运算符：包括了加(+)、减(−)、乘(*)、除(/)、百分比(%)以及乘幂(^)等各种常规的算术运算。
 ◇ 比较运算符：主要用于比较两个或多个数字、文本、单元格内容或函数结果的大小关系，当使用这些函数运算符比较两个值时，结果为逻辑值：TRUE 或 FALSE。常见符号有"="、"<"、">"、"<="、">="。
 ◇ 文本运算符：主要用于将文本字符或字符串进行连接和合并。常见符号是 &。例如，"North"&"Wind"运算结构将出现符串"Northwind"。
 ◇ 引用运算符：用于工作表中单元格内数据的引用，是 Excel 中特有的运算符，如表 6-1 所示。

表 6-1　引 用 运 算 符

运算符	含　义	示例	运算结果
:	冒号，区域运算符，生成对两个引用之间所有单元格的引用	A1:B2	单元格 A1、A2、B1、B2
,	逗号，联合运算符，将多个引用合并为一个引用	A1，B3:E3	单元格 A1、B3、C3、D3、E3
(空格)	交集运算符，生成对两个引用中共有的单元格的引用	B3:E4　C1:C5	单元格 C3 和 C4(两单元格区域的交叉单元格)

3．公式的计算顺序

公式的计算顺序与运算符的优先级有关。通俗地讲，运算符的优先级等级决定了在公式中先计算哪一部分，后计算哪一部分。表 6-2 所示为运算符的优先级别。

表 6-2　运算符的优先级别

优先级别	运算符	优先级别	运算符
1	:，(空格)	5	*、/
2	−(符号)	6	+ −(减号)
3	%	7	&
4	^	8	= 〈 〉 〈= 〉= 〈〉

注　意　在实际运用中，很多情况都需要首先运算优先级别低的运算符。此时可以通过括号来实现。公式中有括号，会优先计算括号中的内容，如果括号中还有括号，会优先从最里面的括号中的内容开始，依次向外计算。

6.1.2　公式的应用

下面对日常工作中常用公式的应用进行讲解。

1．公式输入编辑

例 1　某月末，财务部统计 A 设备在山东、河南、河北等地的销售价格及销售情况，并核算出各地区销售总额。有以下两种输入编辑方式可供选择：

(1) 在编辑栏中直接进行输入、编辑。

选中单元格 E3，在其上面的编辑栏中直接输入"=C3*D3"，如图 6-1 所示。

(2) 在单元格中直接进行输入、编辑。

除在编辑栏中输入数据外，也可直接在单元格中进行数据或公式的输入。

选中单元格 E4，直接输入"=C4*D4"，输入的公式也将会在该单元格的编辑栏中显示，如图 6-2 所示。

图 6-1　编辑栏编辑输入　　　　　　　　　　图 6-2　单元格中编辑输入

2. 公式的复制

当需要在其他单元格中输入相同的公式时，逐一输入显然会影响工作效率。使用“复制/粘贴”功能可以实现公式在其他单元格中的应用。

选中将要复制的单元格，单击【开始】/【剪切板】组中的【复制】按钮，然后鼠标右键单击将要粘贴的目标单元格，在弹出的快捷菜单中单击【粘贴选项】/【公式】命令，操作完毕后，原单元格中的公式将复制到目标单元格中并自动计算相关数据。

3. 公式的引用

当编辑数据时，需要引用其他单元格中的数据或公式加以辅助，此处就涉及到公式或数据的引用。Excel 中单元格的引用分为相对引用、绝对引用和混合引用三种类型。

(1) 相对引用：公式中引用的单元格随其所在的行或列的变化而变化。

(2) 绝对引用：将所引用的单元格用“$”符号固定位置，所引用的数据源不会因行或列的变化而变化。

(3) 混合引用：介于相对引用与绝对引用之间，其引用的单元格的行或列中有一项为相对引用，一项为绝对引用。

例 2 某公司财务部计算该公司 2014 年第一季度销售情况，并测算各月毛利占第一季度总毛利的比重。

如图 6-3 所示，选中单元格 E3，并在其中输入公式“=D3/$D$6”，输入完毕后该单元格自动计算其毛利比重为 29.48%。将该单元格的公式复制到 E4 中，则 E4 中自动显示的公式为“=D4/$D$6”。因“$”为绝对引用符号，其作用是限定引用的单元格，所以毛利比重的计算公式中分母引用的单元格固定不变，引用源都是单元格 D6，而分子为相对引用，单元格随行列变化而变化。

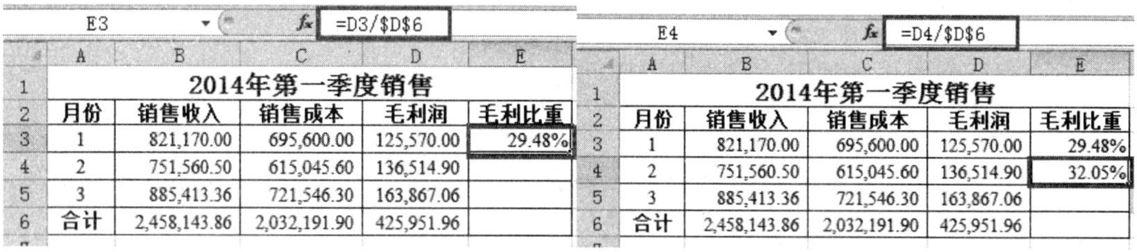

月份	销售收入	销售成本	毛利润	毛利比重
1	821,170.00	695,600.00	125,570.00	29.48%
2	751,560.50	615,045.60	136,514.90	
3	885,413.36	721,546.30	163,867.06	
合计	2,458,143.86	2,032,191.90	425,951.96	

月份	销售收入	销售成本	毛利润	毛利比重
1	821,170.00	695,600.00	125,570.00	29.48%
2	751,560.50	615,045.60	136,514.90	32.05%
3	885,413.36	721,546.30	163,867.06	
合计	2,458,143.86	2,032,191.90	425,951.96	

图 6-3 引用示例

6.2 认识函数

函数是 Excel 中预先设定的运算方法。当引用该函数时，会将数据按照预先设定好的特定运算法则进行运算，从而达到用户需要的效果。

函数主要由三部分构成：等号、函数名和参数。在输入函数时，函数名称前必须要有等号，函数名中引用相关参数，如数字、文本等以实现函数的特定操作效果。函数的组成形式为：“=函数名(参数)”。

6.2.1　常见函数

掌握 Excel 中常见函数能够帮助用户提高工作效率，如求和、查找、求平均数等函数的应用会显著提高日常办公的效率，同时也有效保障了数据处理的准确性。

1. IF 函数

对执行条件进行判断，根据逻辑判断数值的真假，返回不同结果。指定的条件真假结果通过 TURE 或 FALSE 表示，根据该结果执行不同的操作。

语法：IF(logical_test, value_if_true, value_if_false)

logical_test：表示计算结果为 TRUE 或 FALSE 的任意值或表达式。如 A1=20，如果 A1 单元格中的数值为 20，则该结果为真，即为 TRUE；如果 A1 中的数值不为 20，则该结果为假，即为 FALSE。

value_if_true：当 logical_test 为 TRUE 时返回该值。如果此参数为文本字符串“成功”，当 logical_test 的数值计算结果为 TRUE 时，则 IF 函数会显示文本“成功”二字；若 logical_test 的结果为 TRUE 且 value_if_true 为空，则返回值为 0；如果 logical_test 的数值计算结果为 FALSE 时，则 IF 函数不会选取该值。value_if_true 也可以是其他公式。

value_if_false：当 logical_test 为 FALSE 时返回该值。如果此参数为文本字符串“失败”，当 logical_test 的数值计算结果为 FALSE 时，则 IF 函数会显示文本“失败”二字；若 logical_test 的结果为 FALSE 且 value_if_false 省略，则返回值为 FALSE；如果 logical_test 的结果为 FALSE 且 value_if_false 为空，则返回值为 0。value_if_false 也可以是其他公式。

例 3　学生某学期期末考试成绩大于或等于 60 分则显示及格；如果低于 60 分则显示不及格。在单元格 C3 中输入公式“=IF(B3>=60,"及格","不及格")”，输入完毕后，将其复制到其他单元格中，最后效果如图 6-4 所示。

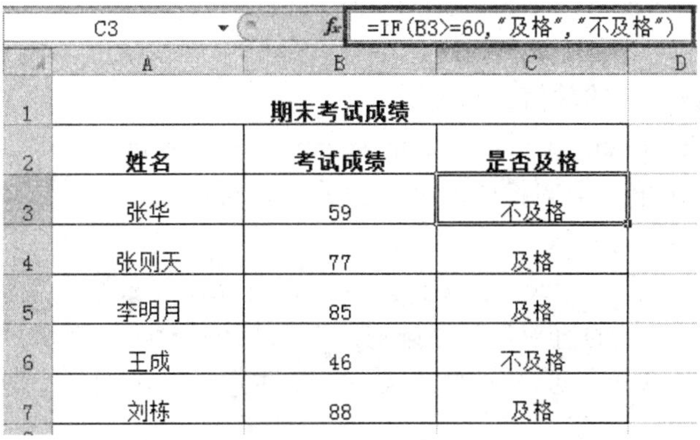
C3　=IF(B3>=60,"及格","不及格")

	A	B	C
1	期末考试成绩		
2	姓名	考试成绩	是否及格
3	张华	59	不及格
4	张则天	77	及格
5	李明月	85	及格
6	王成	46	不及格
7	刘栋	88	及格

图 6-4　IF 函数的应用案例

有时 IF 函数的参数常常设置为公式，与其他公式的结合应用，能够发挥 IF 函数的最大作用。

例 4　某企业财务统计 2014 年年末 5 种商品的库存情况，标准为当库存商品金额小于 200 万为库存处于短缺状态，200 至 500 万之间为库存平稳状态，大于 500 万为库存充足状态。

选中单元格 D3:D7 区域，输入 IF 函数公式。如图 6-5 所示，在单元格 D7 中输入公式 "=IF(C7>=500,"充足",IF(C7>=200,"平稳","短缺"))"，以上区域输入完毕后将自动显示对库存商品情况的评价。

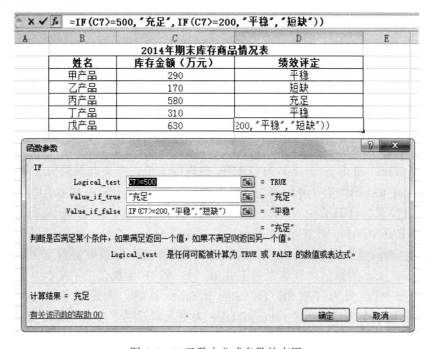

图 6-5　IF 函数中公式参数的应用

2. LOOKUP 函数

LOOKUP 函数主要用于在指定范围内查找使用者所指定的值，并返回与其相对应的其他范围内的值。其语法形式主要分为向量形式和数组形式。

(1) 向量形式。向量形式是在指定的单行或单列中寻找数值，找到该数值后，返回与之相对应的另一行或列中的数值。

语法：LOOKUP (lookup_value, lookup_vector, result_vector)

lookup_value：在第一个向量中所要查找的值，可以是数字、文本、逻辑值、名称或对值的引用。

lookup_vector：包含一行或一列的区域，可以是文本、数字、逻辑值。需要注意当查找一个明确值时，该区域的值应是升序排列，如 1,2,3……10。

result_vector：包含一行或一列的区域，需要注意该区域的大小应该与 lookup_vector 大小相同。

例 5　某小区的物业公司收取某月份的物业费。该公司的财务人员为核对各户物业费的准确性而制作一张收费表。通过该收费表，输入所需查询住户的门牌号码，将自动显示该户所需缴纳的物业费。

运用 LOOKUP 函数进行制作查询项目的操作，如图 6-6 所示。在单元格 F3 中输入公式 "=LOOKUP(E3,A3:A10,C3:C10)"，当 E3 中房号变化时，F3 中的数值也会随之变化。在 E3 单元格中输入房号 201，则单元格 F3 中将自动查找 201 户的物业费，显示物业费为 781.86 元。实现当输入住户门牌号码时，将自动显示该住户所应该缴纳的物业费金额。

F3 　f_x =LOOKUP(E3,A3:A10,C3:C10)

	A	B	C	D	E	F
1	物业费收费情况表				查询	
2	房号	房主姓名	物业费		房号	物业费金额
3	101	马亮	642.41		201	781.86
4	102	王大宝	781.86			
5	201	赵平	781.86			
6	202	杨友林	757.32			
7	301	李宇	642.41			
8	302	贾宗丽	757.32			
9	401	杨秀清	757.32			
10	402	胡桂林	781.86			

图 6-6　LOOKUP 向量形式应用

(2) 数组形式。数组形式是在选定的数组范围内的第一行或列寻找指定数值，并选取与之相对应的数值范围内的最后一行或列的值。

语法：LOOKUP (lookup_value, array)

lookup_value：在第一个向量中所要查找的值，可以是数字、文本、逻辑值、名称或绝对值的引用。

array：包括与 lookup_value 进行比较的文本、数字或逻辑值的单元格区域。

仍以上述物业公司财务人员制作的住户物业费收费情况表为例，同样查询 201 住户的物业费金额情况，选用 LOOKUP 数组形式进行数据选取设置，如图 6-7 所示。

F3 　f_x =LOOKUP(E3,A3:C10)

	A	B	C	D	E	F
1	物业费收费情况表				查询	
2	房号	房主姓名	物业费		房号	物业费金额
3	101	马亮	642.41		201	781.86
4	102	王大宝	781.86			
5	201	赵平	781.86			
6	202	杨友林	757.32			
7	301	李宇	642.41			
8	302	贾宗丽	757.32			
9	401	杨秀清	757.32			
10	402	胡桂林	781.86			
11						

图 6-7　LOOKUP 数组形式应用

3．HLOOKUP 函数

在所选范围内的首行进行，找到指定的数值后，在与其同一列的数值中返回指定行数的数值。

语法：HLOOKUP(lookup_value, table_array, row_index_num, range_lookup)

lookup_value：要在指定范围内查找首行中的数值，该数值可以是数值、引用或文本字符串。

table_array：需要查找的数据表的范围，可实现对区域或区域名称的引用。

row_index_num：查找范围 table_array 中待返回的行的序号。当该值为 3 时，返回该范围的第 3 行的数值；当该值为 5 时，返回该范围的第 5 行的数值。如果该值小于 1 时，则返回错误值#VALUE!；如该值大于 table_array 范围的行数，则返回错误值#REF!。

range_lookup：为逻辑值，指明查找时是精确匹配，还是近似匹配。如果为 TRUE 或省略，则返回近似匹配值，也就是找不到精确匹配值时，返回小于 lookup_value 的最大值；如果为 FLASE 时，则只返回精确匹配值，如找不到，则返回错误值#N/A。

例 6 根据甲公司 9 月 30 日的库存商品情况表显示有 A、B、C 三种产品，现需要查询 B 产品所剩的数量。可在单元格 C8 中输入公式"=HLOOLUP("B 产品",B2:D5,2, TRUE)"，输入完毕后，该单元格将显示 B 产品所剩数量为 500，如图 6-8 所示。

在实际工作中，财务工作的数据量是相当庞大的。有时单靠人工进行信息的查询其精准度很难保证，而且工作效率也较低。所以，HLOOKUP 函数广泛地应用于财务数据的查询。

例 7 某企业某年第一季度的各月份销售收入、销售成本以及毛利润如图 6-9 所示。现需要查询 3 月份的毛利润情况，则在单元格 C8 中输入公式"=HLOOKUP("3 月份"，A2:D5,4,TRUE)"，输入完毕后，将自动显示 3 月份的毛利润为 10,001.82 元。

图 6-8 HLOOKUP 函数的应用(一)　　　　图 6-9 HLOOKUP 函数的应用(二)

4. VLOOKUP 函数

在选定范围的数据中的首列查找指定的数值，并返回该指定值所在行的其他指定列的数值。

语法：VLOOKUP (lookup_value, table_array, col_index_num, range_lookup)

lookup_value：在查找的范围区域内第一列中搜索的数值。

table_array：需要查找的数据表的范围，可使用对区域或区域名称的引用。

col_index_num：查找范围 table_array 内待返回的匹配值的列序号。

range_lookup：为逻辑值，指定查找精确的匹配值还是近似匹配值。

例 8 甲公司九月末仓库有 A、B、C 三种产品，财务人员需要查询仓库中 C 产品的总金额，在单元格 C7 中输入公式"=VLOOKUP("C 产品",A2:D5,4,TRUE)"，输入完毕后，该单元格将显示 C 产品的总金额为 4,500 元，如图 6-10 所示。

以图 6-9 所示资料为基础，现需要查询 1 月份的销售成本。在单元格 C7 中输入公式

"=VLOOKUP("销售成本",A3:D5,2)",输入完毕后,将自动显示 1 月份的销售成本为 53,929.69 元,如图 6-11 所示。

C7	▼	*fx*	=VLOOKUP("C产品",A2:D5,4,TRUE)

	A	B	C	D
1	甲企业库存商品情况			
2	产品名称	单价	数量	总金额
3	A产品	20.00	120	2,400.00
4	B产品	35.00	500	17,500.00
5	C产品	15.00	300	4,500.00
6				
7	查询C产品总金额	4,500.00		

图 6-10 VLOOKUP 函数的应用(一)

C7	▼	*fx*	=VLOOKUP("销售成本",A3:D5,2)

	A	B	C	D
1	某企业第一季度各月毛利润情况表			
2	月份	1月份	2月份	3月份
3	销售收入	64,520.00	71,523.50	69,510.20
4	销售成本	53,929.69	60,160.56	59,508.38
5	毛利润	10,590.31	11,362.94	10,001.82
6				
7	查询的1月份销售成本情况	53,929.69		

图 6-11 VLOOKUP 函数的应用(二)

5. SUM 函数

用来计算某区域内指定数值相加后的总和。该函数中的参数可以是区域、单元格引用、数组、常量、公式或另一个函数的结果。

语法:SUM(number1, number 2……)

number1:需要相加的第一个数值参数。

number2……:需要相加的 2 到 255 个数值参数。

例 9 甲企业 1 月份销售收入 1,250,400 元,2 月份销售收入 2,325,000 元,3 月份销售收入 2,420,500 元,现需合计第 1 季度这 3 个月的销售收入总额,在单元格 B6 中输入公式"=SUM(B3:B5)",单元格 B6 显示 3 个月的合计数为 5,995,900 元,如图 6-12 所示。

以图 6-9 中的数据资料为基础,计算第一季度毛利润的合计数。如图 6-13 所示,在单元格 C7 中输入公式"=SUM(B5:D5)",输入完毕后将自动计算第一季度 3 个月的毛利润为 31,955.07 元。

B6	▼	*fx*	=SUM(B3:B5)

	A	B
1	甲企业第一季度销售收入	
2	月份	销售收入
3	1月	1,250,400.00
4	2月	2,325,000.00
5	3月	2,420,500.00
6	合计	5,995,900.00

图 6-12 SUM 函数的应用(一)

C7	▼	*fx*	=SUM(B5:D5)

	A	B	C	D
1	某企业第一季度各月毛利润情况表			
2	月份	1月份	2月份	3月份
3	销售收入	64,520.00	71,523.50	69,510.20
4	销售成本	53,929.69	60,160.56	59,508.38
5	毛利润	10,590.31	11,362.94	10,001.82
6				
7	第一季度毛利润合计数	31,955.07		

图 6-13 SUM 函数的应用(二)

6. SUMIF 函数

对区域中指定条件的数值求和。

语法:SUMIF(range, criteria, sum_range)

range:用于条件计算的单元格区域。每个区域中的单元格都必须是数字、名称、数组和包含数字的引用。

criteria:用于确定需要求和的单元格的条件,其形式可以是数字、表达式、单元格引用、文本或函数。

sum_range:需要求和的实际单元格。如果省略则会对选定区域中指定的单元格求和。

例 10 甲公司销售情况表列出了 1～6 月份 A 产品和 B 产品的销售金额。

(1) 将单月单品销售金额超过 50,000 元的销售金额相加求和。

根据该题目要求，在单元格 C10 中输入公式“=SUMIF(A2:C8,">50000")”，单元格 C10 中显示符合条件的合计数为 593,000 元，如图 6-14 所示。

(2) 当单月中 A 产品销售金额超过 50,000 元时，将其所对应的当月 B 产品的销售金额相加求和。

根据该题目要求，在单元格 C11 中输入公式“=SUMIF(B2:B8,">50000",C2:C8)”，单元格 C11 中显示符合条件的合计数为 282,000 元，如图 6-14 所示。

C10　=SUMIF(A2:C8,">50000")

	A	B	C
1	甲公司销售情况表		
2	月份	A产品销售金额	B产品销售金额
3	1	55,000.00	82,500.00
4	2	70,000.00	105,000.00
5	3	23,000.00	30,000.00
6	4	45,000.00	67,500.00
7	5	63,000.00	94,500.00
8	6	37,000.00	55,500.00
9			
10	1	单月单品超过50000的销售金额求和	593,000.00
11	2	单月中A产品销售金额超过50000,其所对应的当月B产品的销售金额	282,000.00

C11　=SUMIF(B2:B8,">50000",C2:C8)

	A	B	C
1	甲公司销售情况表		
2	月份	A产品销售金额	B产品销售金额
3	1	55,000.00	82,500.00
4	2	70,000.00	105,000.00
5	3	23,000.00	30,000.00
6	4	45,000.00	67,500.00
7	5	63,000.00	94,500.00
8	6	37,000.00	55,500.00
9			
10	1	单月单品超过50000的销售金额求和	593,000.00
11	2	单月中A产品销售金额超过50000,其所对应的当月B产品的销售金额	282,000.00

图 6-14　SUMIF 函数的应用

7. AVERAGE 函数

用于求选定区域数值的平均值。

语法：AVERAGE(number1, number2……)

number1：需要计算平均值的第一个数字、单元格引用或单元格区域。

number2……：需要计算平均值的其他数字、单元格引用或单元格区域，最多包含 255 个。

例 11 甲公司销售 A、B 两种产品，1～6 月份各月的销售统计情况表已经完成，现需要计算平均各月的销售情况。

根据题目的要求，制作销售统计表，如图 6-15 所示。在单元格 B9 中输入公式“=AVERAGE(B3,B4,B5,B6,B7,B8)”，输入完毕后得出 A 产品的平均值为 48,833.33 元。

也可在公式中输入单元格区域，提高工作效率，即在单元格 C9 中输入公式“=AVERAGE (C3:C8)”，输入完毕后得出 B 产品的平均值为 72,500 元。

B9　=AVERAGE(B3,B4,B5,B6,B7,B8)

	A	B	C
1	甲公司销售情况表		
2	月份	A产品销售金额	B产品销售金额
3	1	55,000.00	82,500.00
4	2	70,000.00	105,000.00
5	3	23,000.00	30,000.00
6	4	45,000.00	67,500.00
7	5	63,000.00	94,500.00
8	6	37,000.00	55,500.00
9	平均值	48,833.33	72,500.00

C9　=AVERAGE(C3:C8)

	A	B	C
1	甲公司销售情况表		
2	月份	A产品销售金额	B产品销售金额
3	1	55,000.00	82,500.00
4	2	70,000.00	105,000.00
5	3	23,000.00	30,000.00
6	4	45,000.00	67,500.00
7	5	63,000.00	94,500.00
8	6	37,000.00	55,500.00
9	平均值	48,833.33	72,500.00

图 6-15　AVERAGE 函数的应用

8. DAVERAGE 函数

用于对列表或数据库中满足指定条件的记录字段(列)中的数值求平均值。

语法：DAVERAGE(database, field, criteria)

database：构成列表或数据库的单元格区域，为所求数值所在的项目。

field：指定函数所使用的列。输入两端带双引号的标签，如“销售金额”；或输入所选区域中代表列位置的数字(无引号)，如 2 表示第 2 列，5 表示第 5 列。

criteria：包含所指定条件的单元格区域。

例 12　甲公司在济南、青岛、烟台三地销售 A～F 等 6 种不同型号的产品，求济南所销售型号产品的平均销售金额。在单元格 C11 中输入公式“=DAVERAGE(A2:D8,"销售金额",B10:B11)”，输入完毕后，该单元格显示济南地区的产品平均销售金额为 49,843.33 元，如图 6-16 所示。

甲公司财务部制作固定资产统计表，统计公司的办公桌与电脑销售情况。需要根据制作完毕的固定资产统计表计算购入时办公桌的平均价值。如图 6-17 所示，在单元格 C11 中输入公式“=DAVERAGE(A2:D8,4,B10:B11)”，输入完毕后，该单元格显示办公桌平均购入价为 33,090 元。

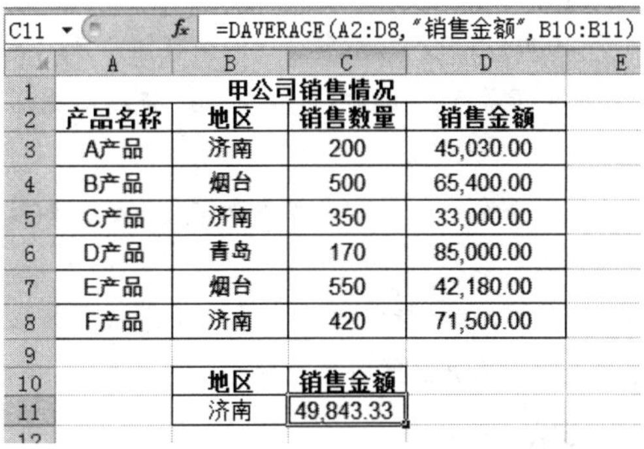
C11　=DAVERAGE(A2:D8,"销售金额",B10:B11)

	A	B	C	D
1	甲公司销售情况			
2	产品名称	地区	销售数量	销售金额
3	A产品	济南	200	45,030.00
4	B产品	烟台	500	65,400.00
5	C产品	济南	350	33,000.00
6	D产品	青岛	170	85,000.00
7	E产品	烟台	550	42,180.00
8	F产品	济南	420	71,500.00
9				
10		地区	销售金额	
11		济南	49,843.33	

图 6-16　DAVERAGE 函数的应用(一)

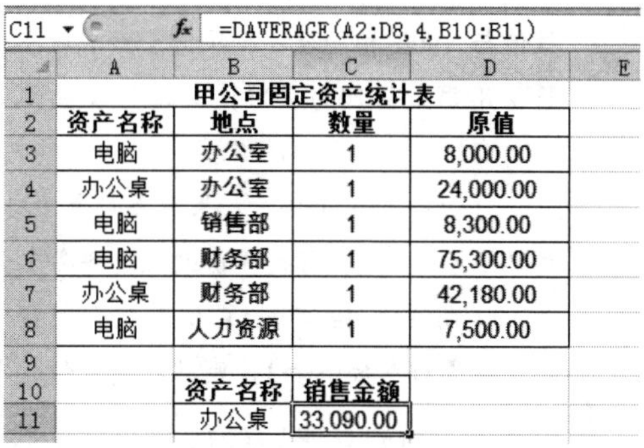
C11　=DAVERAGE(A2:D8,4,B10:B11)

	A	B	C	D
1	甲公司固定资产统计表			
2	资产名称	地点	数量	原值
3	电脑	办公室	1	8,000.00
4	办公桌	办公室	1	24,000.00
5	电脑	销售部	1	8,300.00
6	电脑	财务部	1	75,300.00
7	办公桌	财务部	1	42,180.00
8	电脑	人力资源	1	7,500.00
9				
10		资产名称	销售金额	
11		办公桌	33,090.00	

图 6-17　DAVERAGE 函数的应用(二)

9. DCOUNT 函数

返回列表或数据库中满足指定条件的记录字段(列)中包含数字的单元格的个数。

语法：DCOUNT(database, field, criteria)

database：构成列表或数据库的单元格区域。列表的第一行包含每一列的标签。

field：指定函数所使用的列。

criteria：包含所指定条件的单元格区域。该区域至少包含一个列标签，并且列标签下方至少包含一个指定列条件的单元格。

例 13　甲公司在济南、烟台等地区销售 A～F 等 6 种型号的产品。所有地区的销售统计情况已经完成，现需要统计销售金额大于 50,000 元的地区数量。在单元格 C10 中输入公式“=DCOUNT(A2:D8,4,A10:A11)”，输入完毕后显示数量为 3，如图 6-18 所示。

除此之外，还需要计算甲公司销售的产品中销量超过 300 的产品有多少，如图 6-19 所示，在单元格 C10 中输入公式“=DCOUNT(A2:D8,3,A10:A11)”，输入完毕后显示数量为 4。

图 6-18　DCOUNT 函数的应用(一)　　　　图 6-19　DCOUNT 函数的应用(二)

10．DATE 函数

返回表示特定日期的连续序列号。

语法：DATE (year, month, day)

year：表示年份，可以包含 1～4 位数字。

month：表示月份，数值为一个正整数或负整数。

day：表示天数，数值为一个正整数或负整数。

年份溢出(year)：在 1900 年日期系统中，如果该参数值介于 0～1899 之间时，则 Excel 会将该值与 1900 相加来计算年份；如果该参数值介于 1900～9999 之间(包含这两个数值)，则 Excel 将使用该数值作为年份；如果该参数值小于 0 或大于等于 10 000，则 Excel 将返回错误值 #NUM。

月份溢出(month)：如果该参数大于 12，则从指定年份的 1 月份开始累加该月份数；如果该参数小于 1，则从指定年份的上一年年末开始递减该月份数。

日期溢出(day)：如果该参数大于指定月份的天数，则从指定月份的第一天开始累加该天数；如果该参数小于 1，则从指定月份的上一个月最后一天开始递减该天数。

综上所述，DATE 函数的应用公式及情况，如图 6-20 所示。

	A	B	C
1		DATE函数的应用效果	
2	注释	公式表达式	显示效果
3	Year：介于0-1899之间	=date(114,1,2)	2014/1/2
4	Year:介于1900-9999之间	=date(2014,10,2)	2014/10/2
5	Year：小于0或大于10000	=date(-2014,10,2)	#NUM!
6	Month：大于12	=date(2014,16,2)	2015/4/2
7	Month：小于1	=date(2014,-4,2)	2013/8/2
8	Day：大于指定月份的天数	=date(2014,3,40)	2014/4/9
9	Day:小于1	=date(2014,3,-7)	2014/2/21

图 6-20　DATE 函数的应用公式效果图

11．MONTH 函数

返回以序列号表示的日期中的月份，月份为介于 1～12 之间的整数。

语法：MONTH(serial_number)

serial_number：要查找的那个月的日期。

例 14　求表中日期的月份数。如图 6-21 所示，在单元格 B3 中输入公式 "=MONTH(A3)"，取得日期栏 A3 中的月份数，则 B3 中显示月份数为 10。

12．YEAR 函数

返回某日期对应的年份，返回的数值在 1900～9999 之间，且为整数。

语法：YEAR(serial_number)

serial_number：为日期值，其中包括将要查找的年份的日期。

例 15　求表中日期的年份数。如图 6-22 所示，在单元格 B3 中输入公式 "=YEAR(A3)"，取得日期栏 A3 中的年份数，则显示年份数为 2014。

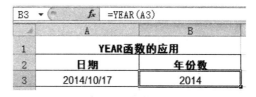

图 6-21　MONTH 函数的应用　　　　　图 6-22　YEAR 函数的应用

6.2.2　财务常用函数

在 Excel 中，系统设计之初就针对财务人员的工作应用设计了一些财务会计领域专用函数。对这些函数的应用，可使财务工作效率得到极大提高。

1．固定资产折旧的函数计算

下面讲解的 SLN、DDB、SYD 函数主要用在固定资产折旧方面。分别对应着固定资产折旧方法中的平均年限法(即直线法)、双倍余额递减法、年限总和法进行公式设置。

(1) SLN 函数。

返回某项资产在一个期间中的线性折旧值，也就是通常所说的直线折旧法计算。

语法：SLN(cost, salvage, life)

cost：该项资产的原值。

salvage：该项资产在折旧期间的价值，也就是通常定义中的净残值。

life：该项资产的折旧期间。

例 16　按直线法求每年折旧额。甲公司花费 100,000 元购入一台 A 车辆，预计使用 5 年，其净残值为 5,000 元，求每年的折旧额。如图 6-23 所示，在单元格 D3 中输入公式 "=SLN(A3,B3,C3)"，输入完毕，D3 中按直线法计算显示每年的折旧额 19,000。

(2) DDB 函数。

返回双倍余额递减法或其他指定方法，计算一笔资产在给定期间内的折旧值。

语法：DDB(cost, salvage, life, period, factor)

cost：该项目资产的原值。

salvage：该项目资产在折旧期末的价值，也称为净残值。

life：资产折旧期数，即资产的使用寿命。

period：需要计算折旧值的期间。

factor：余额递减速率。当该参数被省略时，系统自动默认数值为 2(双倍余额递减法)。

参数 period 的单位必须与参数 life 的单位相同。

例 17 甲公司有轴承机 1 台，购买原价为 200,000 元，净残值为 10,000 元且使用寿命为 5 年，因该机器在生产中磨损较快，故都采用双倍余额递减法计提折旧，现计算第 1 年和第 2 年的折旧额。

在单元格 E3 中输入公式"=DDB(A3,B3,C3,D3,2)"，输入完毕后将显示第 1 年的折旧额为 80,000。在单元格 E4 中输入公式"=DDB(A4,B4,C4,D4,2)"，输入完毕后将显示第 2 年的折旧额为 48,000，如图 6-24 所示。

D3 ▼		f_x =SLN(A3,B3,C3)	
	A	B	C	D
1	甲公司固定资产——A车辆			
2	**原值**	**残值**	**使用年限**	**每年折旧额**
3	100,000.00	5,000.00	5	¥19,000.00

图 6-23 SLN 函数的应用

E4 ▼		f_x =DDB(A4,B4,C4,D4,2)			
	A	B	C	D	E
1	甲公司固定资产——轴承机/T				
2	**原值**	**残值**	**折旧年限**	**折旧期**	**每年折旧额**
3	200,000.00	10,000.00	5	1	80,000.00
4	200,000.00	10,000.00	5	2	48,000.00

图 6-24 DDB 函数的应用

(3) SYD 函数。

返回某资产按年限总和法计算的指定折旧期间的折旧值。

语法：SYD(cost, salvage, life, per)

cost：该项资产的原值。

salvage：该项资产在折旧期末的价值，即该项资产的净残值。

life：该项资产的折旧期数。

per：指定的折旧期。

参数 per 的单位必须与参数 life 的单位相同。

例 18 乙公司采购一台冲压机，购买价格为 1,000,000 元，预计其净残值为 100,000 元，预计使用寿命为 5 年。乙公司根据自身的生产经营特点，决定对该机器的折旧采用年数总和法进行计算。根据以上资料，计算该机器每年的折旧额为多少。

根据例题所述，需要应用 SYD 函数计算折旧额。选中"每年折旧额"的单元格 E3，在其中输入公式"=SYD(A3,B3,C3,D3)"，输入完毕后，单元 E3 将自动显示第 1 年的折旧额为 300,000。按照同样的方法，在单元格 E4 至 E7 中依次设置折旧公式，分别计算出该机器在整个 5 年的使用中按年数总和法每年的折旧金额。该固定资产折旧的最终计算结果如图 6-25 所示。

E3 ▼		f_x =SYD(A3,B3,C3,D3)			
	A	B	C	D	E
1	乙公司固定资产——冲压机				
2	**原值**	**残值**	**折旧年限**	**折旧期**	**每年折旧额**
3	1,000,000.00	100,000.00	5	1	300,000.00
4	1,000,000.00	100,000.00	5	2	240,000.00
5	1,000,000.00	100,000.00	5	3	180,000.00
6	1,000,000.00	100,000.00	5	4	120,000.00
7	1,000,000.00	100,000.00	5	5	60,000.00

图 6-25 SYD 函数的应用

2．金融常用的函数计算

在财务工作中，经常会发生借贷款业务及其他金融类业务。此类业务的发生将伴随利息或使用费的计算问题。

（1）PMT 函数。

基于固定利率及等额分期付款方式，返回贷款的每期付款额。

语法：PMT(rate, nper, pv, fv, type)

rate：贷款利率。

nper：该项贷款的总期数。

pv：从该项投资开始计算时已经入账的款项，或一系列未来付款的当前值的累积和，也称本金。

fv：未来值，或在最后一次付款后希望得到的现金余额。

type：数字 0 或 1，用以指示各期的付款时间是在期初还是期末。

fv 参数：如果省略 fv，则假设其值为 0，就是一笔贷款的未来值为 0。

type 参数：如果为 0 或省略，则支付时间为期末；如果为 1，则为期初支付。

例 19　李明贷款购买了一套房，一共贷款 100 万元，贷款利率为年利率 6.30%，贷款期限为 20 年，计算每年需要还款多少元？

如图 6-26 所示，在单元格 D3 中输入公式"=PMT(B3,C3,A3,0,0)"，该单元格显示每年还款额为 89,319.79 元。

图 6-26　PMT 函数的应用

（2）PPMT 函数。

基于固定利率及等额分期付款方式，返回投资在某一指定期间内的本金偿还额。

语法：PPMT(rate, per, nper, pv, fv, type)

rate：各期的贷款利率。

per：该指定期间的期数，该期间必须在 1 到 nper 之间。

nper：该投资的付款总期数。

pv：从该项投资开始计算时已经入账的款项，或一系列未来付款的当前值的累积和，也称本金。

fv：未来值，或在最后一次付款后希望得到的现金余额。

type：数字 0 或 1，用以指定各期的付款时间是在期初还是期末。

fv 参数：如果省略 fv，则假设其值为 0，就是一笔贷款的未来值为 0。

type 参数：如果为 0 或省略，则支付时间为期末；如果为 1，则期初支付。

例 20　李明花费 100 万元购买房屋，年利率为 6.30%，贷款期限为 20 年，计算第 1 年还款时支付金额中本金数为多少？

在单元格 D3 中输入公式 "=PPMT(B3,1,C3,A3,0,0)", 输入完毕后该单元格将显示第 1 年归还的本金数额为 26,319.79 元, 如图 6-27 所示。

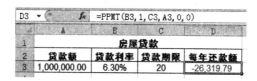

图 6-27　PPMT 函数的应用

(3) IPMT 函数。

基于固定利率及等额分期付款方式, 返回在指定期数内对该投资的利息偿还额。

语法: IPMT(rate, per, nper, pv, fv, type)

rate: 各期的贷款利率。

per: 该指定期间的期数, 该期间必须在 1 到 nper 之间。

nper: 该投资的付款总期数, 即总投资期。

pv: 现值, 即从该项投资开始计算时已经入账的款项, 或一系列未来付款的当前值的累积和, 也称本金。

fv: 未来值, 或在最后一次付款后希望得到的现金余额。

type: 数字 0 或 1, 用以指定各期的付款时间是在期初还是期末。

注意　fv 参数: 如果省略 fv, 则假设其值为 0, 就是一笔贷款的未来值为 0。

type 参数: 如果为 0 或省略, 则支付时间为期末; 如果为 1, 则期初支付。

例 21　李明贷款购买了一间房, 一共贷款 100 万元, 贷款利率为年利率 6.30%, 贷款期限为 20 年, 计算第 1 年的还款中属于利息的金额有多少?

在单元格 D3 中输入公式 "=IPMT(B3,1,C3,A3)", 输入完毕后, 该单元格将显示第一年的还款中属于利息部分的金额为 63,000 元, 如图 6-28 所示。

(4) ISPMT 函数。

用于计算在特定投资期内要支付的利息金额。

语法: ISPMT(rate, per, nper, pv)

rate: 该项投资的利率。

per: 该指定期间的期数, 该期间必须在 1 到 nper 之间。

nper: 该投资的付款总期数, 即总支付期。

pv: 投资现值。对于贷款, pv 为贷款数额。

例 22　李明贷款购买了一间房, 一共贷款 100 万元, 贷款利率为年利率 6.30%, 贷款期限为 20 年, 每年等额归还本金, 计算第 1 年支付的利息金额有多少?

在单元格 D3 中输入公式 "=ISPMT(B3,1,C3,A3)", 输入完毕后, 该单元格将显示第一年支付的利息金额为 59,850 元, 如图 6-29 所示。

图 6-28　IPMT 函数的应用

图 6-29　ISPMT 函数的应用

**知识拓展**

IPMT 函数与 ISPMT 函数的区别

IPMT 函数中，还款方式为等额支付本息，每期等额支付的金额中包含本金和利息，所求的利息是等额支付款项的组成部分。

ISPMT 函数中，还款方式为等额支付本金，每期等额支付的金额为本金的数额，不包括利息，故每期支付等额的本金，同时还需计算其要支付的利息并一同支付。

(5) RATE 函数。

用于返回年金的各期利率。

语法：RATE(nper, pmt, pv, fv, type)

nper：该项投资的付款总期数，即总投资期。

pmt：各期应支付的金额，其数值在整个投资期内保持不变。

pv：现值，即从该项投资开始计算时已经入账的款项，或一系列未来付款的当前值的累积和，也称本金。

fv：未来值，或在最后一次付款后希望得到的现金余额。

type：数字 0 或 1，用以指定各期的付款时间是期初还是期末。

⚠ 注意

pmt 参数：通常包括本金和利息，但不包括其他费用和税款。如果 pmt 省略，则必须包含 fv 参数。

fv 参数：如果省略 fv，则假设其值为 0，就是一笔贷款的未来值为 0。

type 参数：如果为 0 或省略，则支付时间为期末；如果为 1，则期初支付。

例 23　甲公司借入一笔款项，该笔贷款的金额为 100 万元，贷款期限为 20 年，每年等额支付本息金额 7.5 万元，计算该笔贷款的年利率为多少？

在单元格 D3 中输入公式"=RATE(C3,B3,A3)"，输入完毕后，该单元格显示甲公司的贷款利率为 4.22%，如图 6-30 所示。

(6) NOMINAL 函数。

基于给定的实际利率和年复利期数，返回名义年利率。

语法：NOMINAL(effect_rate, npery)

effect_rate：实际利率。

npery：每年的复利期数。

例 24　甲公司借入一笔 200 万贷款。在借款之初，经财务测算，认为以复利计息方式，贷款期 4 年，实际利率为 5.621%较为合适。计算该方案的名义利息率为多少？

在单元格 D3 中输入公式"=NOMINAL(B3,C3)"，输入完毕后，该单元格显示甲公司的名义贷款利率为 5.506%，如图 6-31 所示。

D3		fx	=RATE(C3,B3,A3)
	A	B	C	D
1	甲公司贷款情况表			
2	贷款额	每年还款额	贷款期限	贷款利率
3	1,000,000.00	-75,000.00	20	4.22%

图 6-30　RATE 函数的应用

D3		fx	=NOMINAL(B3,C3)
	A	B	C	D
1	甲公司贷款测算表			
2	贷款额	实际利率	贷款期限	名义利率
3	2,000,000.00	5.621%	4	5.506%

图 6-31　NOMINAL 函数的应用

(7) PV 函数。

返回投资的现值，即一系列未来付款当前值的累积之和。

语法：PV(rate, nper, pmt, [fv], [type])

rate：各期的利率。

nper：该项投资的付款总期数，即总投资期。

pmt：各期所应支付的金额，其数值在整个年金期间保持不变。

fv：未来值，或在最后一次支付后希望得到的现金余额。

type：数字 0 或 1，用以指定各期的付款时间是在期初还是期末。

pmt 参数：通常包括本金和利息，但不包括其他费用或税费。如果省略该函数，则必须包含 fv 参数。

fv 参数：如果省略 fv，则假设其值为 0。如果不省略 fv，则必须包含 pmt 参数。

例 25 银行发行某理财产品，该产品的年收益率为 10%，期限为 10 年，每年固定投资 1 万元，计算该投资的现值为多少？如果其他条件不变，期限改为 8 年，该项投资的现值为多少？

在单元格 D3 中输入公式"=PV(B3,C3,A3)"，输入完毕后，该单元格将显示现值为 61,445.67 元；如果将期限改为 8 年，则显示现值为 53,349.26 元，如图 6-32 所示。

图 6-32　PV 函数的应用

(8) NPV 函数。

通过使用贴现率及一系列未来支出(负值)和收入(正值)，返回一项投资的净现值。

语法：NPV(rate, value1, value2, ……)

rate：某一期间的贴现率。

value1,value2,……：表示收入与支出的 1～254 个参数。

value 参数：该参数的数值在时间上必须具有相等间隔，并且都发生在期末。该参数将忽略以下类型：参数为空白单元格、逻辑值、数字的文本表示形式、错误值或不能转化为数值的文本。

例 26 银行推出某理财产品，年回报率为 8%，投资金额为 10,000 元且在第一期期末投资购买，第二年末返还客户 3,500 元，第三年末返还 4,500 元，第四年末返还 5,500 元。计算该项产品的净现值？

在单元格 F3 中输入公式"=NPV(E3,A3,B3:D3)"，输入完毕后，该单元格将显示净现值为 1,356.34 元，如图 6-33 所示。

图 6-33　NPV 函数应用(付款发生在第一周期的期末)

同上例题，银行推出相同的理财产品，但是要求客户在第一期的期初投资购买，3 年的返还情况与上题完全相同，计算该产品的净现值？

在单元格 F9 中输入公式"=NPV(E9,B9:D9)+A9"，输入完毕后，该单元格将显示净现值为 1,464.84 元，如图 6-34 所示。

图 6-34 NPV 函数应用(付款发生在第一期的期初)

 知识拓展

NPV 函数中，投资的初始金额在第一个周期的期初支付还是期末支付，公式录入以及计算结果都会有不同。

当初始金额在第一个周期的期末支付，书写该函数时应将初始金额作为数值参数包含在公式内。

当初始金额在第一个周期的期初支付，书写该函数时初始金额不包含在数值参数中。

(9) FV 函数。

基于固定利率及等额分期付款方式，返回某项投资的未来值。

语法：FV(rate, nper, pmt, [pv], [type])

rate：各期利率。

nper：总的付款期数。

pmt：各期所应支付的金额，其数值在整个年金期间保持不变。

pv：现值，即从该项投资开始计算时已经入账的款项，或一系列未来付款的当前值的累积和，也称本金。

type：数字 0 或 1，用以指定各期的付款时间是期初还是期末。

注意

pmt 参数：通常包括本金和利息，但不包括其他费用或税费，如果省略该参数，则必须包括 pv 参数。

pv 参数：如果省略该参数，则假设其值为 0，并且必须包括 pmt 参数。

type 参数：如果省略 type，则假设其值为 0。数值为 0 时，付款时间为期末；数值为 1 时，付款时间为期初。

例 27 银行销售某理财产品，利率为 8%，投资年限为 5 年，期初时支付 10,000 元，之后每年支付 5,000 元，计算该理财产品到期的收益金额为多少？

在单元格 E3 中输入公式"=FV(C3,D3,B3,A3,0)"，输入完毕后，该单元格显示到期收益金额为 44,026.29 元，如图 6-35 所示。

图 6-35 FV 函数的应用

(10) FVSCHEDULE 函数。

该函数是基于一系列复利返回本金的未来值。

语法：FVSCHEDULE(principal, schedule)

principal：现值。

schedule：要应用的利率数组。

 schedule 参数：该参数的值可以是数字或空白单元格。当参数为空白单元格时，将被默认为 0，即没有利息。

例 28 银行某金融产品，初始投资额为 1,000,000 元，变动利率数组为"5.60%，7.20%，4.30%，8.00%"，计算该项投资的未来值。

在单元格 F3 中输入公式"=FVSCHEDULE(A3,B3:E3)"，输入完毕后，该单元将显示投资的未来值为 1,275,166.13 元，如图 6-36 所示。

	A	B	C	D	E	F
1	银行某金融产品					
2	初始投资额	利率	利率	利率	利率	投资未来值
3	1,000,000.00	5.60%	7.20%	4.30%	8.00%	1,275,166.13

图 6-36　FVSCHEDULE 函数的应用

(11) IRR 函数。

内部收益率为投资的回收利率，包含定期支付(负值)和定期收入(正值)。

该函数将返回由数值代表的一组现金流的内部收益率。这些现金流不必均衡，但作为年金，它们必须按固定的间隔产生，如按月或按年。

语法：IRR(values, guess)

values：数组或单元格的引用，这些单元格包含计算内部收益率的数字。

guess：对该函数计算结果的估计值。

 values 参数：必须至少包含一个正值和一个负值；应按需要的顺序输入支付和收入的数值；文本、逻辑值和空白单元格在输入时将被忽略。

guess 参数：大多数情况下，并不需要提供 guess 值。

例 29 甲公司对外投资某项目，期初投资额为 10 万元，该项目的投资回报期为 4 年，第 1～4 年分别能给企业带来 1 万、3 万、4 万以及 5 万元的收益。计算该项目的内部收益率为多少？

如图 6-37 所示，在该表中计算内部收益率。在单元格 B8 中输入公式"=IRR(B3:B7)"，输入完毕后，该单元格将显示内部收益率为 9.27%。

(12) XIRR 函数。

返回一组现金流的内部收益率，这些现金流不一定定期发生。

语法：XIRR(values, dates, [guess])

values：与 dates 中的支付时间相对应的一系列现金流。

dates：与现金流支付相对应的支付日期表。日期可按任何顺序排列。

guess：对该函数计算结果的估计值。

例 30 乙公司 2014 年决定进行项目投资。其中某个项目投资总额为 10 万元，在 2014 年中，分别于 5 月 1 日收回 1 万元，7 月 15 日收回 3 万元，10 月 15 日收回 4 万元，11 月 30 日收回 5 万元。计算该投资项目的内部收益率为多少？

如图 6-38 所示，计算该项目内部收益率。在单元格 B8 中输入公式“=XIRR(B3:B7,A3:A7)”，输入完毕后，该单元格显示该项目的内部收益率为 42.89%。

B8　fx　=IRR(B3:B7)

	A	B
1	甲公司对外投资某项目	
2		金额
3	期初投资额	-100,000.00
4	第1年	10,000.00
5	第2年	30,000.00
6	第3年	40,000.00
7	第4年	50,000.00
8	内部收益率	9.27%

图 6-37　IRR 函数的应用

B8　fx　=XIRR(B3:B7, A3:A7)

	A	B
1	乙公司对外投资某项目	
2	时间	金额
3	2014/1/1	-100,000.00
4	2014/5/1	10,000.00
5	2014/7/15	30,000.00
6	2014/10/15	40,000.00
7	2014/11/30	50,000.00
8	内部收益率	42.89%

图 6-38　XIRR 函数的应用

知识拓展

IRR 函数中，时间顺序的间隔是固定的。

XIRR 函数中，时间顺序的间隔是不固定的。

(13) MIRR 函数。

返回某一连续期间现金流的修正内部收益率。

语法：MIRR(values, finance_rate, reinvest_rate)

values：一个数组或对包含数字的单元格的引用。

finance_rate：现金流中使用资金支付的利率。

reinvest_rate：将现金流再投资的收益率。

注 意　values 参数：至少包含一个正值和一个负值；如果数组或引用参数包含文本、逻辑值或空白单元格，则这些值将被忽略，但零值的单元格将计算在内。

例 31　乙公司对外投资某项目，投资期为 5 年，年利率为 8%，初始投资金额为 10 万元，从第 1～5 年，每年收回投资额分别为 1 万、3 万、4 万、5 万和 1.5 万，该笔金额再投资年利率为 10%，计算期满 5 年后该项投资的收益率为多少？当第 3 年时年利率发生变化，变为 10%时该投资的收益率为多少？

在单元格 B11 中输入公式“=MIRR(B3:B8,B9,B10)”，输入完毕后，该单元格显示五年后修正的收益率为 11.58%，如图 6-39 所示。

在单元格 B12 中输入公式“=MIRR(B3:B6,B9,B10)”，输入完毕后，该单元格显示三年后修正收益率为–5%，如图 6-39 所示。

B11　fx　=MIRR(B3:B8, B9, B10)

	A	B
1	乙公司对外投资某项目	
2		金额
3	初始投资额	-100,000.00
4	第1年	10,000.00
5	第2年	30,000.00
6	第3年	40,000.00
7	第4年	50,000.00
8	第5年	15,000.00
9	年利率	8.00%
10	再投资的年利率	10.00%
11	五年后修正收益率	11.58%
12	三年后修正收益率	-5%

B12　fx　=MIRR(B3:B6, B9, B10)

	A	B
1	乙公司对外投资某项目	
2		金额
3	初始投资额	-100,000.00
4	第1年	10,000.00
5	第2年	30,000.00
6	第3年	40,000.00
7	第4年	50,000.00
8	第5年	15,000.00
9	年利率	8.00%
10	再投资的年利率	10.00%
11	五年后修正收益率	11.58%
12	三年后修正收益率	-5%

图 6-39　MIRR 函数的应用

小　　结

公式是进行数据处理与分析的工具。通俗地讲，公式就是使用数据运算符来处理数值、文本、函数等，从而得到运算结果。公式的组成要素主要有等号、运算符、常量、单元格引用、函数、数值或任意字符串等。

运算符是公式的重要组成部分，用于指定要对公式中的数据执行的计算类型。运算符分为四种：算数运算符、比较运算符、文本连接运算符和引用运算符。

如果一个公式中有若干个运算符，Excel 将按照运算符的优先级次序进行计算。如果一个公式中的若干运算符具有相同的优先顺序，Excel 将从左到右依次进行计算。

当编辑数据时，需要引用其他单元格中的数据或公式，此处就涉及到公式或数据的引用。Excel 中单元格的引用分为三种类型：相对引用、绝对引用和混合引用。

Excel 中的函数实质上是一些预定义的公式，它们使用一些称为参数的特定数值按照特定的顺序或结构计算。Excel 函数一共有 11 类，财务函数是其中的一类。

作为特殊公式的函数，在输入时有两种实现方式：对于用户熟悉的函数，用户可直接在单元格或编辑栏输入和编辑；如果用户不确定函数的拼写和语法等信息，则需要借用【插入函数】对话框插入函数。

练　　习

一、填空题

1．公式中四种类型的运算符分别是：＿＿＿、＿＿＿、＿＿＿、＿＿＿。

2．单元格的引用分为三种类型：＿＿＿、＿＿＿、＿＿＿。

3．函数 AVERAGE(1,2,3,4,5,TRUE)的返回值为＿＿＿。

4．在 Excel 中，单元格 A1 的内容为 112，单元格 B2 的内容为 593，则在 C2 中应输入＿＿＿，使其显示 A1+B2 的和。

二、判断题

1．单元格$A$1 属于相对引用。（　　）

2．公式"=SUM(A1:A6,B1:B6)"是对 12 个单元格求和。（　　）

3．公式"=IF(2>3,3+2,3−2)"的值为 5。（　　）

三、简答题

1．简述 HLOOKUP 函数与 VLOOKUP 函数的区别。

2．简述固定资产折旧中所涉及的平均年限法、双倍余额递减法、年限总和法所对应的函数及函数语法公式。

3．简述 IPMT 函数与 ISPMT 函数的区别。

第 7 章　往来账款的核算管理

本章目标

- 了解往来账款的含义
- 掌握应收账款核算管理表编制方法
- 掌握应收账款账龄统计表编制方法
- 熟悉应收账款账龄结构图创建方法
- 了解供应商信息表的内容
- 掌握应付账款核算管理表编制方法
- 掌握应付账款汇总分析图表的创建方法

重点难点

重点：
- 应收账款核算管理表的相关函数应用
- 应收账款账龄结构图、应付账款汇总分析图表的应用

难点：
- 应收账款核算管理表中是否逾期、逾期天数、将到期提醒的设置
- 应收账款账龄统计表的期限公式设置

往来账款是企业在生产经营过程中因发生供销产品、提供或接受劳务而形成的债权、债务关系。主要包括应收账款、应付账款、预收账款、预付账款、其他应收款以及其他应付款，其中以应收账款和应付账款最为重要。

往来账款形成的主要原因有以下三个方面：一是受计划经济的影响，效益观念、时间观念、财务风险意识淡薄，投资资金长期在账款项目挂账；二是管理意识淡薄，监督失控。特别是往来账款管理制度不健全或有章不循，造成往来账款管理失控；三是财务部门监督管理不到位。

应收及应付类的债权债务关系主要通过往来账款科目，如应收账款、应付账款等进行核算。企业在生产经营过程中会非常频繁地产生债权债务，如何将这些债权债务合理有序地进行统计汇总并进行良好的管理和催收是值得财务人员深思的问题。

7.1　应收账款核算管理表

应收账款是指企业在正常的经营过程中因销售商品、提供劳务等业务，应向购买单位收取的款项，是伴随企业的销售行为发生而形成的一项债权。因此，应收账款的核算管理尤为重要，这也是应收账款核算管理表设计的初衷。

7.1.1　应收账款管理的基本知识

企业如何做好应收账款的管理，下面提供三种建议。

1．客户资信管理机制

(1) 信用品质。信用品质是决定是否给予客户信任的首要因素，主要是通过了解客户以往的履约情况进行评价。

(2) 客户在信用期满时的支付能力。客户的支付能力取决于客户资产，特别是流动资产的数量、质量及其与流动负债的比率，其主要证明资料是客户的各种财务报告。

(3) 客户的财务实力和财务状况，它是客户偿付账款的保证。

(4) 抵押资产的变现能力。客户拒付账款或无力付款时能用作抵押的资产，必须具有较强的变现能力。

(5) 经济环境。不利的经济环境可能对客户付款能力造成影响。

除明确上述五种因素外，企业还要及时掌握客户的各种信用资料，具体资料可以从以下方面获得：

(1) 财务报表。可以通过对客户近期财务报表的分析了解企业的经济实力。

(2) 商业银行。企业可以通过自己的开户银行调查客户的信用等级。

(3) 企业的内部分析。相对于老客户，过去业务的付款情况基本能反映客户的信用情况。

2．应收账款的控制机制

(1) 赊销额度控制。企业应将每月末应收账款余额控制在全年主营业务收入的 2%左右，并结合应收账款控制总量，根据客户的资信等级分解到有关客户，对信用等级高、业务量大、长期合作且有等值担保物的客户给予一定的赊销额度。

(2) 职责控制。企业领导及财务、审计等部门对应收款都有管理职能。财务部要定期统计各笔应收账款的账龄及增减变动情况，并及时反馈给企业领导。

(3) 审批控制。在决定是否赊销时，对应收账款在赊销额度以内的，结算部门应按照应收款日常管理办法加强追收，力争将赊销额度逐步减少；对应收账款超过赊销额度的，必须严格按赊销审批程序进行逐级审批，由负责人决定是否赊销。

(4) 跟踪控制。回收应收账款责任应落实到个人，及时跟踪客户的经营动态，防止因客户经营不善造成损失的现象发生。以客户为单位，做好日常催款工作。

(5) 坏账控制。应收款不可避免地会出现坏账损失，因此要建立坏账准备金制度及坏账损失审批核销制度。根据客户财务状况，正确估计应收账款的坏账风险，选择恰当的坏账政策。

3. 合理的催收机制

应收款的回收必然产生收账成本，而收账政策是否合理，主要依据收账成本与坏账损失，用边际分析法进行权衡并予以量化，再结合经济环境和自身的情况来制订合理的收账政策，以最大限度减少坏账损失。

7.1.2　应收账款管理表创建

创建应收账款管理表是企业管理应收账款的一个重要环节，具体制作步骤如下：

步骤 1：对各列标题进行设置。在 A1 单元格中输入"应收账款核算管理表"，并在 A2:M2 单元格区域中，分别输入"序号"、"票据号码"、"客户名称"、"业务员"、"发生日期"、"应收款金额"、"到期日"、"已收款金额"、"收款日期"、"未收款金额"、"是否逾期"、"逾期天数"、"将到期提醒"。

步骤 2：标题边框的设置。选中单元格 A1:M1 区域，单击【开始】/【对齐方式】组中【合并后居中】按钮合并单元格，然后，将 A2:M2 区域中的标题设置【居中对齐】。最后将全部边框设置为双实线，如图 7-1 所示。

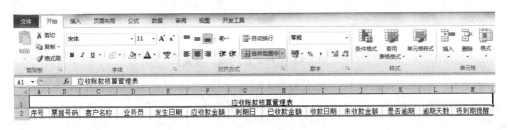

图 7-1　应收账款核算管理表的标题设置

步骤 3：标题格式的设置。选中主标题"应收账款核算管理表"，单击【开始】/【字体】组中【B】按钮加粗，并将字体大小调整为【黑体】，字号【16】。单元格 A2:M2 区域标题同样设置为黑体，字体加粗，字号不变。

步骤 4：选中标题行 A2:M2 区域，单击【开始】/【字体】组中【填充颜色】右侧下三角按钮，选择【标准色】中的"橙色"，如图 7-2 所示。

图 7-2　标题美化设置

步骤 5：客户名称的输入设置。选中客户名称单元格 C3，单击【数据】/【数据工具】组中【数据有效性】右侧的下三角按钮，在弹出的下拉列表中选择【数据有效性】命令，在弹出的【数据有效性】对话框中，单击【设置】选项卡，从【允许】下拉列表中选择【序列】选项，并在【来源】处输入"甲公司,乙公司,丙公司,丁公司"，输入完毕后单击【确定】按钮，如图 7-3(a)所示。

如公司的应收账款客户量较大，逐一在【来源】输入会比较麻烦且容易出错。可重新建立一张 Excel 表，将客户名称进行汇总归类。如图 7-3(b)所示，在设置时将在【数据有效性】/【设置】/【来源】处选择客户名称所在的单元格区域"=客户汇总表!$A$1:$A$4"，输入完毕后单击【确定】按钮。

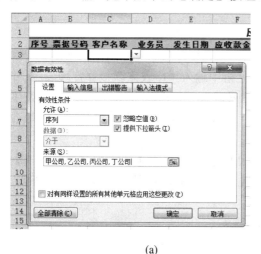　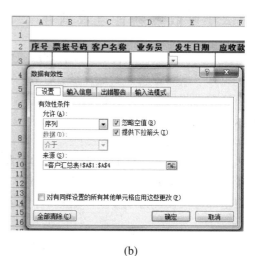

(a)　　　　　　　　　　　　(b)

图 7-3　客户名称的输入设置

步骤 6：业务人员的设置。与设置客户名称相似，选中业务员列的单元格 D3，单击【数据】/【数据工具】组中【数据有效性】右侧的下三角按钮，在弹出的下拉列表中选择【数据有效性】命令，在弹出的【数据有效性】对话框中，单击【设置】选项卡，从【允许】下拉列表中选择【序列】选项，并在【来源】处输入业务员姓名"张三,李四,王五"，输入完毕后单击【确定】按钮。也可以通过另设业务人员汇总表的方式引入该组数据。

步骤 7：选中"发生日期"、"到期日"、"收款日期"三列，单击鼠标右键并选择【设置单元格格式】选项，在弹出的【设置单元格格式】对话框中，单击【数字】选项卡，选择【日期】命令，最后单击【确定】按钮，如图 7-4 所示。

步骤 8：选中"应收款金额"、"已收款金额"、"未收款金额"三列，单击鼠标右键并选择【设置单元格格式】命令，在弹出的【设置单元格格式】对话框中，单击【数字】选项卡，选择【数值】格式，最后单击【确定】按钮，如图 7-5 所示。

图 7-4　日期格式的设置　　　　　　　图 7-5　金额格式的设置

步骤 9：是否逾期公式的设置。选中"是否逾期"列的单元格 K3，在 K3 中输入 IF 函数进行设置，输入公式"=IF(G3=0,"",IF(I3=0,IF(G3<TODAY(),"是","否"),IF(I3<=G3,"否","是")))"，输入完毕后，该单元格将显示应收账款是否到期，如果到期则显示"是"，未到期则显示"否"，如图 7-6 所示。

图 7-6　是否逾期公式的设置

步骤 10：逾期天数的设置。当应收账款发生逾期，应对其逾期的天数进行核算。在"逾期天数"L3 列的单元格中输入公式"=IF(K3="是",TODAY()−G3,"")"，输入完毕后按【Enter】键确认。货款逾期后，当 K3 单元格显示逾期，该单元格 L3 将自动计算逾期天数并显示，如图 7-7 所示。

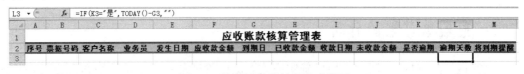

图 7-7　逾期天数的计算公式设置

步骤 11：将到期款项提醒的公式设置。当货款将要到期时，应收账款表应进行提醒，以便于企业后续的资金安排等。因此可加设一列，该项内容为"将到期提醒"，在单元格 M3 中输入 AND 和 IF 公式的组合"=IF(AND((G3−TODAY())<=5,(G3−TODAY())>0),G3−TODAY(),"")"。输入完毕后，单击【开始】/【样式】组中【条件格式】下三角按钮，选择【突出显示单元格规则】/【介于】命令，在弹出的对话框中输入"0"、"5"，在【设置为】内选择【浅红填充色深红色文本】，最后单击【确定】按钮，如图 7-8 所示。

图 7-8　将到期款项提醒的公式设置

步骤 12：边框及单元格大小的设置。通过单击鼠标右键或【开始】选项卡中的边框设置，对该表格的内容部分进行边框绘制，并根据输入字符的长度进行单元格调整。

步骤 13：数据测算。输入该企业发生的四笔业务，对新设置的"应收账款核算管理表"进行测算，检验该表格的设置是否存在问题，如设置无误将显示如图 7-9 所示的效果。

序号	票据号码	客户名称	业务员	发生日期	应收款金额	到期日	已收款金额	收款日期	未收款金额	是否逾期	逾期天数	将到期提醒
1	10001	丙公司	张三	2014/12/5	100,000.00	2015/1/1	100,000.00	2014/12/20		否		
2	10002	甲公司	王五	2014/12/16	85,000.00	2015/1/15			85,000.00	是	44	
3	10003	丁公司	张三	2014/1/8	95,000.00	2015/3/2			95,000.00	否		2
4	10004	乙公司	李四	2015/2/11	73,000.00	2015/2/20			73,000.00	是	8	

表标题：应收账款核算管理表

图 7-9　设置效果图

7.2　应收账款账龄统计表

账龄是指负债人所欠账款的时间。账龄越长，发生坏账损失的可能性就越大。账龄分析法是根据应收账款的时间长短来估计坏账损失的一种方法。

7.2.1　应收账款账龄分析

账龄分析是一种筛选活动，用以确定应收账款的管理重点，也是编制和实施账款催收计划的基础。应收账款催收计划的编制和实施主要包括以下内容：

1．核对账簿

财务人员应该根据账龄统计分析表列示的购货单位，按重要性原则依次排列，核对账目，确定应收账款的数额。

2．分情况督促催收

对账龄时间长，收账困难较大或有特殊问题的应收账款，财务人员应提请企业高层管理人员安排时间或组织专人催收。

对购货方违约形成的长期未决的款项、两年以上的巨额款项，财务人员应在分析问题的基础上提请企业管理决策层采用法律形式解决。

财务人员编制的应收账款催收计划必须及时报送销售部门、企业管理部门，以期得到他们的积极配合。

7.2.2　应收账款账龄统计表创建

对企业的应收账款进行账龄统计分析是一项非常重要的财务工作，因此创建适合的统计表就显得尤为重要。

下面将承接应收账款核算管理表的内容，按照 30 天、30-90 天、90-180 天、180-360 天、360 天(即 1 年)以上的标准进行账龄统计。

具体操作步骤如下：

步骤 1：主标题格式设置。在 A1 单元格中将标题设置为"应收账款账龄统计表"，并单击【开始】/【对齐方式】组中的【合并后居中】按钮。完毕后，选择【字体】/【黑体】/【14】选项，同时单击【B】按钮。

步骤 2：列标题格式设置。在 A2:H2 单元格标题中分别输入"客户名称"、"业务员"、"票据号码"、"30 天内"、"票据号码"、"30-90 天"、"90-180 天"、"180-360 天"、"360 天以上"。单击【开始】/【字体】组中【B】按钮加粗，并将字号设置为【11】，【主题颜色】为"橙色、淡色 40%"，对齐方式【居中】，如图 7-10 所示。

图 7-10　应收账款账龄统计表的框架设置

步骤 3：客户名称的设置。选中客户名称单元格 A3，单击【数据】/【数据工具】组中的【数据有效性】右侧的下三角按钮，在弹出的下拉列表中选择【数据有效性】命令，在弹出的【数据有效性】对话框中，单击【设置】选项卡，从【允许】下拉列表中选择【序列】选项，并在【来源】处输入"甲公司,乙公司,丙公司,丁公司"，输入完毕后点击【确定】按钮，如图 7-11 所示。

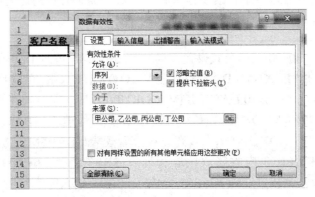

图 7-11　客户名称输入

步骤 4：业务人员的设置。通过【数据】中的【数据有效性】进行人员添加。如果人员过多可新建人员名称表格，并在【数据有效性】的【来源】处填入引用的单元格区域。

步骤 5：账龄中 30 天内的公式设置。选中 D3 单元格，在其中输入 ISERROR、IF、VLOOKUP、DATEDIF 函数的综合应用，输入公式为 "=IF(ISERROR(IF(AND(DATEDIF(VLOOKUP(C3,应收账款核算管理表!\$B\$3:\$M\$6,6),NOW(),"D")>0,DATEDIF(VLOOKUP(C3,应收账款核算管理表!\$B\$3:\$M\$6,6),NOW(),"D")<=30),VLOOKUP(C3,应收账款核算管理表!\$B\$3:\$M\$6,9),0)),"0",IF(AND(DATEDIF(VLOOKUP(C3,应收账款核算管理表!\$B\$3:\$M\$6,6),NOW(),"D")>0,DATEDIF(VLOOKUP(C3,应收账款核算管理表!\$B\$3:\$M\$6,6),NOW(),"D")<=30),VLOOKUP(C3,应收账款核算管理表!\$B\$3:\$M\$6,9),0))"，按【Enter】键确认，如图 7-12 所示。当输入票据单号 "10002" 时，系统将自动从 "应收账款核算管理表" 中寻找计算该笔业务产生的应收账款的欠款天数，并将结果自动输入该单元格。

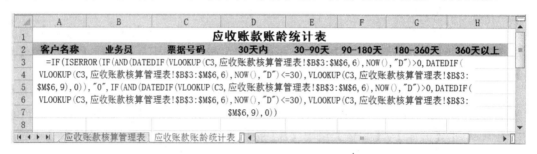

图 7-12　30 天内公式的设置

 知识拓展

DATEDIF 函数：该函数是 Excel 中的隐藏函数，用于返回两个日期间的年/月/日的间隔数。

语法：DATEDIF(start_date,end_date,unit)

start_date：表示第一个日期或起始日期，数据类型为日期时间类。

end_date：表示最后一个日期或结束日期，数据类型为日期时间类。

unit：表示所需信息的返回类型。

步骤 6：账龄为 30-90 天的公式设置。选中单元格 E3，参照 D3 中的公式，输入公式 "=IF(ISERROR(IF(AND(DATEDIF(VLOOKUP(C3,应收账款核算管理表!\$B\$3:\$M\$6,6),NOW(),"D")>30,DATEDIF(VLOOKUP(C3,应收账款核算管理表!\$B\$3:\$M\$6,6),NOW(),"D")<=90),VLOOKUP(C3,应收账款核算管理表!\$B\$3:\$M\$6,9),0)),"0",IF(AND(DATEDIF(VLOOKUP(C3,应收账款核算管理表!\$B\$3:\$M\$6,6),NOW(),"D")>30,DATEDIF(VLOOKUP(C3,应收账款核算管理表!\$B\$3:\$M\$6,6),NOW(),"D")<=90),VLOOKUP(C3,应收账款核算管理表!\$B\$3:\$M\$6,9),0))"，输入完毕后按【Enter】键确认，如图 7-13 所示。当超期天数大于 30 天且小于等于 90 天范围内，将在该列进行分类显示。

	A	B	C	D	E	F	G	H
1				**应收账款账龄统计表**				
2	**客户名称**	**业务员**	**票据号码**	**30天内**	**30-90天**	**90-180天**	**180-360天**	**360天以上**
3	甲公司		=IF(ISERROR(IF(AND(DATEDIF(VLOOKUP(C3,应收账款核算管理表!\$B\$3:\$M\$6,6), NOW(), ″D″)>30,					
4			DATEDIF(VLOOKUP(C3,应收账款核算管理表!\$B\$3:\$M\$6,6), NOW(), ″D″)<=90), VLOOKUP(C3,应收账款核					
5			算管理表!\$B\$3:\$M\$6,9),0)),″0″, IF(AND(DATEDIF(VLOOKUP(C3,应收账款核算管理表!\$B\$3:\$M\$6,6),					
6			NOW(),″D″)>30,DATEDIF(VLOOKUP(C3,应收账款核算管理表!\$B\$3:\$M\$6,6),NOW(),″D″)<=90),					
7			VLOOKUP(C3,应收账款核算管理表!\$B\$3:\$M\$6,9),0))					

图 7-13　"30-90 天"的公式设置

步骤 7：账龄为 90-180 天公式的设置。在单元格 F3 输入公式"=IF(ISERROR (IF(AND(DATEDIF(VLOOKUP(C3,应收账款核算管理表!\$B\$3:\$M\$6,6), NOW(),"D")>90, DATEDIF(VLOOKUP(C3,应收账款核算管理表!\$B\$3:\$M\$6,6),NOW(),"D") <=180), VLOOKUP(C3,应收账款核算管理表!\$B\$3:\$M\$6,9),0)),"0",IF(AND(DATEDIF (VLOOKUP (C3,应收账款核算管理表!\$B\$3:\$M\$6,6),NOW(),"D")>90,DATEDIF(VLOOKUP (C3,应收账款核算管理表!\$B\$3:\$M\$6,6),NOW(),"D")<=180),VLOOKUP(C3,应收账款核算管理表!\$B\$3:\$M\$6,9),0))",输入完毕后按【Enter】键确认。

步骤 8：账龄 180-360 天公式的设置。在单元格 G3 中输入公式"=IF(ISERROR(IF(AND(DATEDIF(VLOOKUP(C3,应收账款核算管理表!\$B\$3:\$M\$6,6), NOW(),"D")>180,DATEDIF(VLOOKUP(C3,应收账款核算管理表!\$B\$3:\$M\$6,6),NOW(), "D")<=360),VLOOKUP(C3,应收账款核算管理表!\$B\$3:\$M\$6,9),0)),"0",IF(AND(DATEDIF (VLOOKUP(C3,应收账款核算管理表!\$B\$3:\$M\$6,6),NOW(),"D")>180,DATEDIF(VLOOKUP (C3,应收账款核算管理表!\$B\$3:\$M\$6,6),NOW(),"D")<=360),VLOOKUP(C3,应收账款核算管理表!\$B\$3:\$M\$6,9),0))",输入完毕后按【Enter】键确认。

步骤 9：账龄 360 天以上公式的设置。在单元格 H3 中输入公式"=IF(ISERROR (IF(DATEDIF(VLOOKUP(C3,应收账款核算管理表!\$B\$3:\$M\$6,6),NOW(),"D")>360, VLOOKUP(C3,应收账款核算管理表!\$B\$3:\$M\$6,9),0)),"0",IF(DATEDIF(VLOOKUP(C3,应收账款核算管理表!\$B\$3:\$M\$6,6),NOW(),"D")>360,VLOOKUP(C3,应收账款核算管理表!\$B\$3:\$M\$6,9),0))",输入完毕后按【Enter】键确认。

步骤 10：选中标题行 A2:H2 区域，单击鼠标右键选择【设置单元格格式】命令，在弹出【设置单元格格式】对话框中单击【边框】选项卡对上下边框进行设置。然后在选中表格内容部分 A3:H6 区域设置单横线边框。最后将"应收账款核算管理表"的四笔业务的发票等信息输入统计表中，该表将自动进行账龄分析计算，如图 7-14 所示。

	A	B	C	D	E	F	G	H
1				**应收账款账龄统计表**				
2	**客户名称**	**业务员**	**票据号码**	**30天内**	**30-90天**	**90-180天**	**180-360天**	**360天以上**
3	甲公司	王五	10002	0	85,000	0	0	0
4	丁公司	张三	10003	0	0	0	0	0
5	丙公司	张三	10001	0	0	0	0	0
6	乙公司	李四	10004	73,000	0	0	0	0

图 7-14　最终效果图

步骤 11：指定客户应收账款账龄查看。选定该表的标题行，选择【数据】/【筛选】

功能对数据进行汇总查找。如查找张三负责的客户应收账款账龄情况，如图 7-15 所示。如查询某公司的欠款情况按照同样方式进行操作。

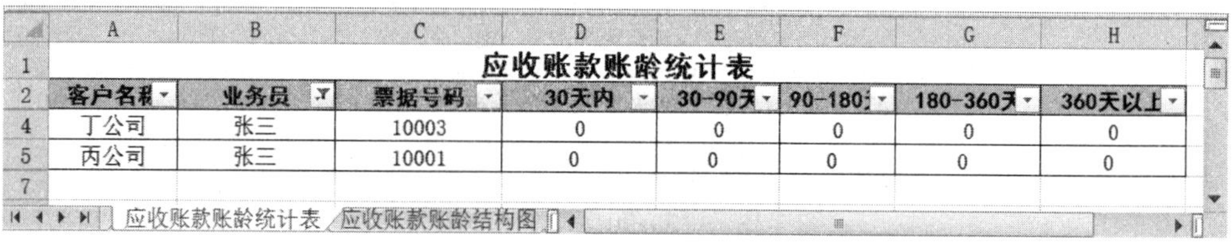

图7-15　张三负责公司的账龄情况

7.3　应收账款账龄结构图表

应收账款账龄结构图表是根据应收账款账龄统计表的统计结果，按账龄时间的长短对应收账款进行汇总分类，并根据不同的余额比例以图形的形式形象、直观地反应出来的图表。

先通过具体事例阐述应收账款账龄图表的制作。

某公司对其截止到当年 12 月 31 日的应收账款情况按照账龄统计汇总，并制作了应收账款账龄统计汇总表，具体情况如表 7-1 所示。

表 7-1　应收账款账龄汇总表　　　　　　　　　单位：元

应收账款账龄时间	应收笔数	应收金额
30 天内	3	750,000.00
30-90 天	3	250,000.00
90-180 天	2	172,500.00
180-360 天	5	500,000.00
360 天以上	1	200,000.00

根据上述资料，编制应收账款账龄结构图。具体操作步骤如下：

步骤 1：标题的输入。根据应收账款账龄统计表的数据，在 A1:A9 单元格区域中，分别输入"应收账款账龄结构表"、"截止日：12 月 31 日"、"账龄时间"、"30 天内"、"30-90 天"、"90-180 天"、"180-360 天"、"360 天以上"、"合计"。在单元格 B3:D3 中，分别输入"应收笔数"、"应收金额"、"百分比"。

步骤 2：各标题的格式设置。选中单元格 A1:D1 区域，单击【开始】/【对齐方式】组中的【合并后居中】按钮，并选择【B】加粗，字体调整为【黑体】，字号【14】。选中单元格 A2:D2 区域，将其合并居中。选中 A3:D3 区域标题的字体设置为黑体加粗并居中，然后选择【开始】/【字体】组中的【填充颜色】中的"橙色，淡色 40%"选项，并完成边框设置。最终效果如图 7-16 所示。

步骤 3：将相关数据资料根据提供的资料对应输入表格中。选中单元格 C4:C9 区域，单击鼠标右键，选择【设置单元格格式】命令，弹出【设置单元格格式】对话框，单击【数字】选项卡，选择【数值】选项，【小数位数】为 2 位，并勾选【使用千位分隔符】选项，最后单击【确定】按钮。

步骤 4：合计数公式的设置。分别选中单元格 B9、C9、D9，并在相应的单元格内输入公式"=SUM(B4:B8)"、"=SUM(C4:C8)"、"=SUM(D4:D8)"。也可以通过单击【开始】/【编辑】/【∑自动求和】来实现求和公式的输入设置，如图 7-17 所示。

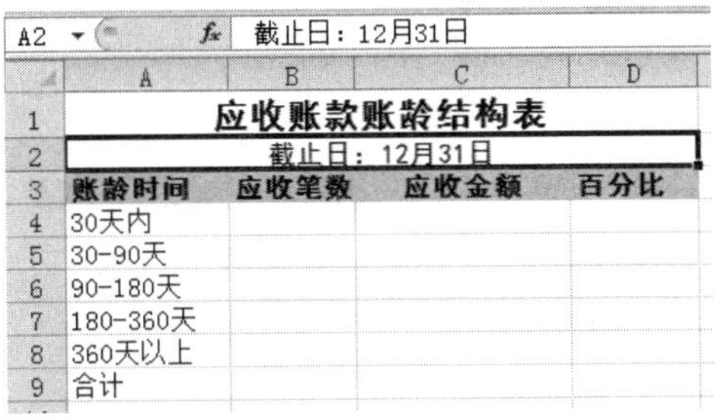

图 7-16　各标题的格式设置 　　　　　图 7-17　合计数公式的设置

步骤 5：百分比公式的设置。选中单元格 D4，在单元格中输入公式"=IF(ISERROR(C4/$C$9),"",C4/$C$9)"，输入完毕后按【Enter】键确认。最后将光标放在该单元格的右下角，按住鼠标左键将其向下拖动至 D8 单元格，如图 7-18 所示。

步骤 6：百分比列的数值格式设置。选中单元格 D4:D9 区域，单击鼠标右键，选择【设置单元格格式】命令，弹出【设置单元格格式】对话框，单击【数字】选项卡选择【百分比】选项，最后单击【确定】按钮保存，如图 7-19 所示。

图 7-18　百分比公式的设置 　　　　　图 7-19　百分比列的数值格式设置

步骤 7：零值不显示。单击【文件】/【选项】命令，在弹出的对话框中选择【高级】选项卡，取消【在具有零值的单元格中显示零】选项的勾选，并单击【确定】按钮，如图 7-20 所示。

图 7-20　零值不显示设置

步骤 8：边框的设置。选中相应内容区域，通过【设置单元格格式】中的边框选项，选择【双横线】和【单横线】进行设置。

步骤 9：空白结构图的创建。单击【插入】/【图表】组中的【饼图】右侧的下三角按钮，在弹出的列表中选择【三维饼图】选项，出现如图 7-21 所示的空白图表。

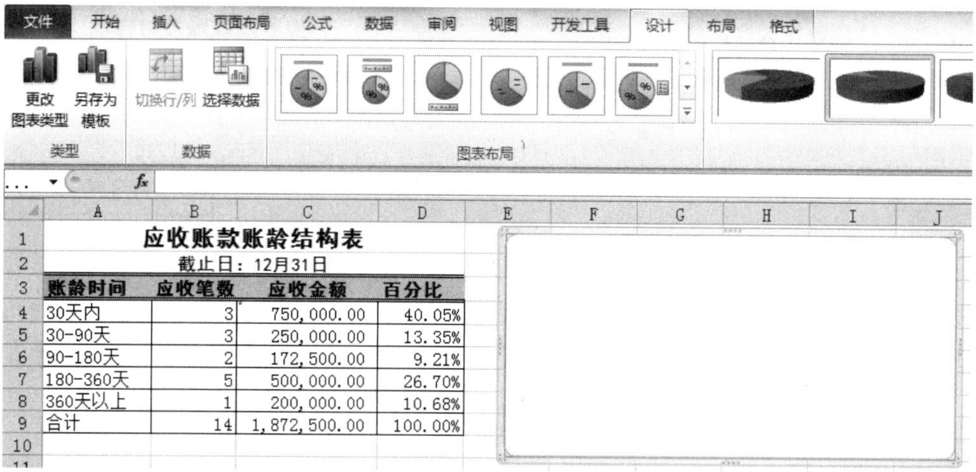

图 7-21　空白结构图的创建

步骤 10：单击【图表工具】/【设计】/【数据】组中的【选择数据】按钮，在弹出的对话框【选择数据源】中单击【图表数据区域】按钮，按住 Ctrl 键选择结构表的 A4:A8，C4:C8 单元格区域，选中后松开 Ctrl 键，数据区域选择完毕，如图 7-22 所示。

图 7-22　数据源的选择

步骤 11：单击【图表工具】/【布局】组中的【图表标题】按钮，在弹出的【图表标题】下拉列表中选择【图表上方】选项，最后输入"账龄结构图"，如图 7-23 所示。

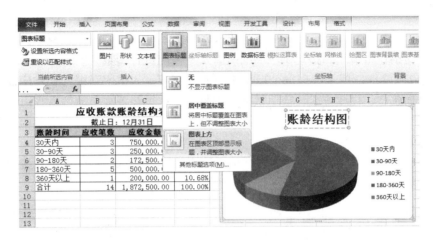

图 7-23　结构图的标题设置

步骤 12：图中的数据显示。单击【图表工具】/【布局】/【标签】组中的【数据标签】下三角按钮，在弹出的下拉列表中选择【其他数据标签】命令，在弹出的【设置数据标签格式】对话框中选择【标签选项】选项卡，勾选【值】、【百分比】、【显示引导线】选项后关闭对话框，相关数据即可在结构图上显示，如图 7-24 所示。

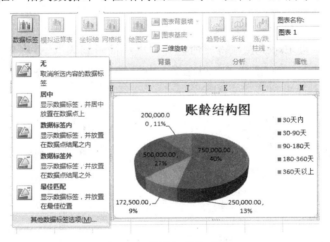

图 7-24　数据标签的选择

7.4　应付账款核算管理表

应付账款是企业流动负债中的重要部分，是买卖双方在购销活动中由于取得物资与支付货款在时间上的不一致产生的。

7.4.1　应付账款管理的基本知识

应付账款通常是企业购买材料、商品或接受劳务供应等发生的债务，因此，应付账款管理通常分为发票管理、供应商管理、支票管理和账龄分析等模块，各模块具体含义如下：

(1) 发票管理：用于验证物料的采购和入库情况，分为采购单和发票差异，并对指定发票的有关支票付出情况和指定供应商的所有发票情况进行调整。

(2) 供应商管理：用于管理每个提供物料的供应商。如供应商编号、供应商名称、使用币种、付款条件、付款方式、信用状态、联系人、地址和各类交易信息等。

(3) 支票管理：用于记录多个付款银行与多种付款方式，能够进行支票验证和重新编号，对支付信息进行核对。

(4) 账龄分析：用于根据指定的过期天数和未来天数计算账龄，也可以按照账龄列出应付账款余额。

7.4.2　创建供应商管理表

在应付账款管理中，供应商的管理处于首要地位，供应商基础信息的内容视企业管理需要而定，通常应包括以下信息：供应商名称、供应商简称(或编号)、国别、城市、供货商品类型(或品种)、开始合作日期、结算币种、结算方式(细分为转账、电汇、信用证、现金、预付等)、信用额度、信用期、(预付情况下)首付比例、到货比例、尾付比例、运保费承担方、税票类型、我方经办人、对方经办人、供应商电话、供应商地址、供应商银行账号等。本小节主要阐述供应商管理表的基本创建。

步骤 1：新建一张 Excel 表，将表命名为"供应商资料表"，并在单元格 A1 中输入主标题"供应商资料表"，在 A2 至 G2 单元格中分别输入列标题"序号"、"编号"、"供应商名称"、"地址"、"银行账户"、"采购负责人"、"结算期"。

步骤 2：选中单元格 A1:G1 区域，单击【开始】/【对齐方式】组中的【合并后居中】按钮，完成合并单元格操作。将字体设置为【黑体】并加粗，字号为【14】。对于列标题 A2:G2 区域，选中该区域后设置字体格式，最后选择【填充颜色】将标题行底色设置为"红色，淡色 40%"，如图 7-25 所示。

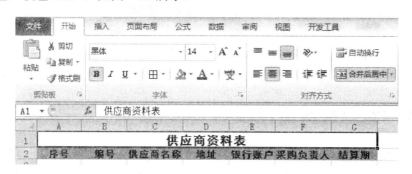

图 7-25　标题及其格式设置

步骤 3：选中单元格 A2:G12 区域，单击【开始】/【字体】组中的【边框】进行双横线和单横线的设定，也可以单击鼠标右键，在弹出的快捷菜单中选择【设置单元格格式】命令进行设置，如图 7-26 所示。

图 7-26　边框的设置

步骤 4：设置单元格格式。选中单元格区域 A3:B12，单击【开始】/【单元格】组中的【格式】右侧下三角按钮，在弹出的下拉列表中选择【设置单元格格式】命令，在弹出的【设置单元格格式】对话框中单击【数字】选项卡选择【文本】选项，并单击【确定】按钮返回。

步骤 5：输入单元格内容。以上操作完成后，将相关数据输入对应单元格区域内并进行居中设置。最后选中该区域，单击鼠标右键，在弹出的快捷菜单中选择【行高】命令，输入行高度。同样操作对单元格列宽的大小进行调整。最终效果如图 7-27 所示。

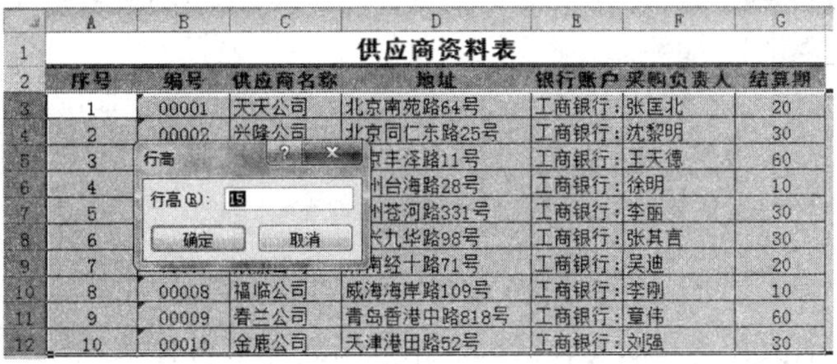

图 7-27　单元格内容的输入

7.4.3　创建应付账款核算统计表

为了分析企业欠款时间的长短，维护企业信誉，为企业资金使用安排上的先后顺序提供依据，企业需要对应付账款进行管理，创建应付账款核算统计表，具体操作步骤如下：

步骤 1：新建一张 Excel 表，将表命名为"应付账款统计表"。在单元格 A1 中输入主标题名称"应付账款统计表"，在单元格 A2 中输入"截止日："，在单元格 A3:N3 区域内分别输入"序号"、"编号"、"供应商名称"、"发票日期"、"发票号码"、"发票金额"、"结算期"、"到期日"、"是否结算"、"结算金额"、"欠款数额"、"逾期天数"、"是否欠款"、"备注"。

步骤 2：选中单元格 A1:N1 区域，单击【开始】/【对齐方式】组中的【合并后居中】按钮，并在【开始】/【字体】组中设置其字体为【黑体】并加粗，字号为【14】。选中单元格 A2，单击【开始】/【对齐方式】组中的【文本右对齐】按钮，并将其加粗。选中单元格 A3:N3 区域，单击【开始】/【对齐方式】组中的【居中】按钮，并单击【字体】/【B】按钮加粗，设置【填充颜色】为"橄榄色，淡色 40%"。最终效果如图 7-28 所示。

图 7-28　各标题的设置

步骤 3：日期单元格的公式输入。选中日期单元格 B2，在其中输入公式"=TODAY()"，公式输入完毕后按【Enter】键进行确认，则该单元格将显示当前日期。

步骤 4：编号文本格式的设置。选中单元格区域 B4:B13 区域，单击【数据】/【数据工具】组中的【数据有效性】右侧的下三角按钮，在弹出的下拉列表中选择【数据有效性】对话框，单击【设置】选项卡，从【允许】下拉列表中选择【文本长度】，设置【数据】为【等于】，【长度】为"5"，输入完毕后点击【确定】选项，如图 7-29 所示。

图 7-29　编号长度的公式设置

步骤 5：供应商名称公式的设置。将单元格 A4、B4 设置为文本格式，并进行居中设置。再选中单元格 C4，在其中输入公式" =IF(B4="","",VLOOKUP(B4,供应商信息表!$B$3:$F$12,2,FALSE))"，输入完毕后按【Enter】键确认，如图 7-30 所示。最后拖动鼠标将公式复制到他单元格中。

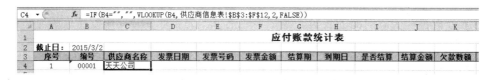

图 7-30　供应商名称公式的设置

步骤 6：日期格式的设置。选中"发票日期"、"到期日"两列，单击鼠标右键，选中【设置单元格格式】选项进行日期格式的设置。

步骤 7：金额格式的设置。选中"发票金额"、"结算金额"、"欠款数额"三列，通过【设置单元格格式】选项将【数字分类】设置为【数值】，并保留 2 位小数。

步骤 8：结算期计算公式的设置。在单元格 G4 中输入公式" =IF(B4="","",VLOOKUP(B4,供应商信息表!$B$3:$G$12,6))"，并按【Enter】键确认，如图 7-31 所示。最后拖动鼠标将公式复制到其他单元格中。

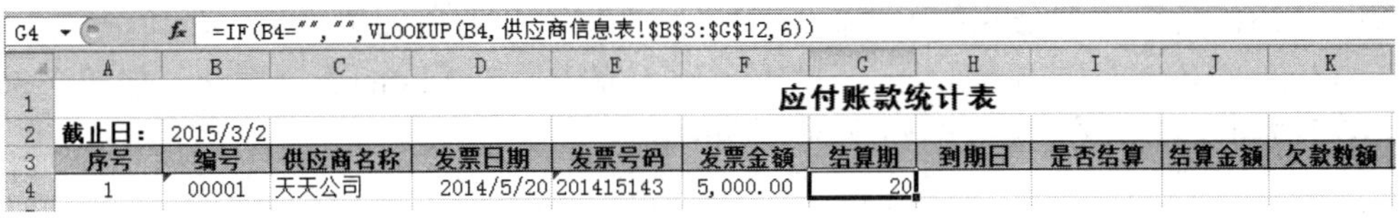

图 7-31　结算期的计算公式

步骤 9：到期日的公式设置。在单元格 H4 中输入公式"=IF(D4="","",D4+G4)"，并将该单元格格式设置为日期格式，如图 7-32 所示。最后拖动鼠标复制到其他单元格中。

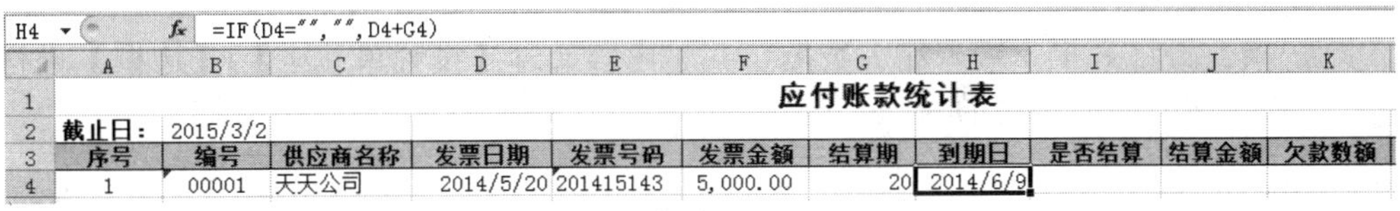

图 7-32　到期日公式的设置

步骤 10：是否结算的公式设置。选中单元格 I4，在单元格中输入公式"=IF(AND(J4=0,K4=0),"",IF(K4=0,"结算完毕","未结算完毕"))"，并按【Enter】键确认，如图 7-33 所示。最后拖动鼠标复制到其他单元格中。

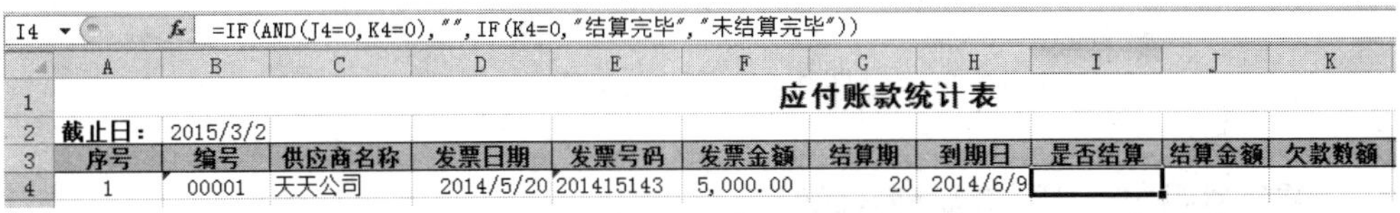

图 7-33　是否结算的公式设置

步骤 11：欠款数额的公式设置。选中单元格 K4，在该单元格中输入公式"=F4-J4"，并按【Enter】键确认，如图 7-34 所示。最后拖动鼠标复制到其他单元格中。

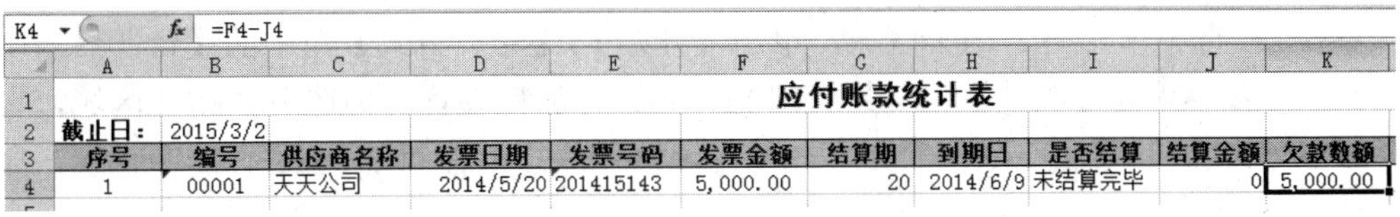

图 7-34　欠款数额的公式设置

步骤 12：逾期天数的公式设置。选中单元格 L4，在其中输入公式"=IF(I4="未结算完毕",IF(($B$2-H4)>0,$B$2-H4,""),"")"，输入完毕后按【Enter】键确认，如图 7-35 所示。最后拖动鼠标将该公式复制到其他单元格中。

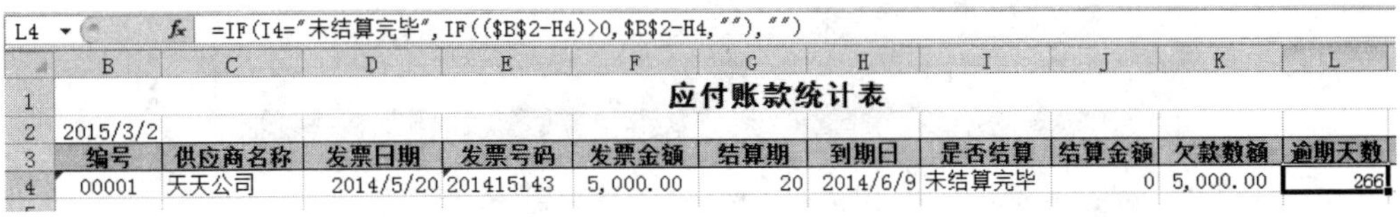

图 7-35　逾期天数的公式设置

步骤 13：是否欠款公式的设置。选中"是否欠款"的单元格 M4，在其中输入公式"=IF(K4="","",IF(K4>0,"欠款","不欠款"))"，输入完毕后按【Enter】键确认，如图 7-36 所示。最后拖动鼠标将该公式复制到其他单元格中。

M4	fx	=IF(K4="","",IF(K4>0,"欠款","不欠款"))									
	C	D	E	F	G	H	I	J	K	L	M
1				应付账款统计表							
2											
3	供应商名称	发票日期	发票号码	发票金额	结算期	到期日	是否结算	结算金额	欠款数额	逾期天数	是否欠款
4	天天公司	2014/5/20	201415143	5,000.00	20	2014/6/9	未结算完毕	0	5,000.00	266	欠款

图 7-36　是否欠款公式设置

步骤 14：最终效果。输入相关数据，并对内容通过【设置单元格】/【边框】进行边框设置。最终效果如图 7-37 所示。

	A	B	C	D	E	F	G	H	I	J	K	L	M	N
1						应付账款统计表								
2	截止日：	2015/3/2												
3	序号	编号	供应商名称	发票日期	发票号码	发票金额	结算期	到期日	是否结算	结算金额	欠款数额	逾期天数	是否欠款	备注
4	1	00001	天天公司	2014/5/20	201415143	5,000.00	20	2014/6/9	未结算完毕	0.00	5,000.00	266	欠款	
5	2	00005	源丰公司	2014/12/7	2014070755	20,000.00	30	2015/1/6	未结算完毕	10,000.00	10,000.00	55	欠款	
6	3	00002	兴隆公司	2015/1/4	2014081443	70,000.00	30	2015/2/3	结算完毕	70,000.00	0.00		不欠款	
7	4	00010	金鹿公司	2015/1/20	2014115447	3,000.00	30	2015/2/19	未结算完毕	0.00	3,000.00	11	欠款	
8	5	00002	兴隆公司	2015/1/20	2014915470	7,500.00	30	2015/2/19	未结算完毕	0.00	7,500.00	11	欠款	
9	6	00002	兴隆公司	2015/1/21	2014915475	6,000.00	30	2015/2/20	未结算完毕	0.00	6,000.00	10	欠款	
10	7	00007	顺康公司	2015/2/11	2014054746	15,000.00	20	2015/3/3	未结算完毕	10,000.00	5,000.00		欠款	
11	8	00004	隆发公司	2015/2/16	2014537185	9,000.00	10	2015/2/26	未结算完毕	0.00	9,000.00	4	欠款	
12	9	00009	春兰公司	2015/2/26	2014877431	17,500.00	60	2015/4/27	结算完毕	17,500.00	0.00		不欠款	
13	10	00006	瑞康公司	2015/3/1	2014554831	8,800.00	30	2015/3/31	未结算完毕	0.00	8,800.00		欠款	

图 7-37　最终效果图

7.5　应付账款汇总分析图表

步骤 1：新建一张 Excel 表，将该表名称命名为"应付账款汇总分析图表"，在单元格 A1 中输入主标题"应付账款汇总表"，单元格 A2:F2 中输入"序号"、"编号"、"单位名称"、"发票总金额"、"已结算金额"、"尚未支付金额"。

步骤 2：选中单元格 A1:F1 区域，单击【开始】/【对齐方式】组中的【合并后居中】按钮，并设置字体为【黑体】，字号为【16】，并进行加粗设置。再选中 A2:F2 区域，设置该区域字体为加粗，【填充颜色】为"红色，淡色 40%"，并对该区域进行居中设置，如图 7-38 所示。

图 7-38　标题的格式设置

步骤 3：编号的格式设置。选中单元格区域 B3:B12 区域，单击鼠标右键，在弹出的快捷菜单中选择【设置单元格格式】命令，将数字设置为文本格式，单击【确定】按钮。

步骤 4：单位名称的公式设置。选中单元格 C3，并在其中输入公式 "=IF(B3="","",VLOOKUP(B3,供应商信息表!$B$3:$C$12,2))"，输入完毕后按【Enter】键确认，如图 7-39 所示。最后拖动鼠标将该公式复制到其他单元格中。

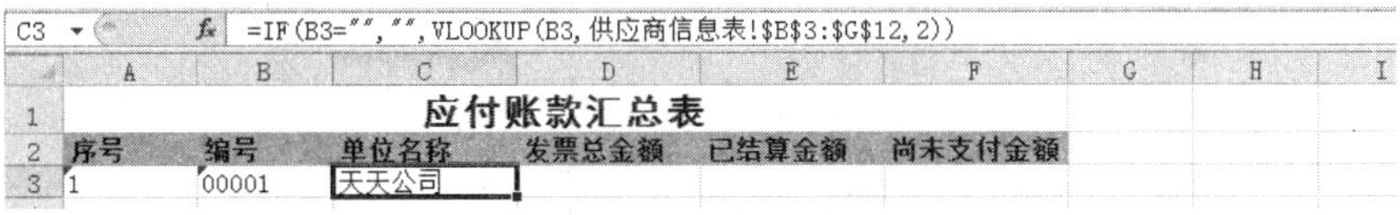

图 7-39　单位名称的公式设置

步骤 5：发票总金额的公式设置。选中单元格 D3，并在其中输入公式 "=IF(B3=0,"",SUMIF(应付账款核算管理表!$B$4:$B$13,B3,应付账款统计表!$F$4:$F$13))"，输入完毕后按【Enter】键确认，如图 7-40 所示。最后拖动鼠标将该公式复制到其他单元格中。

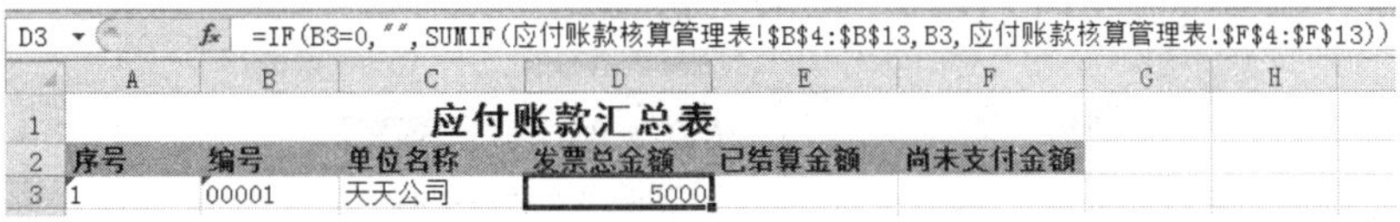

图 7-40　发票总金额的公式设置

步骤 6：已结算金额的公式设置。选中单元格 E3，在其中输入公式 "=IF(B3=0,"",SUMIF(应付账款核算管理表!$B$4:$B$13,B3,应付账款核算管理表!$J$4:$J$13))"，输入完毕后按【Enter】键确认，如图 7-41 所示。最后拖动鼠标将该公式复制到其他单元格中。

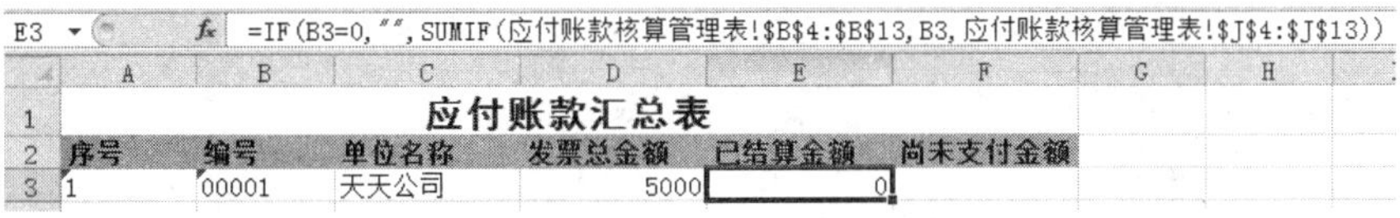

图 7-41　已结算金额的公式设置

步骤 7：尚未支付金额的公式设置。选中单元格 F3，在单元格中输入公式 "=IF(B3=0,"",SUMIF(应付账款核算管理表!$B$4:$B$13,B3,应付账款核算管理表!$K$4:$K$13))"，完毕后按【Enter】键确认，如图 7-42 所示。最后拖动鼠标将该公式复制到其他单元格中。

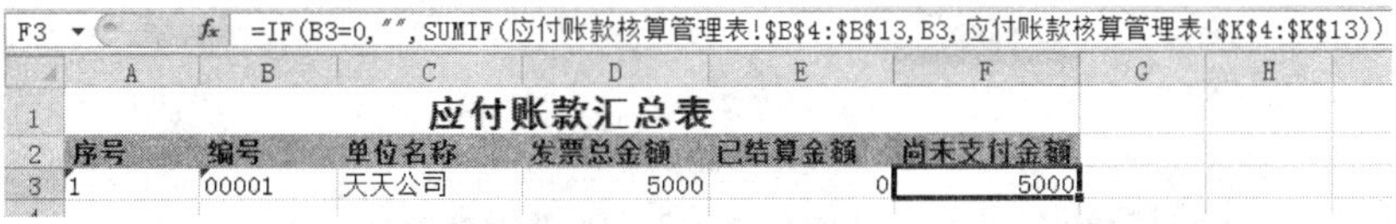

图 7-42　尚未支付金额的公式设置

步骤 8：数值格式的设置。选中"应付账款汇总表"的内容 D3:F12 区域，单击【开始】/【数字】组中【增加小数位数】按钮，将【小数位数】设置为保留 2 位。

步骤 9：边框的设置。选中单元格 A2:F12 区域，单击鼠标右键，在弹出的菜单中选择【设置单元格格式】命令，在弹出的对话框中切换到【边框】选项卡，分别设置相应的边框。

步骤 10：数据内容的输入。输入相关内容，并调整行间距大小，最终效果如图 7-43 所示。

步骤 11：应付账款分析图的创建。单击【插入】/【图表】/【柱状图】中的【三维柱形图】选项，在该表的空白处将增加一张空白图。

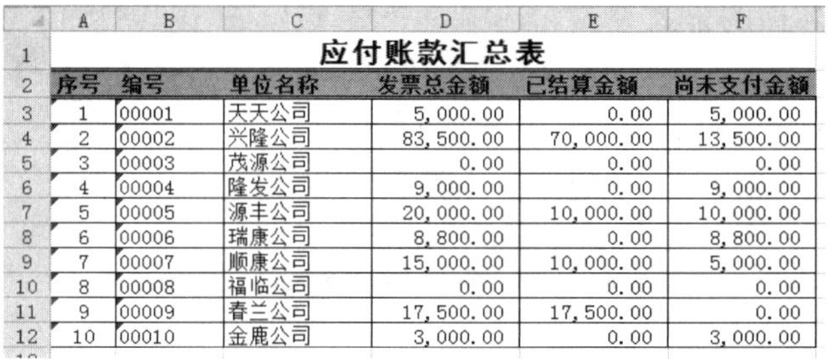

图 7-43   最终效果图

步骤 12：数据源的选取。鼠标单击一下空白图，单击【图表工具】/【设计】/【数】组中【选择数据】按钮，在弹出的【选择数据源】对话框中的【图表数据区域】中选中"应付账款汇总表"的 C3:F12 区域，如图 7-44 所示。

图 7-44   数据源的选取

步骤 13：图例项的设置。在弹出的【选择数据源】对话框的【图例项】中单击【系列 1】选项，单击【编辑】按钮，在弹出的【编辑数据系列】对话框中输入"发票总金额"，并单击【确定】按钮，结果如图 7-45 所示，系列 2、系列 3 按照上述方法进行输入。

图 7-45   图例项的设置

步骤 14：图标题的设置。单击分析图，单击【图表工具】/【布局】/【标签】组中的【图表标题】按钮，在下拉列表中并选择【图表上方】选项，在该标题中输入"应付账款分析图"，如图 7-46 所示。

步骤 15：设置绘图区背景。选择图表，单击【图表工具】/【布局】/【背景】组中【图表背景墙】按钮，选择【其他背景墙选项】选项，在弹出的【设置背景墙格式】对话框中选择【图案填充】选项，并在其下方选择所需要的图案，单击【关闭】按钮，如图 7-47 所示。

图 7-46　图标题的设置　　　　　　　　　　　图 7-47　设置绘图区背景

步骤 16：设置图表区背景。双击图表区的空白处，在弹出的【设置图表区格式】对话框中选择【图片或纹理填充】选项，并在【纹理】下拉列表中选择所需要的图片，单击【关闭】按钮，如图 7-48 所示。

步骤 17：最终效果。将所有操作完成后，该表格将呈现如图 7-49 所示的样式。审阅相关数据无误后保存文档即可。

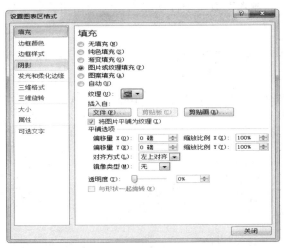

图 7-48　设置图表区背景　　　　　　　　　　图 7-49　最终效果图

小　结

　　往来账款记录的是企业与客户和供应商之间贸易往来情况，反映企业应收客户和应支付供应商款项的数额。它要求财务人员必须严格核算往来账目，在收款方面做好及时催收，在付款方面预先安排好资金。在实际工作中，企业的往来账项目繁多，财务人员的工作量较大，而通过 Excel 的运用大大提高了工作效率，同时 Excel 提供的各项功能也可以满足企业对往来账管理的需求，比如账款的到期提醒等功能。

　　Excel 创建的应收账款核算管理表将企业与客户之间的款项进行逐笔核算管理，在此基础上对应收账款的账龄进行分析，以便反映企业债权的真实情况，同时便于进行后续信誉档案的创建与管理。

　　Excel 创建的应付账款核算管理表在实现普通核算的基础上，还能够提供设置提醒功能，进而为企业做好资金安排供了数据支持。

练　习

一、填空题

1．在应收账款账龄统计表中，通过【数据有效性】对话框设置中的_____选项进行设置。

2．应付账款管理通常包括_____、_____、_____、_____四个模块。

3．在 Excel 中，公式"=SUM(C2,E3:F4)"的含义是_____。

4．当 70<A1<85 时，IF(A1>60,"及格",IF(A1>70,"良好",IF(A1>85,"优秀","不及格")))返回值为_____。

二、判断题

1．单击【数据】/【数据工具】组中的【数据有效性】按钮，在打开的【数据有效性】对话框中可以设置数据有效性，包括允许输入的数值条件、输入信息与出错警告等信息。（　　）

2．DATEDIF 函数是 Excel 中的隐藏函数，用于返回两个日期间的年/月/日的间隔数。（　　）

3．函数 SUMIF 和 SUM 函数的用法相同，两者可以替代使用。（　　）

三、简答题

1．往来账所包含的会计科目都有哪些？

2．DATEDIF 函数的作用是什么？

3．AND 函数的作用是什么？

第8章 存货与固定资产的核算管理

本章目标

■ 了解存货、固定资产的定义

■ 熟悉存货基础资料表的内容

■ 掌握存货入库表的编制

■ 掌握存货出库表的编制

■ 掌握库存存货管理表的编制

■ 掌握固定资产管理表的编制

■ 掌握利用记录单增加固定资产的操作方法

■ 掌握固定资产计提折旧的数学表达式及函数表达式

■ 熟练运用数据透视表及数据透视图对固定资产管理表进行分析

重点难点

重点：

◇ 存货入库表、出库表以及汇总管理表的制作

◇ 固定资产管理表、计提固定资产折旧的公式以及对固定资产管理表的分析

难点：

◇ 数据引用中应用到的 IF、ISERROR、VLOOKUP 函数的组合应用

◇ 累积折旧额中 IF、DATEDIF、SUMIF 函数的组合应用

◇ SLN、DDB、SYD 折旧函数应用

◇ 运用数据透视表及透视图分析固定资产管理表

存货是指企业在生产经营过程中为销售或耗用而储备的各种资产，包括商品、产成品、半成品、在产品以及各种材料、燃料、包装物、低值易耗品等。企业在经营过程中，总是在不断地购入、耗用或销售存货，而且每个会计期间都要进行存货核算。存货的核算是企业会计核算的一项重要内容，正确计算存货购入成本，反映和监督存货的收发、领退和保管情况，可以促进企业提高资金的使用效果和保护企业资产的安全完整。

固定资产是企业为生产商品、提供劳务、出租或经营管理而持有的且使用寿命超过一个会计年度的有形资产。该资产在生产过程中可以长期发挥作用，长期保持原有的实物形态，其价值则随着企业生产经营活动逐渐地转移到产品成本中去，并成为产品价值的组成部分。在使用过程中因损耗而转移到产品中去的那部分价值叫做折旧。折旧的计算方法主要有平均年限法、工作量法、年限数总和法及双倍余额递减法。

8.1 存货的核算管理

存货的核算管理包括存货入库管理、存货出库管理及存货的库存管理三个部分。实现对存货高效准确的管理，需要借助存货的基本资料，将企业的原材料、半成品、产成品，以及各种材料、燃料、包装物、低值易耗品等进行统一的规划管理，建立资料管理表，同时根据资料管理表建立出入库管理表及库存管理表。

8.1.1 创建存货基础资料表

企业在生产经营过程中会涉及到大量的物资采购，这些采购的材料来自不同的供应商。为方便管理供应商及其提供的各式各样的物资，就需要将涉及的物资名单及供应商信息等进行归类，建立存货基础资料表。存货基础资料表包括存货代码表、供应商代码表、领用人代码表。

(1) 存货代码表：是企业为记录各类存货的代码、名称、规格型号、计量单位和价格等而建立的表格。

(2) 供应商代码表：是企业用于存放供应商信息的表格，主要包含供应商代码和名称。

(3) 领用人代码表：是记录企业存货领用人信息的表格，主要包含领用人代码和领用人姓名。

现在以创建"存货代码表"为例来讲解创建存货基础资料表的基本方法和步骤。

步骤 1：新建一张 Excel 工作簿并命名为"第 8 章数据表"。打开"第 8 章数据表"将"Sheet1"重命名为"存货代码表"。将"存货代码表"、"存货代码"、"名称"、"单位"、"类型规格"，分别输入 A1 以及 A2:D2 各个单元格区域，如图 8-1 所示。

	A	B	C	D
1	存货代码表			
2	存货代码	名称	单位	类型规格

图 8-1 填充表格数据

步骤 2：将标题行进行美化。选中 A1:D1 单元格区域，单击【开始】/【对齐方式】/

【合并后居中】按钮，并单击【开始】/【字体】组中【B】按钮，并将字体设置为【黑体】，字号为【14】。选中 A2:D2 单元格区域，格式设置为"加粗，颜色填充为淡紫色，居中"，如图 8-2 所示。

图 8-2　标题的格式设置

步骤 3：存货代码长度设置。选中单元格 A3，单击【数据】/【数据工具】组中【数据有效性】的下三角按钮，选择【数据有效性】命令，弹出【数据有效性】对话框，在【允许】中选择【文本长度】选项，在【数据】中选择【等于】选项，在【长度】中输入"5"，如图 8-3 所示。输入完毕后单击【确定】按钮，并将其设置的格式复制到 A 列其他单元格中。当输入数值不为 5 位时将弹出"输入值非法"提示框，如图 8-4 所示。

图 8-3　设置存货代码长度

图 8-4　"输入值非法"提示

步骤 4：边框的设置。选中单元格 A2:D7 区域，单击鼠标右键选择【设置单元格格式】命令，弹出【设置单元格格式】对话框，单击【边框】选项卡，上边框选择【双横线】，其他边框选择【单横线】。

步骤 5：存货代码表内容输入。按照"存货代码表"标题要求，将相关数据输入该表格中，最终效果如图 8-5 所示。

存货代码	名称	单位	类型规格
10001	普通板5	米	450x80x40
10002	左侧板	米	880x300x20
10003	背板	米	880x300x20
10004	普通板11	米	640x340x30
10005	底板	米	900x30x15

图 8-5　内容输入效果图

供应商代码表和领用人代码表可以采用存货代码表创建的方法来创建。最终效果图如图 8-6 和图 8-7 所示。

供应商代码	供应商名称
GY0001	甲有限公司
GY0002	乙有限公司
GY0003	丙有限公司

图 8-6　供应商代码表

领用人代码	姓名
00001	张三
00002	李四
00003	王五
00004	任六

图 8-7　领用人代码表

8.1.2　存货的入库核算管理

企业无论是购入、自制、销售退回或者以其他方式取得的存货都应该办理入库手续，放入仓库存储。存货的入库管理需要把控好两大环节：一是入库前产品验收工作；二是入库后的实物保管和数据录入及处理工作。

(1) 存货验收。存货验收需要做好三个方面工作：① 对单验收，是指仓库保管员对照进货通知单的品名、规格、质量、价格等依次逐项检查商品，注意有无单货不符或漏发、错发的现象。② 数量验收，一般是原件点整数、散件点细数、贵重商品逐一仔细检对。③ 质量验收，是指保管员通过感官或简单仪器检查商品的质量、规格、等级、价格，如外观是否完整无损、零部件是否齐全无缺、食品是否变质过期、易碎商品是否破裂损伤等。

(2) 对于验收合格的存货办理入库手续。① 填制"存货入库验收单"。已由合同管理员(采购员)填制过进货凭证，就可借用该凭证作为验收单，不必另行填制。如果单货不符，则要填写"溢短残损查询单"，经仓库负责人核对签字后，作为今后与供货方、运输方交涉的凭证。② 登记"存货入库表"。商品验收结束后，保管员根据验收凭证，登记保管存货账。

下面重点介绍如何运用 Excel 创建"存货入库表"。该表格主要包含"入库日期"、"代码"、"名称"、"数量"、"单价"、"金额"、"采购人员"、"供应商编号"、"供应商"、"存放位置"及"备注"。

步骤 1：在"第 8 章数据表"中新建"存货入库表"工作簿。在单元格 A1 处输入该表的标题名称"存货入库表"，在 A2:K2 各个单元格内依次输入"入库日期"、"代码"、"名称"、"数量"、"单价"、"金额"、"采购人员"、"供应商编号"、"供应商"、"存放位置"以及"备注"。

步骤 2：主标题的格式设置。选中 A1:K1 单元格区域，单击【开始】/【对齐方式】组中【合并后居中】按钮，单击【开始】/【字体】组中【B】将文字加粗，在【字体】下拉列表中选择【黑体】，在【字号】下拉列表中选择【14】。

步骤 3：列标题的格式设置。选中 A2:K2 单元格区域，单击【开始】/【字体】组中【B】按钮将文字加粗，单击【填充颜色】右方的下三角按钮，在弹出的下拉列表中选择【主题颜色】中的"淡紫色，强调文字颜色 4，淡色 40%"，如图 8-8 所示。

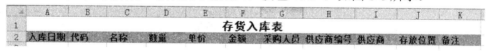

图 8-8　标题的格式设置

步骤 4：日期格式的设置。选中单元格 A3，单击鼠标右键，选择【设置单元格格式】命令，弹出【设置单元格格式】对话框，单击【数字】选项卡，选择【日期】选项，最后单击【确定】按钮。

步骤 5：名称的公式设置。选中 C3 单元格，在其中输入公式"=IF(ISERROR(VLOOKUP(B3,存货代码表!$A$3:$D$7,2)),"",VLOOKUP(B3,存货代码表!$A$3:$D$7,2))"，输入完毕后按【Enter】键确认。例如当在单元格 B3 输入代码 10001 时，单元格自动出现产品名称为"普通板 5"，如图 8-9 所示。

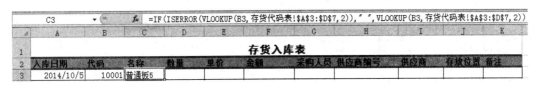

图 8-9　名称的公式设置

知识拓展

ISERROR 函数的应用

ISERROR 函数的公式为：ISERROR(value)。当输入该公式时，如 value 值为任意错误值（#N/A、#VALUE!、#REF!、#DIV/0!、#NUM!、#NAME? 或 #NULL!）时，该函数为真，即返回 TURE。

步骤 6：数量和单价的格式设置。选中 D3:E3 单元格区域，单击鼠标右键，选择【设置单元格格式】命令，在弹出的【设置单元格格式】对话框中，单击【数字】选项卡，选择【数值】选项，最后单击【确定】按钮。

步骤 7：金额的公式设置。选中单元格 F3，在其中输入公式"=D3*E3"，得出的金额为数量与单价相乘的总金额。

步骤 8：采购人员姓名设置。选中单元格 G3，单击【数据】/【数据工具】组中【数据有效性】右方的下三角按钮，在弹出的下拉列表中选择【数据有效性】命令，在【数据有效性】对话框中，从【允许】下拉列表中选择【序列】选项，并在【来源】下输入"李明,张强,王倩,韩磊,刘刚"，最后单击【确定】按钮，如图 8-10 所示。

图 8-10　采购人员的姓名设置

步骤 9：供应商的设置。选中单元格 I3，在单元格中输入公式"=IF(ISERROR(VLOOKUP(H3, 供应商代码表 !$A$3:$B$5,2)),"",VLOOKUP(H3, 供应商代码表 !$A$3:$B$5,2))"，输入完毕后按【Enter】键确认。当单元格 H3 中输入供应商的编号"GY0001"时，I3 单元格将自动显示为"甲有限公司"，如图 8-11 所示。

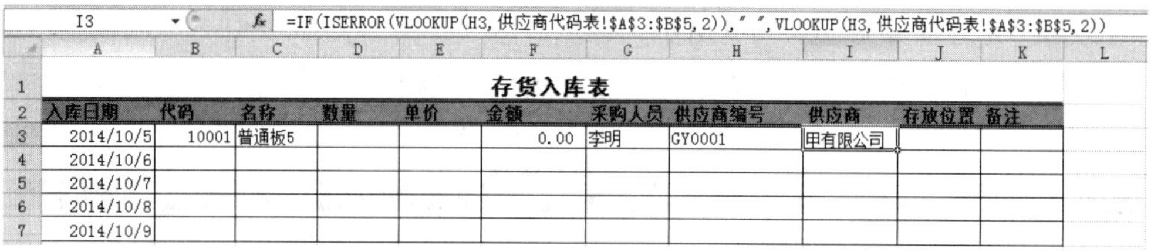

图 8-11　供应商的设置

步骤 10：存放位置的设置。选中 J3 单元格，设置数据有效性为"1 号仓库,2 号仓库,3 号仓库"，最后单击【确定】按钮，如图 8-12 所示。

图 8-12　存放位置的设置

步骤 11：边框的设置。选中 A2:K7 单元格区域，单击鼠标右键，选择【设置单元格格式】命令，弹出【设置单元格格式】对话框，单击【边框】选项卡，上边框选择【双横线】，其他边框选择【单横线】，最后单击【确定】按钮。将相关数据输入到该表格中，并拖动鼠标调整行列间距。最终效果图如图 8-13 所示。

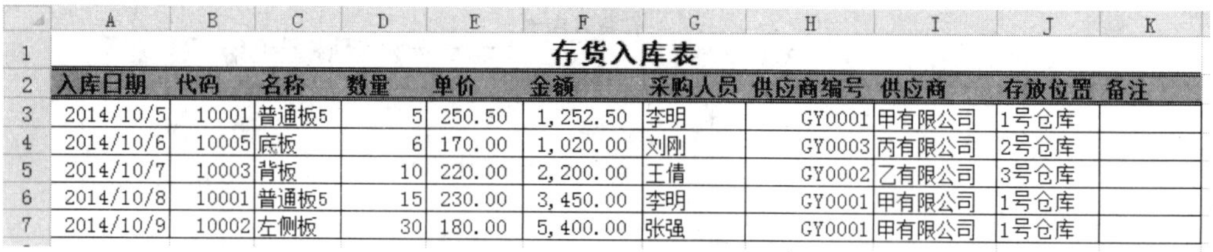

	A	B	C	D	E	F	G	H	I	J	K
1						存货入库表					
2	入库日期	代码	名称	数量	单价	金额	采购人员	供应商编号	供应商	存放位置	备注
3	2014/10/5	10001	普通板5	5	250.50	1,252.50	李明	GY0001	甲有限公司	1号仓库	
4	2014/10/6	10005	底板	6	170.00	1,020.00	刘刚	GY0003	丙有限公司	2号仓库	
5	2014/10/7	10003	背板	10	220.00	2,200.00	王倩	GY0002	乙有限公司	3号仓库	
6	2014/10/8	10001	普通板5	15	230.00	3,450.00	李明	GY0001	甲有限公司	1号仓库	
7	2014/10/9	10002	左侧板	30	180.00	5,400.00	张强	GY0001	甲有限公司	1号仓库	

图 8-13　边框设置效果图

当公式设置完毕而且相关数据也输入完成后，为了防止其他人员对公式的随意改动造成计算错误，可以对相关公式单元格进行保护。以对"金额"单元格的公式"=数量*单价"的公式保护为例。

步骤 1：公式保护设置。选中"金额"列的单元格区域 F3:F7，单击鼠标右键，选择【设置单元格格式】命令，在弹出的【设置单元格格式】对话框中单击【保护】选项卡，勾选【锁定】，设置完毕后单击【确定】按钮。

步骤 2：公式保护密码设置。接步骤 1，单击【审阅】/【更改】组中【保护工作表】按钮，在弹出的【保护工作表】对话框中勾选【选定锁定单元格】和【选定未锁定单元格】选项，并在【取消工作表保护时使用的密码】下空白处输入密码，在弹出的【确认密码】框中再次输入密码，最后单击【确定】按钮。当修改 F5 中公式时，将会出现如图 8-14 所示情况。

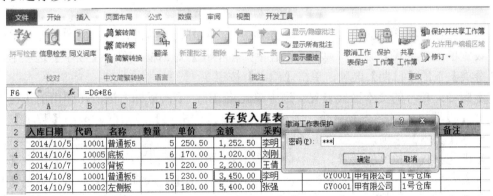

图 8-14 只读提示

步骤 3：已设置保护的公式修改。如果对已设置保护的公式进行修改，可以单击【审阅】/【更改】组中【撤销工作表保护】按钮，在弹出的【撤销工作表保护】对话框中输入密码，输入完毕后单击【确定】按钮，如图 8-15 所示。这时该表格的相关公式及内容都可以进行修改。

图 8-15 撤销工作表保护

8.1.3 存货出库的核算与管理

企业的各种存货都会被不断的领用、消耗或者出售。因此，把控好存货的出库环节显得尤为重要。企业应该建立严格的存货出库制度，当存货出库时，应检查发货凭证是否正确，物品的编码、品名、规格、数量等是否相符，相关单据手续是否齐全，在核对无误的情况下将发货情况登记在存货的出库表中。

存货出库的方式主要有送货、自提、过户、取样、转仓。出库流程为提货人提供出货单据——仓库管理人员审核单据的真实性和可靠性以及核对存货的型号规格等信息——准备出货——对出库存货进行分类——提货人对存货进行检查——正式出库——提货人及仓库管理人员签字确认——填制出库单——登记存货出库表。

存货出库表是用来登记出库存货的代码、名称、数量、单价、金额及出库的时间、出库单据的编号，领用人等信息的表格。通过填制存货出库表能够更直观地了解存货的发出情况。

下面利用 Excel 来建立一张存货出库表。

步骤 1：打开"第 8 章数据表"，新建 Sheet 表并重命名为"存货出库表"，在该表的 A1 单元格输入主标题"存货出库表"，在 A2:H2 单元格区域中分别输入各列标题"出库日期"、"单号"、"代码"、"品名"、"数量"、"领用人"、"存放位置"和"备注"。

步骤 2：与"存货入库表"的操作相似，选中 A1:H1 单元格区域，格式设置为【合并后居中】，字体加粗，字号为【14】。

步骤 3：选中 A2:H2 单元格区域，格式设置为【居中】，字体加粗，颜色填充为"橙色，强调文字颜色 6，淡色 40%"，最后单击【确定】按钮，如图 8-16 所示。

图 8-16　标题的格式设置

步骤 4：日期格式的设置。选中单元格 A3，单击鼠标右键，在弹出的快捷菜单中选择【设置单元格格式】命令，弹出【设置单元格格式】对话框，单击【数字】选项卡，选择【分类】下的【日期】选项，单击【确定】按钮。

步骤 5：单号的文本格式设置。选中单元格 B3，单击鼠标右键，在弹出的快捷菜单中选择【设置单元格格式】命令，弹出【设置单元格格式】对话框，单击【数字】选项卡，选择【文本】选项，最后单击【确定】按钮。

步骤 6：代码长度的设置。选中单元格 C3，单击【数据】/【数据工具】组中【数据有效性】右方的下三角按钮，在弹出的下拉列表中选择【数据有效性】命令，弹出【数据有效性】对话框，在【允许】下选择【文本长度】选项，在【数据】下选择【等于】选项，【长度】设置为"5"。单击【出错警告】选项卡，在【错误信息】栏中输入"请输入 5 位产品代码"(当输入的产品代码不是 5 位数时，将弹出对话框进行提示)，最后单击【确定】按钮，如图 8-17 所示。

图 8-17　代码长度的设置

步骤 7：品名设置。选中单元格 D3，在 D3 中输入 IF 函数、VLOOKUP 函数与

ISERROR 函数的组合公式，输入公式“=IF(ISERROR(VLOOKUP(C3,存货代码表!$A$3:$D$7,2)),"",VLOOKUP(C3,存货代码表!$A$3:$D$7,2))”，输入完毕后按【Enter】键。例如，在代码单元格 C3 中输入代码 10002 时，单元格 D3 会自动显示该产品的品名为“左侧板”，如图 8-18 所示。

D3　=IF(ISERROR(VLOOKUP(C3,存货代码表!$A$3:$D$7,2)),"",VLOOKUP(C3,存货代码表!$A$3:$D$7,2))

存货出库表							
出库日期	单号	代码	品名	数量	领用人	存放位置	备注
2014/11/10	50002	10002	左侧板				

图 8-18　品名的公式设置

步骤 8：数量的格式设置。选中单元格 E3，单击鼠标右键，在弹出的快捷菜单中选择【设置单元格格式】命令，弹出【设置单元格格式】对话框，单击【数字】选项卡，选择【分类】下的【数值】选项，单击【确定】按钮。

步骤 9：领用人的设置。选中单元格 F3，单击【数据】/【数据工具】组中【数据有效性】右方的下三角按钮，在弹出的下拉列表中选择【数据有效性】命令，弹出【数据有效性】对话框，在【允许】下选择【序列】选项，并在【来源】处输入“张三,李四,王五,任六”，输入完毕后单击【确定】按钮，如果领用人较多也可以在【来源】处输入公式“=领用人代码表!$B$3:$B$6”。

步骤 10：存放位置设置。选中单元格 G3，单击【数据】/【数据工具】组中【数据有效性】右方的下三角按钮，在弹出的下拉列表中选择【数据有效性】命令，弹出【数据有效性】对话框，在【允许】下选择【序列】选项，并在【来源】处输入“1 号仓库,2 号仓库,3 号仓库”，输入完毕后单击【确定】按钮。

步骤 11：边框的设置。选中单元格 A2:H5 区域，单击鼠标右键，在弹出的快捷菜单中选择【设置单元格格式】命令，弹出【设置单元格格式】对话框，单击【边框】选项卡，选择【双横线】和【单横线】进行设置。边框设置完毕后，将相关数据录入该表格中，并调整行列间距。最终效果如图 8-19 所示。

存货出库表							
出库日期	单号	代码	品名	数量	领用人	存放位置	备注
2014/11/10	50002	10002	左侧板	5	肖勇	1号仓库	
2014/11/11	50002	10005	底板	3	张成	2号仓库	
2014/11/12	50002	10003	背板	7	孙亮	3号仓库	

图 8-19　边框设置最终效果

步骤 12：选中标题单元格 A2:H2 区域，单击【数据】/【排序和筛选】组中的【筛选】按钮，标题处的各单元格都显示筛选符号，如图 8-20 所示。

存货出库表							
出库日期	单号	代码	品名	数量	领用人	存放位置	备注
2014/11/10	50002	10002	左侧板	5	肖勇	1号仓库	
2014/11/11	50002	10005	底板	3	张成	2号仓库	
2014/11/12	50002	10003	背板	7	孙亮	3号仓库	

图 8-20　筛选设置

步骤 13：单元格保护。如果需要保护相关公式及内容，可选择需要保护的单元格，单击鼠标右键，选择【设置单元格格式】，在弹出的【设置单元格格式】对话框中单击【保护】选项卡，勾选【锁定】选项。对于允许修改，不需要保护的单元格的【锁定】选项不勾选。然后，单击【审阅】/【更改】组中【保护工作表】按钮，在弹出的【保护工作表】对话框中勾选【选定锁定单元格】、【选定未锁定单元格】选项。并在【取消工作部保护时所使用的密码】下边输入密码，在弹出的【确认密码】框中再次输入密码进行确认，最后单击【确定】按钮。

8.1.4 库存存货的核算与管理

存货的进销存管理又称购销链管理，包括进、销、存三个部分。其中，进是指存货从采购到入库的环节，销是指从销售到出库的环节，存是指进出相抵以后剩余的存货。三者紧密结合、环环相扣，是存货管理的整体体现。

对存货的库存管理在财务上是建立起库存总账(即存货管理表)，库存总账主要包含期初存货的数量及金额、本期入库的数量和金额、本期发出的存货数量和金额以及期末存货的数量和金额。通过库存总账，可以汇总当月存货的进销存情况，以此来制定存货的采购计划、销售计划，同时还可以对采购及销售部门的业绩做出评价，为企业的经营管理提供依据。

建立存货管理表除了使用前面的"存货入库表"和"存货出库表"外，还有个重要的内容就是发出存货的成本计量方法。发出存货的成本计量方法主要有先进先出法、全月一次加权平均法、移动加权平均法及个别计价法。

(1) 先进先出法：是指根据先入库先发出的原则，对于发出的存货以先入库存货的单价计算发出存货成本的方法。具体做法是：先按期初存货的单价计算发出存货的成本，领发完毕后，再按本期第一批入库存货的单价计算，依此从前向后类推，来计算发出存货和结转存货的成本。

(2) 月末一次加权平均法：是指以本月全部进货成本加上月初存货成本之和，除以本月全部进货数量加上月初存货数量之和，计算加权平均单位成本，并据以计算本月发出存货的成本和期末存货成本的一种方法。

(3) 移动加权平均法：是指以每次进货的成本加上原有库存存货的成本，除以每次进货的数量与原有库存存货的数量之和，计算加权平均单位成本，据以计算当月发出存货的成本和期末存货成本的一种方法。

(4) 个别计价法：采用这一方法是假设存货的成本流转与实物流转一致，按照各种存货，逐一辨认各批发出存货和期末存货所属的购进批别或生产批别，分别按其购入或生产时所确定的单位成本作为计算各批发出存货和期末存货成本的方法。在这种方法下，是把每一种存货的实际成本作为计算发出存货成本和期末存货成本的基础。

下面继续应用已有的资料来创建"存货汇总管理表"。

步骤 1：标题的输入。在"第 8 章数据表"中新建一个 Sheet 表，将表的名称命名为"存货汇总管理表"，并在单元格 A1 中输入"存货汇总管理表"，在单元格 A2:C2 区域中分别输入"代码"、"品名"、"单位",在 D2、F2、H2、J2 中输入"期初库存"、"本期入库"、"本期出库"、"期末库存",在 D3:K3 单元格分别输入"数量"与"金额"。

步骤 2:主标题的格式设置。选中 A1:K1 单元格区域,单击【开始】/【对齐方式】组中【合并后居中】按钮,单击【开始】/【字体】组中【B】将文字加粗,并在【字号】的下拉列表中选择【14】。

步骤 3:列标题的格式设置。选中单元格 A2:A3、B2:B3、C2:C3 三个区域,单击【开始】/【对齐方式】组中【合并后居中】按钮,再单击【垂直居中】按钮。同样的方式将单元格区域 D2:E2、F2:G2、H2:I2、J2:K2 合并后居中。选中 D3:K3 单元格区域设置为【水平居中】。上述标题的字体统一加粗,底色为"橙色,强调文字颜色 6,淡色 40%",同时调整行列的宽度。最终效果如图 8-21 所示。

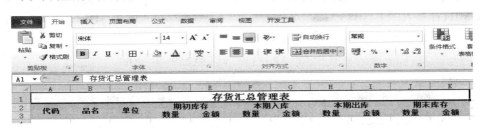

图 8-21 标题格式的设置

步骤 4:代码长度的设置。选中单元格 A4,单击【数据】/【数据工具】组中【数据有效性】右方的下三角按钮,在弹出的下拉列表中选择【数据有效性】命令,弹出【数据有效性】对话框,在【允许】下选择【文本长度】选项,【数据】设置为【等于】,【长度】设置为"5"。单击【出错警告】选项卡,在【错误信息】栏中输入"请输入 5 位产品代码"(当输入的产品代码不是 5 位数时,将弹出对话框进行提示),单击【确定】按钮,如图 8-22 所示。

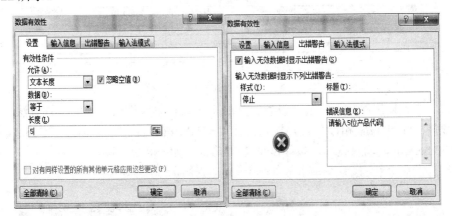

图 8-22 代码长度的设置

步骤 5:品名的公式设置。选中单元格 B4,输入公式"=IF(ISERROR(VLOOKUP(A4,存货代码表!$A$3:$D$7,2)),"",VLOOKUP(A4,存货代码表!$A$3:$D$7,2))",输入完毕后按【Enter】键确认。例如,在单元格 A4 中输入产品代码 10001 时,单元格 B4 将自动出现该产品名称为"普通板 5",如图 8-23 所示。

图 8-23　品名的公式设置

步骤 6：数量、金额格式的设置。选中数量、金额对应的单元格，单击右键选择【设置单元格格式】命令，弹出【设置单元格格式】对话框，单击【数字】选项卡，选择【数值】选项。

步骤 7：本期入库数量的公式设置。选中本期入库的数量单元格 F4，输入公式"=SUMIF(存货入库表!$B$3:$K$7,存货汇总管理表!A4,存货入库表!$D$3:$D$7)"，该单元格将自动汇总该产品的入库数量，如图 8-24 所示。

图 8-24　本期入库数量的公式设置

步骤 8：本期入库金额的公式设置。选中本期入库金额的单元格 G4，输入公式"=SUMIF(存货入库表!$B$3:$B$7,存货汇总管理表!A4,存货入库表!$F$3:$F$7)"，输入完毕后按【Enter】键确认，如图 8-25 所示。

图 8-25　本期入库金额的公式设置

步骤 9：本期出库数量的公式设置。参照入库数量单元格内公式的设置方法，在本期的出库数量 H4 中设置相似公式，输入公式"=SUMIF(存货出库表!$C$3:$C$5,A4,存货出库表!$E$3:$E$5)"，输入完毕后按【Enter】键确认，如图 8-26 所示。

图 8-26　本期出库数量的公式设置

步骤 10：出库金额的公式设置。本篇的成本核算以全月一次加权平均法计算，该公

式为

$$本期发出的存货金额=\frac{期初存货金额+本期入库存货金额}{期初存货数量+本期入库存货数量}×本期出库数量$$

在出库金额 I4 中，输入公式 "=IF(ISERROR((E4+G4)/(D4+F4)*H4),0,(E4+G4)/(D4+F4)*H4)"，输入完毕后按【Enter】键确认，如图 8-27 所示。

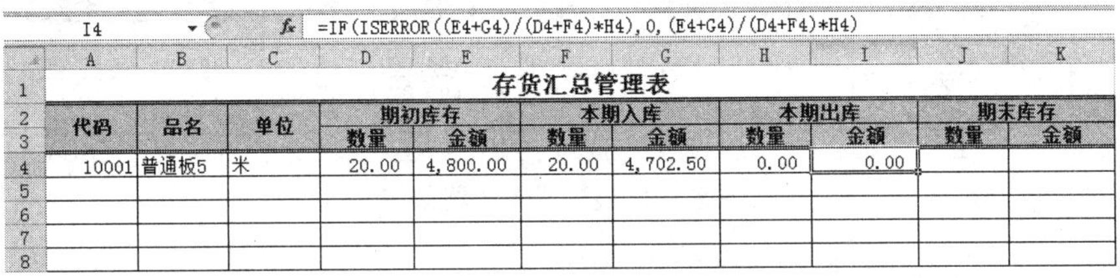

图 8-27　本期出库金额的公式设置

步骤 11：期末库存数量、金额的公式设置。在期末库存数量单元格 J4 中，输入公式 "=D4+F4−H4"，同样在金额单元格 K4 中输入公式 "=E4+G4−I4"，如图 8-28 所示。

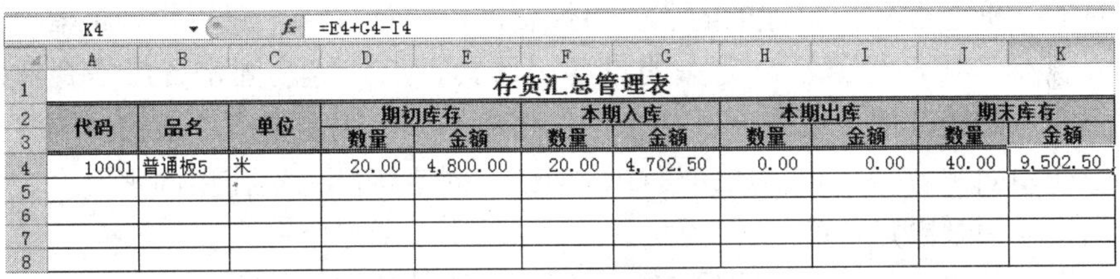

图 8-28　期末库存数量、金额的公式设置

步骤 12：零值不显示。有时为了表格的美观效果，希望零值不在表格中显示。此时，在【文件】/【选项】/【高级】/【此工作表的显示选项】/【在具有零值的单元格中显示零】处取消勾选，取消勾选后该单元格的零值将不显示，如图 8-29 所示。

图 8-29　零值不显示

步骤 13：边框的设置。将相关数据输入该表中，选中将要设定的区域 A2:K8，单击鼠标右键，选择【设置单元格格式】命令，弹出【设置单元格格式】对话框，单击【边框】选项卡，选择【双横线】和【单横线】进行设置，最终效果如图 8-30 所示。

代码	品名	单位	期初库存		本期入库		本期出库		期末库存	
			数量	金额	数量	金额	数量	金额	数量	金额
10001	普通板5	米	20.00	4,800.00	20.00	4,702.50			40.00	9,502.50
10002	左侧板	米	30.00	3,800.00	30.00	5,400.00	5.00	766.67	55.00	8,433.33
10003	背板	米	15.00	3,200.00	10.00	2,200.00	7.00	1,512.00	18.00	3,888.00
10004	普通板11	米	22.00	4,100.00					22.00	4,100.00
10005	底板	米	17.00	3,750.00	6.00	1,020.00	3.00	622.17	20.00	4,147.83

表标题：存货汇总管理表

图 8-30　边框设置最终效果

8.2　固定资产的核算管理

固定资产是指企业为生产产品、提供劳务、出租或者经营管理而持有的、使用时间超过 12 个月的、价值达到一定标准的非货币性资产，包括房屋、建筑物、机器、机械、运输工具以及其他与生产经营活动有关的设备、器具、工具等。固定资产是企业的劳动手段，也是企业生产经营的主要资产。从会计的角度划分，固定资产一般被分为生产用固定资产、非生产用固定资产、租出固定资产、未使用固定资产、不需用固定资产、融资租赁固定资产、接受捐赠固定资产等。

从固定资产的概念中可以看出固定资产不同于流动资产，它主要具备以下几方面的特征：第一，固定资产的价值一般比较大，使用时间比较长，能长期地、重复地参加生产过程。第二，在生产过程中虽然发生磨损，但是并不改变其本身的实物形态，而是根据其磨损程度，逐步地将其价值转移到产品中去，其价值转移部分回收后形成折旧基金。第三，固定资金的循环期比较长，它不是取决于产品的生产周期，而是取决于固定资产的使用年限。第四，固定资金的价值补偿和实物更新是分别进行的，前者随着固定资产折旧逐步完成，后者在固定资产不能使用或不宜使用时，用平时积累的折旧基金来实现。第五，在购置和建造固定资产时，需要支付相当数量的货币资金，这种投资是一次性的，但投资的回收是通过固定资产折旧分期进行的。

8.2.1　创建固定资产管理表格

固定资产的价值在企业的资产中一般比较高且比重较大，所以企业应加强固定资产的管理，建立起固定资产管理的相关制度。首先，将各部门使用的固定资产设置固定资产实物台账，建立固定资产卡片，对固定资产进行统一分类编号，对固定资产的使用管理落实到使用人(机器设备落实到组)。其次，由财务部门作为固定资产的核算部门，并建立固定资产总账及明细分类账，对固定资产的增减变动及时进行账务处理，同时要在季度末及年末对固定资产进行盘点，做到账实相符，保证账、物、卡相一致。

企业固定资产的管理需要依托于"固定资产管理表格"。下面介绍"固定资产管理表格"的框架建立，主要内容包括：编号、类别、名称、规格、采购日期、使用部门、负责人、原值、使用年限、残值率、残值、月折旧额、累积折旧额、净值、备注。

步骤 1：在"第 8 章数据表"中新建一张 Sheet 表，将其命名为"固定资产管理表"。在单元格 A1 中输入主标题"固定资产管理表"，在单元格 A2:O2 区域内，输入"编号"、"类别"、"名称"、"规格"、"采购日期"、"使用部门"、"负责人"、"原值"、"使用年限"、"残值率"、"残值"、"月折旧额"、"累积折旧额"、"净值"、"备注"等列标题。

步骤 2：选中单元格 A1:O1 区域，单击【开始】/【对齐方式】组中【合并后居中】按钮，单击【开始】/【字体】组中【B】将文字加粗，并将【字号】设置为【14】。选中单元格 A2:O2 区域，以同样的方法将字体加粗，单击【开始】/【字体】组中【填充颜色】右方的下三角按钮，在【主题颜色】中选择"深蓝，文字颜色 2，淡色 60%"，单击【开始】/【对齐方式】组中的【居中】按钮，并调整行列宽度。最后选中 A2:O2 区域并添加边框。最终效果如图 8-31 所示。

图 8-31　固定资产管理表框架

8.2.2　增加固定资产

固定资产管理表格的结构建立起来以后，就可以增加固定资产记录(以设置 10 行为例)。

步骤 1：选中单元格 A3:A12 区域，单击鼠标右键，选择【设置单元格格式】命令，在弹出的【设置单元格格式】对话框中单击【数字】选项卡，选择【文本】选项。选中单元格 E3:E12 区域，以同样的方式选择【日期】选项。以此类推，将单元格 H3:H12、K3:K12 区域设置为【数值】，【小数位数】保留 2 位，使用【千分位】。将 J3:J12 单元格区域设置为【百分比】，【小数位数】保留 2 位。

步骤 2：选中单元格 B3，单击【数据】/【数据工具】组中【数据有效性】右方的下三角按钮，在弹出的下拉列表中选择【数据有效性】命令，弹出【数据有效性】对话框，在【允许】下选择【序列】选项，在【来源】下方输入"电子设备,房屋建筑物,机器设备,运输工具"，输入完毕后单击【确定】按钮，如图 8-32 所示。最后将其格式复制到 B4:B12 单元格区域内。

图 8-32　类别的设置

步骤 3：残值的公式设置。选中单元格 K3，在其中输入公式"=H3*J3"，如图 8-33 所示。

图 8-33　残值的公式设置

步骤 4：月折旧额的公式设置(本例题中用年限平均法计算折旧额)。选中单元格 L3，在其中输入公式"=SLN(H3,K3,I3*12)"，输入完毕后按【Enter】键确认，如图 8-34 所示。将光标放在 L3 单元格的右下方，当光标变为"十"字状时按住鼠标左键向下拖动，将其复制到L4:L12 单元格区域内。

图 8-34　月折旧额的公式计算

步骤 5：累积折旧额单元格公式的设置。选中单元格 M3，在单元格中输入所涉及的 IF 函数、DATEDIF 函数组合公式，即在累积折旧额项下输入公式"=IF(DATEDIF(E3,TODAY(),"M")>=(I3*12),H3−K3,DATEDIF(E3,TODAY(),"M")*L3)"，如图 8-35 所示。公式设置完毕之后，将光标放在 M3 单元格的右下方，当光标变为"十"字状时按住鼠标左键向下拖动，将其复制到M4:M12 单元格区域内。

图 8-35　累积折旧额的公式设置

步骤 6：净值公式的设置。在单元格 N3 中输入公式"=H3−M3"，输入完毕后按【Enter】键确认，如图 8-36 所示。

图 8-36　净值公式的设置

步骤 7：录入固定资产资料。一种方式是直接在单元格中添加固定资产各个项目数据；另一种方式是添加固定资产记录单，单击左上角【自定义快速访问工具栏】的下三角按钮，从下拉列表中选择【其他命令】选项，在弹出的【Excel 选项】对话框中【从下列位置选择命令】中选择【不在功能区中的命令】，找到并选中【记录单】选项，单击中间的【添加(A)】按钮进行记录单功能的添加，如图 8-37 所示。将光标放在"固定资产管理表"区域内，选中单元格 A4 后，单击左上角出现的【记录单】命令，该记录单将弹出。如图 8-38 所示，该记录单中内容将按照"固定资产管理表"中设置的各项内容逐一列示。使用者可通过记录单的【上一条】或【下一条】，对已存在的内容进行修改。也可以通过记录单新增固定资产，同时，表中的内容也将根据记录单的变动而变动。

图 8-37 添加记录单图

图 8-38 记录单内容的填写

8.2.3 固定资产折旧

固定资产折旧是对固定资产由于磨损和损耗而转移到成本费用中去的那一部分价值的补偿。固定资产磨损和损耗包括固定资产的有形损耗和无形损耗。其中，有形损耗又分为实物损耗和自然损耗。固定资产的实物损耗是指固定资产在使用过程中其实物形态由于运转磨损等原因发生的损耗。固定资产的自然损耗是指固定资产受自然条件的影响发生的腐蚀性损失。固定资产的无形损耗是指固定资产在使用过程中由于技术进步等非实物磨损、非自然损耗等原因发生的价值损失。

固定资产通过折旧的方式可以将其损耗转移到期间费用及产品的成本中去，有利于企业正确计算损益和准确核算产品的成本，提高固定资产的使用效果。计提固定资产折旧的方式主要有：年限平均法、双倍余额递减法和年数总和法。

(1) 年限平均法：年限平均法又称直线法，是指将固定资产的应计折旧额均衡地分摊到固定资产预计使用寿命内的一种方法。采用这种方法计算的每期折旧额均相等。

(2) 双倍余额递减法：是用年限平均法折旧率的两倍作为固定的折旧率乘以逐年递减的固定资产期初净值，得出各年应提折旧额的方法。

(3) 年数总和法：年数总和法也叫年限积数法，是以计算折旧当年年初固定资产尚可使用年数做分子，以各年年初固定资产尚可使用年数的总和做分母，分别确定各年折旧率，然后用各年折旧率乘以应提折旧总额，计算每年折旧的一种方法。

现用同一个例题来讲解不同折旧方法的应用。例如：某企业有一台离心机原值 200,000元，净残值 10,000，使用年限 5 年，分别用三种方法来计提该离心机每年的折旧额。

1．年限平均法

数学表达式：

年折旧率 = (1 − 预计净残值率)÷预计使用寿命(年) × 100%

月折旧率 = 年折旧率 ÷ 12

月折旧额 = 固定资产原值 × 月折旧率

函数表达式：固定资产每期折旧额=SLN(原值，净残值，折旧期限)

选中单元格 C3，在其中输入公式"=SLN($A$2,$B$2,$C$2)"，输入完毕后按【Enter】键确认。将光标放在 C3 单元格的右下方，当光标变为"十"字状时按住鼠标左键向下拖动，将其复制到C4:C7 单元格区域内，如图 8-39 所示。

	A	B	C	D
	C3		ƒx	=SLN($A$2, $B$2, $C$2)
1	资产原值	资产净残值	使用年限	
2	200000	10000	5	
3			¥38,000.00	
4			2	¥38,000.00
5	年份	3	¥38,000.00	
6			4	¥38,000.00
7			5	¥38,000.00

图 8-39　年限平均法计提折旧

2．双倍余额递减法

数学表达式：

年折旧率 = 2/预计的折旧年限 × 100%

月折旧率 = 年折旧率/12

月折旧额 = 固定资产账面净值 × 月折旧率

后两年采用直线法：年折旧额 = 固定资产账面净值/2

函数表达式：固定资产每期折旧额 = DDB(原值，净残值，使用年限，计算折旧的期间)

选中单元格 C3，在其中输入公式"=DDB($A$2,$B$2,$C$2,B3)"，输入完毕后按

【Enter】键确认。将光标放在 C3 单元格的右下方，当光标变为"十"字状时按住鼠标左键向下拖动，将其复制到C4:C5 单元格内，如图 8-40 所示。

图 8-40 双倍余额递减法前 N-2 年每年折旧计提

这里需要注意的是：采用双倍余额递减法计提折旧，后两年折旧额的计算不能继续应用原公式，而是将剩余固定资产的账面净值在剩余的两年内平摊，否则会导致折旧永远计提不尽的情况发生。继续上面的例题，选中单元格 C6，在其中输入公式"=($A$2-$B$2-$C$3-$C$4-$C$5)/2"，输入完毕后按【Enter】键确认。将光标放在 C6 单元格的右下方，当光标变为"十"字状时按住鼠标左键向下拖动，将其复制到C6:C7 单元格内，如图8-41 所示。

图 8-41 双倍余额递减法后两年折旧计提

3．年数总和法

数学表达式：

年折旧率 = 尚可使用年数/预计使用年限的年数总和

月折旧率 = 年折旧率/12

月折旧额 = (固定资产原价 - 预计净残值) × 月折旧率

函数表达式：固定资产每期折旧额 = SYD(原值，净残值，使用年限，计提折旧的期间)

选中单元格 C3，在其中输入公式"=SYD($A$2,$B$2,$C$2,B3)"，输入完毕后按【Enter】键确认。将光标放在 C3 单元格的右下方，当光标变为"十"字状时按住鼠标左键向下拖动，将其复制到C4:C7 单元格区域内，如图 8-42 所示。

图 8-42 年数总和法计提折旧

8.2.4 固定资产清理

固定资产清理是指固定资产的报废和出售，以及对因各种不可抗力的自然灾害而遭到损坏或损失的固定资产所进行的清理工作。对于已经清理的固定资产，企业仍需要设置表格单独登记，以便于反映资产的来龙去脉，避免资产无账可查情况的发生。

固定资产清理的程序：

- ✧ 使用单位提出申请，填写固定资产清理申请表，提交有关部门审批。
- ✧ 设备主管部门审核、确认。
- ✧ 主管领导审批。
- ✧ 清理固定资产，处理残值。
- ✧ 财务部门复核，并进行账务处理。
- ✧ 总经理办公会批准。
- ✧ 财务部门核销该资产。

下面讲解如何创建固定资产清理表格。

步骤 1：参照“固定资产管理表”建立表格框架，标题行分别是：“编号”、“名称”、“采购日期”、“原值”、“使用年限”、“累积折旧额”、“净值”、“减少日期”、“减少原因”，如图 8-43 所示。

	A	B	C	D	E	F	G	H	I
1	固定资产清理表								
2	编号	名称	采购日期	原值	使用年限	累积折旧额	净值	减少日期	减少原因
3									
4									
5									
6									
7									
8									
9									
10									
11									
12									

图 8-43　固定资产清理表

步骤 2：运用 IF、VLOOKUP 函数引用固定资产管理表的相关数据，选中名称的单元格 B3，在单元格输入公式“=IF(ISERROR(VLOOKUP(A3,固定资产管理表!$A$3:$N$12,3)),"",VLOOKUP(A3,固定资产管理表!$A$3:$N$12,3))”，输入完毕后按【Enter】键确认。例如：在单元格 B3 输入代码 0001 时，单元格 B3 名称处自动出现固定资产名称为“电脑”，如图 8-44 所示。以同样的方式在 D3:G3 单元格中分别输入公式“=IF(ISERROR(VLOOKUP(A3,固定资产管理表!$A$3:$N$12,8)),"",VLOOKUP($$,固定资产管理表!$A$3:$N$12,8))”、“=IF(ISERROR(VLOOKUP(A3,固定资产管理表!$A$3:$N$12,9)),"",VLOOKUP(A3,固定资产管理表!$A$3:$N$12,9))”、“=IF(ISERROR(VLOOKUP(A3,固定资产管理表!$A$3:$N$12,13)),"",VLOOKUP(A3,固定资产管理表!$A$3:$N$12,13))”、“=IF(ISERROR(VLOOKUP(A3,固定资产管理表!$A$3:$N$12,14)),"",VLOOKUP(A3,固定资产管理表!$A$3:$N$12,14))”。录入编号“0001”则名称、原值、使用年限、累积折旧额、净值会自动带出，同时录入采购日期、减少日期、减少原因，完整的固定资产清理表创建完毕，如图 8-45 所示。

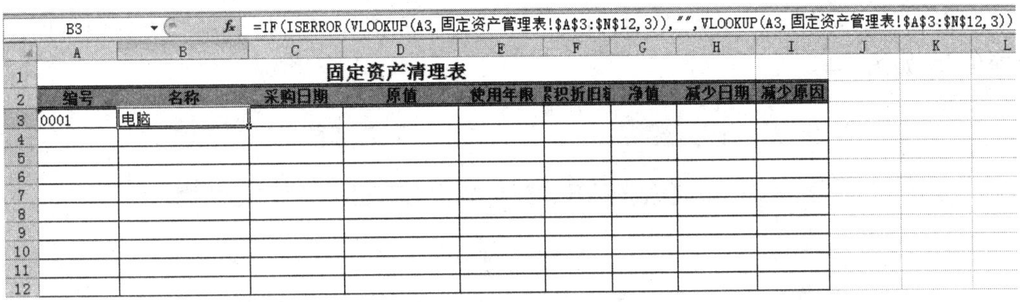

图 8-44　录入编号自动显示名称

图 8-45　固定资产清理表效果图

8.2.5　建立固定资产管理图表

在企业的固定资产管理工作中仅仅创建固定资产管理的各种表格是不够的，还需要对企业的各类固定资产资金占用情况、折旧情况等进行综合分析，建立更加直观的数据图表。下面通过创建数据透视表及数据透视图的方式对企业固定资产的情况进行分析。

以"固定资产管理表"为基础创建透视表。

步骤 1：单击【插入】/【表格】组中【数据透视表】右方的下三角按钮，选择【数据透视表】命令，在弹出的【创建数据透视表】对话框【表/区域(T)：】后边空白处输入"固定资产管理表!$A$2:$O$12"，选择【存放数据表区域位置】为【新工作表】，如图 8-46所示。

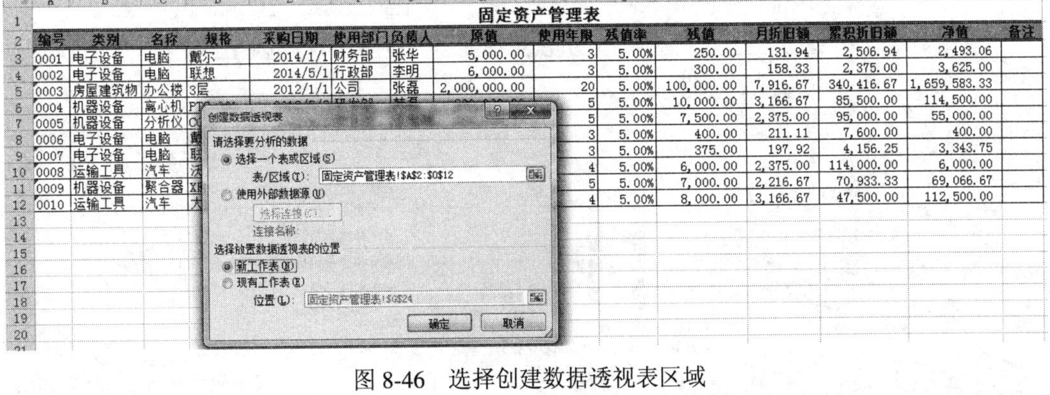

图 8-46　选择创建数据透视表区域

步骤 2：接步骤 1，单击【确定】按钮，在弹出的【数据透视表字段列表】中选择要

179

添加到报表的行标签为“类别”，求和项分别选择“原值”、“月折旧额”、“累积折旧额”、“净值”，如图 8-47。

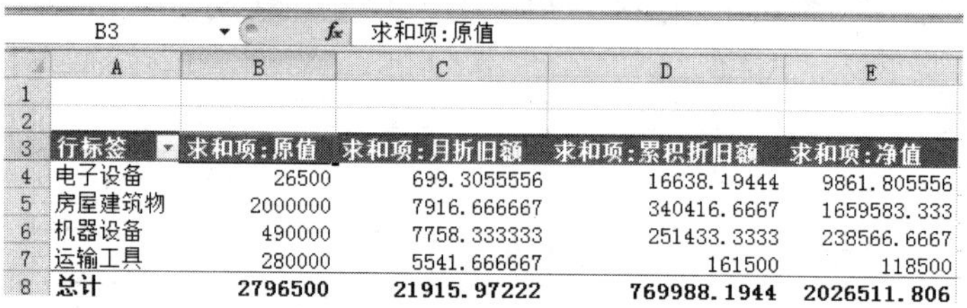

B3
求和项:原值
行标签
求和项:原值
求和项:月折旧额
求和项:累积折旧额
求和项:净值
电子设备 26500 699.3055556 16638.19444 9861.805556
房屋建筑物 2000000 7916.666667 340416.6667 1659583.333
机器设备 490000 7758.333333 251433.3333 238566.6667
运输工具 280000 5541.666667 161500 118500
总计 2796500 21915.97222 769988.1944 2026511.806

图 8-47　添加透视表数据

步骤 3：创建数据透视图。单击【插入】/【表格】组中【数据透视表】右方的下三角按钮，选择【数据透视图】命令，在弹出的【创建数据透视表及透视图】对话框中的【表/区域(T):】后边输入“固定资产管理表!$A$2:$O$12”，选择【存放数据表区域位置】为【新工作表】，如图 8-48 所示。

A2
=IF(DATEDIF(E3,TODAY(),"M")>=(I3*12),H3-K3,DATEDIF(E3,TODAY(),"M")*L3)
固定资产管理表
编号 类别 名称 规格 采购日期 使用部门 负责人 原值 使用年限 残值率 残值 月折旧额 累积折旧额 净值 备注
创建数据透视表及数据透视图
请选择要分析的数据
选择一个表或区域(S)
表/区域(T):
使用外部数据源(U)
选择连接(C)...
连接名称
选择放置数据透视表及数据透视图的位置
新工作表(N)
现有工作表(E)
位置(L):
确定
取消

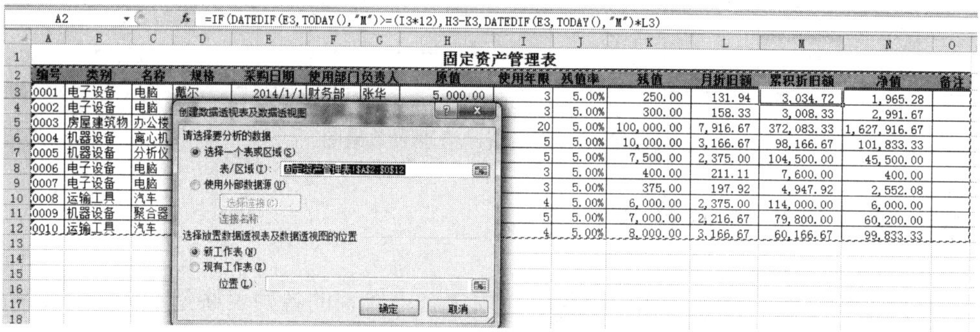

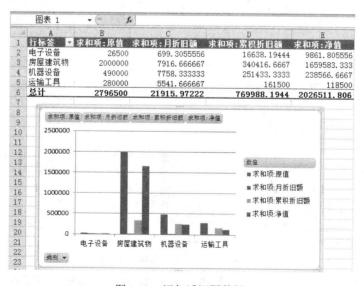

图 8-48　选择创建数据透视图区域

步骤 4：接步骤 3，单击【确定】按钮，在弹出的【数据透视表字段列表】中选择要添加到报表的行标签为“类别”，求和项分别选择“原值”、“月折旧额”、“累积折旧额”、“净值”，如图 8-49 所示。

图表 1
行标签
求和项:原值
求和项:月折旧额
求和项:累积折旧额
求和项:净值
电子设备 26500 699.3055556 16638.19444 9861.805556
房屋建筑物 2000000 7916.666667 340416.6667 1659583.333
机器设备 490000 7758.333333 251433.3333 238566.6667
运输工具 280000 5541.666667 161500 118500
总计 2796500 21915.97222 769988.1944 2026511.806
2500000
2000000
1500000
1000000
500000
0
电子设备
房屋建筑物
机器设备
运输工具
数值
求和项:原值
求和项:月折旧额
求和项:累积折旧额
求和项:净值
类别

图 8-49　添加透视图数据

步骤 5：在值字段按钮上单击鼠标右键，在弹出的快捷菜单中选择【隐藏图表上的所有字段按钮】命令，如图 8-50 所示。

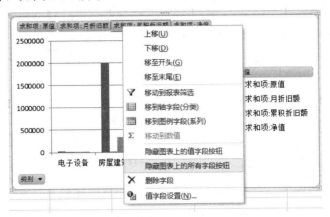

图 8-50　隐藏字段

步骤 6：为图表添加标题。单击【布局】/【标签】组中【图表标题】下方的下三角按钮，选择【图表上方】，输入标题"固定资产分析表"，如图 8-51 所示。

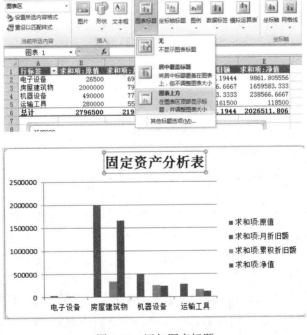

图 8-51　添加图表标题

步骤 7：图表类型及图表背景的设置。将鼠标光标放在图表上，单击右键，选择【更改图表类型】命令，在弹出的【更改图表类型】对话框中选择【簇状柱形图】选项，单击【确定】按钮。单击【布局】/【背景】组中【图表背景墙】下三角按钮，选择【其他背景选项】命令，弹出【设置背景墙格式】对话框，选择自己喜欢的背景图案。最终效果图如图 8-52 所示。

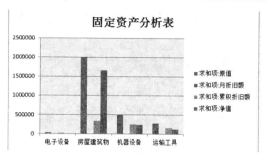

图 8-52 最终效果图

小　结

存货与固定资产均属于企业重要的资产项目。存货核算管理的核心是进销存环节的管理，只有存货管理有序且准确才能保证企业生产经营平稳进行。固定资产的价值在企业的资产中比较高且比重较大，只有对固定资产进行严格管理，才能保证企业资产的安全完整并发挥最大的作用。Excel 的应用正好能够为实现管理目标提供技术支持。

存货的基础资料表、入库表、出库表以及库存管理表四者相结合就是企业进销存的一整套系统，Excel 表的制作也是基于此点，将各个流程予以体现，便于核算管理。

固定资产的管理主要包括固定资产增加、固定资产折旧、固定资产清理三个方面，同时可以通过 Excel 的数据透视表和透视图对不同类别固定资产的原值、月折旧额、累积折旧额、净值进行图示说明，将枯燥数字加以形象直观化。

练　习

一、填空题

1．企业需要创建的存货基础资料表有_____、_____、_____。

2．发出存货的成本计量方法主要有_____、_____、_____、_____四种。

3．设置"名称"公式时，使"代码"输入后"名称"自动显示，所引入的函数有_____、_____、_____。

4．录入固定资产记录，一种方式是直接在单元格中添加固定资产各个项目数据；另一种方式是_____。

二、判断题

1．设置采购人员姓名时，在【来源】下输入"李明，张强，王倩，韩磊，刘刚"。（　　）

2．在【文件】/【选项】/【高级】/【此工作表的显示选项】/【在具有零值的单元格中显示零】处取消勾选，取消勾选后该单元格的零值将不显示。（　　）

3．采用双倍余额递减法计提固定资产折旧，可以一直应用同一个公式。（　　）

4．固定资产管理图表包含数据透视表和数据透视图。（　　）

三、简答题

1．请简述存货入库表包括的项目都有哪些？

2．请列出年限平均法计提折旧的数学表达式和函数表达式。

3．简述固定资产清理的程序。

第9章 员工工资核算管理

本章目标

- 了解员工基本信息表所包含的项目
- 掌握员工基本信息表和当月信息表编制方法
- 熟悉员工工资表的基本格式
- 掌握员工工资明细表的编制方法
- 掌握员工工资水平分析的两种方法

重点难点

重点：
◈ 员工基本信息表的编制
◈ 员工工资明细表的编制
难点：
◈ 员工工资明细表的编制
◈ 频率分布表分析员工工资
◈ 直方图分析员工工资
◈ IF 函数在个人所得税中的应用

在实务中，当企业员工较多或变动频繁时，工资管理是一件相当麻烦的事情，加上人事部门考核制度不断调整或工资浮动，如果手工核算工资，这无疑会增加劳资人员的工作量。本章从财务的角度使用 Excel 软件来高效管理员工的工资信息，非常适合于中小规模企业的工资核算，能帮助中小规模企业切实有效地解决财务管理问题。

9.1 制作员工基本信息表

员工信息表中包含了员工的信息数据，这类数据一般由公司人事部门进行管理，但在计算工资或其他财务管理工作中，很多计算都需要参考员工的基本信息，如员工工作年限、员工的基本工资和员工的出勤情况等，因此为员工建立简单实用的个人档案，将更加有利于财务工作的开展。

在编制员工信息表时，常用的函数有 NOW、YEAR 和 DAYS360。各函数的含义与使用方法如下：

(1) NOW 函数：用于获取当前的系统日期时间，其语法结构为：NOW()。除此之外，还可以使用 TODAY 函数获取当前时间，其使用方法与 NOW 函数相同。

(2) YEAR 函数：用于提取日期的年份，其语法结构为：YEAR(serial_number)，其中 serial_number 是一个日期值，包含要查找的年份。

(3) DAYS360 函数：用于按一年 360 天的算法来返回两个日期间的天数。其语法结构为 DAYS360(start_date,end_date,method)，其中 start_date 和 end_date 用于计算天数的起止日期；method 是一个逻辑值，用于指定时间的计算方法。

9.1.1 制作员工基本信息表

在建立工资系统和制作工资明细表前，首先要建立员工基本档案信息。员工基本信息表用于记录员工的基本信息，一般包括员工代码、员工姓名、性别、所属部门、出生年月、年龄、进入公司时间、工龄、职称及基本工资。

下面通过一个例子阐述员工基本信息表的建立。

步骤 1：打开 Excel 工作簿，新建"员工个人信息表"工作表，在 A1:J1 单元格区域分别输入"员工代码"、"员工姓名"、"性别"、"所属部门"、"出生年月"、"年龄"、"入职时间"、"工龄"、"职称"、"基本工资"。在 A2:A3 单元格区域中输入"YJ0001"、"YJ0002"，然后将光标放在 A2:A3 单元格区域右下角，当光标变为"十"字形状时，向下拖动鼠标完成员工代码的快速添加，然后根据公司的实际情况填充基本数据，如图 9-1 所示。

图 9-1　建立员工基本信息

步骤 2：输入员工性别。在 C 列对应位置输入员工性别，当再次输入时，可从下拉列表中选择。方法为：右键单击单元格，在弹出的快捷菜单中选择【从下拉列表中选择】选项。当选择该选项后，单元格下方会出现一个下拉列表，其中包括之前输入的"男"、"女"选项，从其中选择相应的性别填充单元格，如图9-2所示。

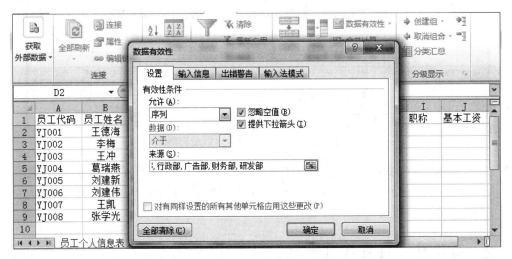

图 9-2　输入员工性别

步骤 3：为部门制作下拉列表填充功能。选取单元格区域 D2:D9，切换到【数据】选项卡，单击【数据有效性】，选择【数据有效性】选项，打开【数据有效性】对话框，选择有效性条件为【序列】，然后在【来源】文本框中输入"技术部,销售部,行政部,广告部,财务部,研发部"，单击【确定】按钮后，就可以从部门下拉列表中选择相应部门快速填充单元格，如图9-3所示。

图 9-3　创建数据下拉列表填充部门

步骤 4：输入员工出生年月，并运用公式计算年龄及工龄。选取单元格 E2:E9，设置为日期格式，并录入员工日期数据。选择 F2 单元格，输入公式"＝RIGHT(YEAR(NOW()−E2),2)"，按【Enter】键根据当期日期计算员工的年龄。选取单元格区域 G2:G9，设置为日期格式，并录入职工入职时间。将光标放在 F2 单元格右下角，当光标变为"十"字形状时，向下拖动鼠标到 F9 单元格后释放鼠标。选择 H2 单元格，输入公式"=TRUNC((DAYS360(G2,TODAY()))/360,0)"，表示根据当期日期计算员工的工龄。将光标放在 H2 单元格右下角，当光标变为"十"字形状时，向下拖动鼠标到 H9 单元格后释放鼠标。最终效果如图9-4所示。

	MOD	▼	× ✔ ƒx	=TRUNC((DAYS360(G2,TODAY()))/360,0)					
	A	B	C	D	E	F	G	H	I	J
1	员工代码	员工姓名	性别	所属部门	出生年月	年龄	入职时间	工龄	职称	基本工资
2	YJ001	王德海	女	技术部	1988-12-20		=TRUNC((DAYS360(G2,TODAY()))/360,0)			
3	YJ002	李梅	男	销售部	1989-2-1	26	2008-	DAYS360(**start_date**, end_date, [method])		
4	YJ003	王冲	男	行政部	1987-11-18	28	2010-11-1	5		
5	YJ004	葛瑞燕	女	广告部	1986-7-16	29	2009-8-1	6		
6	YJ005	刘建新	男	销售部	1987-12-11	27	2008-12-1	7		
7	YJ006	刘建伟	男	销售部	1982-10-14	33	2002-5-1	13		
8	YJ007	王凯	男	财务部	1980-3-15	35	1998-3-1	17		
9	YJ008	张学光	男	研发部	1990-1-26	25	2010-1-2	5		

图 9-4　计算员工年龄和工龄

步骤 5：填充员工的职称和基本工资后，便可以随时在表格中查看员工的信息，便于公司管理与财务运算。为了使员工数据表达更明确、美观，还可设置表格的格式。选择A1:J1 单元格区域，在【开始】/【字体】组中设置其填充颜色和字体样式为【深红】和【白色，背景色 1】，并单击【B】按钮设置字体样式。选择 A1:J10 单元格区域，在【开始】/【字体】组中单击【边框】按钮的下拉按钮，在弹出的下拉列表中选择【其他边框】命令。打开【设置单元格格式】对话框，在【样式】列表框中选择适当的选项，再依次单击【外边框】按钮和【内部】按钮，完成后单击【确定】按钮。返回工作表中可看到设置后的表格样式，完成效果如图 9-5 所示。

	E9	▼	ƒx	1990-1-26					
	A	B	C	D	E	F	G	H	I	J
1	员工代码	员工姓名	性别	所属部门	出生年月	年龄	入职时间	工龄	职称	基本工资
2	YJ001	王德海	女	技术部	1988-12-20	26	2007-8-1	8	技术员	2500
3	YJ002	李梅	男	销售部	1989-2-1	26	2008-8-1	7	销售经理	3000
4	YJ003	王冲	男	行政部	1987-11-18	27	2010-11-1	4	后勤	2000
5	YJ004	葛瑞燕	女	广告部	1986-7-16	29	2009-8-1	6	技术员	2500
6	YJ005	刘建新	男	销售部	1987-12-11	27	2008-12-1	6	部门经理	3200
7	YJ006	刘建伟	男	销售部	1982-10-14	32	2002-5-1	13	行政主管	3200
8	YJ007	王凯	男	财务部	1980-3-15	35	1998-3-1	17	财务主管	3500
9	YJ008	张学光	男	研发部	1990-1-26	25	2010-1-2	5	研究人员	3000

员工个人信息表 ╱ Sheet2 ╱ Sheet3 ╱

图 9-5　完善和美化员工基本信息表格式

注意　在设定有效性下拉列表参数时要注意的问题：在设定数据有效性下拉列表中的参数时，在"来源"文本框中输入的每个下拉列表中的选择项目间的分隔符号必须使用英文输入状态下的逗号，否则就不能生成有效的下拉列表。

9.1.2　制作员工当月信息表

员工当月信息表主要用于记录员工当月的出勤情况，包括员工迟到、事假及病假等记录，是工资表的重要组成部分。为了更方便计算员工的工资，可将这些信息创建在一张表格中，并可根据实际情况进行修改，便于以后其他工作表调用这些数据。

本节阐述建立员工当月信息表，用于记录员工当月的基本信息，其中员工的编号、姓名及部门等信息可直接调用已经做好的"员工个人信息表"的数据，然后再根据当月的实际情况填充员工的其他信息。

步骤 1：将工作表 Sheet2 重命名为"员工当月信息表"，在 A1 单元格中输入表格标题"员工当月信息表"，在 A2:F2 单元格中分别输入表格字段名称，并设置表格的样式，如图 9-6 所示。

图 9-6 设置表格样式

步骤 2：在"员工当月信息表"工作表中输入员工代码，选择 B3 单元格，输入公式 "=VLOOKUP(A3,员工个人信息表!A2:C9,2,0)"，按【Enter】键自动获取员工的姓名。将光标放在 B3 单元格的右下角，当光标变为"十"字形状时，按住鼠标左键不放，向下拖动鼠标到 B10 单元格，释放鼠标，完成 B 列中其他单元格的复制，如图 9-7 所示。

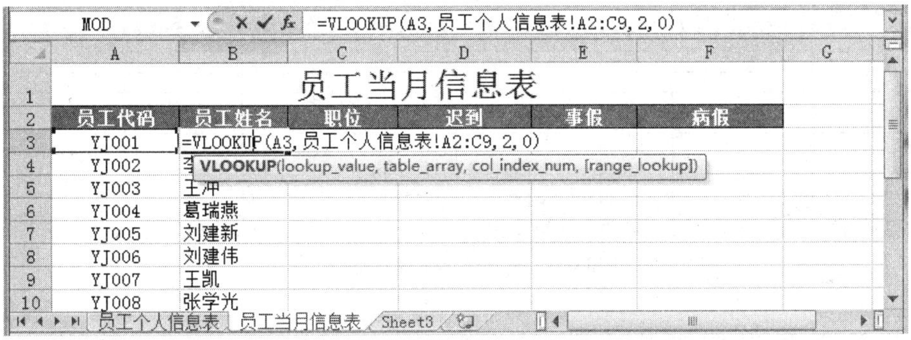

图 9-7 添加员工姓名

步骤 3：选择 C3 单元格，输入公式 "=VLOOKUP(A3,员工个人信息表!A2:I9,9,0)"，按【Enter】键获得员工的职务，然后再通过控制柄复制并填充所有员工的职务。根据本月员工的实际情况填充其他单元格的数据，然后在【开始】/【字体】组中单击【边框】按钮右侧的下拉按钮，在弹出的下拉列表中选择【所有框线】选项，为表格应用边框，如图 9-8 所示。

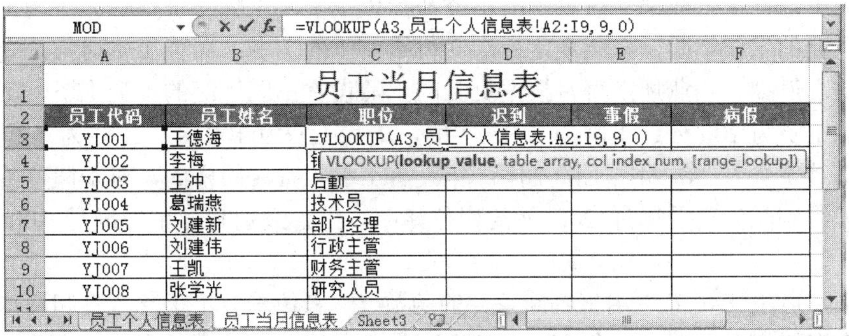

图 9-8 填充员工职务

9.2　制作员工工资明细表

工资管理与企业发展有着密切的联系，通常需要先由企业制定具体的工资制度，然后制定员工工资发放标准，并由财务人员根据具体情况对员工工资进行核算，将得到的数据进行整理，并制定成工资条发放给员工，最后再将这些数据进行妥善保管。

9.2.1　员工工资明细表的基本格式

通常情况下，企业有不同的工资计算方式，但总的来说主要有基本工资加绩效工资、计时工资、计件工资等。无论企业采用哪一种工资核算方式，工资中除了相对固定的基本工资外，根据各自的实际情况还会增设工龄工资、岗位工资以及绩效工资等。因此，员工工资明细表主要组成部分包括基本工资、岗位工资、工龄工资、绩效工资、全勤工资、扣款事项、代扣社保和公积金等模块。其基本格式如图 9-9 所示。

图 9-9　员工工资明细表格式

9.2.2　员工工资明细表的编制

编制员工工资明细表是财务工作的一个重要组成部分。不同的企业因自身业务和实际情况不同，工资核算方法也不同。即使是在同一家企业，也因员工的工作岗位不同，工资的计算方法也不。

1. 工龄工资和岗位工资

在实务中，许多企业都会设有工龄工资和岗位工资。工龄工资也称为年功工资，是根据员工在企业的工作年限，按照规定标准支付给员工的工资。岗位工资通常是企业对一些职务的补贴。例如，企业规定每月根据员工的工龄设置不同等级的工龄工资，工龄大于 5 年的，工龄工资为 200 元；工龄为 3～5 年的，工龄工资为 100 元；工龄为 1 年以上 3 年以下的，工龄工资为 50 元；工龄不满一年没有工龄工资。同样的，对于岗位工资，企业规定，经理级别职务享受每月 200 元的岗位津贴，主管级别职务享受每月 100 元的岗位津贴。

接下来，运用 Excel 中用来判断条件的函数 IF 来计算员工工龄工资和岗位工资。选中"员工工资明细表"中 D4 单元格，输入公式"=IF(OR(员工个人信息表!I2="部门经理",

员工个人信息表!I2="销售经理"),200,IF(OR(员工个人信息表!I2="行政主管",员工个人信息表!I2="财务主管"),100,0))”。选中 F4 单元格，输入公式“=IF(员工个人信息表!H2<1,0,IF(员工个人信息表!H2<3,50,IF(员工个人信息表!H2<5,100,200)))”分别计算员工的岗位工资和工龄工资。全部员工岗位工资和工龄工资计算结果如图 9-10 所示。

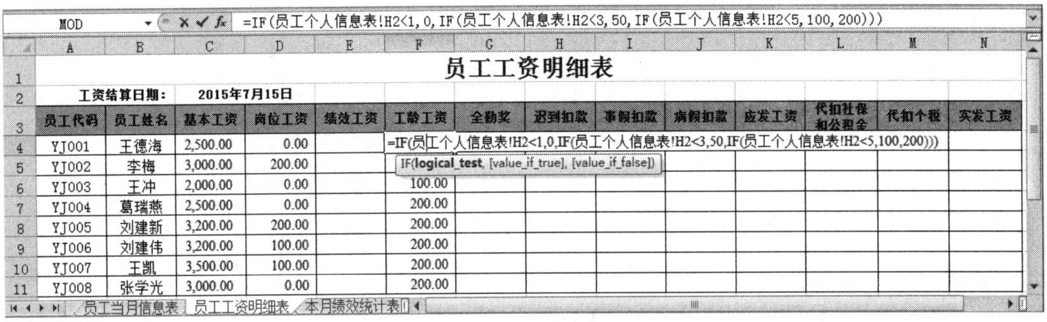
MOD　=IF(员工个人信息表!H2<1, 0, IF(员工个人信息表!H2<3, 50, IF(员工个人信息表!H2<5, 100, 200)))

	A	B	C	D	E	F	G	H	I	J	K	L	M	N
1	员工工资明细表													
2	工资结算日期：		2015年7月15日											
3	员工代码	员工姓名	基本工资	岗位工资	绩效工资	工龄工资	全勤奖	迟到扣款	事假扣款	病假扣款	应发工资	代扣社保和公积金	代扣个税	实发工资
4	YJ001	王德海	2,500.00	0.00		=IF(员工个人信息表!H2<1,0,IF(员工个人信息表!H2<3,50,IF(员工个人信息表!H2<5,100,200)))								
5	YJ002	李梅	3,000.00	200.00		IF(logical_test, [value_if_true], [value_if_false])								
6	YJ003	王冲	2,000.00	0.00		100.00								
7	YJ004	葛瑞燕	2,500.00	0.00		200.00								
8	YJ005	刘建新	3,200.00	200.00		200.00								
9	YJ006	刘建伟	3,200.00	100.00		200.00								
10	YJ007	王凯	3,500.00	100.00		200.00								
11	YJ008	张学光	3,000.00	0.00		200.00								

员工当月信息表　员工工资明细表　本月绩效统计表

图 9-10　员工岗位工资和工龄工资的计算

2．绩效工资

在实际工作中，除了计时和计件工资外，对于诸如销售、行政等工作岗位工资的制定，基本工资通常用作保底工资，当员工达到最低的工作要求时，享受基本工资。这些岗位员工工资的一个重要组成部分就是绩效工资，绩效工资是通过对员工每月所取得的销售业绩或工作情况做一个量化指标，然后根据企业制定的政策计算出员工当月应得到的绩效工资。

本例中，假定该公司员工全部都有销售额，其当月销售额如图 9-11 所示。公司规定：销售额大于等于 10 万为 A 级，绩效系数为 0.08；销售额大于等于 5 万且小于 10 万为 B 级，绩效系数为 0.05；销售额大于等于 2 万且小于 5 万为 C 级，绩效系数为 0.03；销售额大于等于 5,000 且小于 2 万为 D 级，系数为 0.02。根据假设，不同业务的提成比例(绩效系数)各不相同，应根据员工销售额和提成比例计算出员工当月应得的绩效工资。

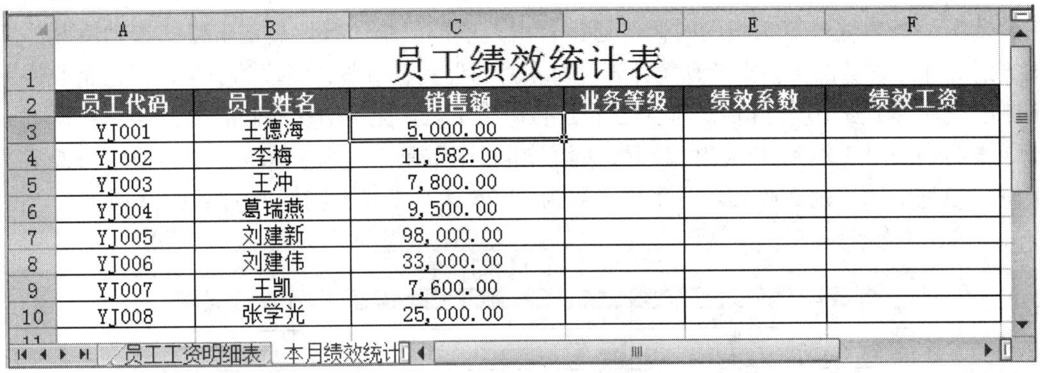

	A	B	C	D	E	F
1	员工绩效统计表					
2	员工代码	员工姓名	销售额	业务等级	绩效系数	绩效工资
3	YJ001	王德海	5,000.00			
4	YJ002	李梅	11,582.00			
5	YJ003	王冲	7,800.00			
6	YJ004	葛瑞燕	9,500.00			
7	YJ005	刘建新	98,000.00			
8	YJ006	刘建伟	33,000.00			
9	YJ007	王凯	7,600.00			
10	YJ008	张学光	25,000.00			

员工工资明细表　本月绩效统计

图 9-11　员工绩效统计表

步骤 1：打开“本月绩效统计表”，选中 D3:D10 区域，输入公式“=LOOKUP(C3,{5000;20000;50000;100000},{"D";"C";"B";"A"})”，按【Ctrl+Enter】组合键，划分等级。在 E3 中输入公式“=IF(D3="D",0.02,IF(D3="C",0.03,IF(D3="B",0.05,0.08)))”，根据业务等级计算绩效工资系数。然后，在单元格 F3 中输入公式“=C3*E3”，

按【Enter】键后，向下复制公式，计算出每位员工的绩效工资，如图 9-12 所示。

E3 =IF(D3="D",0.02,IF(D3="C",0.03,IF(D3="B",0.05,0.08)))

	A	B	C	D	E	F
1	员工绩效统计表					
2	员工代码	员工姓名	销售额	业务等级	绩效系数	绩效工资
3	YJ001	王德海	5,000.00	D	0.02	100.00
4	YJ002	李梅	11,582.00	D	0.02	231.64
5	YJ003	王冲	7,800.00	D	0.02	156.00
6	YJ004	葛瑞燕	9,500.00	D	0.02	190.00
7	YJ005	刘建新	98,000.00	B	0.05	4,900.00
8	YJ006	刘建伟	33,000.00	C	0.03	990.00
9	YJ007	王凯	7,600.00	D	0.02	152.00
10	YJ008	张学光	25,000.00	C	0.03	750.00

员工工资明细表 / 本月绩效统计

图 9-12　计算“本月绩效统计表”中员工绩效工资

步骤 2：切换到“员工工资明细表”工作表，在 E4 单元格中输入公式“=VLOOKUP(A4,本月绩效统计表!A3:F10,6)”，计算出当月员工绩效工资。将光标移动到 E4 单元格的右下角，当其变为“十”字形状时，向下拖动鼠标，复制公式至 E11 单元格，快速计算出其他员工的绩效工资，如图 9-13 所示。

MOD =VLOOKUP(A4,本月绩效统计表!A3:F10,6)

	A	B	C	D	E	F	G	H	I	J	K	L	M
3	员工代码	员工姓名	基本工资	岗位工资	绩效工资	工龄工资	全勤奖	迟到扣款	事假扣款	病假扣款	应发工资	代扣社保和公积金	代扣个
4	YJ001	王德海	2,500.00	0.00	=VLOOKUP(A4,本月绩效统计表!A3:F10,6)								
5	YJ002	李梅	3,000.00	200.00	231.64	200.00							
6	YJ003	王冲	2,000.00	0.00	156.00	100.00							
7	YJ004	葛瑞燕	2,500.00	0.00	190.00	200.00							
8	YJ005	刘建新	3,200.00	200.00	4,900.00	200.00							
9	YJ006	刘建伟	3,200.00	100.00	990.00	200.00							
10	YJ007	王凯	3,500.00	100.00	152.00	200.00							
11	YJ008	张学光	3,000.00	0.00	750.00	200.00							

VLOOKUP(lookup_value, table_array, col_index_num, [range_lookup])

员工工资明细表 / 本月绩效统计表 / 社会保险

图 9-13　计算“员工工资明细表”中员工绩效工资

3．员工全勤奖、迟到扣款、事假扣款和病假扣款

企业为了监督员工上下班情况，一般都实行上下班打卡制，用来准确记录员工每天的考勤情况。当月底核算工资的时候，通常会由人事部门统计每位员工当月的考勤情况并汇报给财务部，财务部再根据考勤统计表，对本月的迟到、事假、病假的员工，根据企业的考勤制度在本月工资中进行扣款。而对于员工按时上下班，无事假和病假的员工给予奖励。

本例企业员工迟到 1 次扣 20 元；病假扣除当天基本工资的 30%；事假扣除当天基本工资；当月全勤奖励 200 元。月平均天数为 21.75 天。本月考勤情况如图 9-14 所示。

	A	B	C	D	E	F
1	员工当月信息表					
2	员工代码	员工姓名	职位	迟到	事假	病假
3	YJ001	王德海	技术员	1		
4	YJ002	李梅	销售经理		1	
5	YJ003	王冲	后勤	2		
6	YJ004	葛瑞燕	技术员			1
7	YJ005	刘建新	部门经理	2		
8	YJ006	刘建伟	行政主管		1	
9	YJ007	王凯	财务主管			
10	YJ008	张学光	研究人员			

员工个人信息表 / 员工当月信息表 / 员工工资明细表 / 本月绩效统计表

图 9-14　员工当月考勤情况

切换到“员工工资明细表”，在单元格 G4 中输入公式“=IF(AND(员工当月信息表!D3=0,员工当月信息表!E3=0,员工当月信息表!F3=0),200,0)”，计算出员工的全勤奖金，使用拖动控制柄的方法计算出其他员工的全勤奖。在 H4 单元格中输入公式“=员工当月信息表!D3*20”，计算员工的迟到扣款，然后使用拖动鼠标的方法复制公式计算其他员工的迟到扣款。在 I4 单元格中输入公式“=C4/21.75*员工当月信息表!E3”，计算出员工的事假扣款，然后再使用拖动控制柄的方法计算出其他员工的事假扣款。在 J4 单元格中输入公式“=C4/21.75*0.3*员工当月信息表!F3”，计算出员工病假扣款，然后再使用拖动控制柄的方法计算出其他员工的病假扣款。最终效果如图 9-15 所示。

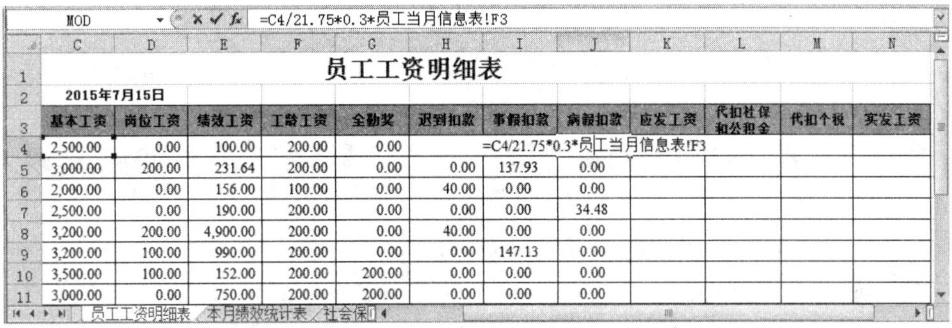
MOD　=C4/21.75*0.3*员工当月信息表!F3

员工工资明细表

2015年7月15日

基本工资	岗位工资	绩效工资	工龄工资	全勤奖	迟到扣款	事假扣款	病假扣款	应发工资	代扣社保和公积金	代扣个税	实发工资
2,500.00	0.00	100.00	200.00	0.00	=C4/21.75*0.3*员工当月信息表!F3						
3,000.00	200.00	231.64	200.00	0.00	0.00	137.93	0.00				
2,000.00	0.00	156.00	100.00	0.00	40.00	0.00	0.00				
2,500.00	0.00	190.00	200.00	0.00	0.00	0.00	34.48				
3,200.00	200.00	4,900.00	200.00	0.00	40.00	0.00	0.00				
3,200.00	100.00	990.00	200.00	0.00	0.00	147.13	0.00				
3,500.00	100.00	152.00	200.00	200.00	0.00	0.00	0.00				
3,000.00	0.00	750.00	200.00	200.00	0.00	0.00	0.00				

员工工资明细表 / 本月绩效统计表 / 社会保

图 9-15　计算员工出勤工资

4．代扣社会保险

为了保障员工的利益，企业或员工都需要购买社会劳动保障金。社会劳动保障金包括“五险”，即养老保险、医疗保险、生育保险、失业保险和工伤保险。社会保险由企业和员工共同承担，各自分摊一定比例的费用。公司员工购买社会保险时，每月的缴费标准是职工月缴费基数与现行缴费比例的乘积。在核算员工工资时，个人承担的部分通常从员工每月的工资中扣除。

目前，全国各个省市和地区社保单位缴费比例并不统一。某地区各项缴费标准占缴费工资的比例如表 9-1 所示。

表 9-1　某地区社会劳动保障金缴费标准

险种	养老保险	医疗保险	生育保险	失业保险	工伤保险(分行业)
单位缴费比例	18%	9%	1%	1%	0.7%，1.2%，1.9%
个人缴费比例	8%	2%		0.5%	
合计	28%	10%	1%	3%	

假设本例中员工的计费基数为 2134 元，则单位缴纳和个人缴纳的明细如图 9-16 所示。

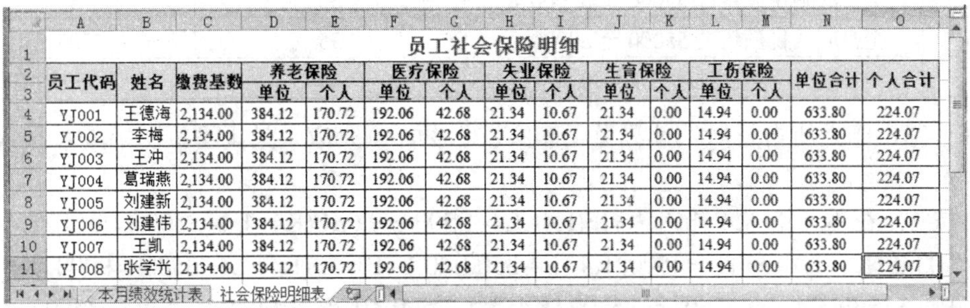
员工社会保险明细

员工代码	姓名	缴费基数	养老保险		医疗保险		失业保险		生育保险		工伤保险		单位合计	个人合计
			单位	个人	单位	个人	单位	个人	单位	个人	单位	个人		
YJ001	王德海	2,134.00	384.12	170.72	192.06	42.68	21.34	10.67	21.34	0.00	14.94	0.00	633.80	224.07
YJ002	李梅	2,134.00	384.12	170.72	192.06	42.68	21.34	10.67	21.34	0.00	14.94	0.00	633.80	224.07
YJ003	王冲	2,134.00	384.12	170.72	192.06	42.68	21.34	10.67	21.34	0.00	14.94	0.00	633.80	224.07
YJ004	葛瑞燕	2,134.00	384.12	170.72	192.06	42.68	21.34	10.67	21.34	0.00	14.94	0.00	633.80	224.07
YJ005	刘建新	2,134.00	384.12	170.72	192.06	42.68	21.34	10.67	21.34	0.00	14.94	0.00	633.80	224.07
YJ006	刘建伟	2,134.00	384.12	170.72	192.06	42.68	21.34	10.67	21.34	0.00	14.94	0.00	633.80	224.07
YJ007	王凯	2,134.00	384.12	170.72	192.06	42.68	21.34	10.67	21.34	0.00	14.94	0.00	633.80	224.07
YJ008	张学光	2,134.00	384.12	170.72	192.06	42.68	21.34	10.67	21.34	0.00	14.94	0.00	633.80	224.07

本月绩效统计表 / 社会保险明细表

图 9-16　员工社会保险明细

下面运用“社会保险明细”工作表的数据资料，编制“员工工资明细表”的相关数据。

步骤 1：输入公式计算出员工代扣的社会保险后，在单元格 K4 中输入公式“=SUM(C4:G4)-SUM(H4:J4)”，计算出员工的应发工资，将光标移动到 K4 单元格的右下角，当其变为“十”字形状时，向下拖动鼠标，复制公式至 K5:K11 单元格区域，快速计算出其他员工应发工资。

步骤 2：单击“员工工资明细表”工作表，在单元格 L4 中输入公式“=VLOOKUP(A4,社会保险明细表!A4:O11,15)”，计算出员工代扣的社会保险。将光标移动到 L4 单元格的右下角，当其变为“十”字形状时，向下拖动鼠标，复制公式至 L5:L11 单元格区域，快速计算出其他员工的代扣社会保险。最终效果如图 9-17 所示。

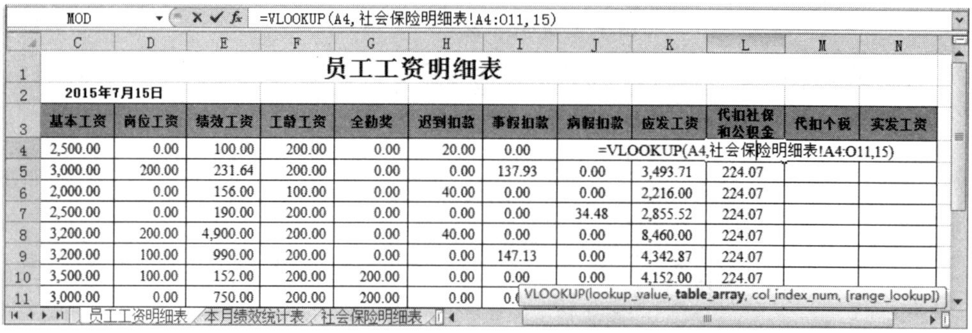
MOD =VLOOKUP(A4,社会保险明细表!A4:O11,15)

	C	D	E	F	G	H	I	J	K	L	M	N
1	员工工资明细表											
2	2015年7月15日											
3	基本工资	岗位工资	绩效工资	工龄工资	全勤奖	迟到扣款	事假扣款	病假扣款	应发工资	代扣社保和公积金	代扣个税	实发工资
4	2,500.00	0.00	100.00	200.00	0.00	20.00	0.00	=VLOOKUP(A4,社会保险明细表!A4:O11,15)				
5	3,000.00	200.00	231.64	200.00	0.00	0.00	137.93	0.00	3,493.71	224.07		
6	2,000.00	0.00	156.00	100.00	0.00	40.00	0.00	0.00	2,216.00	224.07		
7	2,500.00	0.00	190.00	200.00	0.00	0.00	0.00	34.48	2,855.52	224.07		
8	3,200.00	200.00	4,900.00	200.00	0.00	40.00	0.00	0.00	8,460.00	224.07		
9	3,200.00	100.00	990.00	200.00	0.00	0.00	147.13	0.00	4,342.87	224.07		
10	3,500.00	100.00	152.00	200.00	200.00	0.00	0.00	0.00	4,152.00	224.07		
11	3,000.00	0.00	750.00	200.00	200.00	0.00	0.0	VLOOKUP(lookup_value, table_array, col_index_num, [range_lookup])				

员工工资明细表 / 本月绩效统计表 / 社会保险明细表

图 9-17　计算员工应发工资和代扣保险

5. 个人所得税金额

在计算员工的实发工资前，还需计算员工所得税金额。个人所得税是根据国家发布的有关规定按照个人收入的百分比来计算，是工资的重要组成部分。每月应缴纳所得税的计算公式为：

每月应纳所得税额 = 全月应纳税所得额 × 适用税率 – 速算扣除数

表 9-2 所示为个人所得税税率表。

表 9-2　个人所得税税率表

级数	全月应纳税所得额	适用税率/%	速算扣除数/元
1	全月应纳税额不超过 1500 元	3	0
2	全月应纳税额超过 1500 元至 4500 元	10	105
3	全月应纳税额超过 4500 元至 9000 元	20	555
4	全月应纳税额超过 9000 元至 35000 元	25	1005
5	全月应纳税额超过 35000 至 55000 元	30	2755
6	全月应纳税额超过 55000 至 80000 元	35	5505
7	全月应纳税额超过 80000 元	45	13505

在计算出个人所得税后，计算员工的实发工资，就完成了员工工资明细表。具体步骤如下：

步骤 1：在单元格 M4 输入“=IF(K4–L4–3500<=0,0,IF(K4–L4–3500<=1500,(K4–L4–3500)*0.03,IF(K4–L4–3500<=4500,(K4–L4-3500)*0.1–105,IF(K4–L4–3500<=9000,(K4–L4–3500)*0.2–555,IF(K4–L4–3500<=35000,(K4–L4–3500)*0.25–1005,IF(K4–L4–3500<=55000,

(K4-L4-3500)*0.3-2755,IF(K4-L4-3500<=80000,(K4-L4-3500)*0.35-5505,IF(K4-L4-3500>80000,(K4-L4-3500)*0.45-13505,0)))))))”，计算员工个人所得税金额。将光标移动到 M4 单元格右下角，当其变为“十”字形状时，向下拖动鼠标，复制公式至 M5:M11 单元格区域，快速计算出其他员工的个人所得税金额。

步骤 2：在单元格 N4 中输入公式“=K4-L4-M4”，计算员工实发工资。复制公式完成其他员工的应发工资，然后求出各列数据的合计数，完成员工明细表的制作。完成效果图如图 9-18 所示。

MOD　=K4-L4-M4

员工工资明细表

工资结算日期：　2015年7月15日

员工代码	员工姓名	基本工资	岗位工资	绩效工资	工龄工资	全勤奖	迟到扣款	事假扣款	病假扣款	应发工资	代扣社保和公积金	代扣个税	实发工资
YJ001	王德海	2,500.00	0.00	100.00	200.00	0.00	20.00	0.00	0.00	2,780.00	224.07	0.00	=K4-L4-M4
YJ002	李梅	3,000.00	200.00	231.64	200.00	0.00	0.00	137.93	0.00	3,493.71	224.07	0.00	3,269.64
YJ003	王冲	2,000.00	0.00	156.00	100.00	0.00	40.00	0.00	0.00	2,216.00	224.07	0.00	1,991.93
YJ004	葛瑞燕	2,500.00	0.00	190.00	200.00	0.00	0.00	0.00	34.48	2,855.52	224.07	0.00	2,631.45
YJ005	刘建新	3,200.00	200.00	4,900.00	200.00	0.00	40.00	0.00	0.00	8,460.00	224.07	392.19	7,843.74
YJ006	刘建伟	3,200.00	100.00	990.00	200.00	0.00	0.00	147.13	0.00	4,342.87	224.07	18.56	4,100.24
YJ007	王凯	3,500.00	100.00	152.00	200.00	200.00	0.00	0.00	0.00	4,152.00	224.07	12.84	3,915.09
YJ008	张学光	3,000.00	0.00	750.00	200.00	200.00	0.00	0.00	0.00	4,150.00	224.07	12.78	3,913.15

员工工资明细表　本月绩效统计表　社会保险明细表

图 9-18　员工工资明细表完成效果图

9.3　员工工资水平分析

员工工资明细表的用途不仅限于对工资的查询与工资条的制作，而且能帮助财务部门及人力资源部门较好地分析与调控员工的工资水平。在本节中将重点介绍使用频率分布表和直方图分析员工工资水平的方法。

9.3.1　使用频率分布表分析员工工资

公司财务和人事管理部门需要对员工工资水平进行分析，如了解各个工资水平段的员工人数，以便进行掌握和控制。然而，在实际工作中，如果公司人数较多，工资水平参差不齐，通过一般的统计方法找出工资水平分布很麻烦，Excel 的 FREQUENCY 函数却能轻松解决这个问题。

FREQUENCY 函数的作用是以一列垂直数组返回某个区域中数据的频率分布。可以计算出在给定的值域和接受区间内，每个区间出现的数据个数。

语法：FREQUENCY(data_array, bins_array)。

data_array：用来计算频率的一个数组，或对数组单元区域的引用。

bins_array：数据接受区间，为一数组或对数组区域的引用，设定对 data_array 进行频率计算的分段点。

编号	员工月工资
YJ001	5,866.60
YJ002	3,594.40
YJ003	3,281.40
YJ004	3,201.00
YJ005	3,131.60
YJ006	3,232.60
YJ007	4,886.20
YJ008	3,517.00
YJ009	4,997.00
YJ010	3,286.60
YJ011	3,011.40
YJ012	3,840.20
YJ013	2,746.20
YJ014	3,739.40
YJ015	3,210.60
YJ016	4,627.40
YJ017	2,929.60
YJ018	2,591.60
YJ019	4,849.00
YJ020	1,984.60

图 9-19　数据资料

图 9-19 为企业员工月工资简化表，下面通过一个实例阐述用

FREQUENCY 函数分析员工工资。

步骤 1：打开 Excel 工作簿，新建"工资水平分析"工作表，在 A1:B21 区域建立图 9-20 所示的样式表格。建立表格区域后，录入数据。

步骤 2：建立最大值、最小值及全距的计算表格。在单元格区域 D5:E7 建立如图 9-20 所示的最大值、最小值与全距计算表格。

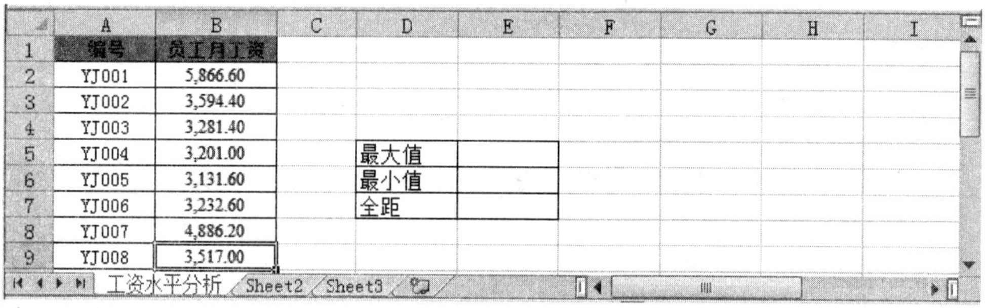

图 9-20　表格样式及建立最大值、最小值、全距的计算表格

步骤 3：计算最大值、最小值及其全距。在单元格 E5 和 E6 中输入公式 "=MAX(B2:B21)"和"=MIN(B2:B21)"，计算员工月工资的最大值和最小值。在 E7 中输入公式"=E5−E6"，按【Enter】键计算全距。最终效果如图 9-21 所示。

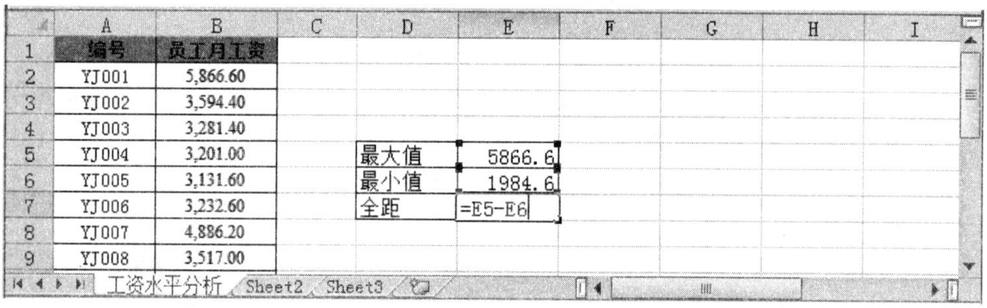

图 9-21　计算最大值、最小值及其全距

步骤 4：编制工资频率表。在 G2:G8 单元格区域编制员工月工资频率表，以 500 元为一个区间字段进行数据的分组统计，计算工资的频率分布。选取单元格 I3:I8，输入公式 "=FREQUENCY(B2:B21,H3:H8)"，按【Ctrl+Shift+Enter】组合键，得到每个区间段工资分布次数，如图 9-22 所示。

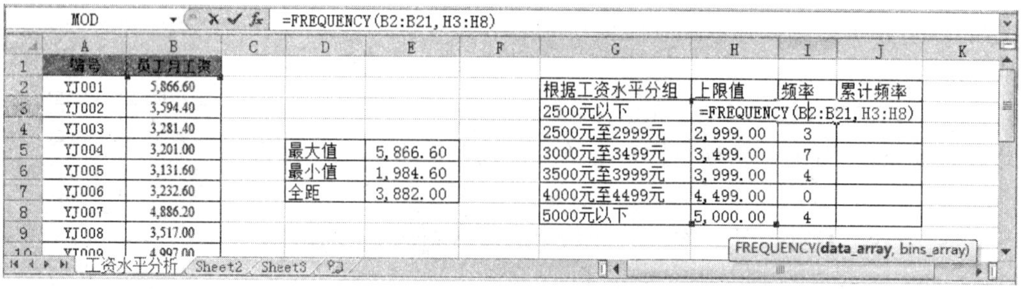

图 9-22　计算工资的频率分布

步骤 5：计算累积频率。2500 元以下的累积频率就等于对应的频率 1，因此在单元格 J3 中输入公式"=I3"，在 J4 中输入公式"=I4+J3"，按【Enter】键后，拖动填充柄向下复制公式至单元 G8，可计算出其他区间段的累积频率，如图 9-23 所示。

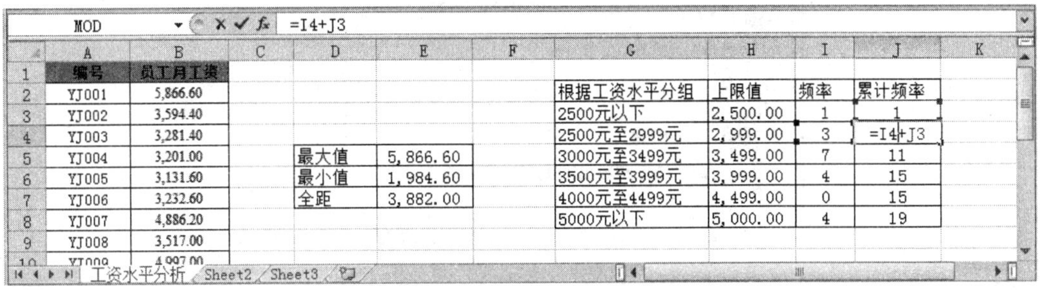

图 9-23　计算员工累积频率分布

9.3.2　用直方图分析员工工资

如果希望 FREQUENCY 函数统计出来的工资频率分布以图形图表的方式更加直观地表示出来，可以利用 Excel 提供的直方图工具来实现。

所谓的 Excel 直方图就是将原来数组分组(也称区间)，并将分组的数据按一定统计方法计算，得到整个原始数据和分组的单个及累计频率，并将计算后的数据用柱状图方式做成图表，从而反映数据的整体分布状况。

上节用 FREQUENCY 函数统计出工资频率分布，本小节使用直方图工具继续对员工工资情况进行分析。

步骤 1：加载分析工具库。打开"工资水平分析"表，单击【文件】按钮，在弹出的菜单中单击【选项】按钮，打开【Excel 选项】对话框，在【加载项】选项卡中单击【转到】按钮，打开【加载宏】对话框，如图 9-24 所示。

图 9-24　加载分析工具库

步骤 2：选择直方图分析工具及设定直方图工具参数。加载分析工具后，切换到【数据】选项卡，单击【分析】组中的【数据分析】按钮，打开【数据分析】对话框，在【分析工具】中选择直方图分析工具，如图 9-25 所示。

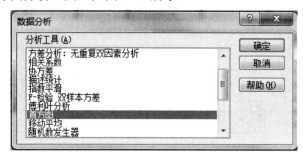

图 9-25　选择直方图分析工具

步骤 3：设定直方图工具参数。在弹出的【直方图】对话框上，设定【输入区域】为"$B$2:$B$21"；【接收区域】为"$H$3:$H$8"，【输出选项】为【新工作簿】，然后勾选【图表输出】复选框，最后点击【确定】按钮，如图 9-26 所示。

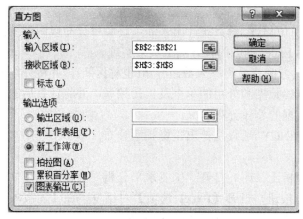

图 9-26　设定直方图工具参数

步骤 4：显示建立的直方图并删除"其他"选项。经过操作，Excel 在新的工作簿中建立描述工资分布的直方图。因为所有待分析的工资都包含在分组范围中，不存在"其他"范围的资料，因此，将单元格区域 A8:B8 的内容删除，删除后的直方图如图 9-27 所示。

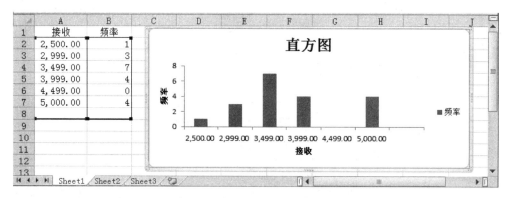

图 9-27　显示建立的直方图

步骤 5：设置直方布局和样式。选中图表，在【图表布局】/【设计】选项卡中单击【图表布局】快速按钮，在展开的布局库中选择【布局 9】样式。单击【图表样式】组中的快翻按钮，在展开的快速样式库中选择【样式 14】。切换到【图表工具】/【布局】选项卡，单击【图例】按钮，在展开的下拉列表中选择【无】选项。

步骤 6：调整坐标轴。右击 Y 坐标轴，在弹出的快捷菜单中选择【设置坐标轴格式】命令。在【坐标轴选项】选项卡下设置最大值的固定值为 12，主要刻度单位为 3。

步骤 7：修改标题。关闭对话框后，修改图表标题为"员工工资分布直方图"，X 轴标题为"工资区间(单位：元)"，Y 轴标题为"员工人数"。工资分布直方图制作完成，其效果如图 9-28 所示。

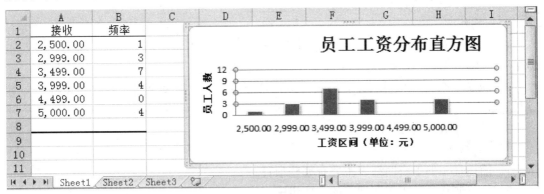

图 9-28　员工工资分布直方图

小　　结

在实务中，当企业员工较多或变动频繁时，工资管理是一件相当麻烦的事情，加上人事部门考核制度不断调整或工资浮动，如果手工核算工资，这无疑会增加劳资人员的工作量。本章从财务的角度使用 Excel 软件来高效管理员工的工资信息，非常适合于中小规模企业的工资核算，能帮助中小规模企业切实有效地解决财务管理问题。

建立工资系统和制作工资明细表，首先要建立员工基本档案信息。员工基本信息表用于记录员工的基本信息，一般包括员工代码、员工姓名、性别、所属部门、出生年月、年龄、进入公司时间、工龄、职称及基本工资。制作员工基本信息表常用的函数有：NOW、YEAR 和 DAYS360。

企业有不同的工资计算方式，但总的来说，主要有基本工资加绩效工资、计时工资、计件工资等。无论企业采用哪一种工资核算方式，通常工资中除了相对固定的基本工资外，根据各自的实际情况还会增设工龄工资、岗位工资以及绩效工资等。因此，员工工资明细表主要组成部分包括基本工资、岗位工资、工龄工资、绩效工资、全勤工资、扣款事项、代扣社保和公积金等模块。

分析员工工资水平时常用 FREQUENCY 函数。FREQUENCY 函数的作用是以一列垂直数组返回某个区域中数据的频率分布。可以计算出在给定的值域和接受区间内，每个区间出现的数据个数。其语法结构为 FREQUENCY(data_array,bins_array)。参数 data_array 是用来计算频率的一个数组或对数组单元区域的引用；参数 bins_array 是数据接受区间，为一数组或对数组区域的引用，设定对 data_array 进行频率计算的分段点。

练 习

一、填空题

1．NOW 函数用来获取_____系统日期时间；YEAR 函数用来提取日期的_____。

2．DAYS360 函数用于按_____天的算法来返回两个日期间相差天数。

3．企业有不同的工资计算方式，但总的来主要有基本工资加_____、_____、_____。

4．函数 TRUNC(12.345,1) 的返回值为_____。

二、判断题

1．一般来说，工资明细表主要分为几个模块：基本工资、岗位工资、绩效工资、工龄工资、扣款事项、代扣社保和公积金、代扣个税等模块。（   ）

2．应缴纳个人所得税的计算公式为：每月应纳所得税额 = 全月工资收入 × 税率 − 速算扣除数。（   ）

3．函数 TRUNC(12.345,−1) 的返回值为 10。（   ）

三、简答题

1．简述员工的工资明细表主要有哪些项目。

2．简述制作员工工资明细表的主要步骤。

第 10 章　收入成本核算管理

📖 本章目标

- 了解收入、成本的含义
- 掌握收入分析表的编制方法
- 掌握收入结构图的编制方法
- 掌握收入比较分析图的编制方法
- 掌握销售收入的趋势预测方法
- 掌握成本分析表的编制方法
- 掌握成本结构分析图的编制方法
- 掌握收入成本比率分析表的编制方法

📖 重点难点

重点：
◈ 收入分析表、收入结构图的编制方法
◈ 收入成本分析表的编制方法
难点：
◈ 销售收入的趋势预测

收入成本核算分析是财务工作的一项重要内容。利用收入成本核算的资料，分析收入成本水平与构成的变动情况，研究影响收入成本升降的各种因素及变动原因，寻找增加收入、降低成本的途径，是企业收入成本管理的重要内容。

10.1 收入核算分析

收入是指企业在日常活动中形成的、会导致所有者权益增加的、与所有者投入资本无关的经济利益的总流入。其中，日常活动是指企业为完成其经营目标所从事的经常性活动以及与之有关的其他活动。

10.1.1 收入的基本知识

按照不同分类标准，收入有以下几种分类。

1．按照企业从事日常活动的性质分类

按照企业从事日常活动的性质，可将收入分为销售商品收入、提供劳务收入、让渡资产使用权收入、建造合同收入等。其中，销售商品收入是指企业通过销售商品实现的收入。提供劳务收入是指企业通过提供劳务实现的收入。让渡资产使用权收入是指企业通过让渡资产使用权实现的收入。建造合同收入是指企业承担建筑合同所形成的收入。

2．按照企业从事日常活动的重要性分类

按照企业从事日常活动的重要性，可将收入分为主营业务收入和其他业务收入等。其中，主营业务收入是指企业为完成其经营目标所从事的经常性活动实现的收入。其他业务收入是指企业为完成其经营目标所从事的与经常性活动相关的活动实现的收入。企业利润表中的营业收入项目由主营业务收入和其他业务收入组成。

10.1.2 收入结构分析表

从市场竞争的角度看，企业一般会从事多种商品或劳务的经营活动，占总收入比重大的商品或劳务是企业过去业绩的主要增长点。企业应重点分析营业收入的构成，这种构成可以按产品及服务品种进行分析，也可以按销售区域进行分析。在进行企业经营的产品及服务品种构成分析时，应计算各经营品种的收入占全部营业收入的比重。实务操作中，财务人员一般通过创建收入结构分析表对收入结构进行分析。

下面根据 A 公司财务数据，创建收入结构分析表。A 公司财务数据如表 10-1 所示。

表 10-1 收入结构表
单位：元

收入类别	2015 年	2014 年
电视	1,844,532.53	1,944,261.75
空调冰箱	874,140.25	829,052.82
IT 产品	1,197,045.76	1,093,861.81
通讯产品	112,490.37	135,270.78

续表

收入类别	2015 年	2014 年
机顶盒	131,951.92	86,834.14
电池	66,289.00	54,885.16
数码影音	108,590.74	171,585.48
系统工程	12,717.33	12,912.22
厨卫产品	19,570.47	17,420.12
中间产品	777,610.62	767,969.02
运输、加工	40,646.12	28,753.87
其他	47,829.79	41,176.36
合计	5,233,414.90	5,183,983.53

根据资料，具体操作步骤如下：

步骤 1：建立一张新的 Excel 表，将其命名为"收入结构分析表"，在单元格 A1 处输入该表的标题"收入结构分析表"，在单元格 A2 中输入"年份产品名称"，B2、D2、F2 中分别输入"2015 年金额"、"2014 年金额"、"同期百分比"，在 B3:E3 中分别输入"营业收入"、"百分比"、"营业收入"、"百分比"。

步骤 2：选择单元格区域 A1:F1，单击【开始】/【对齐方式】组中【合并后居中】按钮，并将主标题"收入结构分析表"的字体加粗，设置为【黑体】，字号为【14】。选择单元格区域 A2:A3，单击【开始】/【对齐方式】组中【合并后居中】按钮。之后对单元格 B2:C2、D2:E2、F2:F3 区域进行合并居中，设置字体为【黑体】。最后选择整个标题行 A2:F3 区域，将颜色填充为"橙色，淡色 40%"，并调整各单元格的行列宽度。

步骤 3：将光标定位在单元格 A2"年份产品名称"两个词的中间，然后按【Alt+Enter】组合键，"年份"与"产品名称"两词将分两行显示，最后单击右键，在快捷菜单中选择【设置单元格格式】命令，在弹出的【设置单元格格式】对话框中单击【对齐】选项卡，将【水平对齐】设置为【靠左】，【垂直对齐】设置为【居中】，并通过空格键调整两词的水平位置，如图 10-1 所示。

图 10-1　标题的格式设置

步骤 4：选中单元格 A2，单击鼠标右键，在弹出的快捷菜单中选择【设置单元格格式】命令，在弹出的【设置单元格格式】对话框中单击【边框】选项卡，选择线条样式，并在右侧的边框预览中选择斜横线，最后单击【确定】按钮，如图 10-2 所示。

步骤 5：内容正文的格式设置。按照"收入结构分析表"的要求，将相关内容填列到对应的单元格内，并调整各单元格的大小。在【开始】/【字体】组中选择数字为【Times New Roman】，文字为【宋体】，数字及文字的大小均为【9】。在【对齐方式】组中选择居中排列，【数字】组中选择【千分位】，【小数位数】保留 2 位。完成初步设置，如图 10-3 所示。

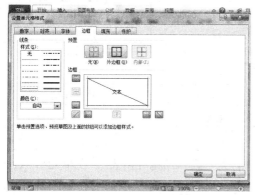

图 10-2　斜横线的设置　　　　　　图 10-3　初步完成效果图

步骤 6：合计数的公式设置。选中单元格 B16，输入公式"=SUM(B4:B15)"或单击【开始】/【编辑】组中的【∑自动求和】按钮，如图 10-4 所示。以同样方式在单元格 C16:F16 内输入求和公式。

步骤 7：百分比的设置。选中单元格 C4，在其中输入公式"=B4/$B$16"，然后单击鼠标右键，在弹出的快捷菜单中选择【设置单元格格式】命令，在弹出的【设置单元格格式】对话框中单击【数字】选项卡，选择【百分比】选项，将显示的数值设置为百分比形式，如图 10-5 所示。同样的方式对其他单元格进行百分比格式设置。

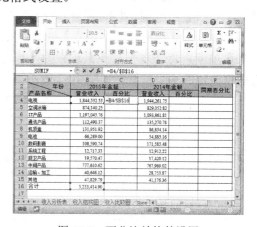

图 10-4　合计数的公式设置　　　　图 10-5　百分比结构的设置

步骤 8：数值的警示提醒功能设置。选中单元格区域 C4:C15，单击【开始】/【样式】组中的【条件格式】右侧的下三角按钮，在下拉菜单中选择【突出显示单元格规则】中的【大于】选项，弹出【大于】对话框，输入要设置的界限数值"20%"，显示样式设置为【绿填充色深绿色文本】，如图 10-6(a)所示。上限设置完毕后，再选择【突出显示单元格规则】的【小于】选项，输入要设置的界限数值"2%"，显示样式设置为【浅红填充色深红色文本】，选择完毕后单击【确定】按钮，如图 10-6(b)所示。按同样的设置方式设置 E4:E15 单元格区域。

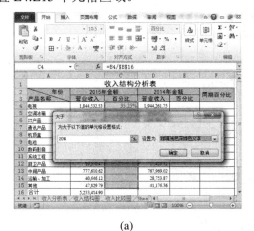

(a)

(b)

图 10-6　数值的警示提醒功能设置

步骤 9：将相关数据以及公式按照上述操作，输入到 D4:E16 单元格区域内。

步骤 10：同期百分比的公式设置及警示提醒功能设置。选中单元格 F4，输入公式"=(B4−D4)/D4"，输入完毕后将单元格设置为百分比格式，并保留 2 位小数。然后将光标放在单元格 F4 的右下角，当光标变为"十"字时，按住鼠标左键向下拖动，将格式复制到其他单元格中。选中单元格区域 F4:F16，单击【开始】/【样式】组中的【条件格式】右侧的下三角按钮，在下拉菜单中选择【突出显示单元格规则】中的【大于】选项，弹出【大于】对话框，将界定设置为"0"，显示样式设置时选择【自定义格式】，如图 10-7(a)所示。在弹出的【设置单元格格式】对话框中，将字体和单元格填充进行设置，字体颜色为"蓝色"，【填充】的背景颜色为【无】，单击【确定】按钮，如图 10-7(b)所示。按照同样的方式将【小于】对话框中界定数值设置为"0"，在选择【自定义格式】后弹出的【设置单元格格式】对话框中，字体颜色设置为红色，【填充】的背景颜色设置为【无】，单击【确定】按钮。

(a)

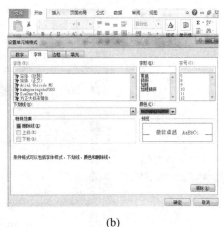

(b)

图 10-7　同期百分比的公式设置及警示提醒功能设置

步骤 11：边框的设置。选中单元格区域 A2:F16 区域，单击鼠标右键，在弹出的快捷菜单中选择【设置单元格格式】命令，在弹出的【设置单元格格式】对话框中单击【边框】选项卡，选择【单横线】和【双横线】进行边框设置。最终效果如图 10-8 所示。

图 10-8　最终效果图

10.1.3　收入结构分析图

企业在分析营业收入时，应重点分析营业收入的构成，这种构成可以按产品及服务品种进行分析，也可以按销售区域进行分析。

收入分析表将收入构成进行了数字量化分析，而收入结构图则可以更加形象直观地帮助使用者进行收入的分析和把控。

步骤 1：插入三维饼图。新建一张 Excel 表，将该表命名为"收入结构图"。单击【插入】/【图表】组中的【饼图】右侧的下三角按钮，从列表中选择【分离型三维饼图】。

步骤 2：收入结构图的数据源选择。选中该图，单击【图表工具】/【设计】/【数据】组中的【选择数据】按钮，弹出【选择数据源】对话框，在【图表数据区域】中拖动鼠标，选中"收入结构分析表"的单元格 A4:B15 区域，将本年的各项收入项目涵盖其中，最后单击【确定】按钮，如图 10-9 所示。

图 10-9　选择数据源

步骤 3：绘图区域的背景设置。对绘图区域的背景进行设置时，将光标放在绘图区域

内，单击鼠标右键，在弹出的快捷菜单中
选择【设置绘图区域格式】命令，在弹出
的对话框中进行相关设置。在【填充】选
项中选择图案填充中左起第一列第 2 行的
图案，系统将显示该图案效果，最后单击
【确定】按钮，如图 10-10 所示。如果想
插入自有图片，可以选择【图片或纹理填
充】中的文件，将图片文件引入作为该区
域的背景。

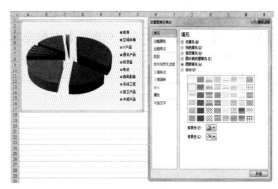

图 10-10　绘图区域的背景设置

　　步骤 4：图的标题设置。选中该图
表，单击【图表工具】/【布局】/【标签】
组中的【图表标题】下拉按钮，在【图表
标题】的下拉列表中选择【图表上方】选项，选择完毕后，在该图表的上方会显示虚线
框，框内显示"图表标题"，将标题名称删除，并同时在框内输入"收入结构图"，输入完
毕后鼠标单击空白处保存，如图 10-11 所示。

　　步骤 5：数据标签的设置。将光标放在"收入结构图"绘图区域的图形上，单击鼠标
右键，在弹出的快捷菜单中选择【添加数据标签】命令，然后选择【设置数据标签格
式】，在【设置数据标签格式】/【标签选项】中勾选【百分比】，切换到【数字】选项卡
中选中【百分比】，【小数位数】保留 2 位，如图 10-12 所示。

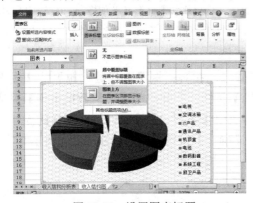

图 10-11　设置图表标题

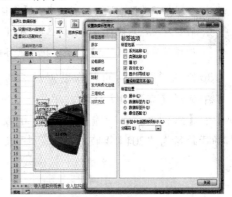

图 10-12　设置数据标签

10.1.4　收入比较分析图

　　Excel 提供的有柱状图、折线图、饼图、条形图、面积图、散点图等，不同的财务需
求需要插入不同的图形。

　　收入比较分析图要求将各项收入情况与基期进行比较，通过比较能直观反映出各项收
入的增减变化，比较年份的数据高低。从该角度思考，柱状图形显然更适合反映此类收入
的比较；而饼状图不能满足反映增减变化的观感要求；与饼状图不同，折线图虽然能反映
该增减变化的趋势，但不能做到各个项目逐一对应、逐一对比，且容易将不同项目混杂在

一起，使得对比口径混乱。

步骤 1：插入三维柱形图。新建一张 Excel 表格，将其命名为"收入比较分析图"。单击【插入】/【图表】组中的【柱形图】右侧的下三角按钮，从列表中选择【三维柱形图】。

步骤 2：数据源的选择。单击空白图表，单击【图表工具】/【设计】/【数据】组中的【选择数据源】按钮，弹出【选择数据源】对话框，在其中的【图表数据区域】中拖动鼠标选中前面已经完成的"收入结构分析表"的 A4:B15、D4:D15 单元格区域，如图 10-13 所示。

图 10-13　数据源的选择

数据跨区的选取：当读者在【选择数据源】的区域中拖动鼠标选取单元格 A4:B15、D4:D15 时会发现，只能选择连贯的区域 A4:B15，区域 D4:D15 因与之不连贯而无法选取，所以在开始选择时应按住【Ctrl】键后，拖动鼠标进行跨区选择。

步骤 3：图例项的名称设置。承接操作步骤 2，在对话框【选择数据源】的【图例项】中选择【系列 1】选项，单击上方的【编辑】按钮，在弹出的【编辑数据系列】对话框中的【系列名称】中输入"2015 年收入"。再选中【系列 2】选项，按照同样的操作方式将其命名为"2014 年收入"。编辑完毕后单击【确定】按钮退出，如图 10-14 所示。

图 10-14　图例项名称设置

步骤 4：图表背景格式设置。右键单击分析图的空白处，在快捷菜单中选择【设置图表区格式】命令，在【填充】选项中选择【图片或纹理填充】选项，选中后单击【插入自文件】按钮，从自己保存的图片文档中选取自己满意的图片作为背景，选择完毕后单击【关闭】按钮退出，如图 10-15 所示。

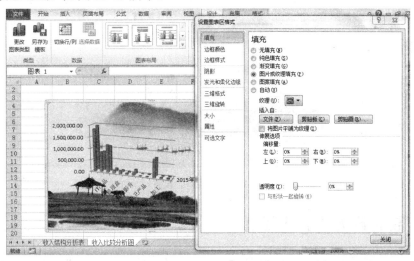

图 10-15　图表背景格式设置

步骤 5：背景图案的设置。单击图表编辑区，再单击右键，在快捷菜单中选择【设置背景墙格式】命令，在弹出的【设置背景墙格式】对话框中选择【填充】选项中的【图案填充】选项，选中自己满意的图案，单击【关闭】按钮退出，如图 10-16 所示。

图 10-16　背景图案的设置

步骤 6：标题的设置。单击该分析图，选择【图表工具】/【布局】/【标签】组中的【图表标题】下拉按钮，在弹出的下拉列表中选择【图表上方】选项，输入标题"收入比较分析图"。输入完毕后调整图表标题的位置，完成效果图如图 10-17 所示。

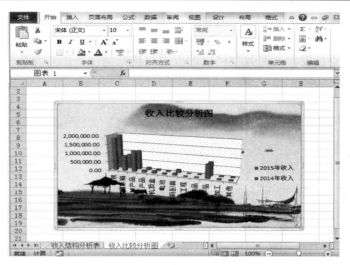

图 10-17　标题的设置

10.1.5　销售收入的趋势预测

销售收入预测是企业根据过去的销售情况，结合对市场未来需求的调查，对预测期产品销售收入所进行的预计和测算，用以指导企业经营决策和产销活动。企业的财务需求一般是因销售引起的，销售量的增减变化引起了现金流量、应收及应付等一系列财务要素的变化。

趋势分析法是最常见的销售收入预测方法，该方法因采用的数学方法不同，又分为算术平均法、移动加权平均法、指数平滑法、回归分析法和二次曲线法等 5 种，这里主要介绍两种常见方法的应用。

1. 使用散点图拟合趋势线预测

步骤 1：新建一张 Excel 表，将其命名为"散点图分析图"。在该表的 A1:B14 区域内创建当年的"销售收入表"。已知 A 公司 2014 年 1～10 月份的销售收入情况，如图 10-18 所示。现需要对 11 月份、12 月份的销售收入情况进行预测。

步骤 2：散点图的图形选择。单击【插入】/【图表】组中的【散点图】右侧的下拉三角按钮，在弹出的下拉列表中选择【仅带数据标记的散点图】命令，创建一张散点图图表。

月份	销售金额
	销售收入表
1	815,432.00
2	751,154.00
3	951,410.00
4	844,412.00
5	900,184.00
6	771,549.00
7	858,441.00
8	910,047.00
9	1,051,140.00
10	813,541.00
11	
12	

图 10-18　销售收入表

步骤 3：数据源的选择。单击该空白图，单击【图表工具】/【设计】/【数据】组中的【选择数据】按钮，在弹出的【选择数据源】对话框中单击【图表数据区域】右侧按钮，选中该表的单元格区域 B3:B12，如图 10-19 所示。

步骤 4：为散点图设置趋势线。选中该散点图中的各系列点，单击鼠标右键，在弹出的快捷菜单中选择【添加趋势线】选项，如图 10-20 所示。

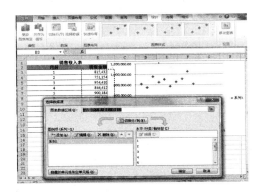
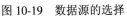

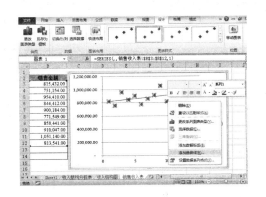

图 10-19 数据源的选择　　　　　　　　图 10-20 添加趋势线

步骤 5：趋势线格式的设置。在【设置趋势线格式】的对话框中的【趋势预测/回归分析类型】选项下选择【线性】，并选中下方的【显示公式】和【显示 R 平方值】两项，勾选后单击【关闭】按钮退出，如图 10-21 所示。

步骤 6：公式计算的最终结果。选中单元格 B13，根据趋势线上得到的公式"y=10846x+807080"，在单元格中 B13 输入公式"=10846*A13+807080"，如图 10-22 所示。

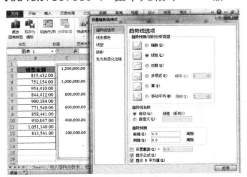

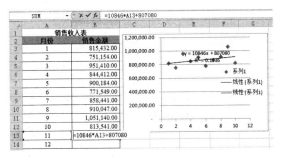

图 10-21 趋势线的设置以及公式的勾选　　　　图 10-22 设置公式

2．使用回归分析法预测

回归分析预测法是在分析市场现象自变量和因变量之间相关关系的基础上，建立变量之间的回归方程，并将回归方程作为预测模型。根据自变量在预测期内的数量变化来预测因变量关系，大多表现为相关关系。因而，回归分析预测法是一种重要的市场预测方法。当我们对市场现象未来发展状况和水平进行预测时，如果能将影响市场预测对象的主要因素找到，并且能够取得其数量资料，就可以采用回归分析预测法进行预测。

在本节中，所涉及的回归分析法假设月份与销售收入之间具备一元线性关系，因此可以通过一元线性回归函数来分析公司的销售额与时间之间的相关关系，进而求出建立该线性回归方程所需要的斜率和截距。本节讲解中相关数据采用上面散点图的数据。

步骤 1：与上述散点图分析法中的操作方法相同，首先创建一张该年度的销售收入表，并将 1～10 月份的数据输入其中。

步骤 2：相关系数的计算。选中单元格 D2，输入相关系数，选中单元格 E2，输入CORREL 函数公式"=CORREL(A3:A12,B3:B12)"，输入完毕后按【Enter】键确认，如图10-23 所示。

图 10-23　相关系数的计算

 本例中的相关系数为 0.365559，仅仅为本例举例之用，在实际操作中，相关系数越接近 1，相关度越高。

 知识拓展

函数 CORREL 介绍

语法：CORREL(array1, array2)

array1：必需，为第一组数值单元格区域。

array2：必需，为第二组数值单元格区域。

函数应用意义：返回单元格区域 array1 和 array2 之间的相关系数。使用相关系数可以确定两种属性之间的关系。

步骤 3：将单元格 D5 与 E5 合并，合并后输入"一元线性回归分析"，在单元格 D6、D7 中分别输入"线性方程斜率"、"线性方程截距"。

步骤 4：选中单元格 E6，单击编辑栏左侧的"插入函数"按钮，在弹出的【插入函数】对话框中选择类别为【统计】，并在【统计】项目提供的函数中选择 SLOPE 函数，如图 10-24 所示。

图 10-24　计算斜率函数的选择

步骤 5：在弹出的【函数参数】对话框中，分别选择对应的区域 B3:B12 和 A3:A12，输入完毕后单击【确定】按钮退出，得到斜率为"10845.58"，如图 10-25 所示。

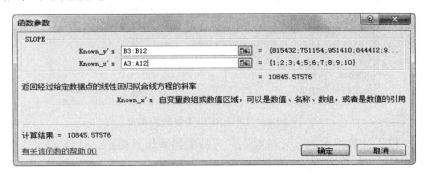

图 10-25　SLOPE 函数的数据输入

**知识拓展**

函数 SLOPE 介绍

语法：SLOPE(known_y's, known_x's)

known_y's：必需，为数字型因变量数据点数组或单元格区域。

known_x's：必需，为自变量数据点集合。

函数应用意义：返回根据 known_y's 和 known_x's 中的数据点拟合的线性回归直线的斜率。

步骤 6：选中单元格 E7，单击编辑栏左侧的【插入函数】按钮，在弹出的【插入函数】对话框中选择类别为【统计】，并在【统计】类别提供的函数中选择 INTERCEPT 函数，如图 10-26 所示。

图 10-26　INTERCEPT 函数的选择

步骤 7：INTERCEPT 函数的设置。单击 INTERCEPT 函数，在弹出的对话框中分别点击对应输入框右侧的按钮，选择对应的单元格区域 B3:B12 和 A3:A12，输入完毕后单击【确定】按钮退出，单元格 E7 内显示截距 807080.33"，如图 10-27 所示。

图 10-27　INTERCEPT 参数的设置

步骤 8：根据计算得出的一元线性回归方程的斜率以及截距，计算 11 月份和 12 月份的销售收入情况。分别选中单元格 B13、B14，分别输入公式"=A13*E6+E7"、"=A14*E6+E7"，输入完毕后将分别得到 11 月份的数据"926,381.67"、12 月份的数据"937,227.24"，如图 10-28 所示。

	A	B	C	D	E
1	销售收入表				
2	月份	销售金额		相关性	0.36555929
3	1	815,432.00			
4	2	751,154.00			
5	3	951,410.00		一元线性回归分析	
6	4	844,412.00		线性方程斜率	10845.58
7	5	900,184.00		线性方程截距	807080.33
8	6	771,549.00			
9	7	858,441.00			
10	8	910,047.00			
11	9	1,051,140.00			
12	10	813,541.00			
13	11	926,381.67			
14	12	937,227.24			

图 10-28　11 月份和 12 月份收入的数值

10.2　成本分析

成本分析是利用成本核算及其他相关资料，分析成本水平与构成的变动情况，研究影响成本升降的各种因素及其变动原因，寻找降低成本途径的分析方法。成本分析是成本管理的重要组成部分，其作用是正确评价企业成本计划的执行结果，揭示成本升降变动的原因，为编制成本计划和制定经营决策提供重要依据。

有效的成本分析是企业在激烈的市场竞争中成功与否的基本要素。不完善的成本分析会导致单纯的压缩成本，从而使企业丧失活力。科学合理的成本分析与控制系统，能让企业的管理者清楚地掌握公司的成本构架、盈利情况和正确决策方向，成为企业内部决策的关键支持，从根本上改善企业成本状况。

对比分析法是通过成本指标在不同时期(或不同情况)的数据对比来揭露矛盾的一种成本分析方法，成本指标的对比必须注意指标的可比性，常见的比较方法有绝对数比较、增减数比较、指数比较。本章介绍的比较方法为指数比较方法和增减数比较方法。通过这些方法的计算分析，可以进一步了解企业成本变动情况。

10.2.1　成本结构分析表

与前面所讲的“收入结构分析表”类似，本节所简述的成本结构分析表是按照主营业务的不同项目进行分类。该分类的标准与收入项目完全相同，目的就是为了使收入与成本对应一致。资料如表 10-2 所示。

表 10-2　成本明细表　　　　单位：元

收入类别	2015 年	2014 年
电视	1,408,116.92	1,430,517.68
空调冰箱	647,352.74	633,943.56
IT 产品	1,141,045.84	1,042,115.34
通讯产品	103,303.59	121,428.81
机顶盒	105,489.09	75,618.75
电池	46,297.19	34,422.47
数码影音	63,684.07	110,896.67
系统工程	9,904.04	10,467.49
厨卫产品	18,302.23	12,704.25
中间产品	686,779.21	708,240.22
运输、加工	33,432.15	23,801.61
其他	37,295.20	38,649.81
合计	4,301,002.27	4,242,806.66

本节不再详细讲述如何制作成本分析表，可参考“收入结构分析表”的制作方法以及相关公式进行制作，该“成本分析表”最终效果如图 10-29 所示。

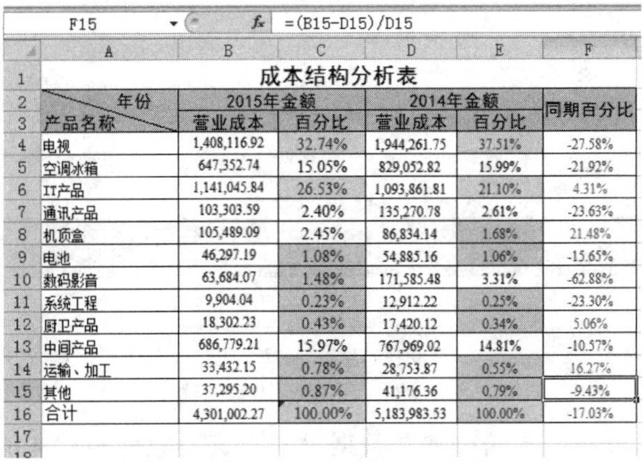
F15　=(B15-D15)/D15

成本结构分析表

年份 产品名称	2015年金额		2014年金额		同期百分比
	营业成本	百分比	营业成本	百分比	
电视	1,408,116.92	32.74%	1,944,261.75	37.51%	-27.58%
空调冰箱	647,352.74	15.05%	829,052.82	15.99%	-21.92%
IT产品	1,141,045.84	26.53%	1,093,861.81	21.10%	4.31%
通讯产品	103,303.59	2.40%	135,270.78	2.61%	-23.63%
机顶盒	105,489.09	2.45%	86,834.14	1.68%	21.48%
电池	46,297.19	1.08%	54,885.16	1.06%	-15.65%
数码影音	63,684.07	1.48%	171,585.48	3.31%	-62.88%
系统工程	9,904.04	0.23%	12,912.22	0.25%	-23.30%
厨卫产品	18,302.23	0.43%	17,420.12	0.34%	5.06%
中间产品	686,779.21	15.97%	767,969.02	14.81%	-10.57%
运输、加工	33,432.15	0.78%	28,753.87	0.55%	16.27%
其他	37,295.20	0.87%	41,176.36	0.79%	-9.43%
合计	4,301,002.27	100.00%	5,183,983.53	100.00%	-17.03%

图 10-29　成本分析表的最终效果图

10.2.2　成本结构分析图

成本结构分析图是成本按照不同业务项目进行分类归集，通过各成本项目占总成本的比例，直观反映企业的资源消耗情况。成本结构分析图的创建方式与收入结构图的创建方式基本相同。本年"成本结构分析图"的最终效果如图 10-30 所示。

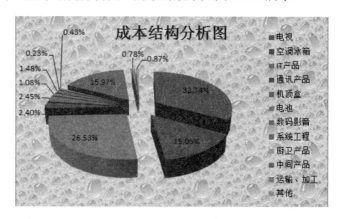

图 10-30 成本结构分析图

10.2.3 收入成本比率分析表

收入成本比率分析表是将收入和成本的数据进一步加工处理，以满足对成本占收入比重及其一定期间变动趋势进行分析的需要。该表的编制需要对 Excel 表格进行设计，根据不同的时期(会计年度)设置"营业收入"、"营业成本"、"比重"、"增减变化"等项目。下面根据 A 公司收入成本资料编制收入成本比率分析表。

步骤 1：标题的设置。创建一张新的 Excel 表，将标题命名为"收入成本比率分析表"，结构设置与"收入结构分析表"、"成本分析表"相似，最终效果如图 10-31 所示。

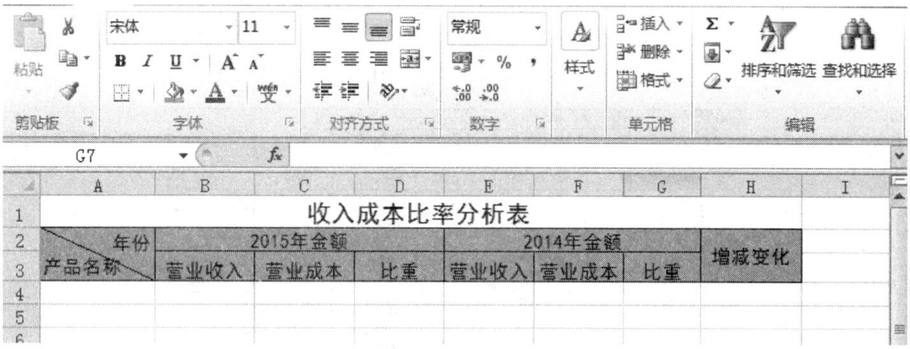

图 10-31 标题框架的创建

步骤 2：边框、求和公式的设置及数据录入。选中单元格 A4:H16 区域，单击【开始】/【字体】组中的【边框】右侧的下三角按钮，在下拉列表中选择【所有边框】选项，添加该区域的边框。边框设置完成后，分别录入"产品名称"、"营业收入"、"营业成本"等相关数据。选中单元格 B16，单击【开始】/【编辑】组中的【∑自动求和】按钮，对 B4:B15 单元格区域进行求和加总，以同样方式对 C16、E16、F16 进行求和，如图 10-32 所示。

产品名称	2015年金额			2014年金额			增减变化
年份	营业收入	营业成本	比重	营业收入	营业成本	比重	
电视	1,844,532.53	1,408,116.92		1,944,261.75	1,944,261.75		
空调冰箱	874,140.25	647,352.74		829,052.82	829,052.82		
IT产品	1,197,045.76	1,141,045.84		1,093,861.81	1,093,861.81		
通讯产品	112,490.37	103,303.59		135,270.78	135,270.78		
机顶盒	131,951.92	105,489.09		86,834.14	86,834.14		
电池	66,289.00	46,297.19		54,885.16	54,885.16		
数码影像	108,590.74	63,684.07		171,585.48	171,585.48		
系统工程	12,717.33	9,904.04		12,912.22	12,912.22		
厨卫产品	19,570.47	18,302.23		17,420.12	17,420.12		
中间产品	777,610.62	686,779.21		767,969.02	767,969.02		
运输、加工	40,646.12	33,432.15		28,753.87	28,753.87		
其他	47,829.79	37,295.20		41,176.36	41,176.36		
合计	5,233,414.90	4,301,002.27		5,183,983.53	5,183,983.53		

图 10-32　分析表的内容区域设置

步骤 3：百分比的设置。选中 D4:D16、G4:H16 单元格区域，单击鼠标右键，在弹出的【设置单元格格式】对话框中单击【数字】选项卡中选择【百分比】类型，设置【小数位数】保留 2 位，单击【确定】按钮，如图 10-33 所示。

图 10-33　百分比格式的设置

步骤 4：百分比公式的设置。选中单元格 D4，输入公式"=C4/B4"，输入完毕后按【Enter】键确认，则显示成本占收入的比重为 76.34%，将光标放在 D4 单元格的右下角，当光标变成"十"字形状时，按住鼠标左键向下拖动到 D16 单元格，将该公式复制到其他单元格中。以同样方式，在 G4 单元格中输入公式"=F4/E4"，并将公式复制到其他单元格中，如图 10-34 所示。

	D4		fx	=C4/B4			
产品名称	2015年金额			2014年金额			增减变化
年份	营业收入	营业成本	比重	营业收入	营业成本	比重	
电视	1,844,532.53	1,408,116.92	76.34%	1,944,261.75	1,944,261.75		
空调冰箱	874,140.25	647,352.74	74.06%	829,052.82	829,052.82		
IT产品	1,197,045.76	1,141,045.84	95.32%	1,093,861.81	1,093,861.81		
通讯产品	112,490.37	103,303.59	91.83%	135,270.78	135,270.78		
机顶盒	131,951.92	105,489.09	79.95%	86,834.14	86,834.14		
电池	66,289.00	46,297.19	69.84%	54,885.16	54,885.16		
数码影像	108,590.74	63,684.07	58.65%	171,585.48	171,585.48		
系统工程	12,717.33	9,904.04	77.88%	12,912.22	12,912.22		
厨卫产品	19,570.47	18,302.23	93.52%	17,420.12	17,420.12		
中间产品	777,610.62	686,779.21	88.32%	767,969.02	767,969.02		
运输、加工	40,646.12	33,432.15	82.25%	28,753.87	28,753.87		
其他	47,829.79	37,295.20	77.97%	41,176.36	41,176.36		
合计	5,233,414.90	4,301,002.27	82.18%	5,183,983.53	5,183,983.53		

图 10-34　百分比公式的设置

步骤 5：单元格提醒警示的设置。选中单元格 D4:D16 和 G4:G16 区域，单击【开始】/【样式】组中的【条件格式】右侧的下三角按钮，在下拉菜单中选择【突出显示单元格规则】中的【大于】选项，弹出【大于】对话框，输入要设置的界限数值"90%"，显示样式设置为【浅红填充色深红色文本】，如图 10-35(a)、(b)所示。

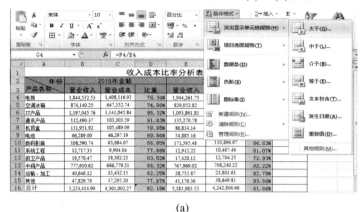

(a)

(b)

图 10-35 百分比的条件格式设置

步骤 6：增减百分比的公式设置。选中单元格 H4，输入公式"=(D4−G4)/G4"，按【Enter】键确认。将光标放在 H4 单元格的右下角，当光标变成"十"字形状时，按住鼠标左键向下拖动到 H16 单元格，将该公式复制到其他单元格中，如图 10-36 所示。

	A	B	C	D	E	F	G	H
					H4	fx =(D4-G4)/G4		
1				收入成本比率分析表				
2	年份		2015年金额			2014年金额		增减变化
3	产品名称	营业收入	营业成本	比重	营业收入	营业成本	比重	
4	电视	1,844,532.53	1,408,116.92	76.34%	1,944,261.75	1,430,517.68	73.58%	3.76%
5	空调冰箱	874,140.25	647,352.74	74.06%	829,052.82	633,943.56	76.47%	-3.15%
6	IT产品	1,197,045.76	1,141,045.84	95.32%	1,093,861.81	1,042,115.34	95.27%	0.06%
7	通讯产品	112,490.37	103,303.59	91.83%	135,270.78	121,428.81	89.77%	2.30%
8	机顶盒	131,951.92	105,489.09	79.95%	86,834.14	75,618.75	87.08%	-8.20%
9	电池	66,289.00	46,297.19	69.84%	54,885.16	34,422.47	62.72%	11.36%
10	数码影箱	108,590.74	63,684.07	58.65%	171,585.48	110,896.67	64.63%	-9.26%
11	系统工程	12,717.33	9,904.04	77.88%	12,912.22	10,467.49	81.07%	-3.93%
12	厨卫产品	19,570.47	18,302.23	93.52%	17,420.12	12,704.25	72.93%	28.23%
13	中间产品	777,610.62	686,779.21	88.32%	767,969.02	708,240.22	92.22%	-4.23%
14	运输、加工	40,646.12	33,432.15	82.25%	28,753.87	23,801.61	82.78%	-0.63%
15	其他	47,829.79	37,295.20	77.97%	41,176.36	38,649.81	93.86%	-16.93%
16	合计	5,233,414.90	4,301,002.27	82.18%	5,183,983.53	4,242,806.66	81.84%	0.41%

图 10-36 增减变化的公式设置

步骤 7：选中单元格区域 H4:H16，单击【开始】/【样式】组中的【条件格式】按钮右侧的下三角按钮，在下拉列表中选择【数据条】/【实心填充】选项，选中后该区域将根据增减变化的数值以条形形状在单元格中显示，如图 10-37 所示。

图 10-37　增减变化的条状图形设置

10.2.4　利用趋势线分析生产成本变动趋势

趋势线是数据趋势的图形表示形式，可用于分析预测问题，这种分析又称回归分析。通过回归分析，可以将图表中的趋势线延伸至事实数据之外，预测未来值。

Excel 2010 中提供了 6 种不同的趋势线类型可供选择，包括线性、对数、多项式、乘幂、指数与移动平均。特定类型的数据具有特定类型的趋势线。要获得最精确的预测，为数据选择最合适的趋势线非常重要。

(1) 线性趋势线是适用于简单线性数据集的最佳拟合直线。如果数据点构成的图案类似于一条直线，则表明数据是线性的。线性趋势线通常表示事物以恒定速率增加或减少。

(2) 对数趋势线适合增加或减少速度很快，但又迅速趋近于平稳的数据类型。

(3) 多项式趋势线是数据波动较大时适用的曲线，它可用于分析大量数据的偏差。多项式的阶数可由数据波动的次数或曲线中拐点(峰和谷)的个数确定。二阶多项式趋势线通常只有一个峰或谷；三阶多项式趋势线通常有一个或两个峰和谷；四阶通常多达三个。

(4) 乘幂趋势线是一种适用于特定速度增加的数据集的曲线，例如赛车一秒内的加速度。如果数据中含有零或负数值，就不能创建乘幂趋势线。

(5) 指数趋势线是一种曲线，它适用于速度递减越来越快的数据值。如果数据中含有零或负值，就不能使用指数趋势线。

(6) 移动平均曲线平滑处理了数据中的微小波动，从而更加清晰地显示了图案和趋势。移动平均使用特定数目的数据点(由"周期"选项设置)，取其平均线，然后由平均值作为趋势线中的一个点。例如，如果"周期"设置为 2，那么开头两个数据点的平均值就是移动平均趋势线中的第一个点，第二个和第三个数据点的平均值就是趋势线的第二个点，依次类推。

本节中主要使用趋势线分析生产成本变动趋势，所需资料如图 10-38 所示。

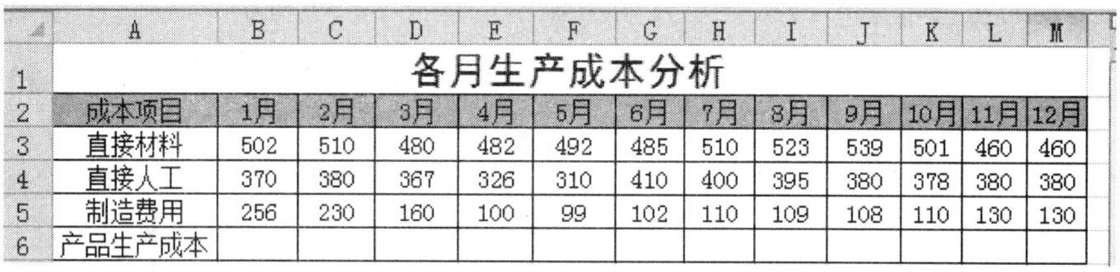

	A	B	C	D	E	F	G	H	I	J	K	L	M
1	各月生产成本分析												
2	成本项目	1月	2月	3月	4月	5月	6月	7月	8月	9月	10月	11月	12月
3	直接材料	502	510	480	482	492	485	510	523	539	501	460	460
4	直接人工	370	380	367	326	310	410	400	395	380	378	380	380
5	制造费用	256	230	160	100	99	102	110	109	108	110	130	130
6	产品生产成本												

图 10-38　各月生产成本资料

步骤 1：求各月产品生产成本。选取单元格区域 B6:M6，切换到【公式】选项卡，单击【函数库】组中的【∑自动求和】按钮。计算结果如图 10-39 所示。

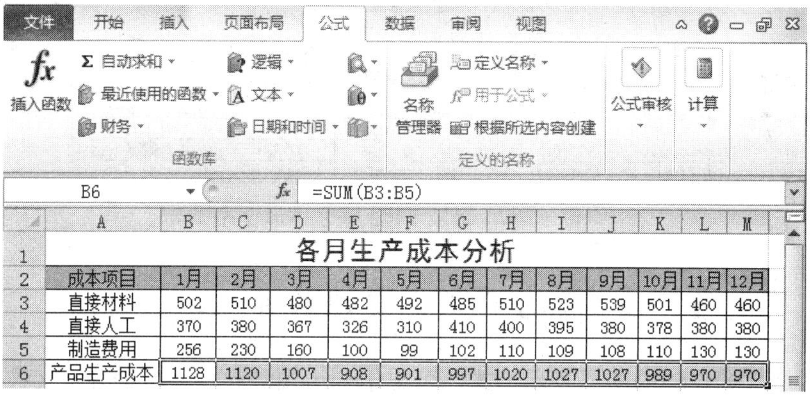

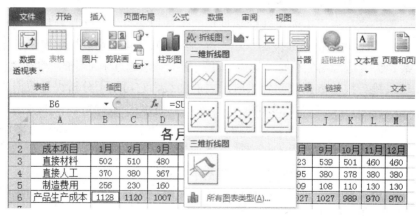

图 10-39　计算各月产品生产成本

步骤 2：插入折线图。选取单元格区域 A2:M2 与 A6:M6，在【插入】/【图表】组中单击【折线图】按钮，在下拉列表中选择【折线图】图表，插入折线图，如图 10-40 所示。

图 10-40　插入二维折现图

步骤 3：隐藏网格线。切换到【图表工具】/【布局】选项卡，选择【网络线】/【主要横网络线】/【无】选项。选中右侧图例项，按【Delete】键删除图例，如图 10-41 所示。

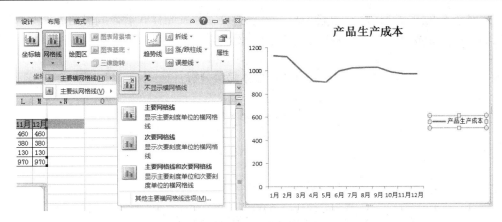

图 10-41　隐藏网络线和删除图例

步骤 4：显示数据表。单击【图表工具】/【布局】选项卡下的【模拟运算表】下拉按钮，在展开的下拉列表中选择【显示模拟运算表】命令，效果如图 10-42 所示。

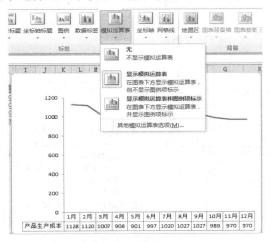

图 10-42　显示数据表

步骤 5：选中系列并设置形状效果。选中图表中产品成本系列，在【图表工具】/【格式】选项卡下单击【形状效果】下拉按钮，在展开的下拉列表中选择【发光】选项，在子列表中选择一种发光样式，如图 10-43 所示。

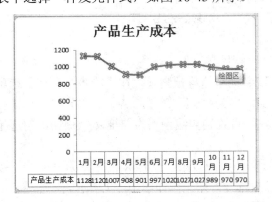

图 10-43　设置形状效果

步骤 6：完成各月生产成本趋势图。将系列设置为发光样式后，编辑图表的标题与图表区的格式，完成生产成本趋势图的制作，如图 10-44 所示。

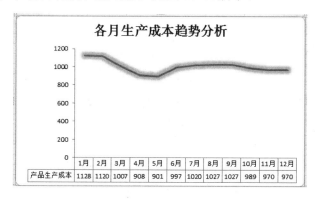

图 10-44　各月生产成本趋势分析

步骤 7：添加趋势线。在图表中添加趋势线，可在【图表工具】/【布局】选项卡下单击【趋势线】下拉按钮。在展开的下拉列表中选择【其他趋势线选项】命令，打开【设置趋势线格式】对话框，如图 10-45 所示。

图 10-45　添加趋势线

步骤 8：选择趋势线类型、设置趋势线名称与趋势预测项。在【趋势线选项】选项卡下选择【多项式】单选按钮，设置多项式的顺序为"6"。在【趋势线名称】中选择【自定义】按钮，在后面文本框中输入趋势线名称，设置趋势线预测为前推 2 个周期，勾选【显示 R 平方值】复选框，如图 10-46 所示。

步骤 9：关闭对话框后，可以看到多项趋势线的效果。此时 R 的平方为 0.9733，接近 1，说明多项式回归分析类型与数据的情况相符合。效果图如图 10-47 所示。

图 10-46　设置多项式趋势线

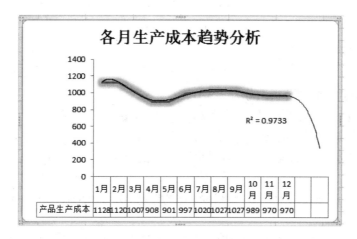

图 10-47　生产成本趋势分析

小　结

收入的增加预示着企业的生存能力增强，企业盈利的空间增加，反之则有亏损的可能；成本的增加预示着企业的消耗增多。是否会造成潜在的亏损需要将成本与收入的变化情况进行综合考虑，因此在 Excel 中创建收入成本分析图表对其进行分析，有助于更好了解企业的收入成本变化对利润的影响程度。

分析营业收入时，应重点分析营业收入的构成，这种构成可以按产品及服务品种进行分析，也可以按照销售区域进行分析。在进行企业经营的产品及服务品种构成分析时，可以先计算各经营品种的收入占全部营业收入的比重，各品种的收入比重变化可以反映企业经营品种的结构变化情况、企业经营的产品及服务的品种是否符合市场需求、企业整体的未来发展战略方向。财务人员一般通过创建收入结构分析表辅助其对收入结构进行分析。

　　收入分析表将收入构成进行了数字量化分析，而收入结构图则可以更加形象直观地帮助使用者进行收入的分析和把控。

　　收入比较分析图要求将各项收入情况与基期进行比较，直观反映各项收入的增减变化情况。显然，柱形图更适合反映此类收入的变化情况。

　　趋势分析法是最常见的销售收入预测方法，该方法因采用的数学方法不同，又分为算术平均法、移动加权平均法、指数平滑法、回归分析法和二次曲线法等。

　　成本结构分析图是将成本按照不同业务项目进行分类归集，通过各成本项目占总成本的比例，直观反映企业的资源消耗情况。

　　Excel 2010 中提供了 6 种不同趋势线类型，包括线性、对数、多项式、乘幂、指数与移动平均。特定类型数据具有特定类型的趋势线。要获得最精确的预测，为数据选择最合适的趋势线非常重要。

练　习

一、填空题

1．销售收入趋势预测分析法分为＿＿＿、＿＿＿、＿＿＿、＿＿＿和＿＿＿等方法。

2．图的标题设置，需要在【　　　】/【　　　】/【　　　】中进行命令选择。

3．数据跨区选取时，应按＿＿＿并拖动鼠标进行选取。

4．CORREL 函数可以求出一元线性回归函数的＿＿＿。

二、判断题

1．折线图不仅能反映对比数据增减变化的趋势，也能做到各个项目逐一对应、逐一对比。（　　）

2．对数趋势线适合增加或减少速度很快，但又迅速趋近于平稳的数据类型。（　　）

3．多项式趋势线是数据波动较大时适用的曲线，它可用于分析大量数据的偏差。（　　）

三、简答题

1．简述按照不同的分类标准，可以把收入分为哪几种类型？

2．简述 CORREL 函数的应用意义。

3．简述几种常见的生产成本趋势分析法。

第 11 章　财务报表的编制

📖 本章目标

- ■ 了解财务报表的概念
- ■ 掌握资产负债表的编制方法
- ■ 掌握资产负债表结构图的制作
- ■ 掌握利润表的编制方法
- ■ 掌握利润比较图的制作
- ■ 掌握现金流量表的编制方法
- ■ 掌握现金流量趋势图的制作

📖 重点难点

重点：
- ◈ 资产负债表的编制方法
- ◈ 利润表的编制方法
- ◈ 现金流量表的编制方法

难点：
- ◈ 资产负债表结构图的制作
- ◈ 利润比较图的制作
- ◈ 现金流量趋势图的制作

　　财务报表是综合反映企业某一特定日期资产、负债和所有者权益及其结构情况，某一特定时期经营成果的实现及分配情况和某一特定时期现金流入、流出及净增加情况的书面文件。会计报表是企业财务报告的重要组成部分，是企业对外传递会计信息的主要手段。本章所介绍的会计报表包括资产负债表、利润表和现金流量表。

11.1　资产负债表的编制

　　资产负债表是企业三大财务报表之一。它与利润表和现金流量表均存在一定的勾稽关系，或者可以说，财务报表主表只有一张资产负债表，利润表和现金流量表均是其附表。

11.1.1　资产负债表的基础知识

　　资产负债表的基础知识包含资产负债表的概念、资产负债表的结构、资产和负债按流动性顺序列报三方面内容。

1．资产负债表的概念

　　资产负债表是反映企业某一特定日期财务状况的报表。它反映企业在某一特定日期所拥有或控制的经济资源、所承担的现实义务和所有者对净资产的要求权。通过资产负债表，可以了解某一日期资产的总额及其结构，表明企业拥有或者控制的资源及其分布情况。资产负债表可以反映企业在某一特定日期所拥有的资产总量及其结构、可以提供某一日期的负债总额及其结构；表明企业未来需要多少资产或劳务清偿债务以及清偿时间；可以反映所有者拥有的权益，据以判断资本保值、增值的情况以及对负债的保障程度。此外，资产负债表还可以提供进行财务分析的基础材料，例如，将流动资产与流动负债进行比较，计算出流动比率；将速动资产与流动负债进行比较，计算出速动比率等，用以表明企业的变现能力、偿债能力和资金周转能力，从而有助于报表使用者做出正确的经济决策。

2．资产负债表的结构

　　在我国，资产负债表采用账户式结构，报表分为左右两方，左方列示资产各项目，反映全部资产的分布及存在形态；右方列示负债和所有者权益各项目，反映全部负债和所有者权益的内容及构成情况。资产负债表左右双方平衡，其理论基础是会计恒等式，即"资产 = 负债 + 所有者权益"。

3．资产和负债按流动性列报

　　根据财务报表列报准则的规定，资产负债表中资产和负债应当按照流动性分别分为流动资产和非流动资产、流动负债和非流动负债。流动性通常按资产的变现或耗用时间长短或者负债的偿还时间长短来确定。

◇　流动资产是指企业可以在一年或者超过一年的一个营业周期内变现或者运用
　　的资产，是企业资产中必不可少的组成部分。流动资产包括货币资金、交易
　　性金融资产、应收票据、应收账款和存货等。

◇　非流动资产是指流动资产以外的资产，主要包括持有至到期投资、长期应收
　　款、长期股权投资、投资性房地产、固定资产、在建工程、无形资产、长期
　　待摊费用和可供出售金融资产等。

◇　流动负债是指将在 1 年(含 1 年)或者超过 1 年的一个营业周期内偿还的债
　　务，包括短期借款、应付账款、应交税费和一年内到期的长期借款等。

◇　非流动负债又称为长期负债，是指偿还期在一年或者超过一年的一个营业周
　　期以上的债务。非流动负债主要是企业为筹集长期投资项目所需资金而发生
　　的，比如企业为购买大型设备向银行借入的中长期贷款。非流动负债的主要
　　项目有长期借款和应付债券。

11.1.2　资产负债表的填列方法

为了让使用者通过比较不同时点资产负债表的数据，掌握企业财务状况的变动情况及
其发展趋势，企业需要提供比较资产负债表，也就是将资产负债表分为"期末余额"栏和
"期初余额"栏进行比较列报。

1．资产负债表"期末余额"栏的填列方法

资产负债表"期末余额"栏应根据资产、负债和所有者权益科目的期末余额填列。

(1) 根据总账科目的余额填列。

"以公允价值计量且其变动计入当期损益的金融资产"、"工程物资"、"固定资产清
理"、"递延所得税资产"、"短期借款"、"以公允价值计量且其变动计入当期损益的金融负
债"、"应付票据"、"应交税费"、"应付利息"、"应付股利"、"其他应付款"、"专项应付
款"、"预计负债"、"递延收益"、"递延所得税负债"、"实收资本(股本)"、"库存股"、"资
本公积"、"其他综合收益"、"专项储备"、"盈余公积"等项目，应根据相关总账科目余额
填列。

有些项目则应根据几个总账科目的余额计算填列，如"货币资金"需根据"库存现
金"、"银行存款"、"其他货币资金"三个总账科目余额的合计数填列；"其他流动资产"，
"其他流动负债"等项目，应该根据有关总账科目余额填列。

(2) 根据明细账的科目余额计算填列。

"开发支出"项目，应根据"研发支出"所属的"资本化支出"明细科目期末余额填
列；"应付账款"项目，应根据"应付账款"和"预付账款"所属相关明细科目贷方余额
合计填列；"一年内到期的非流动资产"、"一年内到期的非流动负债"项目，应根据有关
非流动资产或负债项目的明细科目余额分析填列；"应付职工薪酬"项目，应根据"应付
职工薪酬"科目的明细科目余额分析填列；"长期借款"、"应付债券"项目，应分别根据

"长期借款"、"应付债券"科目的明细科目余额分析填列;"未分配利润"项目,应根据"利润分配"科目中所属的"未分配利润"明细科目余额填列。

(3) 根据总账科目和明细科目的余额分析计算填列。

"长期借款"项目,应根据"长期借款"总账科目余额扣除"长期借款"科目所属明细科目中将在资产负债表日起一年内到期且企业不能自主地将清偿义务展期的长期借款后的金额计算填列;"其他流动资产"项目,应根据相关科目的期末余额减去将于一年内(含一年)到期收回数后的金额填列;"其他流动负债"项目,应根据有关科目的期末余额减去将于一年内到期(含一年)偿还数后的金额填列。

(4) 根据有关科目余额减去备抵科目余额后的净额填列。

"可供出售金融资产"、"持有至到期投资"、"长期股权投资"、"在建工程"、"商誉"项目,应根据有关科目的期末余额填列,已计提减值准备的,还应扣减相应的减值准备;"固定资产"、"无形资产"、"投资性房地产"等应根据相关科目的余额扣减相关的累计折旧(摊销)填列,已计提减值准备的,还应扣减相应的减值准备。采用公允价值计量的上述资产,应根据相关科目的期末余额填列。

(5) 综合运用上述填列方法分析填列。

"应收票据"、"应收利息"、"应收股利"、"其他应收款"项目,应根据相关科目的期末余额,减去"坏账准备"科目中有关坏账准备期末余额后的金额填列;"应收账款"项目,应根据"应收账款"与"预收账款"科目所属明细科目的期末借方余额合计数,减去"坏账准备"科目中有关应收账款计提的坏账准备期末余额后的金额填列;"预付账款"项目,应根据"预付账款"和"应付账款"科目所属各明细科目的期末借方余额合计数填列;"存货"项目,应根据"材料采购"、"原材料"、"发出商品"、"库存商品"、"周转材料"、"委托加工物资"、"生产成本"、"受托代销商品"等科目的期末余额合计,减去"受托代销商品款"、"存货跌价准备"科目期末余额后的金额填列,材料采购用计划成本核算,以及库存商品采用计划成本核算或者售价核算的企业,还应按加减材料成本差异、商品进销差价后的金额填列。

2. 资产负债表"年初余额"栏的填列方法

本表中的"年初余额"栏通常根据上年末有关项目的期末余额填列,且与上年末资产负债表"期末余额"栏相一致。如果企业发生了会计政策变更、前期差错更正,应该对"年初余额"栏中的有关项目进行调整。如果企业上年度资产负债表规定的项目名称和内容与本年度不一致,应当对上年末资产负债表相关项目的名称和数字按照本年度的规定进行调整,填入"年初余额"栏。

11.1.3 资产负债表的编制

本章中,以 A 公司为例,先前已经通过财务软件导出 A 公司的总账,同时,债权类往来款项明细科目余额均在借方,债务类往来款项明细科目余额均在贷方。根据给定的总账科目余额表编制"资产负债表",如图 11-1 所示。

总账

代码	科目名称	借贷	期初余额	借方合计	贷方合计	借方期末余额	贷方期末余额
1001	库存现金	借	115,078.45	31,220.00	58,467.15	87,831.30	
1002	银行存款	借	1,000,000.00	8,542,150.00	8,542,150.00	1,000,000.00	
1101	交易性金融资产	借	5,180.02	0.00	2,368.02	2,812.00	
1121	应收票据	借	907,685.91	0.00	43,100.94	864,584.97	
1122	应收账款	借	592,994.52	773,500.00	712,807.81	653,686.71	
1123	预付账款	借	107,778.00	315,900.00	295,733.49	127,944.51	
1124	应收利息	借	642.59	4,583.90	0.00	5,226.49	
1221	其他应收款	借	66,616.11	8,900.00	26,632.57	48,883.54	
1231	坏账准备	贷	0.00	0.00	0.00	0.00	
1402	在途物资	借	0.00	1,055,000.00	1,055,000.00	0.00	
1403	原材料	借	0.00	3,955,000.00	3,955,000.00	0.00	
1405	库存商品	借	1,004,708.54	5,151,069.00	4,900,176.21	1,255,601.33	
1411	周转材料	借	1,195.29	0.00	645.30	549.99	
1510	持有至到期投资	借	7,000.00	0.00	4,000.00	3,000.00	
1511	长期股权投资	借	61,109.60	14,927.18	0.00	76,036.78	
1512	长期股权投资减值准备	贷	0.00	0.00	0.00	0.00	
1513	投资性房地产	借	6,933.58	33,189.25	0.00	40,122.83	
1601	固定资产	借	810,449.20	868,080.00	851,167.70	827,361.50	
1602	累计折旧	贷	0.00		183,500.00		183,500.00
1604	在建工程	借	82,566.24	828,800.00	676,753.32	234,612.92	
1606	固定资产清理	借	0.00	20,500.00	20,500.00	0.00	
1701	无形资产	借	326,358.54	336,000.00	325,111.41	337,247.13	
1702	累计摊销	贷	0.00	0.00	0.00	0.00	
1703	开发支出	借	47,986.81	6,449.73	0.00	54,436.54	
1704	长期待摊销费用	借	1,058.18	527.49	0.00	1,585.67	
1705	递延所得税资产	借	19,764.84	0.00	3,234.99	16,529.85	
2001	短期借款	贷	886,696.49	200,000.00	351,585.03		1,038,281.52
2101	交易性金融负债	贷	3,943.01	0.00	5,748.14		9,691.15
2201	应付票据	贷	487,059.54	0.00	50,995.68		538,055.22
2202	应付账款	贷	792,217.88	1,776,000.00	1,905,742.48		921,960.36
2203	预收账款	贷	151,294.42	865,180.00	857,301.95		143,416.37
2211	应付职工薪酬	贷	46,408.32	744,000.00	746,851.17		49,259.49
2221	应交税费	贷	-28,892.54	991,151.00	959,567.02		-60,476.52
2231	应付利息	贷	5,331.07	0.00	732.70		6,063.77
2232	应付股利	贷	779.87	0.00	3,347.51		4,127.38
2241	其他应付款	贷	299,237.79	256,959.00	384,421.63		426,700.42
2251	长期借款	贷	349,066.81	200,833.35	0.00		148,233.46
2261	应付债券	贷	325,229.26	0.00	33,071.39		358,300.65
2271	预计负债	贷	47,798.71	0.00	922.62		48,721.33
2281	递延所得税负债	贷	14,483.82	3,368.92	0.00		11,114.90
3001	实收资本	贷	1,161,624.42	0.00	0.00		1,161,624.42
3002	资本公积	贷	151,176.61	666.23	0.00		150,510.38
3101	盈余公积	贷	338,795.69	0.00	2,731.88		341,527.57
3103	本年利润	贷	0.00	6,914,940.00	6,914,940.00		
3104	利润分配	贷	132,855.25	2,233,826.28	2,258,413.22		157,442.19
4001	生产成本	借					
4101	制造费用	借					
5001	主营业务收入	贷			821,170.00		
5002	其他业务收入	贷			110,000.00		
5111	投资收益	贷			110,000.00		
5401	主营业务成本	借		495,600.00	495,600.00		
5402	其他业务成本	借					
5403	营业税金及附加	借		1,200.00			
5601	销售费用	借		10,000.00			
5602	管理费用	借		76,100.00			
5603	财务费用	借		51,800.00			
5701	资产减值损失	借		25,400.00			
5702	营业外收入	贷			76,000.00		
5711	营业外支出	借		3,000.00			
5801	所得税费用	借		39,246.00			

图 11-1 总账科目余额表

步骤 1：新建一张 Excel 表，将其命名为"第 11 章数据表"，将 Sheet1 重命名为"资产负债表"。在单元格 A1 中输入主标题"资产负债表"，输入完毕后选中 A1:H1 单元格区域，单击【开始】/【对齐方式】组中的【合并后居中】按钮，并单击【开始】/【字体】组中的【B】按钮将字体加粗。单击【字体】右侧下三角按钮，在下拉列表中选择【黑体】，单击【字号】右侧下三角按钮，在下拉列表中选择【16】。最终效果如图 11-2 所示。

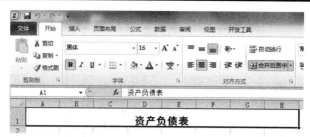

图 11-2　资产负债表主标题的设置

步骤 2：选中单元格 A2:H2 区域，单击鼠标右键，选择【设置单元格格式】命令，在【设置单元格格式】对话框中单击【对齐】选项卡，选择【合并单元格】选项，单击【确定】按钮。在 A2 单元格中输入"编制单位：A 公司、2014 年 12 月 31 日以及单位：元"，并将字体设置为【黑体】，如图 11-3 所示。

步骤 3：在单元格 A3:H3 区域中，按照资产负债表的格式，依次输入"资产"、"行次"、"期末数"、"期初数"、"负债和所有者权益"、"行次"、"期末数"以及"期初数"。输入完毕后，将字体设置为【黑体】，字号为【11】，填充颜色为"深蓝，强调文字颜色 2，淡色 60%"，且对齐方式为居中，如图 11-3 所示。

图 11-3　资产负债表内容的设置

步骤 4：按照资产负债表的格式，将资产负债表中各项目输入对应的单元格中，并设置相关格式，如图 11-4 所示。

资产	行次	期末数	期初数	负债和所有者权益	行次	期末数	期初数
流动资产：				流动负债：			
货币资金	1			短期借款	32		
交易性金融资产	2			交易性金融负债	33		
应收票据	3			应付票据	34		
应收账款	4			应付账款	35		
预付款项	5			预收款项	36		
应收利息	6			应付职工薪酬	37		
应收股利	7			应交税费	38		
其他应收款	8			应付利息	39		
存货	9			应付股利	40		
一年到期的非流动资产	10			其他应付款	41		
其他流动资产	11			一年内到期的非流动负债	42		
流动资产合计	12			其他流动负债	43		
非流动资产：				流动负债合计	44		
可供出售金融资产	13			非流动负债：			
持有至到期投资	14			长期借款	44		
长期应收款	15			应付债券	45		
长期股权投资	16			长期应付款	46		
投资性房地产	17			专项应付款	47		
固定资产	18			预计负债	48		
在建工程	19			递延所得税负债	49		
工程物资	20			其他非流动负债	50		
固定资产清理	21			非流动负债合计	51		
生产性生物资产	22			负债合计	52		
油气资产	23			所有者权益（或股东权益：）			
无形资产	24			实收资本（或股本）	53		
开发支出	25			资本公积	54		
商誉	26			减：库存股	55		
长期待摊费用	27			盈余公积	56		
递延所得税资产	28			未分配利润	57		
其他非流动资产	29			所有者权益（或股东权益）合计	58		
非流动资产合计	30						
资产总计	31			负债和所有者权益（或股东权益）总计	59		

图 11-4　资产负债表表内项目输入

步骤 5：按住 Ctrl 键，同时用鼠标选中 C、D、G、H 列后松开【Ctrl】键，单击鼠标右键，选择【设置单元格格式】命令，在【设置单元格格式】对话框中单击【数字】选项卡，选择【数值】选项，最后单击【确定】按钮。

步骤 6：该资产负债表的期初数根据 2013 年资产负债表期末数据填写(表中给定，不需要填列)。

步骤 7：货币资金公式设置。选中货币资金单元格 C5，在其中输入公式 "='总账'!G3+'总账'!G4"，按照 "货币资金=现金+银行存款+其他货币资金" 的公式从总账中引用，如图 11-5 所示。

步骤 8：以公允价值计量且其变动计入当期损益的金融资产公式设置。选中单元格 C6，在其中输入公式 "='总账'!G5"，按照 "以公允价值计量且其变动计入当期损益的金融资产=交易性金融资产+直接指定为以公允价值计量且其变动计入当期损益的金融资产" 的公式从总账中引用，如图 11-6 所示。

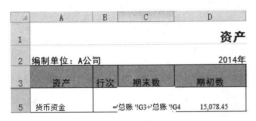

图 11-5　货币资金公式

图 11-6　公允价值计量金融资产公式

步骤 9：应收票据公式设置。选中单元格 C7，在其中输入公式 "='总账'!G6"，将应收票据的期末余额从总账中引用，如图 11-7 所示。

步骤 10：应收账款设置。选中单元格 C8，在其中输入公式 "='总账'!G7-'总账'!G11"，按照 "应收账款=应收账款明细科目期末借方余额+预收账款明细科目期末借方余额-坏账准备" 的公式从总账中引用(本节中第一段已经说明，A 公司债权类往来款项明细科目余额均在借方)，如图 11-8 所示。

图 11-7　应收票据公式

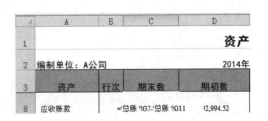

图 11-8　应收账款公式

步骤 11：预付账款公式设置。选中单元格 C9，在其中输入公式 "='总账'!G8"，按照 "预付账款=预付账款明细科目期末借方余额+应付账款明细科目期末借方余额" 的公式从总账中引用(本节第一段已经说明，A 公司债权类往来款项明细科目余额均在借方，债务类往来款项明细科目余额均在贷方)，如图 11-9 所示。

步骤 12：应收利息公式设置。选中单元格 C10，在其中输入公式 "='总账'!G9"，将应收利息的期末借方余额从总账中引用，如图 11-10 所示。

图 11-9　预付账款公式

图 11-10　应收利息公式

步骤 13：其他应收款公式设置。选中单元格 C12，在其中输入公式"='总账'!G10"，按照"其他应收款=其他应收款明细科目期末借方余额+其他应付款明细科目期末借方余额"的公式从总账中引用(本节第一段已经说明，A 公司债权类往来款项明细科目余额均在借方，债务类往来款项明细科目余额均在贷方)，如图 11-11 所示。

步骤 14：存货公式设置。选中单元格 C13，在其中输入公式"='总账'!G12+'总账'!G13+'总账'!G14+'总账'!G15+'总账'!G48"，按照"存货=原材料+库存商品+委托加工物资+周转材料+材料采购+在途物资+发出商品+生产成本－材料成本差异－存货跌价准备"的公式从总账中引用，如图 11-12 所示。

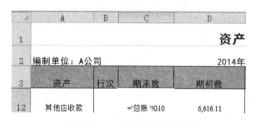

图 11-11　其他应收款公式

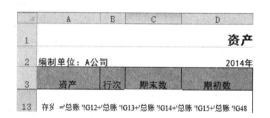

图 11-12　存货公式

步骤 15：流动资产合计公式设置。选中单元格 C16，在其中输入公式"=SUM(C5:C15)"，将流动资产的项目进行加总求和，如图 11-13 所示。

步骤 16：持有至到期投资公式设置。选中单元格 C19，在其中输入公式"='总账'!G16"，从总账中将"持有至到期投资"期末借方余额引入，如图 11-14 所示。

图 11-13　流动资产合计公式

图 11-14　持有至到期投资公式

步骤 17：长期股权投资公式设置。选中单元格 C21，在其中输入公式"='总账'!G17－'总账'!G18"，按照"长期股权投资=长期股权投资期末余额－长期股权投资减值准备"的公式从总账中引用，如图 11-15 所示。

步骤 18：投资性房地产公式设置。选中单元格 C22，在其中输入公式"='总账'!G19"，从总账中将"投资性房地产"期末借方余额引入，如图 11-16 所示。

图 11-15 长期股权投资公式

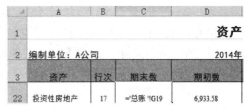

图 11-16 投资性房地产公式

步骤 19：固定资产公式设置。选中单元格 C23，在其中输入公式"='总账'!G20-'总账'!H21"，按照"固定资产=固定资产原值-累计折旧"的公式从总账中引用，如图 11-17 所示。

步骤 20：在建工程公式设置。选中单元格 C24，在其中输入公式"='总账'!G22"，从总账中将"在建工程"期末借方余额引入，如图 11-18 所示。

图 11-17 固定资产公式

图 11-18 在建工程公式

步骤 21：无形资产的公式设置。选中单元格 C29，在其中输入公式"='总账'!G24-'总账'!H25"，按照"无形资产=无形资产原值-累计摊销"的公式从总账中引用，如图 11-19 所示。

步骤 22：开发支出的公式设置。选中单元格 C30，在其中输入公式"='总账'!G26"，从总账中将"开发支出"期末借方余额引入，如图 11-20 所示。

	A	B	C	D
1				资产
2	编制单位：A公司			2014年
3	资产	行次	期末数	期初数
29	无形资产		='总账'!G24-'总账'!H25	:6,358.54

图 11-19 无形资产公式

图 11-20 开发支出公式

步骤 23：长期待摊费用公式设置：选中单元格 C32，在其中输入公式"='总账'!G27"，从总账中将"长期待摊费用"期末借方余额引入，如图 11-21 所示。

步骤 24：递延所得税资产公式设置：选中单元格 C33，在其中输入公式"='总账'!G28"，从总账中将"递延所得税资产"期末借方余额引入，如图 11-22 所示。

	A	B	C	D
1				资产
2	编制单位：A公司			2014年
3	资产	行次	期末数	期初数
32	长期待摊费用	27	='总账'!G27	1,058.18

图 11-21 长期待摊费用公式

	A	B	C	D
1				资产
2	编制单位：A公司			2014年
3	资产	行次	期末数	期初数
33	递延所得税资产	28	='总账'!G28	19,764.84

图 11-22 递延所得税资产公式

步骤 25：非流动资产合计公式设置。选中单元格 C35，在其中输入公式"=SUM(C18:C34)"，求出选中的非流动资产的项目合计金额，如图 11-23 所示。

步骤 26：资产总计公式设置。选中单元格 C36，在其中输入公式"=C16+C35"，将流动资产和非流动资产进行相加，得出资产总计，如图 11-24 所示。

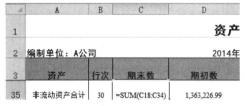

图 11-23 非流动资产合计公式

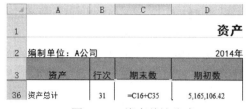

图 11-24 资产总计公式

步骤 27：短期借款公式设置。选中单元格 G5，在其中输入公式"='总账'!H29"，从总账中将"短期借款"的期末贷方余额引入，如图 11-25 所示。

步骤 28：以公允价值计量且其变动计入当期损益的金融负债公式设置。选中单元 G6 格，在其中输入公式"='总账'!H30"，按照公式"以公允价值计量且其变动计入当期损益的金融负债=交易性金融负债+直接指定为以公允价值计量且其变动计入当期损益的金融负债"从总账中引入，如图 11-26 所示。

	E	F	G	H
1			资产负债表	
2	编制单位：A公司			2014年12月
3	负责和所有者权益	行次	期末数	期初数
5	短期借款	32	='总账'!H29	886,696.49

图 11-25 短期借款公式

	E	F	G	H
1			资产负债表	
2	编制单位：A公司			2014年12月
3	负责和所有者权益	行次	期末数	期初数
6	以公允价值计量且其变动计入当期损益的金融负债	33	='总账'!H30	3,943.01

图 11-26 公允价值计量金融负债公式

步骤 29：应付票据公式设置。选中单元格 G7，在其中输入公式"='总账'!H31"，从总账中将"应付票据"期末贷方余额引入，如图 11-27 所示。

步骤 30：应付账款公式设置。选中单元格 G8，在其中输入公式"='总账'!H32"，按照公式"应付账款=应付账款明细科目的期末贷方余额+预付账款明细科目的期末贷方余额"从明细账中引用(本节第一段已经说明，A 公司债权类往来款项明细科目余额均在借方，债务类往来款项明细科目余额均在贷方)，如图 11-28 所示。

	E	F	G	H
1			资产负债表	
2	编制单位：A公司			2014年12月
3	负责和所有者权益	行次	期末数	期初数
7	应付票据	34	='总账'!H31	487,059.54

图 11-27 应付票据公式

	E	F	G	H
1			资产负债表	
2	编制单位：A公司			2014年12月
3	负责和所有者权益	行次	期末数	期初数
8	应付账款	35	='总账'!H32	792,217.88

图 11-28 应付账款公式

步骤 31：预收账款公式设置。选中单元格 G9，在其中输入公式"='总账'!H33"，按照公式"预收账款=预收账款明细科目的期末贷方余额+应收账款明细科目的期末贷方余额"从相关账中引用，如图 11-29 所示。

步骤 32：应付职工薪酬公式设置。选中单元格 G10，在其中输入公式"='总账'!

H34"，从总账中将"应付职工薪酬"期末贷方余额引入，如图 11-30 所示。

图 11-29　预收账款公式

图 11-30　应付职工薪酬公式

步骤 33：应交税费公式设置。选中单元格 G11，在其中输入公式"='总账'!H35"，从总账中将"应交税费"期末贷方余额引入，如图 11-31 所示。

步骤 34：应付利息公式设置。选中单元格 G12，在其中输入公式"='总账'!H36"，从总账中将"应付利息"期末贷方余额引入，如图 11-32 所示。

图 11-31　应交税费公式

图 11-32　应付利息公式

步骤 35：应付股利公式设置。选中单元格 G13，在其中输入公式"='总账'!H37"，从总账中将"应付股利"期末贷方余额引入，如图 11-33 所示。

步骤 36：其他应付款公式设置。选中单元格 G14，在其中输入公式"='总账'!H38"，按照公式"其他应付款=其他应付款明细科目期末贷方余额+其他应收款明细科目期末贷方余额"从总账中引入，如图 11-34 所示。

图 11-33　应付股利公式

图 11-34　其他应付款公式

步骤 37：流动负债合计公式设置。选中单元格 G17，在其中输入公式"=SUM(G5:G16)"，将上面流动负债项目进行加总求和计算，如图 11-35 所示。

步骤 38：长期借款公式设置。选中单元格 G19，在其中输入公式"='总账'!H39"，从总账中将"长期借款"期末贷方余额引入，如图 11-36 所示。

图 11-35　流动负债合计公式

图 11-36　长期借款公式

步骤 39：应付债券公式设置。选中单元格 G20，在其中输入公式"='总账'!H40"，从总账中将"应付债券"期末贷方余额引入，如图 11-37 所示。

步骤 40：预计负债公式设置。选中单元格 G23，在其中输入公式"='总账'!H41"，从总账中将"预计负债"期末贷方余额引入，如图 11-38 所示。

图 11-37　应付债券公式　　　　　图 11-38　预计负债公式

步骤 41：递延所得税负债公式设置。选中单元格 G24，在其中输入公式"='总账'!H42"，从总账中将"递延所得税负债"期末贷方余额引入，如图 11-39 所示。

步骤 42：非流动负债合计设置。选中非流动负债合计单元格 G26，在其中输入公式"=SUM(G19:G25)"，计算出非流动负债合计数，如图 11-40 所示。

图 11-39　递延所得税负债公式　　　　图 11-40　非流动负债合计公式

步骤 43：负债合计公式设置。选中单元格 G27，在其中输入公式"=G17+G26"，按照公式"负债=流动负债+非流动负债"进行计算，如图 11-41 所示。

步骤 44：实收资本公式设置。选中单元格 G29，在其中输入公式"='总账'!H43"，从总账中将"实收资本"期末贷方余额引入，如图 11-42 所示。

图 11-41　负债合计公式　　　　　图 11-42　实收资本公式

步骤 45：资本公积公式设置。选中单元格 G30，在其中输入公式"='总账'!H44"，从总账中将"资本公积"期末贷方余额引入，如图 11-43 所示。

步骤 46：盈余公积公式设置。选中单元格 G32，在其中输入公式"='总账'!H45"，从总账中将"盈余公积"期末贷方余额引入，如图 11-44 所示。

图 11-43　资本公积公式　　　　　图 11-44　盈余公积公式

步骤 47：未分配利润公式设置。选中单元格 G33，在其中输入公式 "='总账'!H47"，从总账中将"利润分配–未分配利润"引入，如图 11-45 所示。

步骤 48：所有者权益合计公式设置。选中单元格 G34，在其中输入公式 "=SUM(G29:G33)"，将所有者权益的相关项目进行加总求和，得出合计数，如图 11-46 所示。

图 11-45　未分配利润公式

图 11-46　所有者权益合计公式

步骤 49：负债和所有者权益总计公式设置。选中单元格 G36，在其中输入公式 "=G27+G34"，将负债和所有者权益的数值进行总计，得出的数值应与资产总计数相同，如图 11-47 所示。

	E	F	G	H
1	**资产负债表**			
2	编制单位：A公司		2014年12月	
3	负债和所有者权益	行次	期末数	期初数
36	负债和所有者权益（或股东权益）总计	59	=G27+G34	5,165,106.42

图 11-47　负债和所有者权益总计公式

步骤 50：完成上述编制后，需要检查借贷合计值，保持借贷双方的平衡。选中单元格 E39，在其中输入公式 "=IF(C36=G36,"","借贷不平衡")"，当借贷双方的合计数不平衡时，系统将提示，如图 11-48(a)所示。如果借贷双方不平衡，则 E39 出现提示"借贷不平衡"，如将数值改正后不再显示，说明借贷平衡，如图 11-48(b)所示。

					E39		f_x	=IF(C36=G36,"","借贷不平衡")	
	A	B	C	D	E		F	G	H
34	资产	29							
35	非流动资产合计	30	1,405,847.55	1,363,226.99	所有者权益（或股东权益）合计		58	1,811,104.56	1,784,451.97
36	资产总计	31	5,452,968.39	5,165,106.42	负债和所有者权益（或股东权益）总计		59	5,454,554.06	5,165,106.42
37									
38									
39					借贷不平衡				

(a)

					E39		f_x	=IF(C36=G36,"","借贷不平衡")	
	A	B	C	D	E		F	G	H
34	资产	29							
35	非流动资产合计	30	1,407,433.22	1,363,226.99	所有者权益（或股东权益）合计		58	1,811,104.56	1,784,451.97
36	资产总计	31	5,454,554.06	5,165,106.42	负债和所有者权益（或股东权益）总计		59	5,454,554.06	5,165,106.42
37									
38									
39									

(b)

图 11-48　借贷试算平衡

11.1.4 资产负债表结构图

通过资产负债表结构图可以使资产负债的几个重要项目更直观，比单纯的数值表示更形象、更利于理解。

步骤 1：新建一张 Sheet 工作表，将其命名为"资产负债表项目结构图"，单击【插入】/【图表】组中的【柱状图】下方的下三角按钮，选择【圆柱图】/【簇状圆柱图】选项，如图 11-49 所示。

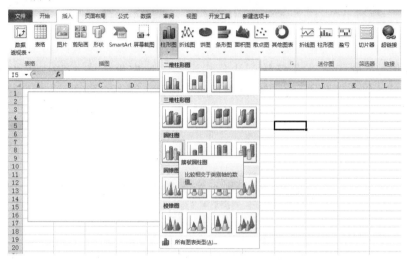

图 11-49　资产负债表的结构图创建

步骤 2：单击空白图，再单击【图表工具】/【设计】/【数据】组中的【选择数据】按钮，弹出【选择数据源】对话框，单击【图表数据区域】命令后方空白处，按住 Ctrl 键，选择资产负债表中的"货币资金"、"应收票据"、"应收账款"以及"其他应收款"这几项重要资产数据，如图 11-50 所示。

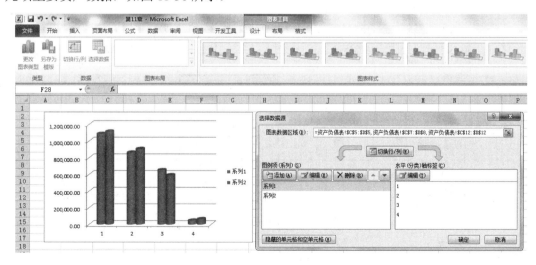

图 11-50　结构图数据源的选择

步骤 3：单击对话框中【图例项(系列)】下的【系列 1】，再单击【编辑】命令，弹出【编辑数据系列】对话框。单击【系列名称】命令下方输入框，把【系列 1】命名为"期末"，用同样的方式将【系列 2】命名为"期初"，如图 11-51 所示。

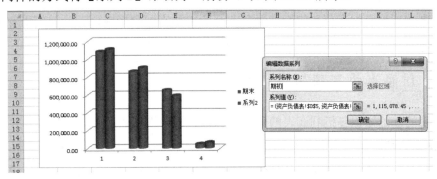

图 11-51　系列的名称设置

步骤 4：单击【水平(分类)轴标签】/【编辑】命令，弹出【轴标签】对话框，单击【轴标签区域】命令下方输入框，将"货币资金,应收票据,应收账款,其他应收款"输入其中并单击【确定】按钮，如图 11-52 所示。

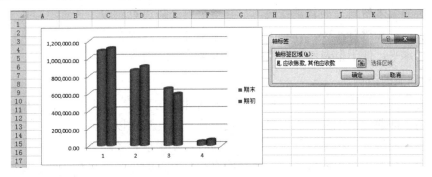

图 11-52　轴标签的编辑

步骤 5：单击该图，再单击【图表工具】/【布局】/【标签】组中的【图表标题】下方下三角按钮，选择【图表上方】选项，并将该标题重命名为"资产负债表项目结构图"，如图 11-53 所示。

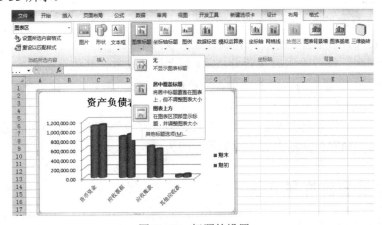

图 11-53　标题的设置

11.2 利润表的编制

利润表的列报必须充分反映企业经营业绩的主要来源和构成，有助于使用者判断净利润的质量及其风险、预测净利润的持续性，从而做出正确决策。

11.2.1 利润表的基础知识

利润表的基础知识包括利润表的概念、利润表的结构和利润表的内容三个方面。

1．利润表的概念

利润表是反映企业在一定会计期间经营成果的报表。通过利润表，可以反映企业一定会计期间的收入实现情况，如实现的营业收入、投资收益、营业外收入各多少；可以反映一定会计期间的费用耗用情况，如耗费的营业成本、营业税费、销售费用、管理费用、财务费用、营业外支出各多少；可以反映企业生产经营活动的成果，即净利润的实现情况，据以判断资本保值、增值情况。将利润表的信息与资产负债表中的信息相结合，还可以提供财务分析的基本资料，如将销货成本与存货平均余额进行比较，计算出存货周转率；将净利润与资产总额进行比较，计算出资产收益率等，以反映企业资金周转情况以及企业的盈利能力和水平，便于报表使用者判断企业未来的发展趋势，做出经营决策。

2．利润表的结构

常见的利润表结构主要有单步式和多步式两种。在我国，企业利润表采用的基本上是多步式结构，即通过当期的收入、费用、支出项目按性质加以分类，按利润形成的主要环节列示一些中间性利润指标，分步计算当期损益，便于使用者理解企业经营成果的不同来源。企业利润表对于费用列报通常按照功能进行分类，即分为从事经营业务发生的成本、管理费用、销售费用和财务费用等，有助于使用者了解费用发生的领域。与此同时，为了有助于报表使用者预测企业的未来现金流量，对于费用的列报还应在附注中披露按照性质分类的补充资料，比如列示耗用的原材料、职工薪酬费用、折旧费用、摊销费用等。

3．利润表的内容

利润表主要反映以下几个方面的内容：

(1) 营业收入。由主营业务收入和其他业务收入组成。

(2) 营业利润。营业收入减去营业成本(主营业务成本、其他业务成本)、营业税金及附加、销售费用、管理费用、财务费用、资产减值损失，加上公允价值变动收益、投资收益，即为营业利润。

(3) 利润总额。营业利润加上营业外收入，减去营业外支出，即为利润总额。

(4) 净利润。利润总额减去所得税费用，即为净利润。

11.2.2 利润表的填列方法

为了使报表使用者通过比较不同期间利润的实现情况，判断企业经营成果的未来发展趋势，企业需要提供比较利润表，并就各项目再分为"本期金额"和"上期金额"两栏分别填列。

1．利润表"本期金额"栏的填列方法

利润表"本期金额"栏一般应根据损益类科目的发生额填列。

(1) "营业收入"、"营业成本"、"营业税金及附加"、"销售费用"、"管理费用"、"财务费用"、"资产减值损失"、"投资收益"、"营业外收入"、"营业外支出"、"所得税费用"等项目，应根据有关损益类科目的发生额分析填列。

(2) "营业利润"、"利润总额"、"净利润"项目，应根据本表中相关项目计算填列。

2．利润表中"上期金额"栏的填列方法

利润表中的"上期金额"栏应根据上年同期"本期金额"栏内的数字填列。如果上年同期利润表规定的各个项目的名称和内容与本期不一致，应对上年同期利润表各项目的名称和数字按照本期的规定进行调整，填入"上期金额"栏。

11.2.3 利润表的编制

以 A 公司导出的与利润相关的总账科目为基础，编制利润表。A 公司总账情况如图 11-54 所示。

	代码	科目名称	借贷	期初余额	借方合计	贷方合计	借方期末余额	贷方期末余额
					总账			
45	3101	盈余公积	贷	338,795.69	0.00	2,731.88		341,527.57
46	3103	本年利润	贷	0.00	6,914,940.00	6,914,940.00		
47	3104	利润分配	贷	132,855.25	2,233,826.28	2,258,413.22		157,442.19
48	4001	生产成本	借					
49	4101	制造费用	借					
50	5001	主营业务收入	贷			821,170.00		
51	5002	其他业务收入	贷					
52	5111	投资收益	贷			110,000.00		
53	5401	主营业务成本	借		495,600.00	495,600.00		
54	5402	其他业务成本	借					
55	5403	营业税金及附加	借		1,200.00			
56	5601	销售费用	借		10,000.00			
57	5602	管理费用	借		76,100.00			
58	5603	财务费用	借		51,800.00			
59	5701	资产减值损失	借		25,400.00			
60	5702	营业外收入	贷			76,000.00		
61	5711	营业外支出	借		3,000.00			
62	5801	所得税费用	借		39,246.00			

图 11-54 总账科目表

步骤 1：创建利润表。打开"第 11 章数据表"，插入新 Sheet 工作表，重命名为"利润表"。选中单元格 A1:D1 区域，将字体设置为【黑体】并加粗，字号为【16】，如图 11-55 所示。

步骤 2：标题格式的设置。选中单元格 A2:D2 区域，将单元格区域合并。合并后，在其中输入"编制单位"、"年份"和"单位"，并将字体设置为【黑体】，如图 11-56 所示。

图 11-55 利润表标题设置

图 11-56 利润表内容设置

步骤 3：按照利润表的样式，在单元格 A3:D20 区域内输入利润表的内容。将字体设置为【宋体】，字号为【11】，如图 11-57 所示。

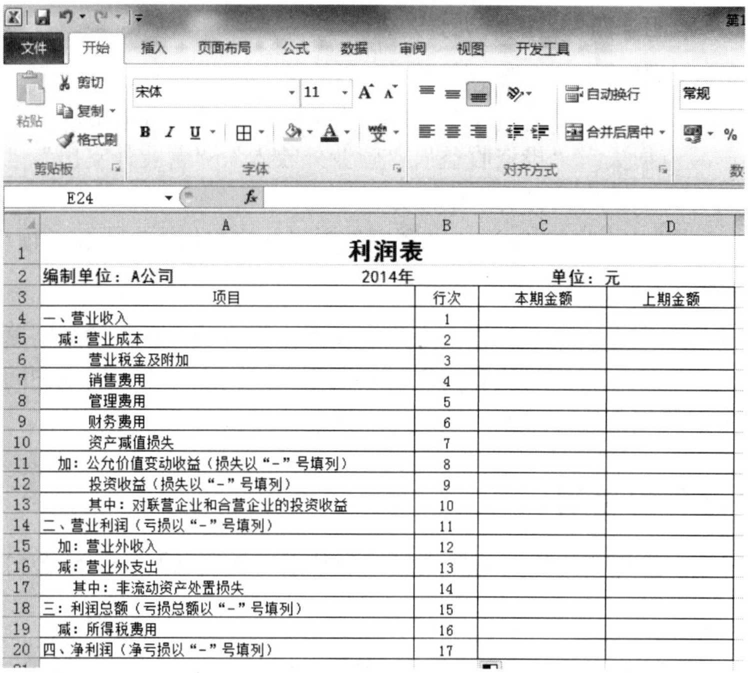

图 11-57　利润表的内容输入

步骤 4：根据上年利润表的相关数据填写本期利润表中的"上期金额"。单击鼠标右键，通过【设置单元格格式】命令将"本期金额"和"上期金额"列的单元格格式设置为【数值】格式，【小数位数】保留 2 位，且使用【千分位】分隔符。

步骤 5：选中单元格 C4，在其中输入公式"='总账'!F50+'总账'!F51"，按照公式"营业收入=主营业务收入本期贷方发生额累计金额+其他业务收入本期贷方发生额累计金额"从总账中引入，如图 11-58 所示。

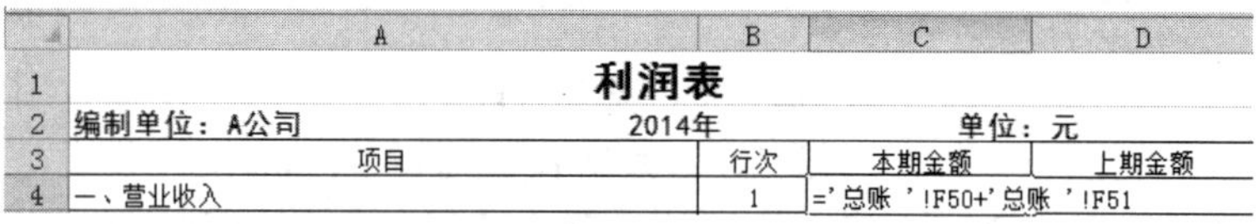

图 11-58　营业收入公式的设置

步骤 6：选中单元格 C5，在其中输入公式"='总账'!E53+'总账'!E54"，按照公式"营业成本=主营业务成本本期借方发生额累计金额+其他业务成本本期借方发生额累计金额"从总账中引入，如图 11-59 所示。

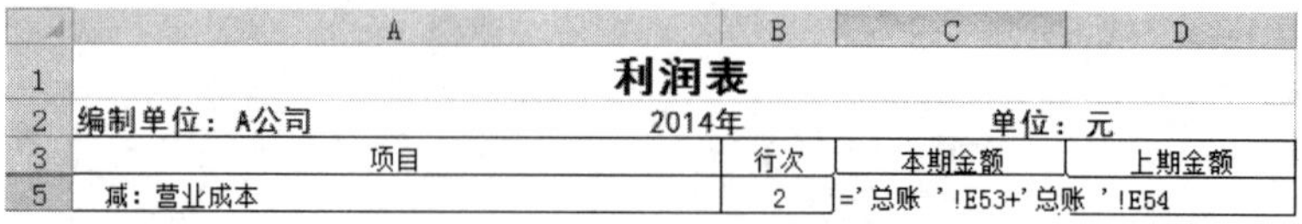

图 11-59　营业成本的公式设置

步骤 7：选中单元格 C6，在其中输入公式"='总账'!E55"，将总账中的"营业税金及附加本期借方发生额累计金额"引入利润表，如图 11-60 所示。

图 11-60　营业税金及附加公式的设置

步骤 8：选中单元格 C7，在其中输入公式"='总账'!E56"，将总账中的"销售费用本期借方发生额累计金额"引入利润表中。

步骤 9：选中单元格 C8，在其中输入公式"='总账'!E57"，将总账中的"管理费用本期借方发生额累计金额"引入利润表中。

步骤 10：选中单元格 C9，在其中输入公式"='总账'!E58"，将总账中的"财务费用本期借方发生额累计金额"引入利润表中。

步骤 11：选中单元格 C10，在其中输入公式"='总账'!E59"，将总账中的"资产减值损失本期借方发生额累计金额"引入利润表中。

步骤 12：选中单元格 C12，在其中输入公式"='总账'!F52"，将总账中的"投资收益本期借方发生额累计金额"引入利润表中。

步骤 13：选中单元格 C14，在其中输入公式"=C4–C5–C6–C7–C8–C9–C10+C11+C12"，计算得出营业利润的数值，如图 11-61 所示。

	A	B	C	D
1		利润表		
2	编制单位：A公司	2014年	单位：元	
3	项目	行次	本期金额	上期金额
14	二、营业利润（亏损以"－"号填列）	11	=C4-C5-C6-C7-C8-C9-C10+C11+C12	

图 11-61　营业利润的公式设置

步骤 14：选中单元格 C15，在其中输入公式"='总账'!F60"，将总账中的"营业外收入"引入利润表中。

步骤 15：选中单元格 C16，在其中输入公式"='总账'!E61"，将总账中的"营业外支出"引入利润表中。

步骤 16：选中单元格 C18，在其中输入公式"=C14+C15–C16"，通过计算得出利润总额的数值，如图 11-62 所示。

	A	B	C	D
1		利润表		
2	编制单位：A公司	2014年	单位：元	
3	项目	行次	本期金额	上期金额
18	三：利润总额（亏损总额以"－"号填列）	15	=C14+C15-C16	449,947.00

图 11-62　利润总额的公式设置

步骤 17：选中单元格 C19，在其中输入公式"='总账'!E62"，将总账中的"所得税费用"引入利润表中。

步骤 18：选中单元格 C20，在其中输入公式"=C18–C19"，通过公式计算得出净利润的数值，如图 11-63 所示。

	A	B	C	D
1		利润表		
2	编制单位：A公司	2014年	单位：元	
3	项目	行次	本期金额	上期金额
20	四、净利润（净亏损以"－"号填列）	17	=C18-C19	409,377.00

图 11-63　净利润公式的设置

11.2.4 利润比较图

通过利润比较图可以将本期与上期的营业利润、利润总额、净利润三项财务数值单独进行视图比较。通过比较，进一步反映企业的盈利增减情况，便于使用者掌握企业的盈利趋势。

步骤 1：在"第 11 章数据表"文件中插入 Sheet 工作表并重命名为"利润比较图"，单击【插入】/【图表】组中【柱形图】下方下三角按钮，选择【三维簇状柱形图】选项，如图 11-64 所示。

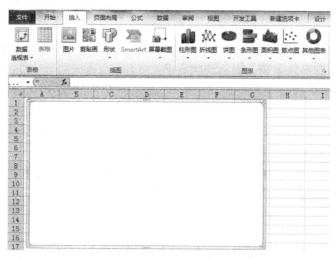

图 11-64　利润比较图的选择

步骤 2：单击空白图，再单击【图表工具】/【设计】/【数据】组中的【选择数据】，弹出【选择数据源】对话框，在【图表数据区域】命令后方空白处输入公式"=利润表!$C$14:$D$14,利润表!$C$18:$D$18,利润表!$C$20:$D$20"，选择利润表中的营业利润、利润总额和净利润单元格区域，如图 11-65 所示。

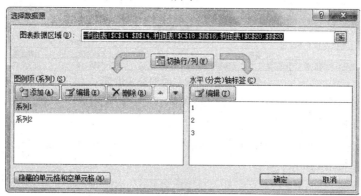

图 11-65　数据区域的选择

步骤 3：运用【图例项(系列)】中的【编辑】命令将【系列 1】和【系列 2】编辑为"本期"和"上期"，如图 11-66 所示。

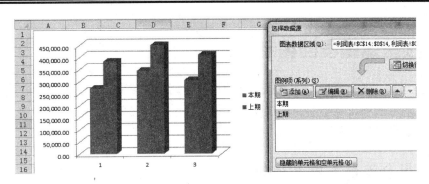

图 11-66　图例项的设置

步骤 4：利用【水平(分类)轴标签】的【编辑】命令，将【轴标签】编辑为"营业利润,利润总额,净利润"，如图 11-67 所示。

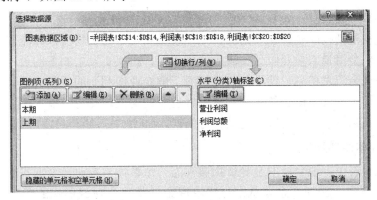

图 11-67　轴标签的设置

步骤 5：单击该图，再单击【图表工具】/【布局】/【标签】组中的【图表标题】下方的下三角按钮，选择【图表上方】选项，并将该标题重命名为"利润比较图"，如图 11-68 所示。

步骤 6：单击【图表工具】/【格式】/【形状样式】组中的【形状填充】右侧的下三角按钮，在【主题颜色】下选择"橙色，强调文字颜色 6，淡色 60%"，在【渐变】下选择【线性向上】，对该"利润比较图"进行简单的背景美化，如图 11-69 所示。

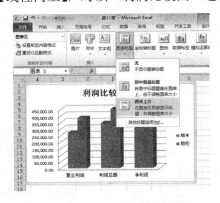

图 11-68　图标题的设置

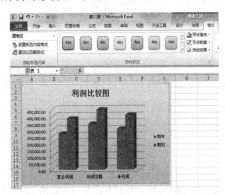

图 11-69　图表格式的设置

11.3　现金流量表的编制

从内容上看，现金流量表分为经营活动、投资活动和筹资活动三个部分，每类活动又分具体项目，这些项目从不同角度反映企业经营活动的现金流入和流出，弥补了资产负债表和利润表提供信息的不足。

11.3.1　现金流量表的基础知识

在正式填列现金流量表之前，需要读者了解什么是现金流量表、它有什么样的结构以及现金流量表都包含哪些内容。

1. 现金流量表的概念

现金流量表是指反映企业在一定会计期间现金和现金等价物流入和流出的报表。从编制原则上看，现金流量表按照收付实现制原则编制，将权责发生制下的盈利信息调整为收付实现制下的现金流量信息，便于信息使用者了解企业净利润的质量。通过现金流量表，报表使用者能够了解现金流量的影响因素，评价企业的支付能力、偿债能力和周转能力，预测企业未来现金流量，为其决策提供有力依据。

2. 现金流量表的结构

在现金流量表中，现金及现金等价物被视为一个整体，企业现金形式的转换不会产生现金的流入和流出。例如，企业从银行提取现金，是现金存放形式的转换，并未流出企业，不构成现金流量。同样现金及现金等价物之间的转换也不属于现金流量，例如，企业用现金购买半年期限的国库券。根据企业活动的性质和现金流量的来源，现金流量表在结构上将企业一定期间产生的现金流量分为三类：经营活动产生的现金流量、投资活动产生的现金流量和筹资活动产生的现金流量。

3. 现金流量表的内容

(1) 经营活动产生的现金流量。

经营活动是指企业投资活动和筹资活动以外的所有交易和事项。各类企业由于行业特点不同，对经营活动的认定存在一定的差异。对于工商企业而言，经营活动主要包括销售商品、提供劳务、购买商品、接受劳务、支付职工薪酬、支付税费等。对于商业银行而言，经营活动主要包括吸收存款、发放贷款、同业存放、同业拆借等。对于保险公司而言，经营活动主要包括原保险业务和再保险业务。

(2) 投资活动产生的现金流量。

投资活动是指企业长期资产的购建和不包括在现金等价物范围内的投资活动及其处置活动。长期资产是指固定资产、无形资产、在建工程、其他资产等持有期限在一年或者一个营业周期以上的资产。这里所讲的投资活动，既包括实物资产投资，也包括金融资产投资。这里之所以把"包括在现金等价物范围内的投资"排除在外，是因为已经将其视为现金。不同企业由于行业特点不同，对于投资的认定也存在差异。例如，交易性金融资产所产生的现金流量，对于工商企业而言，属于投资活动现金流量，而对于证券公司而言，属于经营活动现金流量。

(3) 筹资活动产生的现金流量。

筹资活动是指导致企业资本及债务规模发生变化的活动。这里所说的资本既包括实收资本(股本),也包括资本溢价(股本溢价);这里所说的债务,是指对外举债,包括向银行借款、发行债券以及偿还债务等。通常情况下,应付账款、应付票据等商业应付款等属于经营活动,不属于筹资活动。

(4) 汇率变动对现金及现金等价物的影响。

编制现金流量表时,应当将企业外币现金流量金额以及境外子公司的现金流量金额折算成记账本位币。外币现金流量及境外子公司的现金流量,应当采用现金流量发生日的即期汇率或按照系统合理的方法确定的、与现金流量发生日即期汇率近似的汇率折算。汇率变动对现金的影响额应当作为调节项目,在现金流量表中单独列报。

11.3.2　现金流量表的填列方法

现金流量表的内容多且复杂,因此编报现金流量表就需要掌握一定的方法和技巧。下面介绍列报经营活动现金流量的两种方法和现金流量表填列的三种方法。

1. 列报经营活动现金流量的方法

编报现金流量表时,列报经营活动现金流量的方法有两种:直接法和间接法。在直接法下,一般是以利润表中的营业收入为起算点,调节经营活动有关项目的增减变动,然后计算出经营活动产生的现金流量。在间接法下,将净利润调节为经营活动现金流量,实际上就是将按权责发生制原则确定的净利润调整为现金流入,并剔除投资活动和筹资活动对现金流量的影响。

2. 现金流量表的填列方法

(1) 工作底稿法。采用工作底稿法编制现金流量表,是以工作底稿为手段,以资产负债表和利润表数据为基础,对每一个项目进行分析并编制调整分录,从而编制现金流量表。

工作底稿法的程序如下:

第一步,将资产负债表的期初数和期末数过入工作底稿的期初数栏和期末数栏。

第二步,对当期业务进行分析并编制调整分录。编制调整分录时,要以利润表项目为基础,从"营业收入"开始,结合资产负债表项目逐一进行分析。在调整分录中,有关现金和现金等价物的事项,并不直接借记或者贷记现金,而是分别计入"经营活动产生的现金流量"、"投资活动产生的现金流量"、"筹资活动产生的现金流量"有关项目,借记表示现金流入,贷记表示现金流出。

第三步,将调整分录过入工作底稿中的相应部分。

第四步,核对调整分录,借方、贷方合计数均已相等,资产负债表项目期初数加减调整分录中的借贷金额,也等于期末数。

第五步,根据工作底稿中的现金流量表项目部分编制正式的现金流量表。

(2) T 型账户法。采用 T 型账户法编制现金流量表,是以 T 型账户为手段,以资产负债表和利润表数据为基础，对每一个项目进行分析并编制调整分录，从而编制现金流量表。

T 型账户法的程序如下：

第一步，为所有的非现金项目(包括利润表项目和资产负债表项目)分别开设 T 型账户，并将各自的期末期初变动数过入各该账户。如果项目的期末数大于期初数，则将差额过入和项目余额相同的方向；反之，过入相反方向。

第二步，开设一个大的"现金及现金等价物"T 型账户，每边分为经营活动、投资活动和筹资活动三个部分，左边记现金流入，右边记现金流出。与其他账户一样，过入期末期初变动数。

第三步，以利润表项目为基础，结合资产负债表分析每一个非现金项目的增减变动，并据此编制调整分录。

第四步，将调整分录过入各 T 型账户，并进行核对。账户借贷相抵后的余额与原先过入的期末期初变动数应当一致。

第五步，根据大的"现金及现金等价物"T 型账户编制正式的现金流量表。

(3) 分析填列法。分析填列法是直接根据资产负债表、利润表和有关会计科目明细账的记录，分析计算出现金流量表各项目的金额，并据以编制现金流量表的一种方法。

11.3.3　现金流量表的编制

下面应用分析填列法来编制现金流量表，先要编制"现金流量表工作底稿"，然后将现金流量表项目数据从底稿过入到现金流量表。

步骤 1：在"第 11 章数据表"文件中插入 Sheet 工作表，将其重命名为"现金流量表编制底稿"。选中单元格 A1:B1 区域，并将其合并居中，字体加粗。

步骤 2：在 A2、B2 中分别输入"项目"、"金额"列标题，设置字体为【宋体】并加粗，字号为【10】，将单元格填充颜色设为"橙色"，如图 11-70 所示。

步骤 3：按照现金流量表的编制方法，在 A9 中输入"销售商品、提供劳务收到的现金"，在单元格 B9 中输入公式 "=SUM(B3:B8)"，将单元格填充颜色设为"红色，强调文字颜色 2，淡色 60%"。

步骤 4：A9 单元格设置完毕后，按照编制公式对其进行分解。分别在 A3:A9 中输入"销售收入"、"增值税销项税额"、"应收账款本期减少额"、"应收票据本期减少额"、"预收账款本期增加额"、"特殊调整事项"，如图 11-71 所示。

图 11-70　标题格式设置　　　　　　图 11-71　商品、提供劳务收到的现金公式分解

步骤 5：选中单元格 A10，在其中输入"收到的税费返还"，将 A10:B10 区域的填充

颜色设为"红色，强调文字颜色 2，淡色 60%"。

步骤 6：选中单元格 A11，在其中输入"收到其他与经营有关的现金"，将 A11:B11 区域的填充颜色设为"红色，强调文字颜色 2，淡色 60%"。

步骤 7：选中单元格 A19，在其中输入"购买商品、接受劳务支付的现金"，并在单元格 B19 中设置公式"=SUM(B12:B18)"，将 A19:B19 区域的填充颜色设为"红色，强调文字颜色 2，淡色 60%"。

步骤 8：对"购买商品、接受劳务支付的现金"按照编制公式进行分解。在 A12:A18 中分别输入"销售成本"、"增值税进项税额"、"应付账款本期减少额"、"应付票据本期减少额"、"预付账款本期增加额"、"存货本期增加额"以及"特殊调整事项"，如图 11-72 所示。

步骤 9：选中单元格 A25，在其中输入"支付给职工以及为职工支付的现金"，并在单元格 B25 中输入公式"=B20–B21–B22–B23–B24"，将 A25:B25 区域的填充颜色设为"红色，强调文字颜色 2，淡色 60%"。

步骤 10：对"支付给职工以及为职工支付的现金"进行项目分解。在 A20:A24 中分别输入"应付职工薪酬本期的借方发生额"、"减：非货币性福利"、"减：离退休人员的各项费用"、"减：在建工程人员的工资薪酬"、"其他调整事项"，如图 11-73 所示。

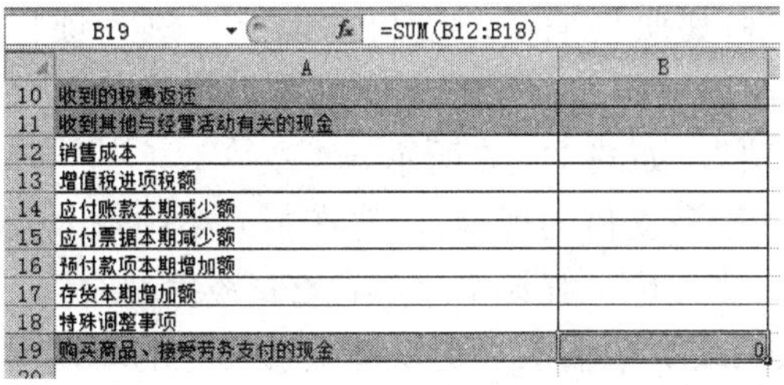

图 11-72　"购买商品、接受劳务支付的现金"分解

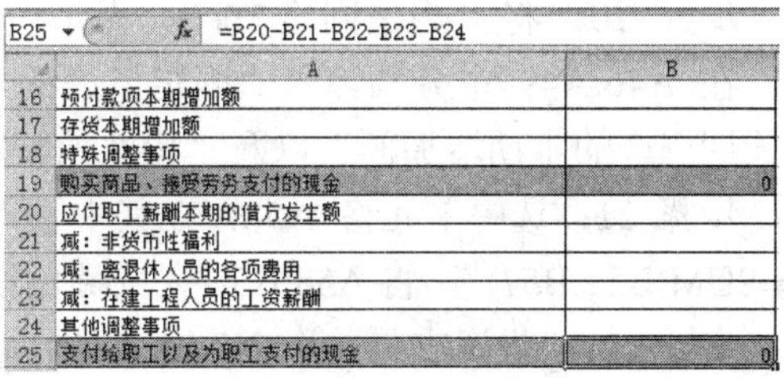

图 11-73　"支付给职工以及为职工支付的现金"分解

步骤 11：选中单元格 A33，在其中输入"支付的各项税费"，并在单元格 B33 中输入公式"=SUM(B26:B32)"，将 A33:B33 区域的填充颜色设为"红色，强调文字颜色 2，淡色 60%"。

步骤 12：对"支付的各项税费"进行项目分解。在 A26:A32 中分别输入"增值税"、"营业税"、"城建税"、"教育费附加"、"地方教育费附加"、"水利基金"以及"其他税费"，如图 11-74 所示。

步骤 13：选中单元格 A34，在其中输入"支付其他与经营活动有关的现金"，将 A34:B34 区域的填充颜色设为"红色，强调文字颜色 2，淡色 60%"。

步骤 14：选中单元格 B42，在其中输入"收回投资收到的现金"，并在单元格中输入公式"=SUM(B35:B41)"，将 A42:B42 区域的填充颜色设为"红色，强调文字颜色 2，淡色 60%"。

步骤 15：对"收回投资收到的现金"进行项目分解。在 A35:A41 中分别输入"交易性金融资产的本期减少额"、"持有至到期投资的本期减少额"、"可供出售金融资产的本期减少额"、"长期股权投资的本期减少额"、"投资性房地产的本期减少额"、"其他投资收回项目"以及"特殊调整事项"，如图 11-75 所示。

	B33	▼	f_x	=SUM(B26:B32)	
		A			B
25	支付给职工以及为职工支付的现金				0
26	增值税				
27	营业税				
28	城建税				
29	教育费附加				
30	地方教育费附加				
31	水利基金				
32	其他税费				
33	支付的各项税费				0

	B42	▼	f_x	=SUM(B35:B41)	
		A			B
34	支付其他与经营活动有关的现金				
35	交易性金融资产的本期减少额				
36	持有至到期投资的本期减少额				
37	可供出售金融资产的本期减少额				
38	长期股权投资的本期减少额				
39	投资性房地产的本期减少额				
40	其他投资收回项目				
41	特殊调整事项				
42	收回投资收到的现金				0

图 11-74　"支付的各项税费"分解　　　　图 11-75　"收回投资收到的现金"分解

步骤 16：选中单元格 A43，在其中输入"取得投资收益收到的现金"，将 A43:B43 区域的填充颜色设为"红色，强调文字颜色 2，淡色 60%"。

步骤 17：选中单元格 A44，在其中输入"处置固定资产、无形资产和其他长期资产收回的现金净额"，将 A44:B44 的填充颜色设为"红色，强调文字颜色 2，淡色 60%"。

步骤 18：选中单元格 A45，在其中输入"收到其他与投资活动有关的现金"，将 A45:B45 区域的填充颜色设为"红色，强调文字颜色 2，淡色 60%"。

步骤 19：选中单元格 A50，在其中输入"购建固定资产、无形资产和其他长期资产支付的现金"，并在单元格中输入公式"=SUM(B46:B49)"，将 A50:B50 区域的填充颜色设为"红色，强调文字颜色 2，淡色 60%"。

步骤 20：将"购建固定资产、无形资产和其他长期资产支付的现金"进行项目分解。在 A46:A49 中分别输入"固定资产的本期增加额"、"无形资产的本期增加额"、"其他长期资产的本期增加额"以及"特殊调整事项"，如图 11-76 所示。

步骤 21：选中单元格 A58，在其中输入"投资支付的现金"，并在单元格中输入公式"=SUM(B51:B57)"，将 A58:B58 区域颜色设为"红色，强调文字颜色 2，淡色 60%"。

步骤 22："投资支付的现金"分解。在 A51:A57 中输入"交易性金融资产的本期增加额"、"持有至到期投资的本期增加额"、"可供出售金融资产的本期增加额"、"长期股权投资的本期增加额"、"投资性房地产的本期增加额"、"其他投资项目的本期增加额"以及"特殊调整事项"，如图 11-77 所示。

	B50	▼	f_x	=SUM(B46:B49)	
		A			B
43	取得投资收益收到的现金				
44	处置固定资产、无形资产和其他长期资产收回的现金净额				
45	收到其他与投资活动有关的现金				
46	固定资产的本期增加额				
47	无形资产的本期增加额				
48	其他长期资产的本期增加额			.	
49	特殊调整事项				
50	购建固定资产、无形资产和其他长期资产支付的现金				0

	B58	▼	f_x	=SUM(B51:B57)	
		A			B
49	特殊调整事项				
50	购建固定资产、无形资产和其他长期资产支付的现金				0
51	交易性金融资产的本期增加额				
52	持有至到期投资的本期增加额				
53	可供出售金融资产的本期增加额				
54	长期股权投资的本期增加额				
55	投资性房地产的本期增加额				
56	其他投资项目的本期增加额				
57	特殊调整事项				
58	投资支付的现金				0

图 11-76　"购建固定资产、无形资产和　　　图 11-77　"投资支付的现金"分解
其他长期资产支付的现金"分解

步骤 23：选中单元格 A59，在其中输入"支付其他与投资活动有关的现金"，将 A59:B59 区域的填充颜色设为"红色，强调文字颜色 2，淡色 60%"。

步骤 24：选中单元格 A60，在其中输入"吸收投资收到的现金"，将 A60:B60 区域的填充颜色设为"红色，强调文字颜色 2，淡色 60%"。

步骤 25：选中单元格 A65，在其中输入"借款所收到的现金"，在单元格中输入公式"=SUM(B61:B64)"，将 A65:B65 区域的填充颜色设为"红色，强调文字颜色 2，淡色 60%"。

步骤 26：将"借款所收到的现金"进行项目分解。在 A61:A64 中分别输入"短期借款的本期增加数"、"长期借款的本期增加数"、"其他借款事项"以及"特殊调整事项"，如图 11-78 所示。

步骤 27：选中单元格 A71，在其中输入"偿还债务所支付的现金"，并在单元格中输入公式"=SUM(B67:B70)"，将 A71:B71 区域的填充颜色设为"红色，强调文字颜色 2，淡色 60%"。

步骤 28：将"偿还债务所支付的现金"进行项目分解。在 A67:A70 中分别输入"短期借款的本期减少数"、"长期借款的本期减少数"、"其他债务事项的减少数"以及"特殊调整事项"，如图 11-79 所示。

	B65	fx	=SUM(B61:B64)		B71	fx	=SUM(B67:B70)

图 11-78　"借款所收到的现金"分解　　　图 11-79　"偿还债务所支付的现金"分解

步骤 29：选中单元格 A75，在其中输入"分配股利、利润或偿付利息所支付的现金"，并在单元格中输入公式"=SUM(B72:B74)"，将 A75:B75 区域的填充颜色设为"红色，强调文字颜色 2，淡色 60%"。

步骤 30：将"分配股利、利润或偿付利息所支付的现金"进行项目分解。在 A72:A74 中分别输入"应付股利的本期减少数"、"应付利息的本期减少数"、"其他调整事项"，如图 11-80 所示。

图 11-80　"分配股利、利润或者偿付利息所支付的现金"分解

步骤 31：选中单元格 A76，在其中输入"支付其他与筹资活动有关的现金"，将 A76:B76 区域的填充颜色设为"红色，强调文字颜色 2，淡色 60%"。

步骤 32：现金流量表的工作底稿制作完毕，根据分解项目，从总账以及明细账中对应查找相关数据填入其中。当工作底稿填制完毕后，则将该工作底稿的红色单元格的数据填入现金流量表所对应的项目中。

11.3.4　现金流量趋势图

现金流量表是财务报表中非常重要的报表，是三大报表之一。通过现金流量表的数据，企业经营者能够更好地把握企业资金的动态。特别是对现金流量的趋势分析，对企业的经营发展尤为重要。

	A	B	C	D	E
1	现金流量汇总表				
2	项目	第一季度	第二季度	第三季度	第四季度
3	现金流入	284,532.36	283,951.44	299,343.00	308,338.80
4	经营活动现金流入	63,358.35	65,001.00	66,270.00	72,022.80
5	投资活动现金流入	151,379.01	147,322.44	161,586.00	161,727.00
6	筹资活动现金流入	69,795.00	71,628.00	71,487.00	74,589.00
7	现金流出	112,367.13	109,939.11	114,793.74	119,535.57
8	经营活动现金流出	45,956.13	44,613.81	48,128.94	51,559.47
9	投资活动现金流出	37,012.50	38,605.80	41,031.00	45,402.00
10	筹资活动现金流出	29,398.50	26,719.50	25,633.80	22,574.10

图 11-81　A 公司每季度资金流量汇总表

A 企业每季度制作一张现金流量表以反映该季度的资金变化情况，如图 11-81 所示。

根据图 11-81 中 A 公司的相关数据，现制作 A 公司的资金流量趋势分析图，以更直观地反映现金流量的变化趋势。

步骤 1：在"现金流量汇总表中"，单击【插入】/【图表】组中的【折线图】下方下三角按钮，选择【二维折线图】选项，如图 11-82 所示。

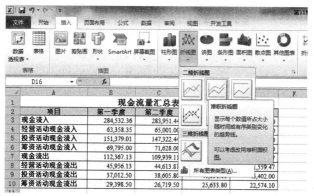

图 11-82　折线图的选取

步骤 2：单击【图表工具】/【设计】/【数据】组中的【选择数据】，在弹出的【选择数据源】对话框中输入"=现金流量趋势图!$B$4:$E$6"，如图 11-83 所示。

图 11-83　数据源区域的选择

步骤 3：通过【选择数据源】对话框中的【图例项(系列)】的【编辑】命令，将系列分别命名为"经营活动现金流入"、"投资活动现金流入"和"筹资活动现金流入"，如图 11-84 所示。

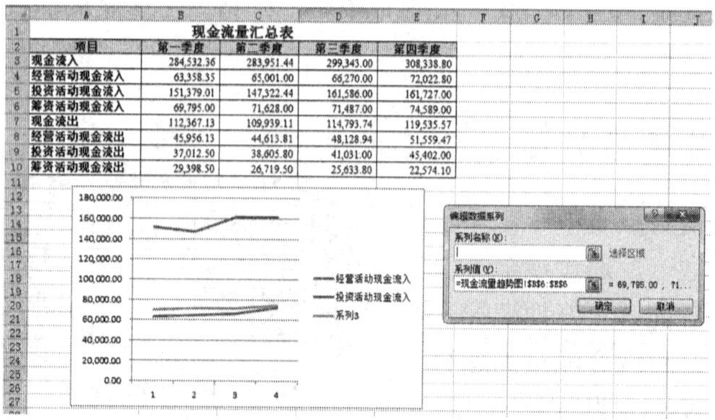

图 11-84　图例项的命名

步骤 4：通过【选择数据源】对话框中的【水平(分类)轴标签】的【编辑】命令，将水平分类标签命名为"第一季度,第二季度,第三季度,第四季度"，如图 11-85 所示。

图 11-85　轴标签的设置

步骤 5：单击该图表，通过【图表工具】/【布局】/【标签】组中的【图表标题】选项，将标题置于图表上方并命名为"现金流入图"，如图 11-86 所示。

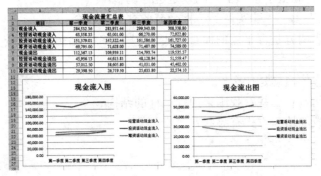

图 11-86　标题的设置

步骤 6：按照上述"现金流入图"操作步骤，选择"现金流量汇总表"的数据区间 B8:E10，制作"现金流出图"。最终效果如图 11-87 所示。

图 11-87　现金流入图和现金流出图

小　结

　　财务报表是企业会计人员根据一定时期(例如月、季、年)的会计记录，按照既定的格式和种类编制的系统性报告文件，是一定时期内企业生产经营的最终结果。企业经营者正是通过财务报表数据了解企业的经营状况。因此，财务报表是财务大循环中至关重要的部分，前期的凭证录入、明细账总账的记账都是为了最终报表的编写服务，所以掌握 Excel 在报表设计中的应用十分具有实际意义。

　　用 Excel 编制资产负债表时应与前期制作的总账相结合，通过总账中各科目的组合反映到资产负债表中，并对重要的资产项目进行结构分析。编制资产负债表的过程会让读者对会计知识有更深的理解。

　　利润表是动态的财务报表，通过 Excel 将总账中一定时期的收入与相关的成本费用进行配比引入，反映企业在一定会计期间内的经营成果。

　　资金是企业的血液，通过 Excel，先设置工作底稿，将现金项目进行分类，最后形成现金流量表。

练　习

　　一、填空题

　　1．在我国，资产负债表采用账户式结构，报表分为_____，左方列示_____，反映全部资产的分布及存在形态；右方列示_____和_____各项目，反映全部负债和所有者权益的内容及构成情况。

　　2．利润表中的"上期金额"栏应根据_____同期利润表_____栏内的数字填列。

　　3．插入一张"簇状圆柱图"的步骤是：单击_____组中【柱状图】下方的下三角按钮，选择_____。

　　4．营业利润=_____－_____－_____－_____－_____－_____+_____+_____。

　　二、判断题

　　1．资产负债表中"应收账款"项目是根据"应收账款"总账科目余额填列。(　　)

　　2．如果上年同期利润表规定的各个项目的名称和内容与本期不一致，应对本年同期利润表各项目的名称和数字按照上期的规定进行调整。(　　)

　　3．"销售成本"属于"购买商品、接受劳务支付的现金"。(　　)

　　4．资产负债表两方是否平衡的检查公式是"=IF(C36=G36,"","借贷不平衡")"。(　　)

　　三、简答题

　　1．资产负债表的概念是什么？

　　2．利润表的结构有哪些？我国采用什么样的结构？

　　3．现金流量表的填列方式有哪些？

第 12 章　财务分析

本章目标

- 了解财务分析的含义
- 掌握财务指标分析表的制作
- 掌握杜邦分析法的应用
- 掌握沃尔评分表的制作

重点难点

重点：
- ◆ 财务指标分析表的制作
- ◆ 杜邦分析法的应用

难点：
- ◆ 杜邦分析体系的创建

资产负债表、利润表和现金流量表三张表相辅相依、相互勾稽、相互关联，全面反映了企业的财务状况、经营成果和资金流转情况。三大财务报表所提供的企业财务状况和经营成果，为企业经营者后续的经营管理提供了强有力的支持。但是，财务报表所表述的内容只是对企业的财务状况和经营成果的一个概括性叙述，并不能充分、有效地反映企业某些专项领域的经营情况，如企业的偿债能力、盈利能力、资金周转效率及其他方面的强弱情况。因此，我们引入了财务分析，针对企业的财务结构、财务比率以及变化趋势等方面进行专业的阐述。本章将结合 Excel 对财务分析方法进行讲解。

12.1　财务分析概述

学习者想要更好地理解和运用财务分析，首先要了解和把握财务分析的概念、作用以及财务分析的方法和内容。

12.1.1　财务分析的概念

财务分析是以会计核算和报表资料及其他相关资料为依据，采用一系列专门的分析技术和方法，对企业等经济组织过去和现在有关筹资活动、投资活动、经营活动、分配活动的盈利能力、营运能力、偿债能力和发展能力等状况进行分析与评价的经济管理活动。

12.1.2　财务分析的作用

财务分析是为企业的投资者、债权人、经营者及其他关心企业的组织或个人了解企业过去、评价企业现状、预测企业未来提供准确的信息或依据的经济应用学科。

1．财务分析是评价财务状况及经营业绩的重要依据

通过财务分析，可以了解企业偿债能力、营运能力、盈利能力和现金流量状况，合理评价经营者的经营业绩，可以起到奖优罚劣、促进管理水平提高的作用。

2．财务分析是实现理财目标的重要手段

企业理财的根本目标是实现企业价值最大化。通过财务分析，从各方面揭露矛盾，找出差距，充分认识未被利用的人力、物力资源，寻找利用不当的原因，不断挖掘潜力，促进企业经营活动按照企业价值最大化目标运行。

财务分析是实施正确投资决策的重要环节。投资者通过财务分析，可以了解企业的获利能力、偿债能力，从而进一步预测投资后的收益水平和风险程度，并做出正确的投资决策。

12.1.3　财务分析的方法和内容

一般来说，财务分析主要运用比较分析法、比率分析法和因素分析法这三种方法，对企业的偿债能力、营运能力、盈利能力和发展能力这四个方面内容进行分析和评价。

1. 财务分析的方法

(1) 比较分析法是通过对比两期或连续数期财务报告中的相同指标，确定其增减变动的方向、数额和幅度，来说明企业财务状况或经营成果变动趋势的一种方法。采用这种方法，可以分析引起变化的主要原因、变动的性质，并预测企业未来的发展趋势。比较分析法的具体运用主要包括重要财务指标的比较、会计报表的比较和会计报表项目构成的比较三种方法。

(2) 比率分析法是通过计算各种比率指标来确定财务活动变动程度的方法。比率指标的类型主要有构成比率、效率比率和相关比率三类。

(3) 因素分析法是依据分析指标与其影响因素的关系，从数量上确定各因素对分析指标影响方向和影响程度的一种方法。因素分析法主要有两种：连环替代法和差额分析法。

2. 财务分析的内容

财务分析信息的需求者主要包括企业所有者、企业债权人、企业经营决策者和政府等。不同主体出于不同的利益考虑，对财务分析信息有着各自不同的要求。

(1) 企业所有者作为投资人，关心其资本的保值和增值状况，因此较为重视企业获利能力指标，主要进行企业盈利能力分析。

(2) 企业债权人因不能参与企业剩余收益分享。首先关注的是其投资的安全性，因此更重视企业偿债能力指标，主要进行企业偿债能力分析，同时也关注企业盈利能力分析。

(3) 企业经营决策者必须对企业经营理财的各个方面，包括运营能力、偿债能力、获利能力及发展能力的全部信息予以详尽的了解和掌握，主要进行各方面综合分析，并关注企业财务风险和经营风险。

(4) 政府兼具多重身份，既是宏观经济管理者，又是国有企业的所有者和重要的市场参与者，因此政府对企业财务分析的关注点因所具身份不同而有所差异。

12.2　财务指标分析

财务分析的基础是财务报表。新建一个 Excel 文件，命名为"第 12 章数据表"，编制 A 公司 2015 年度的资产负债表和利润表，如表 12-1 和表 12-2 所示。本章财务指标分析表、杜邦分析体系以及沃尔评分表的创建数据均采用 A 公司资产负债表和利润表数据。

表 12-1 资产负债表

单位：A 公司　　　　　　　　　　　2015 年 12 月 31 日　　　　　　　　　　　单位：元

资　产	行次	期末余额	年初余额	负债和所有者权益	行次	期末余额	年初余额
流动资产：				流动负债：			
货币资金	1	1,087,831.30	1,115,078.45	短期借款	32	1,038,281.52	886,696.49
交易性金融资产	2	2,812.00	5,180.02	交易性金融负债	33	9,691.15	3,943.01
应收票据	3	864,584.97	907,685.91	应付票据	34	538,055.22	487,059.54
应收账款	4	653,686.71	592,994.52	应付账款	35	921,960.36	792,217.88
预付款项	5	127,944.51	107,778.00	预收款项	36	143,416.37	151,294.42
应收利息	6	5,226.49	642.59	应付职工薪酬	37	49,259.49	46,408.32
应收股利	7			应交税费	38	−60,476.52	−28,892.54
其他应收款	8	48,883.54	66,616.11	应付利息	39	6,063.77	5,331.07
存货	9	1,255,601.33	1,004,708.54	应付股利	40	4,127.38	779.87
一年到期的非流动资产	10			其他应付款	41	218,530.87	166,500.06
其他流动资产	11	549.99	1,195.29	一年内到期的非流动负债	42	208,169.55	132,737.73
流动资产合计	12	4,047,120.84	3,801,879.43	其他流动负债	43		
非流动资产：				流动负债合计	44	3,077,079.16	2,644,075.85
可供出售金融资产	13			非流动负债：			
持有至到期投资	14	3,000.00	7,000.00	长期借款	44	148,233.46	349,066.81
长期应收款	15			应付债券	45	290,835.21	277,062.63
长期股权投资	16	76,036.78	61,109.60	长期应付款	46		
投资性房地产	17	40,122.83	6,933.58	专项应付款	47		1,849.50
固定资产	18	827,361.50	810,449.20	预计负债	48	48,721.33	45,949.21
在建工程	19	51,112.92	82,566.24	递延所得税负债	49	11,114.90	14,483.82
工程物资	20			其他非流动负债	50	67,465.44	48,166.63
固定资产清理	21			非流动负债合计	51	566,370.34	736,578.60
生产性生物资产	22			负债合计	52	3,643,449.50	3,380,654.45
油气资产	23			所有者权益(或股东权益)			
无形资产	24	337,247.13	326,358.54	实收资本(或股本)	53	461,624.42	461,624.42
开发支出	25	54,436.54	47,986.81	资本公积	54	850,510.38	851,176.61
商誉	26			减：库存股	55		
长期待摊销费用	27	1,585.67	1,058.18	盈余公积	56	341,527.57	338,795.69
递延所得税资产	28	16,529.85	19,764.84	未分配利润	57	157,442.19	132,855.25
其他非流动资产	29			所有者权益(或股东权益)合计	58	1,811,104.56	1,784,451.97
非流动资产	30	1,407,433.22	1,363,226.99				
资产总计	31	5,454,554.06	5,165,106.42	负债和所有者权益(或股东权益)总计	59	5,454,554.06	5,165,106.42

表 12-2　利　润　表

单位名称：A 单位　　　　　　　　　　2015 年 12 月 31 日　　　　　　　　　　单位：元

项目	行次	本期金额	上期金额
一、营业收入	1	821,170.00	783,027.00
减：营业成本	2	495,600.00	363,240.00
营业税金及附加	3	1,200.00	980.00
销售费用	4	10,000.00	9,860.00
管理费用	5	76,100.00	65,000.00
财务费用	6	51,800.00	49,700.00
资产减值损失	7	25,400.00	11,300.00
加：公允价值变动收益(损失以"-"号填列)	8	—	
投资收益(损失以"-"号填列)	9	110,000.00	100,000.00
其中：对联营企业和合营企业的投资收益	10	—	
二、营业利润(亏损以"-"号填列)	11	271,070.00	382,947.00
加：营业外收入	12	76,000.00	69,000.00
减：营业外支出	13	3,000.00	2,000.00
其中：非流动资产处置损失	14		
三、利润总额(亏损总额以"-"号填列)	15	344,070.00	449,947.00
减：所得税费用	16	39,246.00	40,570.00
四、净利润(净亏损以"-"号填列)	17	304,824.00	409,377.00

12.2.1　财务指标概述

财务指标分析是对财务报表中两个或多个项目之间的关系进行分析，计算出它们之间的内在财务比率，进而对企业的财务和经营状况进行评价。本章的财务指标分析主要涉及偿债能力、营运能力、盈利能力和发展能力这四个方面。

1．偿债能力分析

偿债能力是指企业偿还到期债务(包括本息)的能力。偿债能力分析包括短期偿债能力分析和长期偿债能力分析。

1) 短期偿债能力分析

短期偿债能力是指企业流动资产对流动负债及时足额偿还的保证程度，是衡量企业当前财务能力，特别是流动资产变现能力的重要标志。企业短期偿债能力分析主要采用比率分析法，衡量指标主要有流动比率、速动比率和现金比率。

(1) 流动比率是流动资产与流动负债的比率，表示企业每 1 元流动负债有多少流动资产作为偿还的保证，反映了企业的流动资产偿还流动负债的能力，其计算公式为

$$流动比率 = 流动资产 \div 流动负债$$

(2) 速动比率是企业速动资产与流动负债的比率。其计算公式为

$$速动比率 = 速动资产 \div 流动负债$$

其中

$$速动资产 = 流动资产 - 存货$$

或

$$速动资产 = 流动资产 - 存货 - 预付账款 - 待摊费用$$

(3) 现金比率又称即付比率，是指企业现金类资产与流动负债之间的比率关系，其计算公式为

$$现金比率 = (现金 + 现金等价物) \div (流动负债 - 预收账款 - 预提费用 -$$
$$6个月以上的短期借款)$$

2) 长期偿债能力分析

长期偿债能力是指企业偿还长期负债的能力。它的大小是反映企业财务状况稳定与否及安全程度高低的重要标志。

(1) 资产负债率又称负债比率，是企业的负债总额与资产总额的比率。它表示企业资产总额中，债权人提供资金所占的比重，以及企业资产对债权人权益的保障程度，其计算公式为

$$资产负债率 = (负债总额 \div 资产总额) \times 100\%$$

(2) 产权比率是指负债总额与所有者权益总额的比率，是企业财务结构稳健与否的重要标志，也称资本负债率。其计算公式为

$$产权比率 = (负债总额 \div 所有者权益总额) \times 100\%$$

(3) 权益乘数是资产总额和所有者权益的比率关系，表示资产总额相当于股东权益的倍数，其计算公式如下：

$$权益乘数 = 资产总额 \div 股东权益总额$$

(4) 利息保障倍数又称为已获利息倍数，是企业息税前利润与利息费用的比率，是衡量企业偿付负债利息能力的指标，其计算公式为

$$利息保障倍数 = 息税前利润 \div 利息费用$$

2. 营运能力分析

营运能力分析是指通过计算企业资金周转的有关指标分析其资产利用的效率，是对企业管理层管理水平和资产运用能力的分析。

1) 应收账款周转率

应收账款周转率也称应收账款周转次数，是一定时期内商品或产品主营业务收入净额与应收账款平均余额的比值，是反映应收款项周转速度的一项指标，其计算公式为

$$应收账款周转率(次数) = 主营业务收入净额 \div 应收账款平均余额$$

其中：

$$主营业务收入净额 = 主营业务收入 - 销售折让与折扣$$
$$应收账款平均余额 = (应收账款期初数 + 应收账款期末数) \div 2$$
$$应收账款周转天数 = 360 \div 应收账款周转率$$
$$= (应收账款平均余额 \times 360) \div 主营业务收入净额$$

2) 存货周转率

存货周转率也称存货周转次数，是企业一定时期内的主营业务成本与存货平均余额的比率。它是反映企业的存货周转速度和销货能力的一项指标，也是衡量企业生产经营中存货营运效率的一项综合性指标，其计算公式为

$$存货周转率(次数) = 主营业务成本 \div 存货平均余额$$
$$存货平均余额 = (存货期初数 + 存货期末数) \div 2$$
$$存货周转天数 = 360 \div 存货周转率$$
$$= (存货平均余额 \times 360) \div 主营业务成本$$

3) 总资产周转率

总资产周转率是企业主营业务收入净额与平均总资产的比率。它可以用来反映企业全部资产的利用效率，其计算公式为

$$总资产周转率 = 主营业务收入净额 \div 平均总资产$$
$$平均总资产 = (期初资产总额 + 期末资产总额) \div 2$$

4) 固定资产周转率

固定资产周转率是指企业年销售收入净额与固定资产平均净值的比率。它是反映企业固定资产周转情况，从而衡量固定资产利用效率的一项指标，其计算公式为

$$固定资产周转率 = 主营业务收入净额 \div 固定资产平均净值$$
$$固定资产平均净值 = (期初固定资产净值 + 期末固定资产净值) \div 2$$

5) 流动资产周转率

流动资产周转率是反映企业流动资产周转速度的指标，是一定时期的销售收入净额和平均流动资产的比率，通常也叫流动资产周转次数，用时间表示的流动资产周转率就是流动资产周转天数，其计算公式为

$$流动资产周转率 = 销售收入净额 \div 流动资产平均余额$$
$$流动资产周转天数 = 计算期天数(365) \div 流动资产周转率$$

其中：销售收入为扣除折扣和折让后的销售净额。

$$流动资产平均余额 = (期初流动资产 + 期末流动资产) \div 2$$

3. 盈利能力分析

盈利能力就是企业资金增值的能力，它通常体现为企业收益数额的大小与水平的高低。

1) 主营业务毛利率

主营业务毛利率是销售毛利与主营业务收入净额之比，其计算公式为

$$主营业务毛利率 = 销售毛利 \div 主营业务收入净额 \times 100\%$$

2) 主营业务利润率

主营业务利润率是企业的利润与主营业务收入净额的比率，其计算公式为

$$主营业务利润率 = 利润 \div 主营业务收入净额 \times 100\%$$

3) 总资产收益率

总资产收益率是企业净利润与平均资产总额的比率。它是反映企业资产综合利用效果的指标，其计算公式为

$$总资产收益率 = 净利润 \div 平均资产总额$$

4) 净资产收益率

净资产收益率亦称净值报酬率或权益报酬率，是指企业一定时期内的净利润与平均净资产的比率。它可以反映投资者投入企业的自有资本获取净收益的能力，即反映投资与报

酬的关系，因而是评价企业资本经营效率的核心指标，其计算公式为

$$净资产收益率 = 净利润 ÷ 平均净资产 × 100\%$$

4．发展能力分析

发展能力是企业在生存的基础上，扩大规模、壮大实力的潜在能力。

1) 销售(营业)增长率

销售(营业)增长率是指企业本年销售(营业)收入增长额同上年销售(营业)收入总额的比率。这里，企业销售(营业)收入，是指企业的主营业务收入。销售(营业)增长率表示与上年相比，企业销售(营业)收入的增减变化情况，是评价企业成长状况和发展能力的重要指标，其计算公式为

$$销售增长率 = 本年销售增长额 ÷ 上年销售总额$$
$$= (本年销售额 - 上年销售额) ÷ 上年销售总额$$

2) 资本积累率

资本积累率是指企业本年所有者权益增长额同年初所有者权益的比率。它可以表示企业当年资本的积累能力，是评价企业发展潜力的重要指标，其计算公式为

$$资本积累率 = 本年所有者权益增长额 ÷ 年初所有者权益 × 100\%$$

3) 总资产增长率

总资产增长率是企业本年总资产增长额同年初资产总额的比率。它可以衡量企业本期资产规模的增长情况，评价企业经营规模总量上的扩张程度，其计算公式为

$$总资产增长率 = 本年总资产增长额 ÷ 年初资产总额 × 100\%$$

4) 固定资产成新率

固定资产成新率是企业当期平均固定资产净值同平均固定资产原值的比率，其计算公式为

$$固定资产成新率 = 平均固定资产净值 ÷ 平均固定资产原值 × 100\%$$

需要强调的是，上述四类指标并不是独立的，它们相辅相成，存在一定的内在联系。企业周转能力好，获利能力就较强，企业的偿债能力和发展能力则可以提高，反之亦然。

12.2.2　财务指标分析表的创建

财务指标分析表的创建步骤如下：

步骤 1：新建 Sheet 表，将其命名为"财务指标分析表"。在各单元格中输入相关标题。在单元格 A1 中输入"财务指标分析表"；A2:C2 中分别输入"项目"、"比率"、"公式";在单元格 A3、A8、A13 和 A16 中分别输入"一、偿债能力指标"、"二、营运能力指标"、"三、获利能力指标"、"四、发展能力指标"，在单元格 A4:A19 其余的区域分别输入各标题"流动比率"、"速动比率"、"资产负债比率"、"已获利息倍数"、"流动资产周转率"、"存货周转率"、"应收账款周转率"、"总资产周转率"、"总资产收益率"、"净资产收益率"、"营业增长率"、"资本积累率"以及"总资产增长率"，如图 12-1 所示。

步骤 2：选中 A1:C1 单元格区域执行【合并后居中】命令，将字体加粗，并将字号调整为【14】。同样方式将单元格 A3:C3、A8:C8、A13:C13、A16:C16 分别执行【合并后居

中】命令，并将字体加粗，合并区域的单元格填充颜色设为"黄色"，如图 12-2 所示。

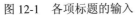

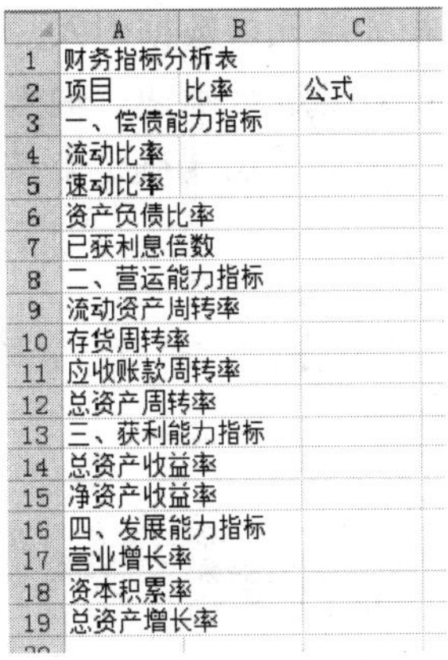

図 12-1　各项标题的输入　　　図 12-2　设置单元格格式

步骤 3：选中单元格 A2:C2 区域，通过【开始】/【对齐方式】/【居中】命令将文字【居中】，并将填充颜色设为"绿色"，边框设置为【所有边框】，字体加粗，最后将单元格的行列宽调整到合适大小，如图 12-3 所示。

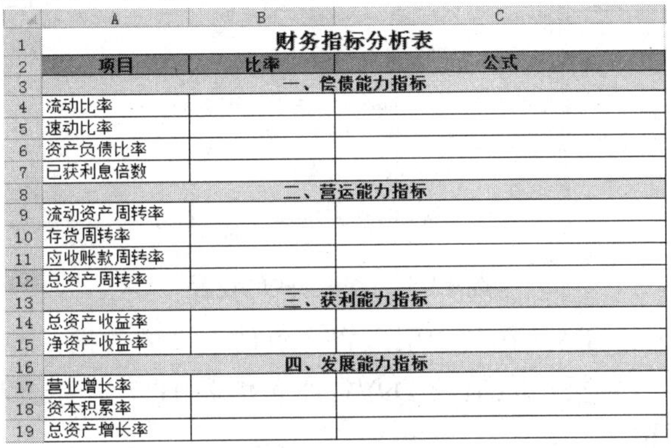

図 12-3　单元格设置

步骤 4：公式列的内容输入。在"公式"列的单元格 C4:C7、C9:C12、C14:C15 和 C17:C19 区域内，分别将各项目对应的财务指标进行文字表述(如在 C4 中输入流动比率的公式介绍"流动资产/流动负债")，将字体设置为【Times New Roman】，字号为【11】，选择完毕后，再根据内容调整单元格行列宽度，如图 12-4 所示。

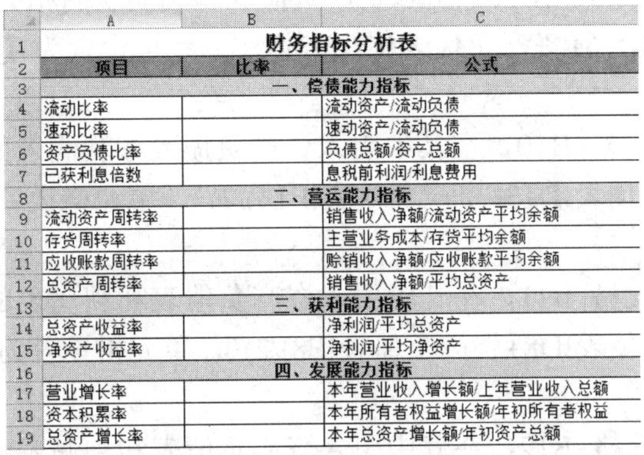

図 12-4　公式内容的输入

步骤 5：比率单元格的公式设置。选中单元格 B4，根据公式所述，从前面的资产负债表中找到相关的期末流动资产和流动负债后，将相关单元格数据引入，在 B4 中输入公式"=资产负债表!D16/资产负债表!H17"，按【Enter】键进行确认。输入完毕后，将单元格设置为【百分比】格式，【小数位数】保留 2 位，最后单击【确定】按钮。最终效果如图 12-5 所示。

图 12-5　比率公式的设置

步骤 6：选中单元格 B5，在其中引入资产负债表中的数据，输入公式"=(资产负债表!D16-资产负债表!D13-资产负债表!D9)/资产负债表!H17"，单元格设置为【百分比】格式，【小数位数】保留 2 位。

步骤 7：选中单元格 B6，在其中引入资产负债表中的数据，输入公式"=资产负债表!H27/资产负债表!D36"，单元格设置为【百分比】格式，【小数位数】保留 2 位。

步骤 8：选中单元格 B7，在其中引入利润表中的数据，公式为"=(利润表!D18+利润表!D9)/利润表!D9"，单元格设置为【数值】格式，【小数位数】保留 2 位。

步骤 9：选中单元 B9，在其中引入资产负债表和利润表的相关数据，输入公式"=利润表!D4/((资产负债表!D16+资产负债表!E16)/2)"，单元格设置为【数值】格式，【小数位数】保留 2 位。

步骤 10：选中单元格 B10，在其中引入资产负债表和利润表的相关数据，输入公式"=利润表!D5/((资产负债表!D13+资产负债表!E13)/2)"，单元格设置为【数值】格式，【小数位数】保留 2 位。

步骤 11：选中单元格 B11，在其中引入资产负债表和利润表的相关数据，输入公式"=利润表!D4/((资产负债表!D8+资产负债表!E8)/2)"，单元格设置为【数值】格式，【小数位数】保留 2 位。

步骤 12：选中单元格 B12，在其中引入资产负债表和利润表的相关数据，输入公式

"=利润表!D4/((资产负债表!D36+资产负债表!E36)/2)"，单元格设置为【数值】格式，【小数位数】保留 2 位。

步骤 13：选中单元格 B14，在其中引入资产负债表和利润表的相关数据，输入公式 "=利润表!D20/((资产负债表!D36+资产负债表!E36)/2)"，单元格设置为【百分比】格式，【小数位数】保留 2 位。

步骤 14：选中单元格 B15，在其中引入资产负债表和利润表的相关数据，输入公式 "=利润表!D20/((资产负债表!H34+资产负债表!I34)/2)"，单元格设置为【百分比】格式，【小数位数】保留 2 位。

步骤 15：选中单元格 B17，在其中引入利润表的相关数据，输入公式 "=(利润表!D4–利润表!E4)/利润表!E4"，单元格设置为【百分比】格式，【小数位数】保留 2 位。

步骤 16：选中单元格 B18，在其中引入资产负债表的相关数据，输入公式 "=(资产负债表!H34–资产负债表!I34)/资产负债表!I34"，单元格格式为【百分比】格式，【小数位数】保留 2 位。

步骤 17：选中单元格 B19，在其中引入资产负债表的相关数据，输入公式 "=(资产负债表!D36–资产负债表!E36)/资产负债表!E36"，单元格格式为【百分比】格式，【小数位数】保留 2 位。选中上述输入公式的所有单元格，将其数值居中显示。最终效果如图 12-6 所示。

	A	B	C
1		财务指标分析表	
2	项目	比率	公式
3			一、偿债能力指标
4	流动比率	131.52%	流动资产/流动负债
5	速动比率	86.56%	速动资产/流动负债
6	资产负债比率	66.80%	负债总额/资产总额
7	已获利息倍数	7.64	息税前利润/利息费用
8			二、营运能力指标
9	流动资产周转率	0.21	销售收入净额/流动资产平均余额
10	存货周转率	0.44	主营业务成本/存货平均余额
11	应收账款周转率	1.32	赊销收入净额/应收账款平均余额
12	总资产周转率	0.15	销售收入净额/平均总资产
13			三、获利能力指标
14	总资产收益率	5.74%	净利润/平均总资产
15	净资产收益率	16.96%	净利润/平均净资产
16			四、发展能力指标
17	营业增长率	4.87%	本年营业收入增长额/上年营业收入总额
18	资本积累率	1.49%	本年所有者权益增长额/年初所有者权益
19	总资产增长率	5.60%	本年总资产增长额/年初资产总额

图 12-6　财务指标分析表效果图

12.3　杜邦分析法

上面建立的财务指标分析表是用几个指标来衡量企业财务状况的某一个方面。这种分析只能告诉我们企业怎么样、存在什么样的问题，却不能分析原因并找出对策。这就需要一种更为综合的分析方法。由此，杜邦公司提出了一套分析方法即杜邦分析法。

12.3.1　杜邦分析法概述

杜邦分析法(DuPont Analysis)是利用几种主要的财务比率之间的关系来综合地分析企

业的财务状况。具体来说，它是一种用来评价公司赢利能力和股东权益回报水平以及从财务角度评价企业绩效的一种经典方法。其基本思想是将企业净资产收益率逐级分解为多项财务比率乘积，这样有助于深入分析比较企业经营业绩。由于这种分析方法最早由美国杜邦公司使用，故名杜邦分析法。杜邦模型最显著的特点是将若干个用以评价企业经营效率和财务状况的比率按其内在联系有机地结合起来，形成一个完整的指标体系，并最终通过权益收益率来综合反映。

在杜邦体系中，包括以下几种主要的指标关系：

(1) 净资产收益率是整个分析系统的起点和核心。该指标的高低反映了投资者的净资产获利能力的大小。净资产收益率是由销售报酬率、总资产周转率和权益乘数决定的。

(2) 权益乘数表明了企业的负债程度。该指标越大，企业的负债程度越高，它是资产权益率的倒数。

(3) 总资产收益率是销售利润率和总资产周转率的乘积，是企业销售成果和资产运营的综合反映。要提高总资产收益率，必须增加销售收入，降低资金占用额。

(4) 总资产周转率反映企业资产实现销售收入的综合能力。分析时，必须综合销售收入分析企业资产结构是否合理，即流动资产和长期资产的结构比率关系是否合理。同时还要分析流动资产周转率、存货周转率、应收账款周转率等有关资产使用效率指标，找出总资产周转率高低变化的确切原因。

12.3.2 杜邦分析体系的创建

杜邦分析体系的创建过程，就是将杜邦分析法中所用到的财务分析指标进行分布罗列和计算的过程。

步骤 1：新建一张 Sheet 表，将表的名字命名为"杜邦分析体系"。在单元格 A1 中输入标题"杜邦分析体系"，并选中单元格 A1:S1 区域，单击【开始】/【对齐方式】组中的【合并后居中】按钮，最后单击【B】将字体加粗。

步骤 2：净资产收益率格式设置。选中单元格 I3，在其中输入"净资产收益率"，将字体设置为【Times New Roman】，对齐方式设置为【居中】，并将单元 I3:I4 区域加外边框，调整单元格的大小。

步骤 3：总资产净利率格式设置。选中单元格 E6，在其中输入"总资产净利率"，将字体设置为【Times New Roman】，对齐方式设置为【居中】，并将 E6:E7 区域加外边框，最后调整单元格的大小。

步骤 4：权益乘数格式设置。选中单元格 N6，在其中输入"权益乘数"，将字体设置为【Times New Roman】，对齐方式设置为【居中】，并将 N6:N7 区域加外边框，调整单元格的大小。最终效果如图 12-7 所示。

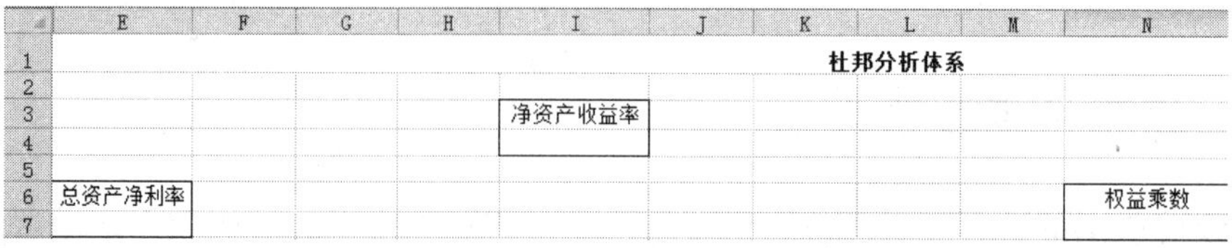

图 12-7 净资产收益率、总资产净利率、权益乘数的设置

步骤 5：营业净利率格式设置。选中单元格 C9，在其中输入"营业净利率"，将字体设置为【Times New Roman】，对齐方式设置为【居中】，并将 C9:C10 区域加外边框，调整单元格的大小。

步骤 6：总资产周转率格式设置。选中单元格 G9，在其中输入"总资产周转率"。将字体设置为【Times New Roman】，对齐方式设置为【居中】，并将 G9:G10 区域加外边框，调整单元格的大小。

步骤 7：权益乘数分解公式的格式设置。选中单元格 N9，在其中输入"1/(1–资产负债率)"。将字体设置为【Times New Roman】，对齐方式设置为【居中】，并将 N9:N10 区域加外边框，调整单元格的大小。最终效果如图 12-8 所示。

图 12-8　营业净利率、总资产周转率、权益乘数分解等的设置

步骤 8：净利润格式设置。选中单元格 A12，在其中输入"净利润"，将字体设置为【Times New Roman】，对齐方式设置为【居中】，并将 A12:A13 区域加外边框，并调整单元格的大小。

步骤 9：营业收入格式设置。选中单元格 E12，在其中输入"营业收入"，将字体设置为【Times New Roman】，对齐方式设置为【居中】，并将 E12:E13 区域加外边框，调整单元格的大小。

步骤 10：资产平均总额格式设置。选中单元格 I12，在其中输入"资产平均总额"，将字体设置为【Times New Roman】，对齐方式设置为【居中】，并将 I12:I13 区域加外边框，调整单元格的大小。最终效果如图 12-9 所示。

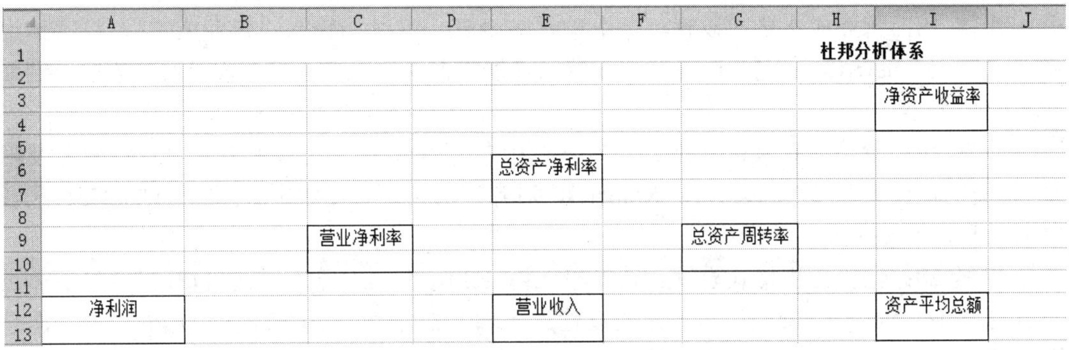

图 12-9　净利润、营业收入、资产平均总额设置

步骤 11：再次设置营业收入。选中单元格 A16，在其中输入"营业收入"，将字体设

置为【Times New Roman】，对齐方式设置为【居中】，并将 A16:A17 区域加外边框，调整单元格的大小。

步骤 12：成本费用总额格式设置。选中单元格 C16，在其中输入"成本费用"，将字体设置为【Times New Roman】，对齐方式设置为【居中】，并将 C16:C17 区域加外边框，调整单元格的大小。

步骤 13：投资收益格式设置。选中单元格 E16，在其中输入"投资收益"，将字体设置为【Times New Roman】，对齐方式设置为【居中】，并将 E16:E17 区域加外边框，调整单元格的大小。

步骤 14：营业外收支净额格式设置。选中单元格 G16，在其中输入"营业外收支净额"，将字体设置为【Times New Roman】，对齐方式设置为【居中】，并将 G16:G17 区域加外边框，调整单元格的大小。

步骤 15：所得税费用格式设置。选中单元格 I16，在其中输入"所得税费用"，将字体设置为【Times New Roman】，对齐方式设置为【居中】，并将 I16:I17 区域加外边框，调整单元格的大小。

步骤 16：负债平均总额格式设置。选中单元格 L16，在其中输入"负债平均总额"，将字体设置为【Times New Roman】，对齐方式设置为【居中】，并将 L16:L17 区域加外边框，调整单元格的大小。

步骤 17：资产平均总额格式设置。选中单元格 P16，在其中输入"资产平均总额"，将字体设置为【Times New Roman】，对齐方式设置为【居中】，并将 P16:P17 区域加外边框，调整单元格的大小。最终效果如图 12-10 所示。

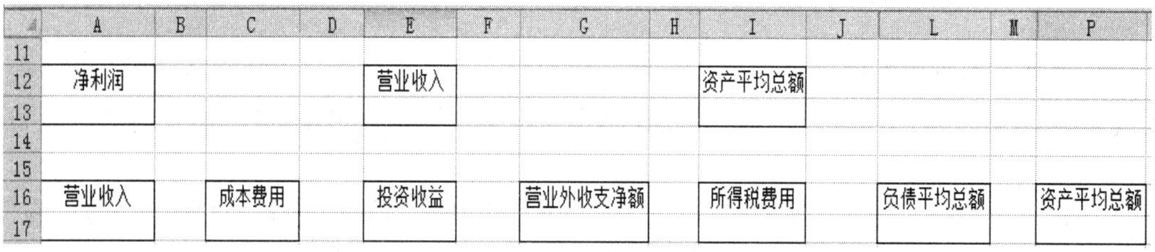

图 12-10　营业收入、成本费用、投资收益、营业外收支净额、
所得税费用、负债平均总额、资产平均总额设置

步骤 18：营业成本格式设置。选中单元格 A20，在其中输入"营业成本"，将字体设置为【Times New Roman】，对齐方式设置为【居中】，并将 A20:A21 区域加外边框，调整单元格的大小。

步骤 19：营业税金及附加格式设置。选中单元格 C20，在其中输入"营业税金及附加"，将字体设置为【Times New Roman】，对齐方式设置为【居中】，并将 C20:C21 区域加外边框，调整单元格的大小。

步骤 20：销售费用格式设置。选中单元格 E20，在其中输入"销售费用"，将字体设置为【Times New Roman】，对齐方式设置为【居中】，并将 E20:E21 区域加外边框，调整单元格的大小。

步骤 21：管理费用格式设置。选中单元格 G20，在其中输入"管理费用"，将字体设置为【Times New Roman】，对齐方式设置为【居中】，并将 G20:G21 区域加外边框，调整单元格的大小。

步骤 22：财务费用格式设置。选中单元格 I20，在其中输入"财务费用"，将字体设置为【Times New Roman】，对齐方式设置为【居中】，并将 I20:I21 区域加外边框，调整单元格的大小。最终效果如图 12-11 所示。

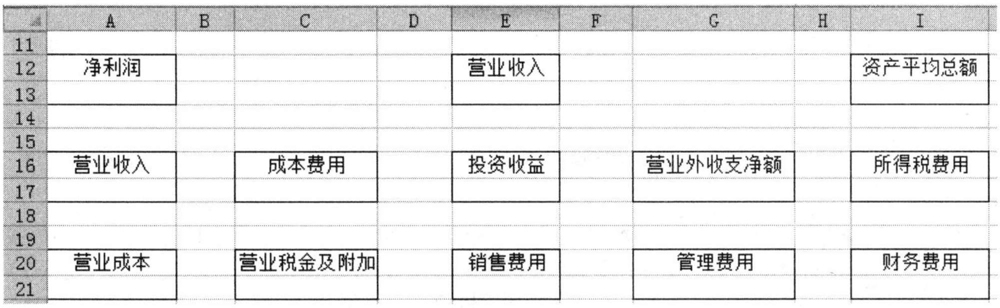

▲	A	B	C	D	E	F	G	H	I
11									
12	净利润				营业收入				资产平均总额
13									
14									
15									
16	营业收入		成本费用		投资收益		营业外收支净额		所得税费用
17									
18									
19									
20	营业成本		营业税金及附加		销售费用		管理费用		财务费用
21									

图 12-11　营业成本、营业税金及附加、销售费用、管理费用、财务费用设置

步骤 23：流动负债格式设置。选中单元格 L20，在其中输入"流动负债"，将字体设置为【Times New Roman】，对齐方式设置为【居中】，并将 L20:L21 区域加外边框，调整单元格的大小。

步骤 24：非流动负债格式设置。选中单元格 N20，输入"非流动负债"，将字体设置为【Times New Roman】，对齐方式设置为【居中】，并将 N20:N21 区域加外边框，调整单元格的大小。

步骤 25：流动资产格式设置。选中单元格 P20，在其中输入"流动资产"，将字体设置为【Times New Roman】，对齐方式设置为【居中】，并将 P20:P21 区域加外边框，调整单元格的大小。

步骤 26：非流动资产格式设置。选中单元格 R20，在其中输入"非流动资产"，将字体设置为【Times New Roman】，对齐方式设置为【居中】，并将 R20:R21 区域加外边框，调整单元格的大小。最终效果如图 12-12 所示。

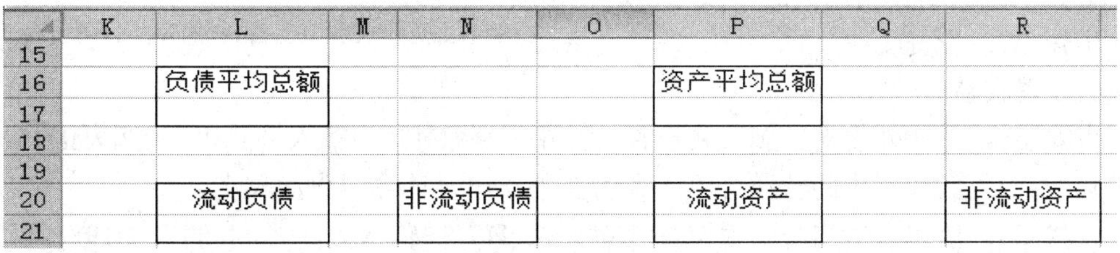

▲	K	L	M	N	O	P	Q	R
15								
16		负债平均总额				资产平均总额		
17								
18								
19								
20		流动负债		非流动负债		流动资产		非流动资产
21								

图 12-12　流动负债、非流动负债、流动资产、非流动资产设置

步骤 27：单元格大小调整。调整各行列以及单元格的大小，将单元格长宽进行统一设置，以便连接线的勾画。

步骤 28：连接线的设置。单击【插入】/【插图】组中【形状】下方的下三角按钮，选择【线条】选项中的【直线】，选中完毕后，在图中进行框架关系的连接。

步骤 29：按照杜邦分析体系的勾稽关系，将各比率进行线条的连接，如图 12-13 所示。

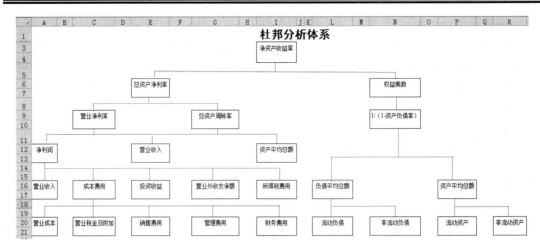

图 12-13　杜邦分析体系图框架

步骤 30：营业成本公式设置。选中单元格 A21，在其中输入公式"=利润表!D5"，即引入利润表中的营业成本。

步骤 31：营业税金及附加公式设置。在单元格 C21 中输入公式"=利润表!D6"，引入利润表中的营业税金及附加。

步骤 32：销售费用公式设置。在单元格 E21 中输入公式"=利润表!D7"，引入利润表中的销售费用。

步骤 33：管理费用公式设置。在单元格 G21 中输入公式"=利润表!D8"，引入利润表中的管理费用。

步骤 34：财务费用公式设置。在单元格 I21 中输入公式"=利润表!D9"，引入利润表中的财务费用。

步骤 35：营业收入公式设置。在单元格 A17 中输入公式"=利润表!D4"，引入利润表中的营业收入。

步骤 36：成本费用总额的公式设置。在单元格 C17 中输入公式"=A21+C21+E21+G21+I21"，按成本费用总额的组成项目进行相加。

步骤 37：投资收益公式设置。在单元格 E17 中输入公式"=利润表!D12"，引入利润表中的投资收益。

步骤 38：营业外收支净额公式设置。在单元格 G17 中输入公式"=利润表!D15-利润表!D16"，引入利润表中的营业外收入和营业外支出，计算得出净收支。

步骤 39：所得税费用公式设置。在单元格 I17 中输入公式"=利润表!D19"，引入利润表中的所得税费用。

步骤 40：净利润公式设置。在单元格 A13 中输入公式"=利润表!D20"，引入利润表中的净利润。

步骤 41：营业收入公式设置。在单元格 E13 中输入公式"=利润表!D4"，引入利润表中的营业收入。

步骤 42：资产平均总额公式设置。在单元格 I13 中输入公式"=(资产负债表!D36+资产负债表!E36)/2"，引入资产负债表中期初和期末的资产总额数据，计算得出资产平均总额。

步骤 43：营业净利润公式设置。在单元格 C10 中输入公式"=A13/E13"，计算得出营业净利率。将该单元格格式设置为【百分比】，【小数位数】保留 2 位。

步骤 44：总资产周转率公式设置。在单元格 G10 中输入公式"=E13/I13"，计算得出总资产周转率。将该单元格格式设置为【百分比】，【小数位数】保留 2 位。

步骤 45：总资产净利率。在单元格 E7 中输入公式"=C10*G10"，通过计算得出总资产净利率。格式设置为【百分比】，【小数位数】保留 2 位。

步骤 46：流动负债公式设置。在单元格 L20 中输入公式"=(资产负债表!H17+资产负债表!I17)/2"，计算得出资产负债表中期初期末流动负债的平均总额。

步骤 47：非流动负债公式设置。在单元格 N20 中输入公式"=(资产负债表!H26+资产负债表!I26)/2"，计算得出非流动负债的平均总额。

步骤 48：流动资产公式设置。在单元格 P20 中输入公式"=(资产负债表!D16+资产负债表!E16)/2"，计算得出流动资产的平均总额。

步骤 49：非流动资产公式设置。在单元格 R20 中输入公式"=(资产负债表!D35+资产负债表!E35)/2"，计算得出非流动资产的平均总额。

步骤 50：负债平均总额公式设置。在单元格 L17 中输入公式"=L20+N20"，通过流动负债与非流动负债的平均相加计算得出负债平均总额。

步骤 51：资产平均总额公式设置。在单元格 P17 中输入公式"=P20+R20"，通过流动资产与非流动资产的平均相加计算得出资产平均总额。

步骤 52：权益乘数分解公式的设置。在单元格 N10 中输入公式"=1/(1–L17/P17)"，根据权益乘数的公式分解计算得出结果。

步骤 53：在单元格 N7 中同样输入公式"=P17/(P17–L17)"，计算得出权益乘数的数值。

步骤 54：选中单元格 I4，在其中输入公式"=E7*N7"，计算得出净资产收益率。将单元格格式设置为【百分比】，【小数位数】保留 2 位。到该步骤为止，整个杜邦分析体系的 Excel 设计操作已经全部完成。当资产负债表和利润表的数据输入时，该分析体系将自动进行数值引用，从而得出相关数值。最终效果如图 12-14 所示。

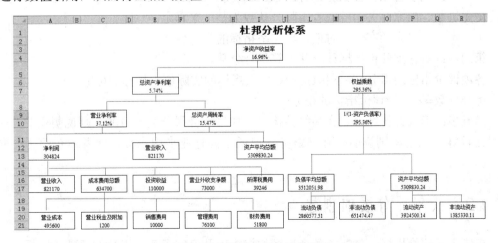

图 12-14　杜邦分析体系效果图

12.4 沃尔评分法

沃尔评分法是另一种财务综合指标分析方法。它是指将选定的财务比率用线性关系结合起来，并分别给定各自的分数比重，然后通过与标准比率进行比较，确定各项指标的得分及总体指标的累计分数，从而对企业的信用水平作出评价的方法。

12.4.1 沃尔评分法概述

1928 年，亚历山大·沃尔(Alexander.Wole)出版的《信用晴雨表研究》和《财务报表比率分析》中提出了信用能力指数的概念，他选择了 7 个财务比率即流动比率、产权比率、固定资产比率、存货周转率、应收账款周转率、固定资产周转率和自有资金周转率，分别给定各指标的比重，然后确定标准比率(以行业平均数为基础)，将实际比率与标准比率相比，得出相对比率，将此相对比率与各指标比重相乘，确定各项指标的得分及总体指标的累计得分，从而对企业的信用水平作出评价。

沃尔评分法的基本步骤包括：

第一步：选择评价指标并分配指标权重。

在选择财务比率时，要考虑以下三个方面：一是指标要具有全面性，能够反映企业财务能力的各项财务比率都应包括在内；二是指标要具有代表性，要选择能够说明问题的财务比率；三是指标要具有变化分析的一致性，当财务比率增大时表示财务状况的改善，反之则相反。

各指标权重的确定是沃尔评分法的重点问题。其权重之和为 100，它直接影响到企业财务状况的评分多少。在各指标权重的确定上应该根据企业的经营业务、生产规模等因素对各项财务比率的重要性做出判断。我们可以参考财政部《企业效绩评价操作细则(修订)》中的企业绩效评价指标体系，建立评价指标和各评价指标的权数。

第二步：确定各项评价指标的标准值。财务指标的标准值一般可以以行业平均数、企业历史先进数、国家有关标准或者国际公认数为基准来确定。

第三步：计算企业在一定时期各项比率指标的实际值。

第四步：对各项评价指标计分并计算综合分数。

各项评价指标的得分=各项指标的权重×(指标的实际值÷指标的标准值)

综合分数=Σ各项评价指标的得分

第五步：形成评价结果。在最终评价时，如果综合得分大于 100，则说明企业的财务状况比较好；反之，则说明企业的财务状况低于同行业平均水平，或者本企业历史先进水平。

12.4.2 沃尔评分表的创建

在选定了评价指标、分配了各个指标的权重以及确定了各个指标的标准值以后，下一步就是要通过建立沃尔评分表来计算企业的各个指标得分和综合信用评分。

步骤 1：打开“第 12 章数据表”文件，插入一张新 Sheet 表，将其命名为“沃尔评分表”。按照沃尔评分表的格式，在 A1 中输入“沃尔评分表”，在 A2:E2 单元格区域中分别输入“选定的指标”、“权重①”、“标准值②”、“实际值③”、“得分④=(③/②)*①”。在 A3:A15 单元格区域中分别输入“一、偿债能力指标”、“1、资产负债率”、“2、已获利息倍数”、“二、获利能力指标”、“1、净资产收益率”、“2、总资产收益率”、“三、营运能力指标”、“1、总资产周转率”、“2、流动资产周转率”、“四、发展能力指标”、“1、营业增长率”、“2、资本积累率”、“五、综合得分”，如图 12-15 所示。

	A	B	C	D	E
1	沃尔评分表				
2	选定的指标	权重①	标准值②	实际值③	得分④=(③/②)*①
3	一、偿债能力指标				
4	1、资产负债率				
5	2、已获利息倍数				
6	二、获利能力指标				
7	1、净资产收益率				
8	2、总资产收益率				
9	三、营运能力指标				
10	1、总资产周转率				
11	2、流动资产周转率				
12	四、发展能力指标				
13	1、营业增长率				
14	2、资本积累率				
15	五、综合得分				

图 12-15　沃尔评分表框架

步骤 2：主标题格式设置。选中 A1:E1 单元格区域，单击【开始】/【对齐方式】组中的【合并后居中】按钮，再将字体设置为【黑体】并加粗，字号设置为【14】。

步骤 3：列标题格式设置。选中 A2:E2 单元格区域，单击【开始】/【对齐方式】组中的【居中】按钮，再将字体设置为【黑体】并加粗，字号设置为【11】，填充颜色为“橙色，强调文字颜色 6，淡色 60%”。

步骤 4：行标题的格式设置。选中 A3:E15 单元格区域，应用【开始】/【字体】组中的【所有边框】对整个单元格区域进行边框设置。再将字体设置为【Times New Roman】，字号设置为【10】，各副标题行的填充颜色为“橙色，强调文字颜色 6，淡色 60%”，如图 12-16 所示。

	A	B	C	D	E
1	沃尔评分表				
2	选定的指标	权重①	标准值②	实际值③	得分④=(③/②)*①
3	一、偿债能力指标				
4	1、资产负债率				
5	2、已获利息倍数				
6	二、获利能力指标				
7	1、净资产收益率				
8	2、总资产收益率				
9	三、营运能力指标				
10	1、总资产周转率				
11	2、流动资产周转率				
12	四、发展能力指标				
13	1、营业增长率				
14	2、资本积累率				
15	五、综合得分				

图 12-16　标题格式设置

步骤 5：权重数值分配的设置。根据企业的经营业务、生产规模等因素对各项财务比率的重要性做出判断，进而确定权重比。在单元格 B4:B5、B7:B8、B10:B11、B13:B14 区域中分别输入权重数值"12"、"8"、"25"、"13"、"9"、"9"、"12"、"12"，在单元格 B3、B6、B9、B12、B15 中分别输入公式"=B4+B5"、"=B7+B8"、"=B10+B11"、"=B13+B14"、"=B3+B6+B9+B12"，计算出各项权重比的合计数为 100，如图 12-17 所示。

步骤 6：标准值的设置。结合该企业所在的行业财务数据平均值以及企业历史先进数得出各项指标的标准值，在单元格 C4:C5、C7:C8、C10:C11、C13:C14 区域中分别输入标准值"60%"、"6"、"8%"、"6%"、"10"、"6"、"15%"、"10%"，如图 12-17 所示。

	A	B	C	D	E
1			沃尔评分表		
2	选定的指标	权重①	标准值②	实际值③	得分④=(③/②)*①
3	一、偿债能力指标	20			
4	1、资产负债率	12	60%		
5	2、已获利息倍数	8	6		
6	二、获利能力指标	38			
7	1、净资产收益率	25	8%		
8	2、总资产收益率	13	6%		
9	三、营运能力指标	18			
10	1、总资产周转率	9	10		
11	2、流动资产周转率	9	6		
12	四、发展能力指标	24			
13	1、营业增长率	12	15%		
14	2、资本积累率	12	10%		
15	五、综合得分	100			

图 12-17　权重和标准值设置

步骤 7：选中单元格 D4，在其中输入公式"=财务指标分析表!B6"，将前面已经完成的"财务指标分析表"中的资产负债率引入。格式设置为【百分比】，【小数位数】保留 2 位。

步骤 8：选中单元格 D5，在其中输入公式"=财务指标分析表!B7"，将"财务指标分析表"中的已获利息倍数引入，【小数位数】保留 2 位。

步骤 9：选中单元格 D7，在其中输入公式"=财务指标分析表!B15"，将"财务指标分析表"中的净资产收益率引入，格式设置为【百分比】，【小数位数】保留 2 位。

步骤 10：选中单元格 D8，在其中输入公式"=财务指标分析表!B14"，将"财务指标分析表"中的总资产收益率引入，格式设置为【百分比】，【小数位数】保留 2 位。

步骤 11：选中单元格 D10，在其中输入公式"=财务指标分析表!B12"，将"财务指标分析表"中的总资产周转率引入，【小数位数】保留 2 位。

步骤 12：选中单元格 D11，在其中输入公式"=财务指标分析表!B9"，将"财务指标分析表"中的流动资产周转率引入，【小数位数】保留 2 位。

步骤 13：选中单元格 D13，在其中输入公式"=财务指标分析表!B17"，将"财务指标分析表"中的营业增长率引入，格式设置为【百分比】，【小数位数】保留 2 位。

步骤 14：选中单元格 D14，在其中输入公式"=财务指标分析表!B18"，将"财务指标分析表"中的资本积累率引入，格式设置为【百分比】，【小数位数】保留 2 位。最终效果如图 12-18 所示。

图 12-18　实际值计算

步骤 15：选中单元格 E4，按照标题的提示，在其中输入公式"=(D4/C4)*B4"，并将字体设置为【Times New Roman】，字号设置为【10】，居中对齐。

步骤 16：按照步骤 15 的操作方式，将其他单元格中的公式按照标题要求进行设置，并将字体设置为【Times New Roman】，字号设置为【10】，【小数位数】保留 2 位，如图 12-19 所示。

步骤 17：选中单元格 E15，单击【开始】/【编辑】组中的【∑自动求和】命令，再按住 Ctrl 键，并同时通过鼠标进行单元格区域的选择，设置公式为"=SUM(E4:E5,E7:E8,E10:E11,E13:E14)"，完毕后将字体设置为【Times New Roman】，字号设置为【10】，【小数位数】保留 2 位，如图 12-19 所示。

图 12-19　各项得分及综合得分的公式设置

小　　结

财务分析是以会计核算和报表资料及其他相关资料为依据，采用一系列专门的分析技术和方法，对企业等经济组织过去和现在有关筹资活动、投资活动、经营活动、分配活动的盈利能力、营运能力、偿债能力和发展能力等状况进行分析与评价的经济管理活动。

本章通过 Excel 建立财务指标分析表，创建杜邦分析体系及沃尔评分表，生动、立体地将财务报表及其他相关财务数据展示给企业的投资者、债权人、经营者及其他关心企业的组织或者个人。可以使关心企业的各方能够了解过去、评价现状、预测未来，并为企业的管理者做出正确决策提供准确的信息及依据。

练　习

一、填空题

1．财务指标分析表包含的项目有_____指标、_____指标、_____指标和_____指标。

2．_____是利用几种主要的财务比率之间的关系来综合地分析企业的财务状况。

3．产权比率=_____。

4．反映企业营运能力的五个指标是_____、_____、_____、_____、_____。

二、判断题

1．"资产负债率"是短期偿债能力指标。（　　）

2．权益乘数=1/(1−流动比率)。（　　）

3．比率分析法是依据分析指标与其影响因素的关系，从数量上确定各因素对分析指标影响方向和影响程度的一种方法。（　　）

4．沃尔评分法所选择的指标权重之和等于100。（　　）

三、简答题

1．简述财务分析的方法。

2．简述杜邦分析体系的主要财务指标。

3．简述沃尔评分法的基本步骤。

第 13 章　Excel 的扩展应用

本章目标

- 掌握宏的录制与调用方法
- 掌握 Excel 与文本文件的互相转换的方法
- 掌握 Excel 与 Access 软件的互相转换的方法
- 熟悉 Excel 在 PPT 中的应用

重点难点

重点：
- ◈ 宏的录制、调用
- ◈ Excel 与文本文件的相互转化

难点：
- ◈ 宏的录制、调用

无论是财务管理工作还是其他工作，在需要进行数据分析与处理的地方，我们都希望数据能在任意软件中实现自由导入与导出，实现数据共享是软件协同的根本目的。例如，在财务工作中，财务人员希望将制作完成的报表以图形的形式输出到 PPT 中演示，或希望从 Access 数据库中导入已有的人事档案资料。因此，了解 Excel 与其他软件协同使用是十分必要的。

13.1 宏的应用

为了提高工作效率，人们越来越追求办公自动化。要在使用 Excel 进行数据处理和分析时实现自动化，离不开 Excel 中宏功能的应用。

13.1.1 宏的概念介绍

宏(Macro)是 Office 软件包设计的一个比较特殊的功能，用户通过该功能可以实现对任务的自动化处理，它通过录制 VBA 编程语言的方式，如使用事先设置好的表格样式和快捷键等方式对财务数据进行处理，为用户提供了除公式和函数外一种更为简便的 Excel 应用方法。

13.1.2 宏的应用界面

在 Excel 2010 的默认设置中，功能区中并不显示【开发工具】选项卡，所以需要用户在操作前进行设定。步骤如下：

单击【文件】/【选项】命令，在弹出的【Excel 选项】对话框中选择【自定义功能区】选项，在该界面右侧的【主选项卡】内勾选【开发工具】选项，之后单击【确定】按钮退出，如图 13-1 所示。此时在 Excel 表的功能区将出现【开发工具】选项。

图 13-1 【Excel 选项】界面

13.1.3 宏的录制

使用宏表格的前提条件是录制宏，用户可将表格所做的操作保存起来。下面通过实例来阐述宏的录制，资料如图 13-2 所示。

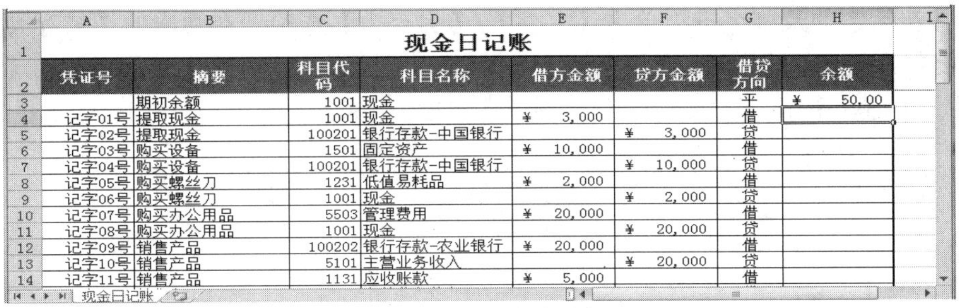

现金日记账

凭证号	摘要	科目代码	科目名称	借方金额	贷方金额	借贷方向	余额
	期初余额	1001	现金			平	¥ 50.00
记字01号	提取现金	1001	现金	¥ 3,000		借	
记字02号	提取现金	100201	银行存款-中国银行		¥ 3,000	贷	
记字03号	购买设备	1501	固定资产	¥ 10,000		借	
记字04号	购买设备	100201	银行存款-中国银行		¥ 10,000	贷	
记字05号	购买螺丝刀	1231	低值易耗品	¥ 2,000		借	
记字06号	购买螺丝刀	1001	现金		¥ 2,000	贷	
记字07号	购买办公用品	5503	管理费用	¥ 20,000		借	
记字08号	购买办公用品	1001	现金		¥ 20,000	贷	
记字09号	销售产品	100202	银行存款-农业银行	¥ 20,000		借	
记字10号	销售产品	5101	主营业务收入		¥ 20,000	贷	
记字11号	销售产品	1131	应收账款	¥ 5,000		借	

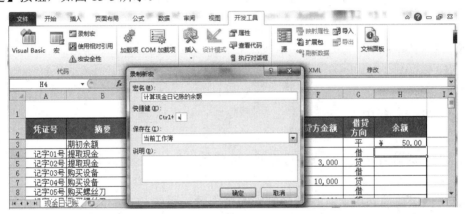

图 13-2　现金日记账

步骤 1：打开“现金日记账”，单击【开发工具】/【代码】组中的【录制宏】按钮或者【视图】/【宏】组中的【录制宏】选项，弹出【录制新宏】对话框，在该对话框的【宏名】处输入“计算现金日记账的余额”，在【快捷键】中输入小写字母“a”，单击【确定】按钮，如图 13-3 所示。

图 13-3　录制宏参数设置

注 意　当输入【快捷键】处的字母为大写时，该对话框显示快捷键的操作为“Ctrl+Shift+A”；当输入字母为小写时，显示为“Ctrl+a”。

步骤 2：返回工作表，选择 H4 单元格，在编辑栏中输入公式“=H3+E4−F4”，按【Enter】键计算出第一笔业务现金余额。将光标移动到 H4 单元格右下角，当光标变为“十”字形状时，按住鼠标左键并将其拖动到最后一笔业务对应的单元格位置，计算其他经济业务的现金余额，如图 13-4 所示。

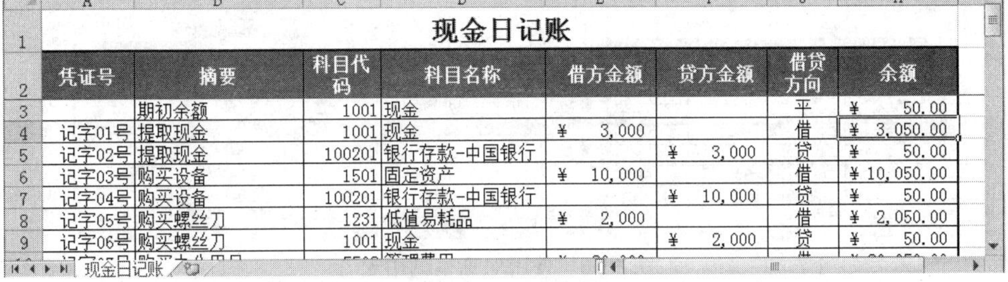

现金日记账

凭证号	摘要	科目代码	科目名称	借方金额	贷方金额	借贷方向	余额
	期初余额	1001	现金			平	¥ 50.00
记字01号	提取现金	1001	现金	¥ 3,000		借	¥ 3,050.00
记字02号	提取现金	100201	银行存款-中国银行		¥ 3,000	贷	¥ 50.00
记字03号	购买设备	1501	固定资产	¥ 10,000		借	¥ 10,050.00
记字04号	购买设备	100201	银行存款-中国银行		¥ 10,000	贷	¥ 50.00
记字05号	购买螺丝刀	1231	低值易耗品	¥ 2,000		借	¥ 2,050.00
记字06号	购买螺丝刀	1001	现金		¥ 2,000	贷	¥ 50.00

图 13-4　公式的复制

步骤 3：当公式输入完毕后，单击【开发工具】/【代码】组中的【停止录制】按钮，单击该按钮后宏的录制完毕。单击【文件】/【另存为】选项，在弹出的【另存为】对话框中选择保存类型为【Excel 启用宏的工作簿】，并将文件名重新命名，最后单击【保存】按钮，如图 13-5 所示。

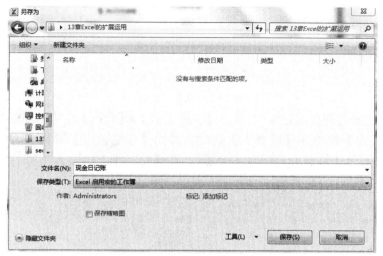

图 13-5　完成宏的录制并保存文件

13.1.4　宏的调用

宏录制完成后需要在工作表中进行调用才能执行所需的操作，调用的方法主要有以下两种：

(1) 使用快捷键调用宏：打开录制宏的工作簿，系统的功能区将出现"安全警告"栏，单击其中的【启用内容】按钮，然后使用录制宏时设置的快捷键即可调用宏。

(2) 使用对话框调用宏：在工作簿中单击功能区中的【启用内容】按钮，单击【视图】/【宏】组中的【宏】按钮，在弹出的下拉列表中选择【查看宏】选项，在打开的对话框中选择需要执行的宏后单击【执行】按钮即可，如图 13-6 所示。

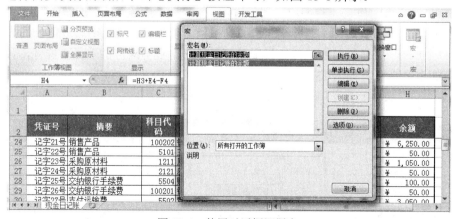

图 13-6　使用对话框调用宏

如果录制宏时出现错误或不需要录制的宏，可在【宏】对话框的【宏名】列表中选择需要删除的选项。单击【删除】按钮，在打开的提示框中单击【是】按钮即可；单击【编辑】按钮，可在打开的对话框中对宏的源代码进行设置、修改操作。

13.1.5　宏的安全设置

为了防范黑客利用宏进行病毒传播，可对宏进行安全性设置。其操作方法为：启动 Excel 2010，单击【文件】/【选项】命令，选择【信任中心】选项，单击【信任中心设置】按钮，打开【信任中心】对话框，选择【宏设置】选项，在【宏设置】栏中选中需要设置的选项后依次单击【确定】按钮，如图 13-7 所示。

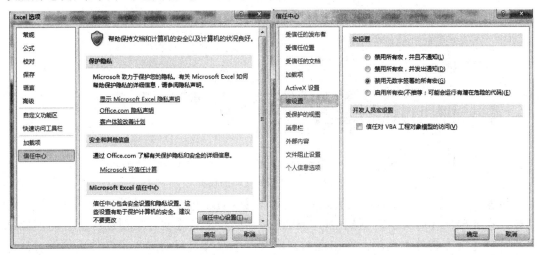

图 13-7　宏的安全性设置

13.2　Excel 与其他软件的协同使用

Excel 的应用使财务管理工作的效率以及范围得到了大幅度的提升。财务人员在对数据分析或处理时，都希望各种软件中的数据能够实现自由转化。通过数据间的导入或导出，来满足工作的需要。Excel 在开发之初就提供了与其他软件数据协同工作的技术基础，通过相互之间的协同应用拓展了 Excel 的使用范围。

13.2.1　与文本的协同使用

在实际工作中，有时录入或者从别的软件导出的数据是文本文件格式，但文本格式并不易于操作，也不利于直观理解，这时就需要将其直接导入 Excel 中。

1. 文本文件转换为 Excel 文件

如图 13-8 所示，客户资料文本文件中记录着公司客户的信息，现需要将文本文件中的内容导入到 Excel 表中。

图 13-8　客户资料

操作步骤如下：

步骤 1：打开"新建文本文档"，将该文本要分隔的地方用逗号、分号或空格进行间隔，添加逗号分隔完毕后单击【文件】/【保存】按钮，如图 13-9 所示。

图 13-9　客户资料文档的设置

步骤 2：新建一张 Excel 表格并打开，单击【文件】/【打开】命令，弹出【打开】对话框。在弹出的【打开】对话框中，单击该对话框右下角【文件类型选择】处的下拉菜单，选择【文本文件】选项，在出现的文本文档中选择自己要导入的文件，如图 13-10所示。

图 13-10　文本文件的选择

步骤 3：弹出【文本导入向导】对话框的第 1 步，因前面已经将文本内容用逗号进行分割，所以选择该对话框中的【分隔符号】选项，选择完毕后单击【下一步】按钮，如图13-11 所示。

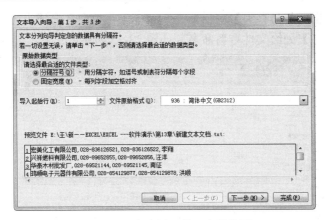

图 13-11　文本导入第 1 步的设置

步骤 4：在弹出的【文本导入向导】对话框的第 2 步中选择【分隔符号】里的【逗号】选项，以逗号作为各项目的分割线，选择完毕后单击【下一步】按钮，如图 13-12 所示。

步骤 5：在弹出的【文本导入向导】对话框的第 3 步中选择【列数据格式】里的【文本】选项，选择完毕后单击【完成】按钮，如图 13-13 所示。

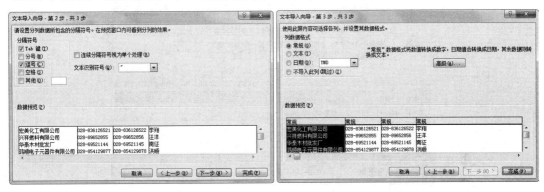

图 13-12　文本导入向导第 2 步的设置　　　　图 13-13　文本导入第 3 步的设置

步骤 6：文本文件的内容导入到 Excel 表中，调整该表行列的大小，如图 13-14 所示。

	A	B	C	D	E
1	宏美化工有限公司	028-836126521	028-836126522	李翔	
2	兴祥燃料有限公司	028-89652855	028-89652856	汪洋	
3	华泰木材批发厂	028-69521144	028-69521145	南征	
4	鸿顺电子元器件有限公司	028-854129877	028-854129878	洪顺	
5	富士科技有限公司	028-55874421	028-55874422	苏阳	
6	蓝宁原煤供应基地	028-68512286	028-68512287	赵勇	
7	昌吉印刷厂	028-69412155	028-69412156	刘伶	
8					

图 13-14　完成客户资料的导入

2．Excel 文件转换为文本文件

同样，当工作需要时也可以将 Excel 文件转换为文本文件。针对此应用，Excel 自身提供了一种简便的转换方法。

现在需要将 Excel 表中记录的客户资料转换成文本文件，相关资料引用图 13-14 中的数据，具体操作步骤如下：

步骤 1：单击该 Excel 表的【文件】/【另存为】命令。

步骤 2：在弹出的【另存为】对话框中，将【保存类型】选择为【文本文件(制表符分隔)】，并在【文件名】处给文件重新命名，如图 13-15 所示。

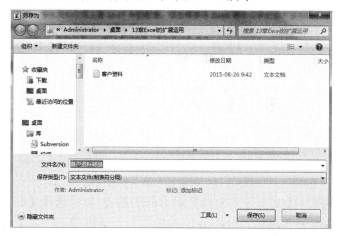

图 13-15　保存的类型选择

步骤 3：保存时，弹出如图 13-16 所示的提示框，根据提示框的说明，单击【是】按钮进行保存，最终生成文本文件。

图 13-16　文本文件的提示及最终效果

13.2.2　与 Access 的协同使用

Access 是由微软发布的关系数据库管理系统。它结合了 Microsoft Jet Database Engine 和图形用户界面两项特点，是 Microsoft Office 的系统程序之一。正是由于以上特点，Access 与 Excel 之间的转化将会极大地方便使用者进行程序的开发以及数据的分析。在财务工作中也经常用到它。为了提高工作效率，实现 Excel 与 Access 的数据共享是财务人员必须了解的知识。

1. Excel 文件导入 Access 系统

在实际工作中，有时需要用户将 Excel 文件导入 Access 系统，需要进行如下操作：

步骤 1：新建一个 Access 文件。打开该文件，单击【文件】/【新建】命令，则显示 Access 的操作界面，如图 13-17 所示。

图 13-17　Access 的操作界面

步骤 2：单击操作界面右下方的【文件夹】，弹出【文件新建数据库】对话框，设置文件将要保存的位置后单击【确定】按钮，该界面将显示文件保存的路径，如图 13-18 所示。

图 13-18　文件保存路径的设置

步骤 3：单击【文件名】处的【创建】按钮，弹出如图 13-19 的操作界面，在该界面中单击【外部数据】/【导入并链接】组中的【Excel】选项。

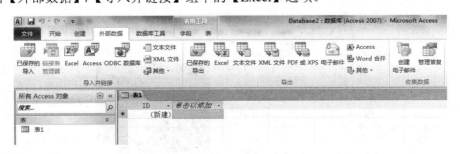

图 13-19　表的操作界面

步骤 4：在弹出的【获取外部数据】对话框中，单击【浏览】按钮，选择需要导入的 Excel 文件，最后单击【确定】按钮，如图 13-20 所示。

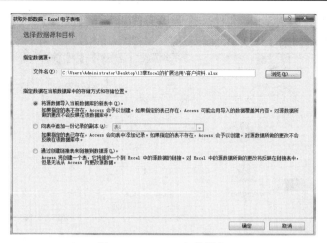

图 13-20　Excel 表的导入

步骤 5：弹出的【导入数据表向导】第一步对话框中显示将要分隔的表的样式，如无误，单击【下一步】，如图 13-21 所示。

图 13-21　导入数据表向导的设置

步骤 6：在弹出的【导入数据向导】第二步对话框里设置【字段选项】。选中已经分隔的某字段，在【字段名称】处将其重新命名，命名完毕后单击【下一步】，如图 13-22 所示。

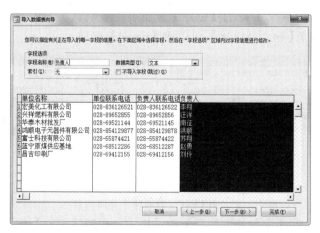

图 13-22　字段名称的设置

步骤 7：在弹出的【导入数据表向导】第三步中选择数据的主键，选中【我自己选择主键】，并将单位名称作为该数据表的主键，选择完毕后单击【下一步】，如图 13-23 所示。

图 13-23　主键的选择

步骤 8：在【导入数据表向导】的第四步中，将导入表的名称重新命名为"客户信息"，输入完毕后，单击【完成】按钮，如图 13-24 所示。

图 13-24　文件名称的命名

步骤 9：以上【导入数据表向导】的操作完成后，弹出【获取外部数据】对话框，单击【关闭】按钮完成操作。

2．Access 文件转换为 Excel 文件

有时需要将已经存在 Access 中的文件导入到 Excel 中，通过 Excel 进行数据操作。相对而言，Access 导入到 Excel 中容易操作，步骤如下：

步骤 1：新建一张 Excel 表，单击【数据】/【获取外部数据】组中的【自 Access】按钮，弹出【选取数据源】对话框，在该对话框中找到需要导入的 Access 文件，如图 13-25 所示。

图 13-25　Access 文件的选取

步骤 2：选中要导入的 Access 文件后单击【打开】按钮，弹出【导入数据】对话框，在该对话框中选中【表】显示方式，且放置位置为【现有工作表】，如图 13-26 所示。

图 13-26　设置导入数据

步骤 3：单击【导入数据】中的确定按钮，在该单元格中将显示如图 13-27 所示的表格，将该表格的行列大小进行调整，操作即完成。

单位名称	单位联系电话	负责人联系电话	负责人
宏美化工有限公司	028-836126521	028-836126522	李翔
兴祥燃料有限公司	028-89652855	028-89652856	汪洋
华泰木材批发厂	028-69521144	028-69521145	南征
鸿顺电子元器件有限公司	028-854129877	028-854129878	洪顺
富士科技有限公司	028-55874421	028-55874422	苏翔
蓝宁原煤供应基地	028-68512286	028-68512287	赵勇
昌吉印刷厂	028-69412155	028-69412156	刘伶

图 13-27　最终效果图

13.3　Excel 与 PPT 的协同使用

PowerPoint 是微软公司设计的演示文稿软件。用户不仅可以在投影仪或者计算机上进行演示，也可以将演示文稿打印出来，制作成胶片，以便应用到更广泛的领域。利用 Microsoft Office PowerPoint 不仅可以创建演示文稿，还可以在互联网上召开面对面会议、远程会议或在网上给参与者进行展示。PowerPoint 文件可以保存为后缀名 .ppt 格式，也可以保存为 .df、图片等格式。

在工作中，有时制作 PPT 需要用到 Excel 中的相关数据，这时就需要将 Excel 中的内容导入到 PPT 中。

13.3.1 将 Excel 数据以图片的形式复制到 PPT

为了防止数据被随意编辑，在分享 Excel 数据时可以将以图片的形式输出。

以图 13-27 完成的"客户资料"为例，简明阐述怎样将 Excel 数据以图片的形式复制到 PPT 中。具体操作步骤如下：

步骤 1：打开需要应用的 Excel 文件，选中 PPT 需要用到的内容单元格 A1:D8，单击【开始】/【剪切板】组中的【复制】按钮，选择【复制为图片】选项，在弹出的【复制图片】对话框中对外观和格式进行选择，如图 13-28 所示。

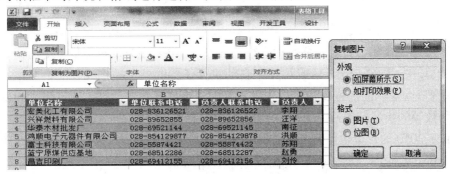

图 13-28 Excel 内容的复制

步骤 2：在 PPT 页面中单击右键，在弹出的快捷菜单中选择【粘贴选项】中的【图片】选项，Excel 中选中的区域将以图片的形式呈现在 PPT 中，如图 13-29 所示。

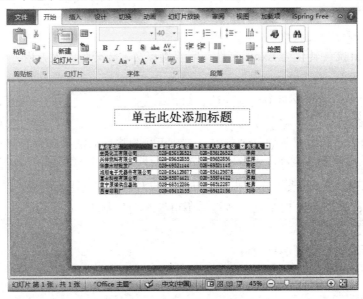

图 13-29 最终效果图

13.3.2 将 Excel 数据以可编辑的形式导入 PPT

若将数据粘贴为可在 PPT 中进行编辑的文本，可采用【选择性粘贴】带格式文本或无格式文本任意一种类型来实现。

以图 13-29 完成的"客户资料"为例，简明阐述怎样将 Excel 数据以可编辑形式复制到 PPT 中。具体操作如下：

步骤 1：打开需要应用的 Excel 文件，选择单元格 A1：D8 区域，单击【开始】/【剪切板】组中的【复制】按钮，完成对区域的复制。

步骤 2：切换到 PPT 演示文稿，单击【开始】/【剪贴板】组中的【粘贴】按钮，在列表中选择【带格式文本(RTF)】选项，经过操作，在 PPT 中导入了可编辑的 Excel 数据区域。用户可以对其进行编辑修改。

小　　结

除了通过公式和函数对财务数据进行处理外，Excel 还为用户提供了更为简单的方法来进行计算——宏(Macro)。宏是可用来自动执行任务的一个操作或者一组操作，它是用 VBA 编程语言录制的，可以使用事先设置好的表格样式和快捷键，通过键盘和鼠标进行命令和函数等的快速操作。

Office 2010 的各个组件间可以经由链接与嵌入来实现协同工作，如将 Excel 中的表格导入到 Word 文件中，在 PPT 文件中插入 Excel 数据等。

练　　习

一、填空题

1．宏是通过＿＿＿＿＿编程语言进行录制。

2．要将 Txt 文件转化为 Excel 文件，需要将该文本要分隔的地方用＿＿＿＿＿、＿＿＿＿＿或＿＿＿＿＿进行间隔。

3．Access 是由微软发布的＿＿＿＿＿，它结合了＿＿＿＿＿和＿＿＿＿＿两项特点。

二、判断题

1．使用宏表格的前提条件是录制宏，用户可将表格所做的操作保存起来。（　　　）

2．用户通过宏的功能可以实现对任务的自动化处理，主要是通过 VBA 编程语言的录制，如使用事先设置好的表格样式和快捷键等方式对财务数据进行处理。（　　　）

3．将 Excel 数据导入 PPT 后，数据是不可编辑和复制的。（　　　）

三、简答题

1．宏的调用主要有哪两种方法？

2．Excel 与 PPT 协同使用主要应用在财务哪些方面？

实践篇

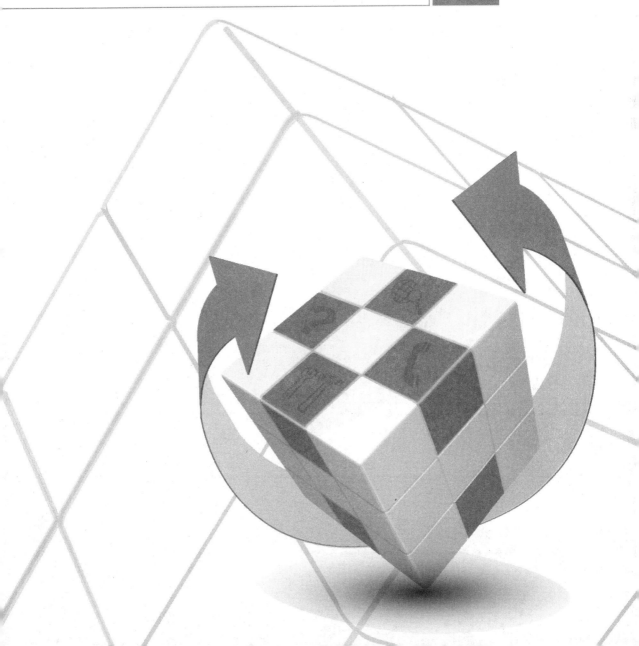

实践 1 Excel 2010 基本操作

实践指导

本实践是在学习第 1 章至第 4 章内容的基础上，通过财务单据的制作及分类汇总的运用，使读者掌握 Excel 2010 的基本操作。

实践 1.1 制作借款单

为了保障企业流动资金的安全、合理使用，财务部门需要制定企业的内部借款流程。在此项工作过程中涉及最多的就是借款单格式的设计。

【参考解决方案】

首先，新建 Excel 工作簿，将其保存并命名为"借款单"。其次，将工作表命名为"借款单"并为工作表标签填充颜色。最后在工作表中添加"借款单"的内容，并对表格进行格式设置。

1. 创建 Excel 工作簿

制作借款单首先需要创建新的 Excel 工作簿。读者可以选择自己习惯的方法来创建新的工作簿。

步骤 1：启动 Excel 程序新建工作簿。在计算机桌面上单击鼠标右键，选择【新建】/【Microsoft Excel 工作表】命令，如图 S1-1 所示。

步骤 2：建立新的工作簿。经过步骤 1 的操作，会显示一张 Excel 2010 的空白工作簿，如图 S1-2 所示。

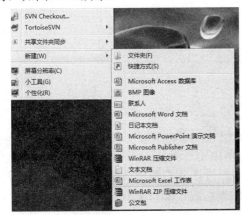

图 S1-1 新建 Excel 工作簿

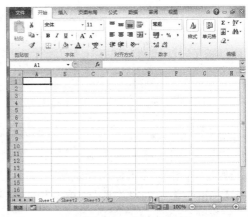

图 S1-2 空白工作簿

步骤 3：保存文件。在【快速访问】工具栏中单击【保存】按钮，弹出【另存为】对话框，选择所需保存位置。

步骤 4：设置文件名。选择好保存的位置后，在【文件名】文本框中输入"借款单"。单击【保存】按钮返回到工作表中，如图 S1-3 所示。

图 S1-3 设置文件名并保存

步骤 5：重命名工作表。在已经打开的"借款单"工作表中，用鼠标右键单击 Sheet1 工作表标签，在弹出的快捷菜单中选择【重命名(R)】命令，此时 Sheet1 工作表标签呈编辑状态，直接输入工作表名称"借款单"即可，如图 S1-4 所示。

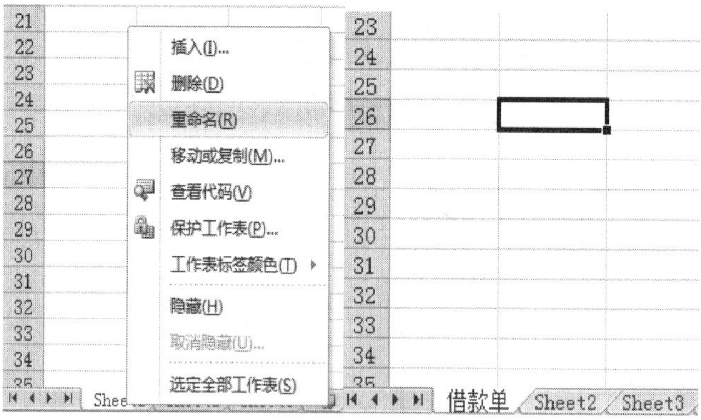

图 S1-4 重命名工作表

步骤 6：给工作表标签填充颜色。鼠标右键单击工作表标签名称"借款单"，在弹出的快捷菜单中指向【工作表标签颜色(T)】命令，此时在其右侧出现颜色列表框，在其中选择【标准色】中的"红色"，单击其他任意工作表标签，即可看到该工作表标签设置颜色后的效果，如图 S1-5 所示。

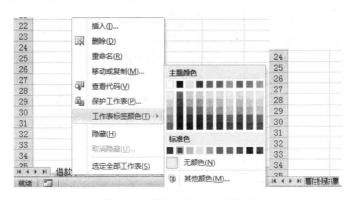

图 S1-5　设置工作表标签颜色

2. 添加借款单内容并进行格式设置

新建"借款单"文件后，即可在工作表中添加借款单的内容并创建借款单表格，同时还可以对借款单进行美化。

步骤 1：录入借款单内容。在 A1 单元格中输入"借款单"，在 A2 单元格中输入"年月日"，在 A3 单元格中输入"借款人"，在 C3 单元格中输入"借款单位"，在 A4 单元格中输入"借款理由"，在 A5 单元格中输入"借款数额"，在 B5 单元格中输入"人民币¥"，在 A6 单元格中输入"支付方式"，在 B6 单元格中输入"现金□"，在 C6 单元格中输入"现金支票□"，在 D6 单元格中输入"其他□"，在 A7 单元格中输入"部门负责人意见"，在 A8 单元格中输入"领导批示"，在 B8 单元格中输入"会计主管核批"，在 C8 单元格中输入"付款记录：年月日以第号支票或现金支出凭证付给"，如图 S1-6 所示。

	A	B	C	D
1	借款单			
2	年　月　日			
3	借款人		借款单位	
4	借款理由			
5	借款数额	人民币　　¥		
6	支付方式	现金□	现金支票□	其他□
7	部门负责人意见			
8	领导批示	会计主管核批	付款记录：年月日以第号支票或现金支出凭证付给	

图 S1-6　借款单内容录入

步骤 2：字体和字号设置。选中 A1 单元格，单击【开始】/【字体】组中的【字体】右侧下三角按钮，在展开的下拉列表中选择【华文中宋】选项，在【字体】组中单击【字号】选择【18】。选中 A2:D8 单元格区域，在【字体】组中设置其字体格式为【幼圆】，字号为【12】。最终效果如图 S1-7 所示。

	A	B	C	D
1	**借款单**			
2	年　月　日			
3	借款人		借款单位	
4	借款理由			
5	借款数额	人民币　¥		
6	支付方式	现金□	现金支票□	其他□
7	部门负责人意见			
8	领导批示	会计主管核批	付款记录：年月日以第号支票或现金支出凭证付给	

图 S1-7　字体和字号设置

步骤 3：合并单元格并实现个别单元格的自动换行。选中 A1:D1 单元格区域，在【开始】/【对齐方式】组中单击【合并后居中】按钮，将单元格区域合并居中显示。同样的方式将 A2:D2、B4:D4、B5:D5、B7:D7 合并居中。选中 C8:D8 单元格区域，并对其合并，再单击【对齐方式】组中的【自动换行】按钮，如图 S1-8 所示。

步骤 4：调整单元格行高和列宽。调整 A 列列宽，将指针移到 A 列单元格列标右侧边界处，当指针变成双向箭头形状时，按下鼠标左键进行拖动即可。用同样的方法对其他列宽进行调整。调整多行的行高(选中第 2～7 行单元格)，将指针移至所选择单元格的任意行号下方，当指针变成双向箭头时拖动鼠标。通过调整行高和列宽使各个单元格的内容能够完整显示出来。

步骤 5：设置借款单中文本对齐方式。设置 A2 单元格内容【右对齐】，选中 A8:D8 区域内容设置为【顶端对齐】，同时选中 A3:A7、C3、B6:D6 区域内容设置为【居中】。调整 A2、B5、C8 单元格中文字的距离以便于填写文字内容。最终效果如图 S1-9 所示。

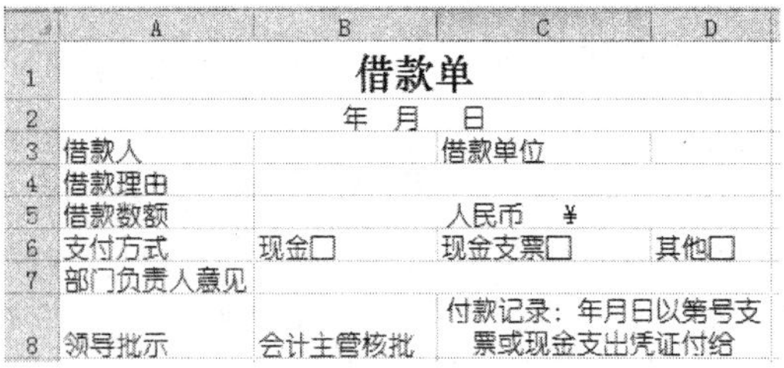

图 S1-8　合并单元格　　　　　　　图 S1-9　设置文本对齐方式

步骤 6：添加边框线条。选中 A2:D8 单元格区域，并在【字体】组中单击【边框】下三角按钮，在展开的下拉列表中选择【所有框线】选项。

步骤 7：隐藏工作表网格线。切换到【视图】选项卡下，在【显示】组中可以看到【网格线】图标，在此单击该复选框取消勾选。至此借款单制作完毕，最终效果如图 S1-10 所示。

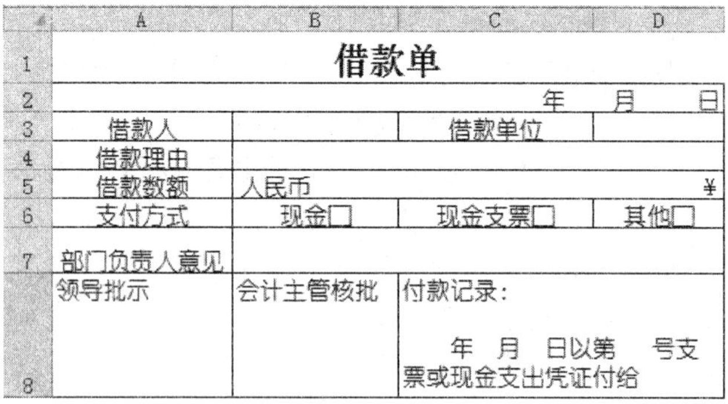

图 S1-10　借款单最终效果图

实践 1.2　制作公司日常费用记录表

通过制作公司日常费用记录表可以详细了解公司的日常费用开支情况，便于公司进行日常费用管理和控制。

【参考解决方案】

首先要输入费用数据，再根据数据的类型设置格式，便于区分数据信息，最后再为表格应用其他样式，使表格更加直观。

1．建立日常费用记录表框架并填充数据

获取相关数据以后，需要建立公司日常费用记录表的基本框架，并输入数据。

步骤 1：新建工作簿并命名。新建一个"公司日常费用记录表"工作簿，并将工作表重命名为"公司日常费用记录表"。

步骤 2：输入标题。在 A1 单元格中输入"公司日常费用记录表"，在 A2:I2 单元格区域中分别输入如图 S1-11 所示的文字。

	A	B	C	D	E	F	G
1	公司日常费用记录表						
2	编号	日期	姓名	部门	摘要	金额	备注
3							
4							

图 S1-11　输入标题

步骤 3：填充编号。在 A3、A4 单元格中分别输入"1"、"2"，选择 A3、A4 单元格，将光标移至单元格右下角，当光标变为"十"字形状时，向下拖动鼠标至 A12 单元格位置，此时 A3:A12 单元格区域的数据已经以 1 为等差数列的形式进行了填充。

步骤 4：填充工作表其他单元格区域的信息。在单元格 B3:F12 区域中分别输入如图 S1-12 所示的文字。

	A	B	C	D	E	F	G
1	公司日常费用记录表						
2	编号	日期	姓名	部门	摘要	金额	备注
3	1	2015/7/1	张丽	设计部	宣传纸	100	
4	2	2015/7/5	李洪波	生产部	原料	500	
5	3	2015/7/11	李洋洋	广宣部	宣传费	3000	
6	4	2015/7/13	王玉	销售部	办公用品	200	
7	5	2015/7/15	孙浩	技术部	打印纸	100	
8	6	2015/7/18	赵照	编辑部	通讯费	500	
9	7	2015/7/20	任飞	采购部	差旅费	3000	
10	8	2015/7/25	李钰	行政部	通讯费	200	
11	9	2015/7/28	唐唐	综合办	印名片	50	
12	10	2015/7/30	杜悦	信息部	网络费	1000	

图 S1-12　填充工作表内容

2．日常费用记录表的格式设置及美化

为了便于区分数据信息并使表格更加直观，输入数据后，还需要对单元格的格式进行调整并选择表格样式。

步骤 1：设置单元格格式。选择 B 列单元格区域，单击鼠标右键，在弹出的快捷菜单中选择【设置单元格格式】命令，打开【设置单元格格式】对话框，选择【数字】选项卡，在【分类】列表框中选择【日期】选项，在【类型】列表框中选择【2001 年 3 月 14 日】选项，然后单击【确定】按钮。用同样的方式选中 F 列单元格区域，格式设置为【会计专用】并设置小数位为两位，如图 S1-13 所示。

图 S1-13　设置单元格格式

步骤 2：设置对齐方式。选择 A3:G12 单元格区域，在【开始】/【对齐方式】组中单击【左对齐】按钮，使内容左对齐。选择 A2:G2 单元格区域，单击【居中】按钮使文本居中。最后选择 A1:G1 单元格区域，单击【合并后居中】按钮，如图 S1-14 所示。

	A	B	C	D	E	F	G
1				公司日常费用记录表			
2	编号	日期	姓名	部门	摘要	金额	备注
3	1	2015年7月1日	张丽	设计部	宣传纸	¥　100.00	
4	2	2015年7月5日	李洪波	生产部	原料	¥　500.00	
5	3	2015年7月11日	李洋洋	广宣部	宣传费	¥ 3,000.00	
6	4	2015年7月13日	王玉	销售部	办公用品	¥　200.00	
7	5	2015年7月15日	孙浩	技术部	打印纸	¥　100.00	
8	6	2015年7月18日	赵照	编辑部	通讯费	¥　500.00	
9	7	2015年7月20日	任飞	采购部	差旅费	¥ 3,000.00	
10	8	2015年7月25日	李钰	行政部	通讯费	¥　200.00	
11	9	2015年7月28日	唐唐	综合办	印名片	¥　50.00	
12	10	2015年7月30日	杜悦	信息部	网络费	¥ 1,000.00	

图 S1-14　对齐方式设置

步骤 3：标题行字体格式设置。选择 A1:G1 单元格区域，在【开始】/【字体】组中设置字体样式为【方正大标宋简体】，字号为【18】。选择 A2:G2 单元格区域，在【开始】/【字体】组中单击【B】按钮将字体加粗。最终效果如图 S1-15 所示。

	A	B	C	D	E	F	G
1				**公司日常费用记录表**			
2	**编号**	**日期**	**姓名**	**部门**	**摘要**	**金额**	**备注**

图 S1-15　标题行字体格式设置

步骤 4：表格美化。选择 A2:G12 单元格区域，在【开始】/【样式】组中单击【套用表格格式】下三角按钮，在弹出的下拉列表中选择【表样式中等深浅 4】选项。最终效果如图 S1-16 所示。

	A	B	C	D	E	F	G
1				公司日常费用记录表			
2	编号 ▼	日期 ▼	姓名 ▼	部门 ▼	摘要 ▼	金额 ▼	备注 ▼
3	1	2015年7月1日	张丽	设计部	宣传纸	¥　100.00	
4	2	2015年7月5日	李洪波	生产部	原料	¥　500.00	
5	3	2015年7月11日	李洋洋	广宣部	宣传费	¥ 3,000.00	
6	4	2015年7月13日	王玉	销售部	办公用品	¥　200.00	
7	5	2015年7月15日	孙浩	技术部	打印纸	¥　100.00	
8	6	2015年7月18日	赵照	编辑部	通讯费	¥　500.00	
9	7	2015年7月20日	任飞	采购部	差旅费	¥ 3,000.00	
10	8	2015年7月25日	李钰	行政部	通讯费	¥　200.00	
11	9	2015年7月28日	唐唐	综合办	印名片	¥　50.00	
12	10	2015年7月30日	杜悦	信息部	网络费	¥ 1,000.00	

图 S1-16　公司日常费用记录表最终效果

实践 1.3　财务数据的筛选

1．自定义筛选

在 Excel 中读者可以通过【自定义自动筛选方式】对话框来设置自定义筛选条件，满足数据筛选的需要。

本实践将在"月度员工生产量统计表"工作簿中自定义筛选条件，使工作表中只显示大于 5000 和小于 4000 的数据并对其降序排列，最终效果如图 S1-17 所示。

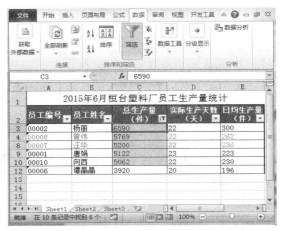

图 S1-17　最终效果图

【参考解决方案】

步骤 1：打开"月度员工生产量统计表"工作簿，选择【数据】/【排序和筛选】组，单击【筛选】按钮，Excel 自动在列标后添加下拉按钮，如图 S1-18 所示。

步骤 2：单击 C2 单元格后的下拉按钮，在弹出的快捷菜单中选择【数字筛选】/【大于或等于】命令，如图 S1-18 所示。

图 S1-18　设置筛选命令

步骤 3：打开【自定义自动筛选方式】对话框，在【总生产量(件)】栏后的下拉列表框中

设置具体的条件范围，这里输入"5000"，选中【或】单选按钮，在下方的下拉列表框中选择
【小于】选项并输入"4000"，完成后单击【确定】按钮，如图 S-19 所示。

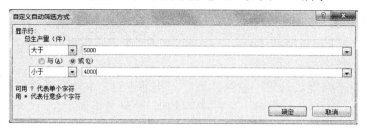

图 S1-19　设置筛选条件

步骤 4：返回工作表，C2 单元格右侧的下拉按钮变为了筛选下拉按钮，且 Excel 自
动筛选其中大于 5000 和小于 4000 的数据并对其进行显示。

步骤 5：选中 C3 单元格，在【数据】/【排序和筛选】组中单击【降序】按钮，使数
据按降序排列。

2．高级筛选

自定义筛选数据最多只能设置两个筛选条件，如果需要筛选满足更多条件的数据记
录，可以通过 Excel 的高级筛选功能来实现。

本实践将在"员工销售业绩表"工作簿中自定义筛选条件，使其只显示满足销售数
量大于 50、单价大于 200 且总销售额大于 10,000 的记录，最终效果如图 S1-20 所示。

	A	B	C	D	E
1	东方公司员工销售业绩表				
2	员工编号	员工姓名	单价（元）	销售数量	总销售额（元）
3	MH000001	陈然	393.00	40	15,720.00
14					
15	单价（元）	销售数量	总销售额（元）		
16	>200	>50	>10000		
17					
18					

图 S1-20　使用高级筛选功能筛选工作表中的数据

【参考解决方案】

具体操作步骤如下：

步骤 1：打开"员工销售业绩表"工作簿，选择【数据】/【排序和筛选】组，单击
【高级】按钮，打开【高级筛选】对话框，单击列表区域文本框右侧的【折叠】按钮，
在表格中选择 A2:E13 单元格区域，再次单击【高级筛选-列表区域】对话框中的【展
开】按钮。返回【高级筛选】对话框，"列表区域"文本框中显示为"$A$2:$E$13"，如
图 S1-21 所示。

	A	B	C	D	E
1	东方公司员工销售业绩表				
2	员工编号	员工姓名	单价（元）	销售数量	总销售额（元）
3	MH000001	陈然	393.00	40	15,720.00
4	MH000002	周旭			6,136.00
5	MH000003	梁生			10,626.00
6	MH000004	赵云			21,684.00
7	MH000005	丁慧	143.60	56	8,041.60
8	MH000006	王霞	326.00	23	7,498.00
9	MH000007	蒲磊	180.00	63	11,340.00
10	MH000008	肖雪	146.00	80	11,680.00
11	MH000009	张丹丹	380.00	43	16,340.00
12	MH000010	何欣欣	268.00	36	9,648.00
13	MH000011	赵杰	210.00	42	8,820.00

图 S1-21　选择需要筛选的区域

步骤 2：单击【条件区域】文本框右侧的【折叠】按钮，在工作表中选择 A15:C16 单元格区域，在【高级筛选-列表区域】对话框中单击【展开】按钮。返回【高级筛选】对话框，此时【条件区域】文本框中的值显示为"Sheet1!$A$15:$C$16"，单击【确定】按钮，如图 S1-22 所示。

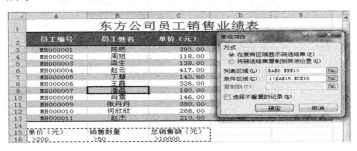

图 S1-22   完成高级筛选设置

步骤 3：返回工作表，Excel 已经按照设置的条件进行筛选，显示满足所有条件的记录。

实践 1.4   对数据进行分类汇总和合并计算

分类汇总提供了求和、计数、平均值、最大值、最小值和乘积等汇总方式，可以将同一工作表的数据按类别进行分类汇总。如果需要对多个工作表中的数据进行统计，可以使用合并计算功能。

1．多级分类汇总

多级分类汇总是指在已有分类汇总的基础上再次对数据进行汇总。其方法与创建分类汇总类似，不同的是，在【分类汇总】对话框中设置汇总条件时，取消选中【替换当前分类汇总】复选框，使当前的汇总不被删除。

本实践将在"原材料采购明细表"工作簿中按采购日期对费用进行求和汇总，然后再添加计数分类汇总，汇总每天原材料的采购次数和总费用，最终效果如图 S1-23 所示。

图 S1-23   最终效果图

【参考解决方案】

具体操作步骤如下：

步骤 1：打开"原材料采购明细表"工作簿，选择 C2 单元格，在【数据】/【排序和筛选】组中单击【升序】按钮，工作表中的数据按采购日期升序排列。

步骤 2：选择【数据】/【分级显示】组，单击【分类汇总】按钮，打开【分类汇总】对话框，在【分类字段】下拉列表框中选择【采购日期】选项，在【汇总方式】下拉列表框中选择【求和】选项，在【选定汇总项】列表框中选择【费用】复选框，然后单击【确定】按钮，如图 S1-24 所示。

图 S1-24　设置分类汇总的条件

步骤 3：返回工作表，Excel 已经按照设置的分类汇总条件对数据进行了分类汇总。再次在【数据】/【分级显示】组中单击【分类汇总】按钮，打开【分类汇总】对话框，在【分类字段】下拉列表框中选择【采购日期】选项，在【汇总方式】下拉列表框中选择【计数】选项，在【选定汇总项】列表框中选中【采购日期】复选框，取消选中【替换当前分类汇总】复选框，单击【确定】按钮，如图 S1-25 所示。

步骤 4：返回工作表即可查看，在创建的求和分类汇总中添加了计数分类汇总。

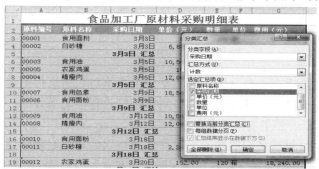

图 S1-25　添加计数分类汇总

2．汇总多个工作表的数据

使用分类汇总可以统计同一个工作表的数据，如果需要对多个工作表的数据进行统计，可使用合并计算功能。

本实践将在"员工销售业绩统计表"工作簿中采用合并计算的方法汇总"一季度"、"二季度"、"三季度"、"四季度"工作表的销售额，计算出本年度每小组的总销售额，最终效果如图 S1-26 所示。

部门	一月份	二月份	三月份	平均销售额	季度总额	年度销售总额
一小组	93,450.00	124,620.00	166,250.00	128,106.67	384,320.00	1,610,070.00
二小组	125,050.00	96,200.00	155,280.00	125,510.00	376,530.00	1,512,226.00
三小组	193,800.00	146,200.00	163,490.00	167,830.00	503,490.00	1,980,210.00
四小组	113,930.00	108,960.00	124,690.00	115,860.00	347,580.00	1,390,320.00
五小组	189,560.00	153,890.00	135,520.00	159,656.67	478,970.00	1,915,880.00
六小组	88,560.00	108,590.00	125,360.00	107,503.33	322,510.00	1,320,680.00
七小组	109,560.00	155,540.00	155,540.00	129,413.33	388,240.00	1,529,680.00
八小组	139,560.00	153,760.00	135,520.00	142,946.67	428,840.00	1,715,360.00

图 S1-26　统计多个工作表中的数据

【参考解决方案】

具体操作步骤如下：

步骤 1：打开"员工销售业绩统计表"工作簿，在"一季度"工作表中选择 G3 单元格，选择【数据】/【数据工具】组，单击【合并计算】按钮。

步骤 2：打开【合并计算】对话框，在【函数】下拉列表框中选择【求和】选项，在【引用位置】文本框后单击【折叠】按钮，在工作表中选择 F3:F10 单元格区域，再次单击【合并计算-引用位置】对话框中的【展开】按钮，返回【合并计算】对话框，然后单击【添加】按钮，将单元格引用地址添加到【所有引用位置】列表框中，如图 S1-27 所示。

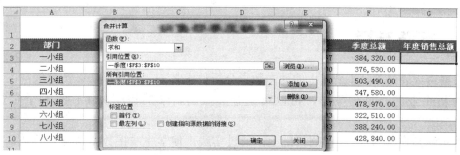

图 S1-27　选择一季度工作表的引用区域

步骤 3：单击【引用位置】文本框后的【折叠】按钮，返回工作表中选择"二季度"工作表中的 F3:F10 单元格区域，再次单击【展开】按钮。返回【合并计算】对话框，单击【添加】按钮将"二季度"工作表中的引用区域添加到【所有引用位置】列表框中。然后使用相同的方法添加"三季度"和"四季度"在工作表中的 F3:F10 单元格区域。最后单击【确定】按钮，Excel 自动计算出本年度员工的销售总金额。最终效果如图 S1-28 所示。

图 S1-28　添加其他单元格引用位置

实践 2　数据透视表的运用

实践指导

数据透视表是 Excel 最杰出的动态数据分析技术之一，它可以从多个角度，以多种方式去分析企业的一系列数据，可以帮助企业做出科学的控制决策，有利于企业稳健发展。

本实践是在学习第 5 章的基础上，通过实践，使学生掌握数据透视表的基本操作、在数据透视表中计算财务数据以及使用数据透视图分析财务数据的技能。

在实践中，选择数据源时要牢记以下事项：

(1) 数据源的每一列都将成为数据透视表的字段，字段名称不能为空。

(2) 数据记录中尽量不要有空白单元格或合并单元格。

(3) 每个字段中的数据类型必须保持一致，否则无法实现组合。

(4) 创建数据透视表的数据源时，其数据越规则，使用数据透视表越方便。

实践 2.1　创建数据透视表

本实践将在"部门费用统计表"工作簿中创建一个空白数据透视表，并生成包含"所属部门"、"员工姓名"和"入额"字段信息的数据透视表，效果如图 S2-1 所示。

图 S2-1　创建数据透视表

【参考解决方案】

步骤 1：打开"部门费用统计表"工作簿，选择工作表内包含数据的任意单元格，选择【插入】/【表格】组，单击【数据透视表】按钮，从下拉列表中选择【数据透视表】。

步骤 2：打开【创建数据透视表】对话框，在【表/区域】文本框后单击【折叠】按钮。返回工作表中选择需要创建数据透视表的数据源区域为 A2:I18，然后单击【创建数据透视表】对话框中的【展开】按钮，如图 S2-2 所示。

步骤 3：返回【创建数据透视表】对话框，在【选择放置数据透视表的位置】栏下选中【新工作表】单选按钮，单击【确定】按钮，如图 S2-3 所示。

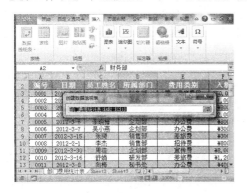

图 S2-2　选择数据源区域

图 S2-3　选择放置数据透视表的位置

步骤 4：Excel 自动新建一个工作表，并可在该工作表中看到创建的空白数据透视表，如图 S2-4 所示。在数据透视表字段列表区域的【选择要添加到报表的字段】列表框中选中【所属部门】复选框，在数据透视表布局区域中创建【所属部门】字段报表，如图 S2-5 所示。

图 S2-4　空白数据透视表

图 S2-5　添加报表字段

步骤 5：使用相同的方法依次选中【员工姓名】和【入额】复选框。

实践 2.2　在数据透视表中计算财务数据

本实践将在"产品订单信息表"工作簿中添加"回扣"，并设定该字段计算公式为"=IF(销售额>10000,6%)"，即当销售额大于 10,000 元时，回扣为销售额的 6%，使用该字段公式计算出满足该项条件的信息，效果如图 S2-6 所示。

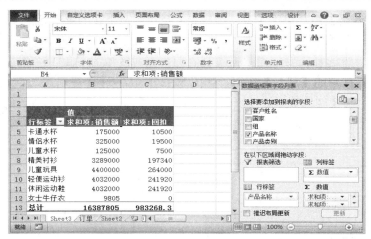

图 S2-6　字段公式计算数据

【参考解决方案】

步骤 1：打开"产品订单信息表"工作簿。单击数据透视表中任一单元格，选择【数据透视工具】/【选项】/【计算】组，单击【域、项目和集】按钮，在弹出的下拉菜单中选择【计算字段】命令。

步骤 2：打开【插入计算字段】对话框，在【名称】下拉列表框中输入需要计算的字段名称"回扣"，如图 S2-7 所示。在【字段】列表框中选择要插入的字段"销售额"选项，然后单击【插入字段】按钮。

步骤 3：【公式】文本框中的值自动刷新为"=销售额"，然后在【公式】文本框中输入公式"=销售额*IF(销售额＞10000,6%)"，单击【确定】按钮，如图 S2-8 所示。

图 S2-7　插入字段名称

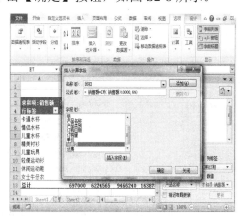
图 S2-8　插入字段计算公式

步骤 4：返回数据透视表即可看到数据按照公式的要求对指定的字段进行计算并显示出计算结果。

实践 2.3　利用透视表分析公司产品销量

本实践是对订单销量进行统计，主要用于分析产品本年度销售情况。要求通过外部数据源创建数据透视表，然后将"产品名称"和"产品销量"等字段添加到表格中，筛选出产品销量大于 40,000 的产品记录，再根据数据透视表创建图表，对数据系列和坐标轴的格式进行设置，使数据表达更清晰、直观。最终效果如图 S2-9 所示。

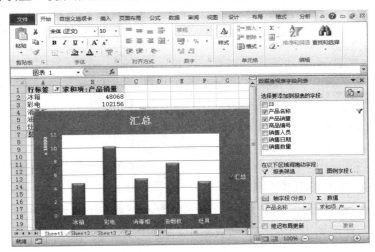

图 S2-9 公司产品销量数据透视表

【参考解决方案】

为了获取需要的数据记录，可以对数据进行筛选，使数据显示更自动化。为了更直观地对数据进行比较，还可以采用数据透视图对各项数据进行比较和分析。

本例中的数据存储在 Access 数据库中，因此创建数据透视表前需要先链接外部数据源，然后将数据添加到表格中，并对数据进行筛选。

步骤 1：启动 Excel 2010，新建一个空白工作簿并打开，选择【插入】/【表格】组，单击【数据透视表】按钮，在下拉列表中选择【数据透视表】选项，打开【创建数据透视表】对话框，选中【使用外部数据源】单选按钮，单击【选择连接】按钮，如图 S2-10 所示。

步骤 2：打开【现有连接】对话框，单击【浏览更多】按钮，如图 S2-11 所示。

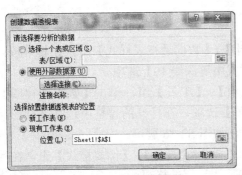

图 S2-10 创建数据透视表

图 S2-11 【现有连接】对话框

步骤 3：打开【选取数据源】对话框，在其中选择"誉金电器公司产品信息"数据库，然后单击【打开】按钮，如图 S2-12 所示。

步骤 4：返回【创建数据透视表】对话框，选中【现有工作表】单选按钮，在【位置】文本框中设置数据的起始位置，单击【确定】按钮，如图 S2-13 所示。

图 S2-12　选择需要连接数据源

图 S2-13　【创建数据透视表】对话框

步骤 5：返回工作表，在新建的一个空白数据透视表的数据透视字段列表区域中将"产品名称"拖动到"行标签"列表框中，选中"产品销量"复选框，如图 S2-14 所示。

步骤 6：在数据透视表报表区域单击行标签单元格右侧的下拉按钮，在弹出的快捷菜单中选择【值筛选】/【大于】命令，打开【值筛选(产品名称)】对话框，在其中的文本框中输入筛选的条件为"40000"，单击【确定】按钮，如图 S2-15 所示。

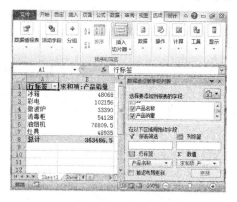

图 S2-14　选择数据透视表数据

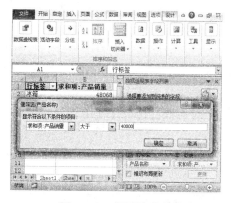

图 S2-15　设置筛选条件

步骤 7：选择【数据透视表工具】/【设计】/【数据透视表样式】组，在其下拉列表框中选择【中等深线】栏中的【数据透视表样式中等深线 19】选项。

步骤 8：选择【数据透视表工具】/【选项】/【工具】组，单击【数据透视图】按钮，打开【插入图表】对话框，选择【柱形图】选项，在打开的窗格中选择【柱形图】栏中的第一个选项，完成后单击【确定】按钮，如图 S2-16 所示。

步骤 9：选择绘图区，选择【数据透视图工具】/【设计】/【图表样式】组，在其下拉列表框中选择【样式 26】选项，为图表快速应用设置的格式。

步骤 10：双击纵坐标轴，打开【设置坐标轴格式】对话框，在【显示单位】下拉列表框中选择【10000】选项，在【主要刻度线类型】下拉列表框中选择【内部】选项，单击【关闭】按钮，如图 S2-17 所示。

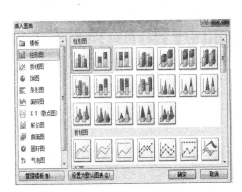

图 S2-16　选择图表类型　　　　　　　　图 S2-17　设置坐标轴格式

步骤 11：选择图表区，单击【数据透视图工具】/【格式】/【形状样式】组，在下拉列表框中选择整个图表区的样式为【强烈效果-水绿色，文字颜色 5】。

步骤 12：选择【数据透视图工具】/【分析】/【显示/隐藏】组，单击【字段列表】和【字段按钮】按钮，在下拉列表中选择【全部隐藏】，将数据透视表字段区域和数据透视图中的筛选按钮隐藏，完成美化图表操作。

实践 3 公式函数的应用

 实践指导

本实践是在学习第 6 章的基础上，通过具体的实践，使学生掌握常用财务函数在日常财务工作中的运用。

实践 3.1 函数使用方法

在 Excel 具体运用中，除了使用单个函数进行简单计算外，还可以使用函数嵌套进行复杂的数据运算。函数嵌套的方法是将某一个函数或公式作为另一个函数的参数来使用。

本实践将在"公司销售业绩分析表"工作簿中通过【公式】/【函数库】组插入函数，计算表格中本季度每个小组的总销售额及平均销售额，并使用 IF 函数来嵌套 SUM 和 AVERAGE 函数，判断当总销售额为空时，在平均销售额中输入 0；当不为空时，使用 AVERAGE 函数计算平均销售额。最终效果如图 S3-1 所示。

	组长	一月份	二月份	三月份	平均销售额	总计	业绩等级
				公司销售业绩分析表			
3	王学良	130,074.00	101,588.00	145,560.00	125,740.67	377,222.00	
4	赵强	178,000.00	100,480.00	134,478.00	137,652.67	412,958.00	
5	陈思琦	162,500.00	143,320.00	162,258.00	156,026.00	468,078.00	
6	吴建军	113,400.00	108,960.00	124,690.00	115,683.33	347,050.00	
7	向楠	127,890.00	143,880.00	135,520.00	135,763.33	407,290.00	
8	王冰	100,890.00	122,590.00	125,360.00	116,280.00	348,840.00	
9	李雪	133,880.00	133,560.00	155,680.00	141,040.00	423,120.00	
10	朱清	144,560.00	122,580.00	133,740.00	133,626.67	400,880.00	

图 S3-1 公司销售业绩分析表

【参考解决方案】

步骤 1：打开"公司销售业绩分析表"工作簿，选择 H3 单元格，在编辑栏中单击【插入函数】按钮。

步骤 2：打开【插入函数】对话框，保持其他选项默认不变，仅在【选择函数】列表框中选择需要的函数，这里选择【SUM】选项，然后单击【确定】按钮，如图 S3-2 所示。

步骤 3：打开【函数参数】对话框，单击【函数参数】/【Number1】后的 按钮，

【函数参数】对话框将被缩小，然后将光标移动到工作表中，选择 D3:F3 单元格区域，此时区域被引用到【函数参数】对话框中，再次单击 按钮，如图 S3-3 所示。

步骤 4：返回【函数参数】对话框，单击【确定】按钮，返回工作表中可查看到计算结果，使用相同的方法计算其他单元格中的值。

图 S3-2 插入函数

图 S3-3 选择函数参数

步骤 5：选择 G3 单元格，在编辑栏中输入公式 "=IF(SUM(D3:F3)=0,0,AVERAGE(D3:F3))"，然后按【Ctrl+Enter】键进行确认，如图 S3-4 所示。

组长	一月份	二月份	三月份	平均销售额	总计	业绩等
王学良	130,074.00	101,588.00	145,560.00	=IF(SUM(D3:F3)=0,0,AVERAGE(D3:F3))		
赵强	178,000.00	100,480.00	134,478.00		412,958.00	
陈思琦	162,500.00	143,320.00	162,258.00		468,078.00	
吴建军	113,400.00	108,960.00	124,690.00		347,050.00	
向楠	127,890.00	143,880.00	135,520.00		407,290.00	
王冰	100,890.00	122,590.00	125,360.00		348,840.00	
李雪	133,880.00	133,560.00	155,680.00		423,120.00	
朱清	144,560.00	122,580.00	133,740.00		400,880.00	

图 S3-4 计算平均销售额

步骤 6：系统自动计算出结果，将鼠标光标移动到 G3 单元格的右下角，按住鼠标左键并向下拖动到 G10 单元格后释放鼠标。

步骤 7：单击出现的【自动填充选项】按钮，在弹出的下拉菜单中选中 "不带格式填充" 单选按钮，快速完成所有的计算，如图 S3-5 所示。

公司销售业绩分析表

组长	一月份	二月份	三月份	平均销售额	总计	业绩等级
王学良	130,074.00	101,588.00	145,560.00	125,740.67	377,222.00	
赵强	178,000.00	100,480.00	134,478.00	137,652.67	412,958.00	
陈思琦	162,500.00	143,320.00	162,258.00	156,026.00	468,078.00	
吴建军	113,400.00	108,960.00	124,690.00	115,683.33	347,050.00	
向楠	127,890.00	143,880.00	135,520.00	135,763.33	407,290.00	
王冰	100,890.00	122,590.00	125,360.00	116,280.00	348,840.00	
李雪	133,880.00	133,560.00	155,680.00	141,040.00	423,120.00	
朱清	144,560.00	122,580.00	133,740.00	133,626.67	400,880.00	

图 S3-5 复制公式并进行计算

实践 3.2 使用 SLN 函数进行固定资产的折旧计算

在 Excel 中可使用 SLN 函数进行固定资产折旧额的计算，该函数主要用于返回某项资产在一个期间中的线性折旧额，其语法结构为：SLN(cost,salvage,life)。

本实践在"使用直线法核算固定资产"工作簿中使用 SLN 函数计算固定资产折旧额，最终效果如图 S3-6 所示。

![图S3-6使用直线法核算固定资产表格]

图 S3-6 使用直线法计算固定资产折旧额

【参考解决方案】

步骤 1：打开"使用直线法核算固定资产"工作簿，选择 J4:J10 单元格区域，输入公式"=H4*I4"，按【Ctrl+Enter】组合键计算残值，如图 S3-7 所示。

步骤 2：选择 L4:L10 单元格区域，输入公式"=SLN(H4,J4,F4)"，按【Ctrl+Enter】组合键计算资产的年折旧额，如图 S3-8 所示。

图 S3-7 计算残值

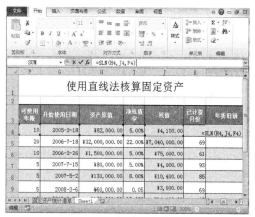

图 S3-8 计算年折旧额

步骤 3：选择 M4:M10 单元格区域，输入公式"=SLN(H4,J4,F4)/12"，按【Ctrl+Enter】组合键计算资产的本月计提折旧额，如图 S3-9 所示。

步骤 4：选择 N4:N10 单元格区域，输入公式"=SLN(H4,J4,F4)/12*K4"，按【Ctrl+Enter】组合键计算资产至上月止的累计折旧额，如图 S3-10 所示。

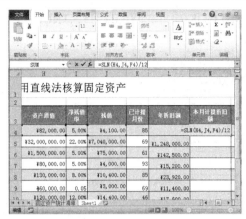

图 S3-9　计算资产本月折旧

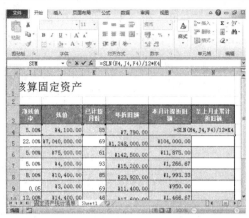

图 S3-10　计算资产至上月的累积折旧

实践 3.3　查找函数的运用

在实际工作中，财务数据的数据量是相当庞大的，有时单靠人工进行信息的查询，其精准度很难保证，而且工作效率也较低。所以，HLOOKUP 和 VLOOKUP 函数在实际财务工作中会广泛地应用于财务数据的查询。

HLOOKUP 函数可以在数据库或数值组的首行查找指定的数值，并在表格或数组中指定行的同一列中返回一个数值。VLOOKUP 函数可以在数据库或数值数组的首列查找指定的数值，并由此返回数据库或数组当前行中指定列处的数值。

HLOOKUP 函数与 VLOOKUP、LOOKUP 的数组形式非常相似。区别在于：HLOOKUP 在第一行中搜索，VLOOKUP 在第一列中搜索，而 LOOKUP 根据数组维度进行搜索。

1. HLOOKUP 函数的运用

本实践是利用 HLOOKUP 函数在"个人所得税速算扣除数查询系统"工作簿中进行特殊的查找，输入员工工资查询应使用的税率和速算扣除数(起征点为 3,500 元)，查询效果如图 S3-11 所示。

个人所得税速算扣除数查询系统

应纳税所得额范围	0	1,501.00	4,501.00	9,001.00	35,001.00	55,001.00	80,001.00
	1,500.00	4,500.00	9,000.00	35,000.00	55,000.00	80,000.00	+∞
税率	3%	10%	20%	25%	30%	35%	45%
速算扣除数	0	105.00	555.00	1,005.00	2,755.00	5,505.00	13,505.00

本月收入：		查询结果：	
请输入工资：		应采用税率：	
		返回扣除数：	

图 S3-11　查询税率和速算扣除数

【参考解决方案】

步骤 1：打开"个人所得税速算扣除数查询系统"工作簿，在 B8 单元格中输入某员

工工资 "12000" 在 F8 单元格中输入公式 "=HLOOK((B8–3500),B2:H5,3,TRUE)", 按 【Enter】键得出应采用税率, 如图 S3-12 所示。

	A	B	C	D	E	F	G	H
1				个人所得税速算扣除数查询系统				
2	应纳税所得额范围	0	1,501.00	4,501.00	9,001.00	35,001.00	55,001.00	80,001.00
3		1,500.00	4,500.00	9,000.00	35,000.00	55,000.00	80,000.00	+∞
4	税率	3%	10%	20%	25%	30%	35%	45%
5	速算扣除数	0	105.00	555.00	1,005.00	2,755.00	5,505.00	13,505.00
6								
7	本月收入:				查询结果:			
8	请输入工资:	12000			应采用税率:	=HLOOKUP((B8-3500),B2:H5,3,TRUE)		
9					返回扣除数:			

图 S3-12　计算应采用的税率

步骤 2: 在 F9 单元格中计算应扣除数, 在其中输入公式 "=HLOOK((B8–3500),B2:H5,4)", 按 【Enter】键得出结果, 如图 S3-13 所示。此外, 选择 B8 单元格, 并输入其他员工工资, 可以逐个计算出员工应使用的税率的速算扣除数。

	A	B	C	D	E	F	G	H
1				个人所得税速算扣除数查询系统				
2	应纳税所得额范围	0	1,501.00	4,501.00	9,001.00	35,001.00	55,001.00	80,001.00
3		1,500.00	4,500.00	9,000.00	35,000.00	55,000.00	80,000.00	+∞
4	税率	3%	10%	20%	25%	30%	35%	45%
5	速算扣除数	0	105.00	555.00	1,005.00	2,755.00	5,505.00	13,505.00
6								
7	本月收入:				查询结果:			
8	请输入工资:	12000			应采用税率:	20%		
9					返回扣除数:	=HLOOKUP((B8-3500),B2:H5,4)		

图 S3-13　计算返回扣除数

2. VLOOKUP 函数的运用

本实践是在 "员工工资查询系统" 工作簿中输入 VLOOKUP 函数, 使表格实现输入编号就能查询出员工的个人及工资信息, 如图 S3-14 所示。

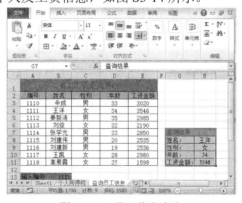

图 S3-14　员工信息查询

【参考解决方案】

步骤 1: 打开 "员工工资查询系统" 工作簿, 在 B13 单元格中输入要查找的职工编号 "1111", 在 H8 中输入公式 "=VLOOKUP(B13,A3:E11,2,FALSE)", 按 【Enter】键即可以返回相应的姓名，如图 S3-15 所示。

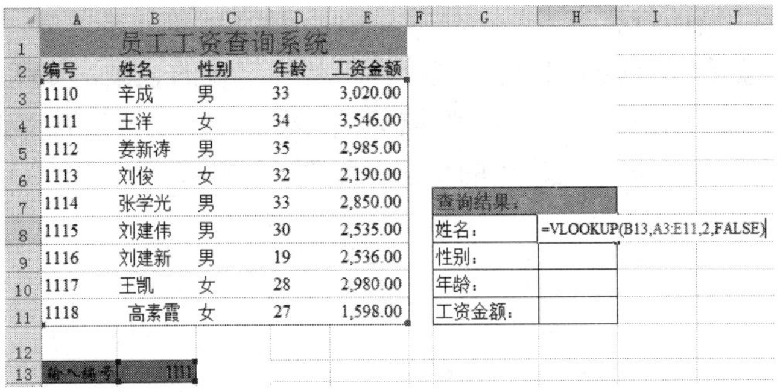

图 S3-15　返回员工工资

步骤 2：在 H9 中输入公式"=VLOOKUP(B13,A3:E11,3,FALSE)"，在 H10 中输入公式"=VLOOKUP(B13,A3:E11,4,FALSE)"，在 H11 中输入公式"=VLOOKUP(B13,A3:E11,5,FALSE)"。完成后返回相应的值，如图 S3-16 所示。

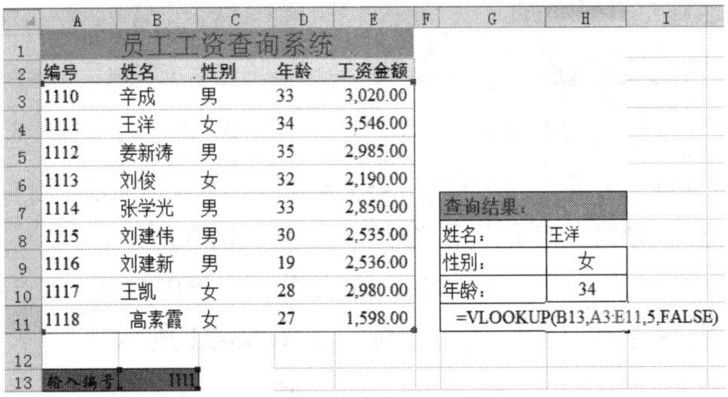

图 S3-16　返回员工所有信息

实践 3.4　使用 PMT 函数计算贷款的每期偿还额

本实践是在"偿还贷款方案"工作簿中根据每项贷款提供的贷款金额、贷款年利率和贷款年限的值，使用 PMT 函数分别按年初、年末、月初和月末等方式来计算企业应偿还的金额。最终效果如图 S3-17 所示。

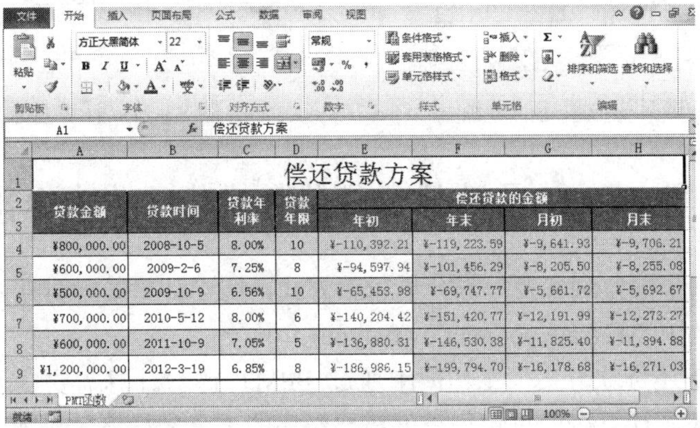

图 S3-17　计算贷款的每期偿还额

【参考解决方案】

步骤 1：打开"偿还贷款方案"工作簿，选择 E4:E9 单元格区域，输入公式"=PMT (C4,D4,A4,0,1)"，按【Ctrl+Enter】组合键计算年初应偿还的金额，如图 S3-18 所示。

步骤 2：选择 F4:F9 单元格区域，输入公式"=PMT(C4,D4,A4,0,0)"，按【Ctrl+Enter】组合键计算年末应偿还的金额，如图 S3-19 所示。

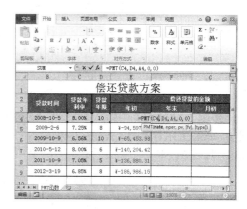

图 S3-18 计算年初应偿还的金额   图 S3-19 计算年末应偿还的金额

步骤 3：选择 G4:G9 单元格区域，输入公式"=PMT(C4/12,D4*12,A4,0,1)"，按【Ctrl+Enter】组合键计算月初应偿还的金额，如图 S3-20 所示。

步骤 4：选择 H4:H9 单元格区域，输入公式"=PMT(C4/12,D4*12,A4,0,0)"，按【Ctrl+Enter】组合键计算月末应偿还的金额，如图 S3-21 所示。

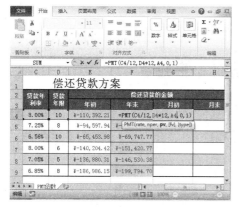
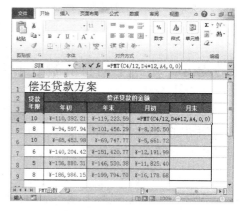

图 S3-20 计算月初应偿还的金额   图 S3-21 计算月末应偿还的金额

实践 3.5 使用 PPMT 函数计算贷款每期偿还的本金额

PPMT 函数基于固定利率及等额分析付款方式，用于计算某一时期内投资本金的偿还额。其语法结构为 PPMT(rate,per,nper,pv,fv,type)。

本实践在"偿还贷款方案"工作簿中通过 PPMT 函数计算需要偿还的本金。假设企业按季度进行偿还，计算企业每年每季度需要偿还的本金额最终效果如图 S3-22 所示。

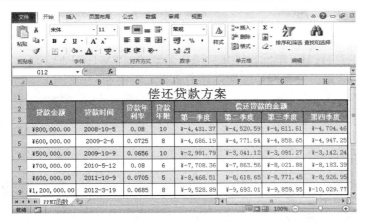

图 S3-22　分期偿还本金

【参考解决方案】

步骤 1：打开"偿还贷款方案"工作簿，选择 E4:E9 单元格区域，输入公式"=PPMT(C4/12,3,D4*12,A4,0,0)"，按【Ctrl+Enter】组合键计算第一季度应偿还的本金，如图 S3-23 所示。

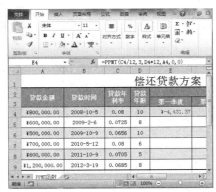

图 S3-23　计算第一季应偿还的本金

步骤 2：选择 F4:F9 单元格区域，输入公式"=PPMT(C4/12,6,D4*12,A4,0,0)"，按【Ctrl+Enter】组合键计算第二季度应偿还的本金，如图 S3-24 所示。

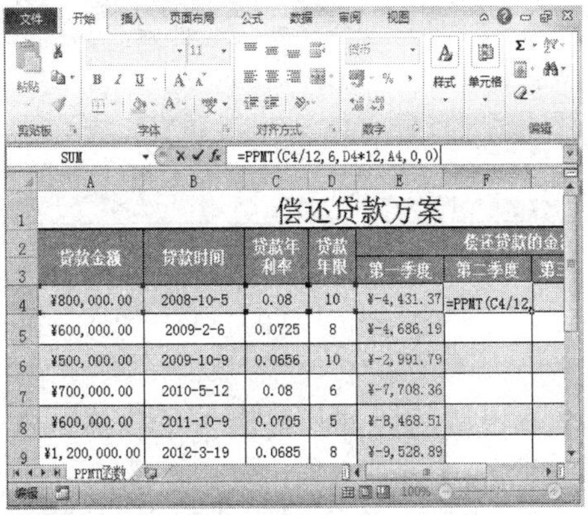

图 S3-24　计算第二季度应偿还的本金

步骤 3：选择 G4:G9 单元格区域，输入公式"=PPMT(C4/12,9,D4*12,A4,0,0)"，按【Ctrl+Enter】组合键计算第三季度应偿还的本金，如图 S3-25 所示。

步骤 4：选择 H4:H9 单元格区域，输入公式"=PPMT(C4/12,12,D4*12,A4,0,0)"，按【Ctrl+Enter】组合键计算第四季度应偿还的本金，如图 S3-26 所示。

| | | | | 图 S3-25 计算第三季度应偿还的本金 | | 图 S3-26 计算第四季度应偿还的本金 |

实践 3.6 使用 IRR 函数计算企业投资的内部收益率

本实践中，企业 A 需要投资一个金额为 3,000,000 元的项目，预计今后 5 年内的收益额分别为 500,000 元、800,000 元、1,000,000 元、1,200,000 元、1,500,000 元，下面在"计算企业投资的内部收益率"工作簿中计算企业在第 2 年以后每年投资的内部收益率，最终效果如图 S3-27 所示。

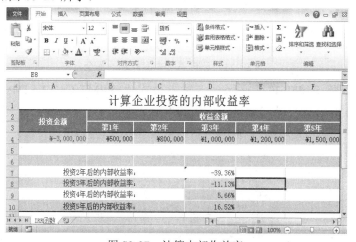

图 S3-27 计算内部收益率

【参考解决方案】

步骤 1：打开"计算企业投资的内部收益率"工作簿，选择 D7 单元格，输入公式"=IRR(A4:C4,−0.4)"，按【Enter】键计算第 2 年后的内部收益率，如图 S3-28 所示。

步骤 2：选择 D8 单元格，输入公式"=IRR(A4:D4,−0.4)"，按【Enter】键计算第 3 年后的内部收益率，如图 S3-29 所示。

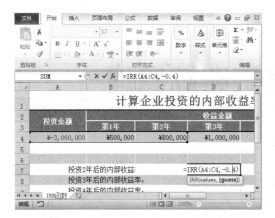

图 S3-28 计算第 2 年后的内部收益率

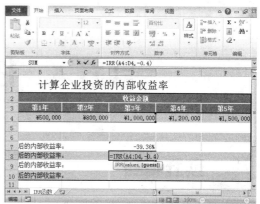

图 S3-29 计算第 3 年后的内部收益率

步骤 3：选择 D9 单元格，输入公式 "=IRR(A4:E4,-0.4)"，按【Enter】键计算第 4 年后的内部收益率，如图 S3-30 所示。

步骤 4：选择 D10 单元格，输入公式 "=IRR(A4:F4,-0.4)"，按【Enter】键计算第 5 年后的内部收益率，如图 S3-31 所示。

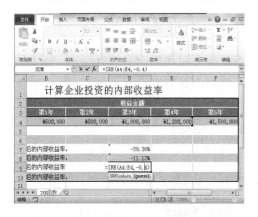

图 S3-30 计算第 4 年后的内部收益率

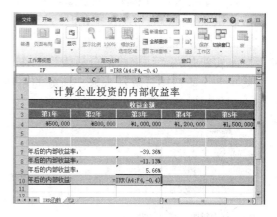

图 S3-31 计算第 5 年后的内部收益率

实践 4 往来账款管理

实践指导

本实践是在学习第 7 章的基础上，通过具体案例操作，使学生掌握应收账款账龄分析表、应付账款管理表在实际工作中的制作和分析。

实践 4.1 制作应收账款账龄分析表

账龄是指公司尚未收回应收账款的时间长度，通过账龄分析，可以了解企业各个客户应收账款金额分布情况及拖延时间长短，使企业管理者了解收款、欠款的情况，判断欠款的可回收程度和可能发生的损失。

本实践是在"往来账龄分析表"工作簿中对企业往来账户的账龄进行分析，分别在账龄的几个阶段中计算往来账户所处的账龄阶段，然后创建数据透视表和数据透视图，对余额进行汇总，效果如图 S4-1 所示。

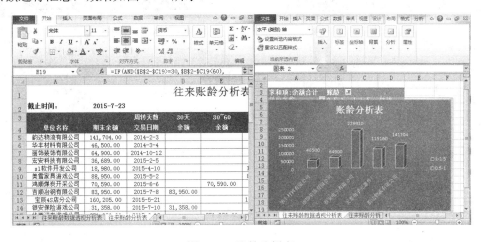

图 S4-1 账龄分析表

【参考解决方案】

首先，在"往来账龄分析表"工作表中对企业重复往来的客户进行账龄分析，根据周转天数的划分级别来计算各个客户所欠的账款，并计算其账龄，然后对客户所欠的账款进行合并计算。

1. 制作往来账龄分析表

步骤 1：打开"往来账龄分析表"工作簿，选择 D5:D30 单元格区域，输入公式

"=IF(AND(\$B\$2−\$C5≥0,\$B\$2−\$C5＜30),\$B5,0)"，按【Ctrl+Enter】组合键计算出周转天数在 30 天以内的欠款，如图 S4-2 所示。

　　步骤 2：选择 E5:E30 单元格区域，输入公式"=IF(AND(\$B\$2−\$C5≥30,\$B\$2−\$C5＜60),\$B5,0)"，按【Ctrl+Enter】组合键计算周转天数在 30～60 天以内的欠款，如图 S4-3 所示。

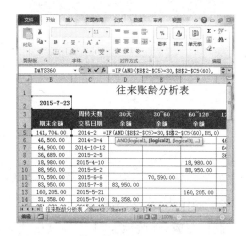

　　图 S4-2　计算周转天数在 30 天内的欠款　　　　图 S4-3　计算周转天数在 30～60 天内的欠款

　　步骤 3：选择 F5:F30 单元格区域，输入公式"=IF(AND(\$B\$2−\$C5＞60,\$B\$2−\$C5＜120),\$B5,0)"，按【Ctrl+Enter】组合键计算周转天数在 60～120 天以内的欠款，如图 S4-4 所示。

　　步骤 4：选择 G5:G30 单元格区域，输入公式"=IF(\$B\$2−\$C5≥120,\$B5,0)"，按【Ctrl+Enter】组合键计算周转天数在 120 天以上的欠款，如图 S4-5 所示。

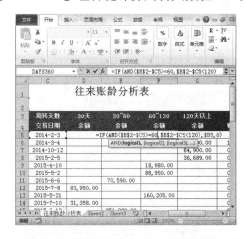
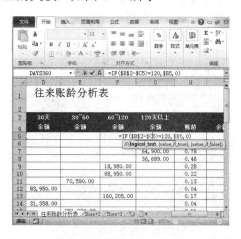

　　图 S4-4　计算周转天数在 60～120 天内的欠款　　图 S4-5　计算周转天数在 120 天以上的欠款

　　步骤 5：选择 H5:H30 单元格区域，输入公式"=(\$B\$2−C5)/365"，按【Ctrl+Enter】组合键计算客户的账龄，如图 S4-6 所示。

　　步骤 6：选择 I5:I31 单元格区域，输入公式"=SUM(D5:G5)"，按【Ctrl+Enter】组合键计算客户的欠款总额，如图 S4-7 所示。

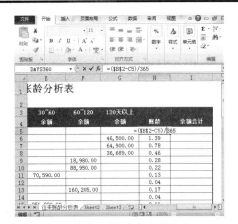

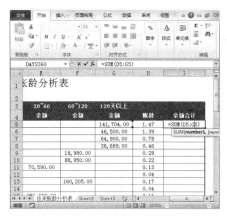

图 S4-6　计算客户的账龄　　　　　　　图 S4-7　计算客户的欠款总额

步骤 7：在 B31、D31、E31、F31 和 G31 单元格中分别输入"=SUM(B5:B30)"、"=SUM(D5:D30)"、"=SUM(E5:E30)"、"=SUM(F5:F30)"、"=SUM(G5:G30)"，计算出总的欠款额和每个周期内的欠款总额，完成账龄分析表的制作。

2．制作账龄分析透视表

制作完成分析表后，下面通过创建数据透视表对每个客户在各周转期间的所欠金额进行透视分析，然后设置每 0.5 年为一个账龄字段对所欠金额进行汇总和分析，具体操作如下：

步骤 1：选择工作表中的 A4:I30 单元格区域，单击【插入】/【表格】组中的【数据透视表】按钮，在下拉列表中选择【数据透视表】选项，打开【创建数据透视表】对话框。

步骤 2：【表/区域】文本框中自动填充为选择的单元格区域，在【选择放置数据透视表的位置】栏下选中【新工作表】单选按钮，单击【确定】按钮，如图 S4-8 所示。

图 S4-8　创建数据透视表　　　　　　　图 S4-9　设置数据透视表的布局

步骤 3：Excel 自动新建一个工作表，并在该工作表中可看到创建的空白数据透视表，然后将工作表的名称重命名为"往来账龄数据透视分析表"。

步骤 4：在数据透视表字段列表区域的【选择要添加到报表的字段】列表框中将【单位名称】选项拖动到【行标签】列表框中，将【余额合计】选项拖动到【数值】列表框中，将【账龄】选项拖动到【列标签】列表框中，完成数据的布局操作，如图 S4-9

所示。

步骤 5：将 A4 单元格和 B3 单元格的值修改为与其对应的字段值，分别为"单位名称"和"账龄"，然后在 B4 单元格上单击鼠标右键，在弹出的快捷菜单中选择【创建组】命令。

步骤 6：打开【组合】对话框，取消选中【起始于】和【终止于】复选框，然后分别在【起始于】、【终止于】和【步长】文本中输入"0"、"3"和"0.5"，然后单击【确定】按钮，如图 S4-10 所示。

步骤 7：返回工作表，系统自动将账龄字段以 0.5 年为时间段进行划分，并计算出每个区间的欠款金额。

步骤 8：选择数据透视表，在【数据透视表工具】/【设计】/【数据透视表样式】组中的下拉列表框中选择【数据透视表样式中等深线 11】选项，美化表格样式，如图 S4-11所示。

图 S4-10　创建分组

图 S4-11　美化格式样式

3．制作账龄分析透视图

为了使账龄数据的显示更为直观，下面将继续在工作表中创建数据透视图，通过三维柱形图来分析，汇总和比较每个客户所处的账龄阶段和所欠债款，然后添加图表标题，设置数据系列格式，再筛选账龄时间段大于半年的客户信息，最后对图表进行美化，具体操作如下：

步骤 1：选择【数据透视表工具】/【选项】/【工具】组，单击【数据透视图】按钮。

步骤 2：在打开的【插入图表】对话框中选择【柱形图】选项卡，在【柱形图】栏中选择【三维堆积柱形图】选项，然后单击【确定】按钮，如图 S4-12 所示。

步骤 3：选择【数据透视图工具】/【布局】/【标签】组，单击【图表标题】按钮，在弹出的下拉列表中选择【图表上方】选项，并将图表标题修改为"账龄分析表"，如图 S4-13 所示。

步骤 4：选择【数据透视图工具】/【布局】/【坐标轴】组，单击【网格线】按钮，在弹出的下拉菜单中选择【主要横网格线】/【无】命令，如图 S4-14 所示。

 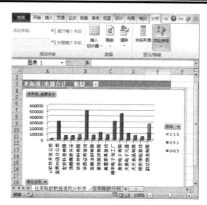

图 S4-12　插入柱形图

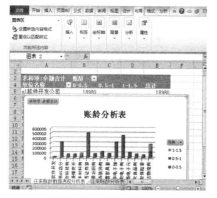

图 S4-13　添加标题名称

图 S4-14　消除网格线

步骤 5：选择绘图区，在【数据透视图工具】/【设计】/【图表样式】组中的下拉列表框中选择【样式 10】选项，设置数据系列的格式，如图 S4-15 所示。

步骤 6：单击【账龄】按钮后的下拉按钮，在弹出的下拉列表中取消选中【0-0.5】和【<0】复选框，单击【确定】按钮，筛选账龄大于半年的客户信息，如图 S4-16 所示。

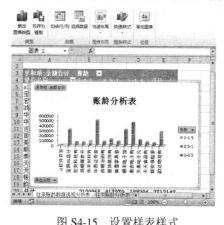

图 S4-15　设置样表样式

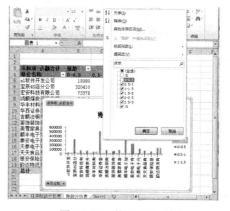

图 S4-16　筛选客户信息

步骤 7：选择图表区，选择【数据透视图工具】/【格式】/【形状样式】组，在下拉列表框中选择【中等效果-水绿色，强调颜色 5】选项，设置图表的颜色，如图 S4-17 所示。

步骤 8：选择【数据透视图工具】/【分析】/【显示/隐藏】组，单击【字段列表】和

【字段按钮】按钮，隐藏图表中的按钮。然后选择【数据透视图工具】/【布局】/【标签】组，单击【数据标签】按钮，在弹出的下拉列表中选择【显示】选项，完成透视图的制作，如图 S4-18 所示。

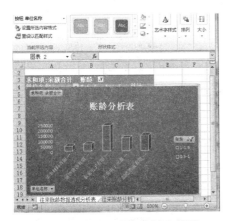
图 S4-17　设置图表区颜色

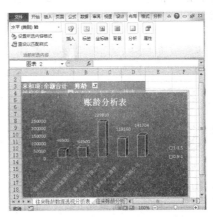
图 S4-18　设置数据标签

4．应收账款催款函的编制

应收账款催款函是企业在规定期限内未收到买方的货款而提醒或催促买方付款的函件。当欠款企业预期一段时间仍未支付货款或其他款项时，业务部门就需要联系催款事项了。编制催款函要注意：书写的语气一定要诚恳，不可轻易怀疑客户故意拖欠不付，以免影响日后的合作。下面利用已制作完成的"往来账龄分析表"制作应收账款催款函：

步骤 1：新建"催款函"工作表并输入基本内容。将工作表 Sheet3 重命名为"催款函"，然后在工作表中输入催款函的具体内容。设置催款函的格式，包括字体格式、行间距格式等(为演示方便，C4、D4 和 G7 分别按图 S4-19 设置)。

步骤 2：为了使催款函更加美观，可将工作表网格线先隐藏。切换到【视图】选项，取消勾选【网格线】复选框，隐藏网格线。

步骤 3：制作下拉列表。使用数据有效性的设置办法设置"客户名称"下拉表，如图S4-20 所示。

图 S4-19　设置催账函基本内容

图 S4-20　设置客户下拉表

步骤 4：插入 SUMIF 函数。将 G7 单元格用 SUMIF 函数与 D4 单元格关联，使得客户名称与欠款额相对应，为此选中 G7 单元格，插入函数"=SUMIF()"。在第一个参数位置单击"往来账款分析表"工作表标签，在"往来账款分析表"工作表中引用单元格区域 A5:A30。插入 SUMIF()的第二个参数：引用"催款函"工作表的 D4 单元格，指定第二个参数。指定 SUMIF()函数第三个参数：单击"往来账款分析表"工作表标签，在"往来账款分析表"工作表中引用单元格区域 I5:I30。最终效果如图 S4-21 所示。

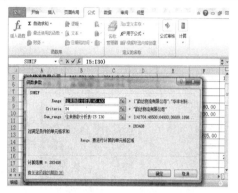

图 S4-21　设置关联公式

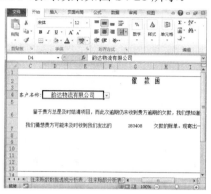

图 S4-22　返回函数结果

步骤 5：返回函数结果，按【Enter】键后，G7 单元格即返回函数结果，如图 S4-22 所示。该结果表示"往来账款分析表"的"公司名称"区域中满足单元格 G7 中给定的 D4 单元格条件，即对 I5:I30 单元格区域中指定公司未收取的账款进行求和。最后套用会计专用格式。选中 G7 单元格，在【开始】选项下单击【数字】中的【数字格式】右侧下三角按钮，在展开的下拉列表中选择【会计专用】选项。完成效果如图 S4-23 所示。

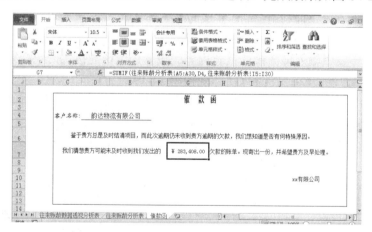

图 S4-23　完成效果图

实践 4.2　制作应付账款管理表

应付账款是企业流动负债的重要组成部分，是买卖双方在购销活动中由于取得物资与支付货款不一致产生的。

本实践将在"应付账款统计表"工作表中，通过"供应商信息表"中的数据填充"应付账款统计表"，并计算企业是否存在逾期未付款，然后在"应付账款汇总表"中汇总数据，并创建图表进行分析，最终效果如图 S4-24 所示。

图 S4-24　应付账款统计分析表

【参考解决方案】

1．制作应付账款表

下面根据"供应商信息表"中的数据填充"应付账款统计表"工作表中的数据，并在工作表中计算企业的结账期限、支付状态、逾期时间、是否欠款及欠款余额等信息，具体操作如下：

步骤 1：打开"应付账款统计表"工作簿，选择 D4：D18 单元格区域，输入公式"=IF(C4="","",VLOOKUP(C4,供应商信息表!A:G,2,0))"，按【Ctrl+Enter】组合键从"供应商信息表"工作表中引用供应商名称，如图 S4-25 所示。

步骤 2：选择 H4：H18 单元格区域，输入公式"=IF(C4="","",VLOOKUP(C4,供应商信息表!A:G,7,0))"，按【Ctrl+Enter】组合键引用应付账款结账期限，如图 S4-26 所示。选择 I4:I18 单元格区域，输入公式"IF(E4="","",E4+H4)"，按【Ctrl+Enter】组合键，计算到期日期。

图 S4-25　引用供应商名称的值　　　　　图 S4-26　引用应付账款结账期限的值

步骤 3：选择 N4:N18 单元格区域，输入公式"=IF(G4="","",G4-L4)"，按【Ctrl+Enter】组合键计算产品的应付账款余额，如图 S4-27 所示。

步骤 4：选择 J4:J18 单元格区域，输入公式"=IF(N4=0,"已付清",IF($B$2>I4,"已逾期","未到结账期"))"，按【Ctrl+Enter】组合键计算应付账款的支付状态，如图 S4-28 所示。

图 S4-27　产品的应付账款余额　　　　　　图 S4-28　应付账款的支付状态

步骤 5：选择 K4:K18 单元格区域，输入公式"=IF(J4="已逾期",$B$2-I4,"0")，按【Ctrl+Enter】组合键计算应付账款的逾期时间，如图 S4-29 所示。

步骤 6：选择 M4:M18 单元格区域，输入公式"=IF(N4="","",IF(N4＞0,"欠款","未欠款"))"，按【Ctrl+Enter】组合键计算企业是否欠款，如图 S4-30 所示。

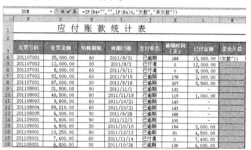

图 S4-29　计算逾期时间　　　　　　　　图 S4-30　计算是否欠款

2．制作应付账款汇总表

新建"供应商应付账款汇总表"工作表，添加供应商的基本信息，并使用 SUMIF 函数对每个供应商发票金额、已支付的金额和未支付的金额进行求和汇总，具体操作如下：

步骤 1：单击【插入工作表】按钮，新建一个工作表，并将工作表重命名为"供应商应付账款汇总表"，在表格中输入表格标题和表格字段，填充供应商的编号和名称，然后对表格格式进行设置，如图 S4-31 所示。

步骤 2：选择 C3:C9 单元格区域，输入公式"=SUMIF(应付账款表!A:N,$A3,应付账款表!G:G)"，按【Ctrl+Enter】组合键计算每个供应商的发票金额总值，如图 S4-32 所示。

图 S4-31　设置表格样式　　　　　　　图 S4-32　计算每个供应商的发票金额

步骤 3：选择 D3:D9 单元格区域，输入公式"=SUMIF(应付账款表!C:C,\$A3,应付账款表!L:L)"，按【Ctrl+Enter】组合键计算每个供应商的已支付账款总额，如图 S4-33 所示。

步骤 4：选择 E3:E9 单元格区域，输入公式"=SUMIF(应付账款表! C:C,\$A3,应付账款表!N:N)"，按【Ctrl+Enter】组合键计算每个供应商的未支付金额总值，如图 S4-34 所示。

| | 图 S4-33 | | 图 S4-34 | |

图 S4-33　计算已支付的金额合计值　　　　图 S4-34　计算未支付金额合计数

3. 制作应付账款分析图表

下面继续在"供应商应付账款汇总表"工作表中创建图表，对每个供应商的已支付金额和未支付金额进行分析，然后设置图表图例项和数据系列的格式并美化图表。具体操作如下：

步骤 1：在工作表中选择【插入】/【图表】组。单击【柱形图】按钮，在弹出的下拉列表中选择【簇状圆柱图】选项，如图 S4-35 所示。

步骤 2：选择【图表工具】/【布局】/【标签】组。单击【图表标题】按钮后的下拉按钮，在弹出的下拉列表中选择【图表上方】选项，设置图表标题的位置后将标题内容修改为"应付账款分析表"，如图 S4-36 所示。

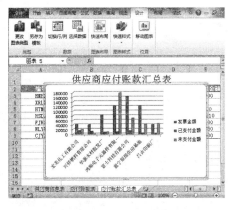

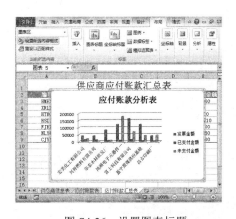

图 S4-35　插入圆柱体　　　　　　　　图 S4-36　设置图表标题

步骤 3：在【图表工具】/【布局】/【标签】组，单击【图例】按钮后的下拉按钮，在弹出的下拉列表中选择【在顶部显示图例】选项，如图 S4-37 所示。

步骤 4：选择【图表工具】/【设计】/【图表样式】组，在其中的下拉列表框中选择【样式 10】选项，为数据系列应用样式。

步骤 5：选择图表，在【图表工具】/【格式】/【形状样式】组中的下拉列表框中选择【细微效果-橄榄色，强调颜色 3】选项，为图表设置填充色，如图 S4-38 所示。

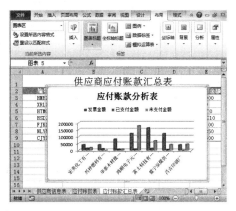

图 S4-37　设置图表样式

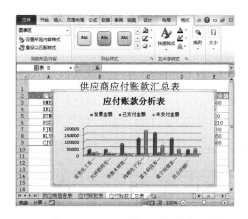

图 S4-38　设置图表区域的填充色

实践 5 存货和固定资产管理表

 实践指导

本实践是在学习第 8 章存货与固定资产核算管理的基础上，让读者掌握存货汇总管理表格的编制以及固定资产核算管理表格的编制与分析。

实践 5.1 编制存货汇总管理表

建立存货汇总管理表格，便于企业查询各种存货一定时期的购入、发出及结存情况，为存货管理提供更加方便快捷的途径。本实践根据"实践 5 资料表"中的"存货代码表"、"供应商代码表"、"领用人代码表"、"存货入库表"、"存货出库表"编制而成的。最终效果如图 S5-1 所示。

代码	名称	单位	期初库存		本期入库		本期出库		期末库存	
			数量	金额	数量	金额	数量	金额	数量	金额
00001	高纯度质粒小提	瓶	20.00	110.00	10.00	55.00	5.00	27.50	25.00	137.50
00002	乙酸乙酯	瓶	20.00	201.00	50.00	502.50	30.00	301.50	40.00	402.00
00003	甲醇	瓶	40.00	12,840.00	60.00	19,260.00	20.00	6,420.00	80.00	25,680.00
00004	二甲基亚砜	袋	60.00	1,200.00	80.00	1,600.00	40.00	800.00	100.00	2,000.00
00005	甲基纤维素	瓶	20.00	1,120.00	20.00	1,120.00	10.00	560.00	30.00	1,680.00
00006	二氟苯甲醇	袋	10.00	980.00	100.00	9,800.00	60.00	5,880.00	50.00	4,900.00
00007	超干碘化钠	袋			560.00	43,120.00	400.00	30,800.00	160.00	12,320.00

图 S5-1 存货汇总管理表

【参考解决方案】

引用已有的存货基础资料表格及存货出入库表格，运用 Excel 相关函数编制存货汇总管理表。

步骤 1：标题的输入。打开"实践 5 资料表"，新建一个 Sheet 表，将表的名称命名为"存货汇总管理表"。并在单元格 A1 中输入"存货汇总管理表"，在单元格 A2:C2 中分别输入"代码"、"名称"、"单位"，在 D2、F2、H2、J2 中输入"期初库存"、"本期入库"、"本期出库"、"期末库存"四项，之后在 D3:K3 的单元格区域分别输入"数量"、"金额"、"数量"、"金额"、"数量"、"金额"、"数量"、"金额"。

步骤 2：主标题的格式设置。选中单元格 A1:K1 区域，单击【开始】/【对齐方式】组中【合并后居中】按钮，将单元格合并。再单击【开始】/【字体】组中【B】按钮加粗，并将字体的大小调整为【14】。

步骤 3：列标题的格式设置。主标题设置完毕后，再将单元格 A2:A3、B2:B3、C2:C3 区域【合并后居中】，并选择【垂直居中】。将 D2:E2、F2:G2、H2:I2、J2:K2【合并后居中】，且 D3:K3 的区域【水平居中】。上述标题的字体设置为【加粗，底色"标准色黄色"，同时调整行列的宽度。最终效果如图 S5-2 所示。

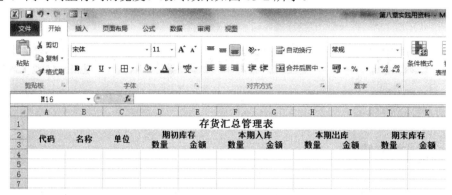

图 S5-2　标题格式的设置

步骤 4：代码长度的设置。选中产品代码单元格 A4，单击【数据】/【数据工具】组中【数据有效性】右侧下三角按钮，选择【数据有效性】命令，在弹出的【数据有效性】对话框中选择【允许】中的【文本长度】，【数据】设置为【等于】，【长度】设置为"5"。再在【出错警告】中的【错误信息】栏中输入"请输入 5 位产品代码"(当输入的产品代码不为 5 位数时，将弹出对话框进行提示)，最后单击【确定】按钮，如图 S5-3 所示。

图 S5-3　代码长度的设置

步骤 5：品名的公式设置。选中单元格 B4，在 B4 中输入公式"=IF(ISERROR (VLOOKUP(A4,存货代码表!$A$3:$D$9,2)),"",VLOOKUP(A4,存货代码表!$A$3:$D$9,2))"，输入完毕后按【Enter】键确认。在单元格 A4 中输入产品代码 00001 时，单元格 B4 将自动出现该产品名称为"高纯度质粒小提"，如图 S5-4 所示。

图 S5-4　品名的公式设置

步骤 6：数量及金额格式的设置。选中数量、金额对应的单元格，单击右键选择【设置单元格格式】命令，在弹出的【设置单元格格式】对话框中单击【数字】选项卡，选择合适的数值格式。

步骤 7：期初库存数量和金额已经给定，直接输入即可。

步骤 8：本期入库数量的公式设置。选中本期入库的数量单元格 F4，在 F4 中输入公式"=SUMIF(存货入库表!$B$3:$J$9,A4,存货入库表!$D$3:$D$9)"，输入完毕后按【Enter】键确认，该单元格将自动汇总该产品的入库数量，如图 S5-5 所示。

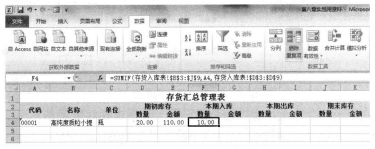

图 S5-5　本期入库数量的公式设置

步骤 9：本期入库金额的公式设置。选中本期入库金额的单元格 G4，在 G4 中输入公式"=SUMIF(存货入库表!$B$3:$J$9,A4,存货入库表!$F$3:$F$9)"，输入完毕后按【Enter】键确认，如图 S5-6 所示。

图 S5-6　本期入库金额的公式设置

步骤 10：本期出库数量的公式设置。参照入库数量的单元格内公式设置方法，在本期出库的数量 H4 中设置相似公式，输入公式"=SUMIF(存货出库表!\$B\$3:\$G\$9,A4,存货出库表!\$D\$3:\$D\$9)"，输入完毕后按【Enter】键确认，如图 S5-7 所示。

图 S5-7　本期出库数量的公式设置

步骤 11：出库金额的公式设置。本实践的成本核算以全月一次加权平均法计算，该公式为

$$本期发出的存货金额=\frac{期初存货金额+本期入库存货金额}{期初存货数量+本期入库存货数量}\times 本期出库数量$$

在出库金额的单元格 I4 中输入公式"=IF(ISERROR((E4+G4)/(D4+F4)* H4), 0,(E4+G4)/(D4+F4)*H4)"，输入完毕后按【Enter】键确认，如图 S5-8 所示。

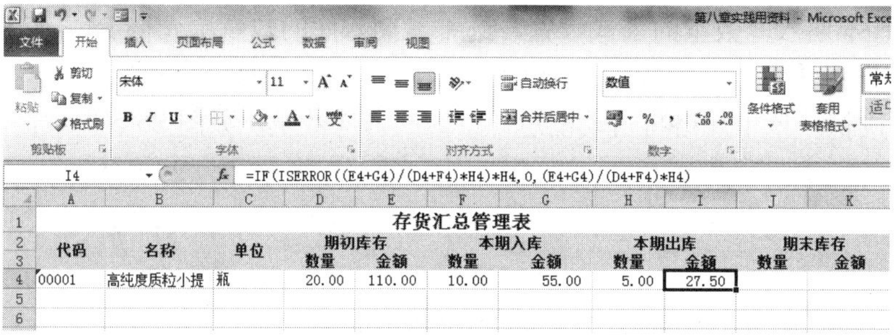

图 S5-8　本期出库金额的公式设置

步骤 12：期末库存数量、金额的公式设置。在期末库存数量单元格 J4 中输入公式"=D4+F4–H4"，同样方式在金额单元格 K4 中输入公式"=E4+G4–I4"，如图 S5-9 所示。

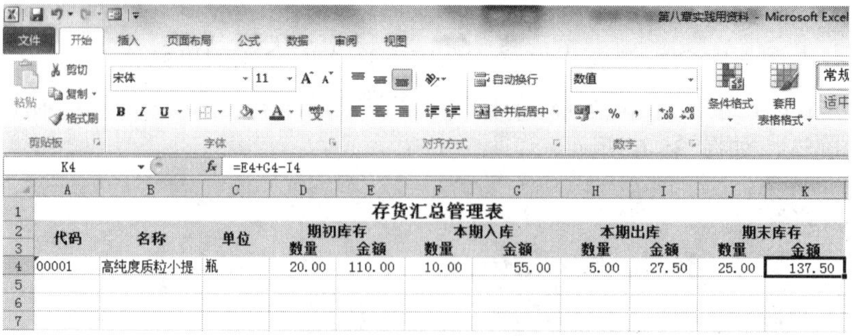

图 S5-9　期末库存数量、金额的公式设置

步骤 13：零值不显示。有时为了表格的美观效果，希望零值不在表格中显示。此时，在【文件】/【选项】/【高级】的【此工作表的显示选项】中的【在具有零值的单元格中显示零】处取消勾选，取消勾选后该单元格的零值将不显示，如图 S5-10 所示。

图 S5-10　零值不显示

步骤 14：边框的设置。将全部数据运用上述方法输入该表中以后，选中 A2:K10 单元格区域，选择【双横线】和【单横线】进行设置。最终效果如图 S5-11 所示。

代码	名称	单位	期初库存		本期入库		本期出库		期末库存	
			数量	金额	数量	金额	数量	金额	数量	金额
00001	高纯度质拉小提	瓶	20.00	110.00	10.00	55.00	5.00	27.50	25.00	137.50
00002	乙酸乙酯	瓶	20.00	201.00	50.00	502.50	30.00	301.50	40.00	402.00
00003	甲醇	瓶	40.00	12,840.00	60.00	19,260.00	20.00	6,420.00	80.00	25,680.00
00004	二甲基亚砜	袋	60.00	1,200.00	80.00	1,600.00	40.00	800.00	100.00	2,000.00
00005	甲基纤维素	瓶	20.00	1,120.00	20.00	1,120.00	10.00	560.00	30.00	1,680.00
00006	二氟苯甲醇	袋	10.00	980.00	100.00	9,800.00	60.00	5,880.00	50.00	4,900.00
00007	超干碘化钠	袋			560.00	43,120.00	400.00	30,800.00	160.00	12,320.00

存货汇总管理表

图 S5-11　存货汇总管理表最终效果图

实践 5.2　运用函数公式计提固定资产折旧

本实践主要是应用折旧计提的函数表达式，分别运用年限平均法、双倍余额递减法、年数总和法对同一固定资产计提折旧。最终效果如图 S5-12 所示。

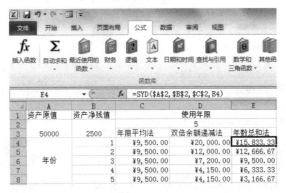

图 S5-12　固定资产折旧计提最终效果图

大华公司购入设备一台，价值 50,000 元，预计净残值 2,500 元，使用年限 5 年，分别用不同的折旧计提方法计提 1～5 年的折旧额。

【参考解决方案】

把例题的相关数据录入表格，分别用不同的方法计算各期折旧额并进行比较。

步骤 1：打开"实践 5 资料表"，新增 Sheet 表命名为"固定资产折旧表"，在 A1 单元格输入"资产原值"、B1 单元格输入"资产净残值"、C1 单元格输入"使用年限"、A2 单元格输入"50000"、B2 单元格输入"2500"、C2 单元格输入"5"、C3 单元格输入"年限平均法"、D3 单元格输入"双倍余额递减法"、E3 单元格输入"年数总和法"、A4 单元格输入"年份"、B4:B8 单元格分别输入"1、2、3、4、5"，将 C1:E1、C2:E2 单元格区域【合并后居中】，将 A2:A3 和 B2:B3 单元格分别【合并后居中】，将 A4:A8 单元格区域【合并后居中】。最后效果如图 S5-13 所示。

步骤 2：年限平均法计提各年折旧。鼠标单击 C4 单元格输入公式"=SLN($A$2,$B$2,$C$2)"，当光标变为"十"字时，向下拖动鼠标到 C8，如图 S5-14 所示。

图 S5-13 固定资产折旧计算表

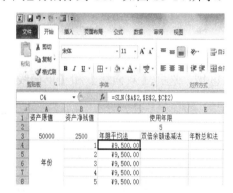

图 S5-14 年限平均法计提折旧

步骤 3：双倍余额递减法计提前 N–2 年折旧。鼠标单击 D4 单元格输入公式"=DDB($A$2,$B$2,$C$2,B4)"，光标变为"十"字时，向下拖动鼠标到 D6，如图 S5-15 所示。

步骤 4：双倍余额递减法计提后两年折旧。鼠标单击 D7 单元格，输入公式"=($A$2-$B$2–$D$4–$D$5–$D$6)/2"，向下拖动鼠标到 D8，如图 S5-16 所示。

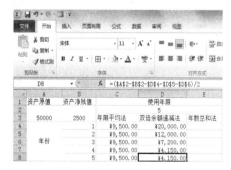

图 S5-15 双倍余额递减法计提前 N–2 年折旧　　图 S5-16 双倍余额递减法计提后两年折旧

步骤 5：年数总和法计提各年折旧。在 E4 单元格中输入公式"=SYD($A$2,$B$2,$C$2,B4)"，单击 E4 单元格，鼠标向下拖动到 E8，最终效果如图 S5-17 所示。

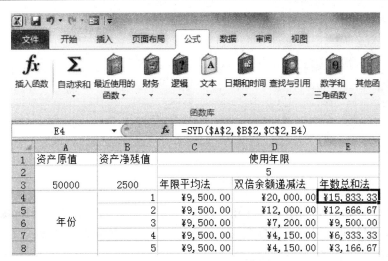

图 S5-17　计提折旧最终效果图

综上所述，通过折旧计算的最终效果图，我们可以看出，年限平均法每年折旧额都是相同的，即直线法。双倍余额递减法和年数总和法都是逐年递减的，即加速折旧法。但是，年数总和法的递减级距要小于双倍余额递减法。

实践 5.3　建立固定资产管理数据透视表及透视图

通过建立固定资产管理透视表，使我们更加直观地了解企业固定资产情况，如图 S5-18 所示。

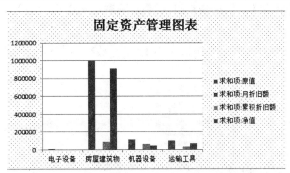

图 S5-18　固定资产数据透视表及透视图

【参考解决方案】

首先将固定资产管理表补充完整，应用年限平均法计算出固定资产的月折旧额、累积折旧额以及净值，最后用数据透视表和数据透视图分析固定资产管理表。

步骤 1：计算月折旧额。在 L3 单元格输入公式"=SLN(H3,K3,I3*12)"并按【Enter】

键确定，鼠标点击 L3，当光标变为"十"字时，向下拖动鼠标将公式复制至 L9，如图 S5-19 所示。

	L3	▼	fx	=SLN(H3, K3, I3*12)									
	A	B	C	D	E	F	G	H	I	J	K	L	M	N
1							固定资产管理表							
2	编号	类别	名称	规格型号	采购日期	使用部门	负责人	原价	使用年限	残值率	残值	月折旧额	累积折旧额	净值
3	JQ0001	机器设备	空压机	BLT-350W	2012-5-10	生产部	王帅	¥50,000.00	5	5%	2,500.00	791.67		
4	JQ0002	机器设备	切割机	S-6	2012-7-8	生产部	李晓明	¥65,000.00	5	5%	3,250.00	1,029.17		
5	JZ0001	房屋建筑物	办公楼		2013-8-1	综合部	王朝	¥1,000,000.00	20	5%	50,000.00	3,958.33		
6	YS0001	运输工具	大货车	驭铃V	2014-2-28	销售部	浏阳	¥100,000.00	4	5%	5,000.00	1,979.17		
7	DZ0001	电子设备	电脑	联想	2014-3-25	财务部	武昌	¥3,000.00	3	5%	150.00	79.17		
8	DZ0002	电子设备	笔记本电脑	戴尔	2014-6-1	人事部	徐亮	¥5,000.00	3	5%	250.00	131.94		
9	DZ0003	电子设备	空调	海信苹果派A8	2004-5-5	综合部	吴余	¥2,900.00	3	5%	145.00	76.53		
10	合计							¥1,225,900.00			61,295.00	8,045.97		

图 S5-19　计算月折旧额

步骤 2：计算累积折旧额。在 M3 单元格输入公式"=IF(DATEDIF("E3","2015/7/10", "M")>=I3*12,H3−K3,DATEDIF(E3,"2015/7/10","M")*L3)"，输入完毕按【Enter】键确定，鼠标左键单击 M3 单元格，当光标变为"十"字时，向下拖动鼠标将公式复制到 M9，如图 S5-20 所示。

	A	B	C	D	E	F	G	H	I	J	K	L	M	N
1							固定资产管理表							
2	编号	类别	名称	规格型号	采购日期	使用部门	负责人	原价	使用年限	残值率	残值	月折旧额	累积折旧额	净值
3	JQ0001	机器设备	空压机	BLT-350W	2012-5-10	生产部	王帅	¥50,000.00	5	5%	2,500.00	791.67	30,083.33	
4	JQ0002	机器设备	切割机	S-6	2012-7-8	生产部	李晓明	¥65,000.00	5	5%	3,250.00	1,029.17	37,050.00	
5	JZ0001	房屋建筑物	办公楼		2013-8-1	综合部	王朝	¥1,000,000.00	20	5%	50,000.00	3,958.33	91,041.67	
6	YS0001	运输工具	大货车	驭铃V	2014-2-28	销售部	浏阳	¥100,000.00	4	5%	5,000.00	1,979.17	31,666.67	
7	DZ0001	电子设备	电脑	联想	2014-3-25	财务部	武昌	¥3,000.00	3	5%	150.00	79.17	1,187.50	
8	DZ0002	电子设备	笔记本电脑	戴尔	2014-6-1	人事部	徐亮	¥5,000.00	3	5%	250.00	131.94	1,715.28	
9	DZ0003	电子设备	空调	海信苹果派A8	2004-5-5	综合部	吴余	¥2,900.00	3	5%	145.00	76.53	2,755.00	
10	合计							¥1,225,900.00			61,295.00	8,045.97	195,499.44	

图 S5-20　计算累积折旧额

步骤 3：计算固定资产净值。在 N3 单元格输入公式"=H3−M3"，按【Enter】键确认，向下拖动鼠标将公式复制到 N9 单元格，如图 S5-21 所示。

	A	B	C	D	E	F	G	H	I	J	K	L	M	N
1							固定资产管理表							
2		类别	名称	规格型号	采购日期	使用部门	负责人	原价	使用年限	残值率	残值	月折旧额	累积折旧额	净值	备注
3		机器设备	空压机	BLT-350W	2012-5-10	生产部	王帅	¥50,000.00	5	5%	2,500.00	791.67	30,083.33	19,916.67
4		机器设备	切割机	S-6	2012-7-8	生产部	李晓明	¥65,000.00	5	5%	3,250.00	1,029.17	37,050.00	27,950.00
5		房屋建筑物	办公楼		2013-8-1	综合部	王朝	¥1,000,000.00	20	5%	50,000.00	3,958.33	91,041.67	908,958.33
6		运输工具	大货车	驭铃V	2014-2-28	销售部	浏阳	¥100,000.00	4	5%	5,000.00	1,979.17	31,666.67	68,333.33
7		电子设备	电脑	联想	2014-3-25	财务部	武昌	¥3,000.00	3	5%	150.00	79.17	1,187.50	1,812.50
8		电子设备	笔记本电脑	戴尔	2014-6-1	人事部	徐亮	¥5,000.00	3	5%	250.00	131.94	1,715.28	3,284.72
9		电子设备	空调	海信苹果派A8	2004-5-5	综合部	吴余	¥2,900.00	3	5%	145.00	76.53	2,755.00	145.00
10								¥1,225,900.00			61,295.00	8,045.97	195,499.44	1,030,400.56

图 S5-21　计算固定资产净值

步骤 4：单击【插入】/【表格】组中【数据透视表】右侧下三角按钮，选择【数据透视表】命令，弹出【创建数据透视表】对话框，在【选择一个表或区域】/【表/区域】中输入公式"$A$2:$O$9"区域，选择【选择放置数据透视表的位置】/【新工作表】选项，如图 S5-22 所示。

图 S5-22　选择创建数据透视表区域

步骤 5：接步骤 4，单击【确定】按钮，行标签选择"类别"，求和项分别选择"原值"、"月折旧额"、"累积折旧额"、"净值",如图 S5-23 所示。

行标签	求和项:原值	求和项:月折旧额	求和项:累积折旧额	求和项:净值
电子设备	10900	287.6388889	5657.777778	5242.222222
房屋建筑物	1000000	3958.333333	91041.66667	908958.3333
机器设备	115000	1820.833333	67133.33333	47866.66667
运输工具	100000	1979.166667	31466.66667	68333.33333
总计	1225900	8045.972222	195499.4444	1030400.556

图 S5-23　透视表最终效果

步骤 6：创建数据透视图。单击【插入】/【表格】组中【数据透视表】右侧下三角按钮，选择【数据透视图】命令，弹出【创建数据透视图】对话框，在【选择一个表或区域】/【表/区域】中输入公式"$A$2:$O$9"区域，选择【选择放置数据透视表的位置】/【新工作表】选项，最后单击【确定】按钮，如图 S5-24 所示。

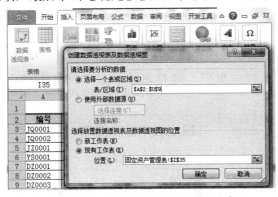

图 S5-24　选择创建数据透视图区域

步骤 7：行标签选择"类别"，求和项分别选择"原值"、"月折旧额"、"累积折旧额"、"净值"，如图 S5-25 所示。

步骤 8：在值字段按钮上单击鼠标右键，在弹出的快捷菜单中选择【隐藏图表上的所有字段按钮】命令，如图 S5-26 所示。

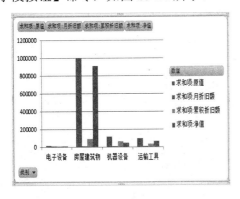

图 S5-25　添加透视图横纵坐标数据

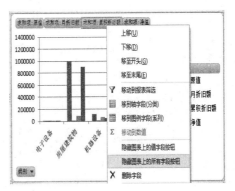

图 S5-26　隐藏字段

步骤 9：为图表添加标题。单击【布局】/【图表标题】下方下三角按钮，选择【图表上方】命令，输入标题"固定资产管理图表"，如图 S5-27。

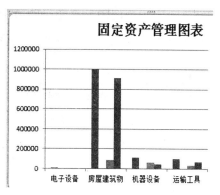

图 S5-27　添加图表标题

　　步骤 10：图表类型及图表背景的设置。光标放在图表上单击鼠标右键，选择【更改图表类型】命令，在弹出的图标类型中选择一个合适的图表类型。单击【数据透视工具】/【布局】/【背景】组中【图表背景墙】按钮，选择【其他背景选项】命令，在弹出的【设置背景墙格式】对话框中，选择自己满意的背景图案。最终效果如图 S5-28所示。

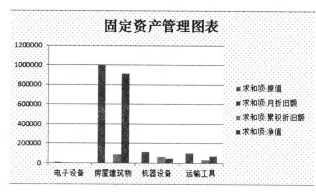

图 S5-28　最终效果图

实践 6　员工工资核算管理

实践指导

工资是用人单位依据国家的有关规定和劳动关系的约定，以货币形式支付给员工的劳动报酬，是员工赖以生存并为企业工作的基础。工资核算是财务工作中非常重要的一部分。不同企业因自身的业务和实际的算法不同，工资的核算方法也不同。即使同一家企业，也因员工的工作岗位不同，其工资的计算方法也不相同。一般来说，工资核算分为几个模块：基本工资、年功工资、全勤工资、奖金、考勤扣款、代扣社会保险和代扣所得税等。

通过第 9 章的学习，本实践将使用 Excel 来创建一个员工工资明细表，并使用相关函数来完成工资的计算，最后制作工资单发放给员工。

实践 6.1　制作员工基本工资明细表

为了调动员工工作的积极性，企业在制定工资发放制度时，通常将其分为基本工资、浮动工资和福利三部分。员工工资明细表中详细记录了这些数据的来源。

在制作过程中，首先需要根据企业的实际情况确定工资表的组成部分，以创建员工工资表的框架，然后再计算员工的各部分工资，如基本工资、奖金、生日补贴、年功工资、全勤奖、代扣社保和公积金、应发工资、代扣个人所得税以及实发工资等(其中生日补贴、年功工资、考勤可通过其他工作簿中的数据来进行计算)。最终效果如图 S6-1 所示。

员工工资明细表

工资结算日期：　2015年7月15日

员工代码	员工姓名	职位	基本工资	业绩提成	奖金	全勤奖	迟到扣款	事假扣款	病假扣款	生日补助	年功工资	应发工资	代扣社保和公积金	代扣个税	实发工资
SM0001	王德海	技术员	¥2,500.00	¥0.00	¥200.00	¥0.00	¥10.00	¥0.00	¥0.00	¥0.00	¥350.00	¥3,040.00	¥347.10	¥0.00	¥2,692.90
SM0002	李梅	销售经理	¥3,000.00	¥10,921.95	¥200.00	¥200.00	¥0.00	¥0.00	¥0.00	¥0.00	¥300.00	¥14,621.95	¥347.10	¥1,688.71	¥12,586.14
SM0003	王冲	后勤	¥2,000.00	¥0.00	¥200.00	¥0.00	¥0.00	¥30.00	¥0.00	¥0.00	¥150.00	¥2,320.00	¥347.10	¥0.00	¥1,972.90
SM0004	葛瑞燕	技术员	¥2,500.00	¥0.00	¥200.00	¥0.00	¥20.00	¥0.00	¥0.00	¥0.00	¥250.00	¥2,930.00	¥347.10	¥0.00	¥2,582.90
SM0005	刘建新	部门经理	¥3,500.00	¥0.00	¥200.00	¥0.00	¥10.00	¥0.00	¥0.00	¥0.00	¥300.00	¥3,990.00	¥347.10	¥4.29	¥3,638.61
SM0006	刘建伟	行政主管	¥3,200.00	¥0.00	¥500.00	¥200.00	¥0.00	¥0.00	¥0.00	¥0.00	¥650.00	¥4,550.00	¥347.10	¥21.09	¥4,181.81
SM0007	王凯	财务主管	¥3,400.00	¥0.00	¥500.00	¥200.00	¥0.00	¥0.00	¥0.00	¥0.00	¥850.00	¥4,950.00	¥347.10	¥33.09	¥4,569.81
SM0008	张学光	业务员	¥1,500.00	¥9,154.86	¥100.00	¥0.00	¥20.00	¥0.00	¥0.00	¥100.00	¥250.00	¥11,084.86	¥347.10	¥892.55	¥9,845.21
SM0009	刘俊	技术员	¥2,000.00	¥0.00	¥200.00	¥0.00	¥0.00	¥60.00	¥0.00	¥100.00	¥1,700.00	¥3,940.00	¥347.10	¥2.79	¥3,590.11
SM0010	王玲	前台接待	¥1,600.00	¥0.00	¥200.00	¥0.00	¥30.00	¥0.00	¥0.00	¥0.00	¥400.00	¥2,170.00	¥347.10	¥0.00	¥1,822.90
SM0011	孙振华	研究人员	¥2,300.00	¥0.00	¥200.00	¥0.00	¥10.00	¥30.00	¥0.00	¥0.00	¥250.00	¥2,710.00	¥347.10	¥0.00	¥2,362.90
SM0012	王静	设计师	¥2,800.00	¥0.00	¥200.00	¥200.00	¥0.00	¥0.00	¥0.00	¥0.00	¥300.00	¥3,500.00	¥347.10	¥0.00	¥3,152.90
SM0013	陈骆	美工	¥2,600.00	¥0.00	¥200.00	¥200.00	¥0.00	¥0.00	¥0.00	¥0.00	¥100.00	¥3,100.00	¥347.10	¥0.00	¥2,752.90
SM0014	李尧	部门主管	¥3,200.00	¥0.00	¥200.00	¥0.00	¥20.00	¥0.00	¥0.00	¥0.00	¥150.00	¥3,530.00	¥347.10	¥0.00	¥3,182.90
SM0015	宋伟	测试人员	¥2,800.00	¥0.00	¥200.00	¥200.00	¥0.00	¥0.00	¥0.00	¥0.00	¥250.00	¥3,450.00	¥347.10	¥0.00	¥3,102.90
SM0016	宋清	摄像师	¥3,000.00	¥0.00	¥200.00	¥0.00	¥40.00	¥0.00	¥0.00	¥0.00	¥650.00	¥3,810.00	¥347.10	¥0.00	¥3,462.90
SM0017	王洋	业务员	¥1,500.00	¥4,069.60	¥100.00	¥0.00	¥10.00	¥0.00	¥0.00	¥0.00	¥350.00	¥6,009.60	¥347.10	¥111.25	¥5,551.25
SM0018	许茹芸	研究人员	¥2,300.00	¥0.00	¥200.00	¥200.00	¥0.00	¥0.00	¥0.00	¥100.00	¥450.00	¥3,250.00	¥347.10	¥0.00	¥2,902.90

员工当月信息表　员工销售业绩表　社保和公积金扣款　员工工资明细表　员工工资

图 S6-1　职工工资明细表完成效果图

【参考解决方案】

1. 创建员工工资表框架

本实践是以一家销售公司为例，因此除了一些基本的组成部分外，还应添加员工的提成工资。下面先根据这些内容创建员工工资明细表的框架，输入基本的员工信息，并将应扣款项的字体颜色设置为“红色”。

步骤 1：打开“员工基本信息表”工作簿，新建一个空白工作簿并将其重命名为“员工工资明细表”，然后再输入表格的标题与字段内容，选择 H、I、J、N 和 O 列单元格区域，在【开始】选项卡中设置字体颜色为“红色”，设置其格式效果，如图 S6-2 所示。

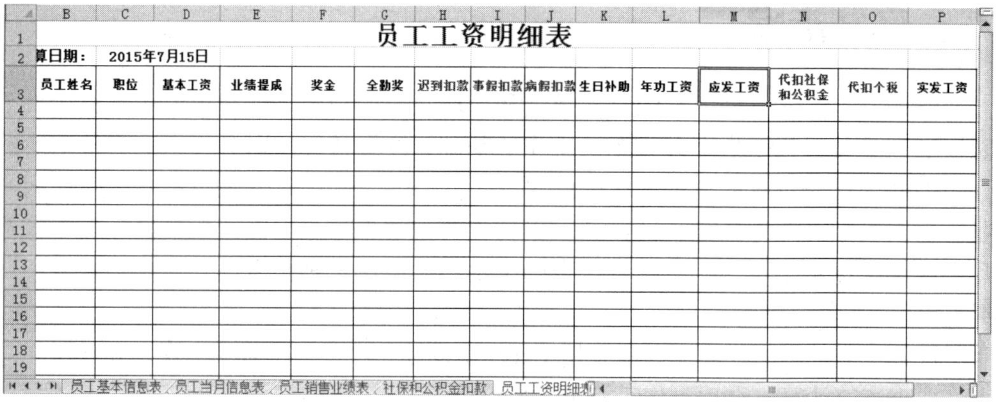

员工工资明细表

算日期： 2015年7月15日

员工姓名	职位	基本工资	业绩提成	奖金	全勤奖	迟到扣款	事假扣款	病假扣款	生日补助	年功工资	应发工资	代扣社保和公积金	代扣个税	实发工资

员工基本信息表 / 员工当月信息表 / 员工销售业绩表 / 社保和公积金扣款 / 员工工资明细

图 S6-2　创建表格框架

步骤 2：单击“员工基本信息表”工作簿，将其中的“员工代码”、“员工姓名”、“职位”和“基本工资”等数据复制到“员工工资明细表”工作簿中，如图 S6-3 所示。

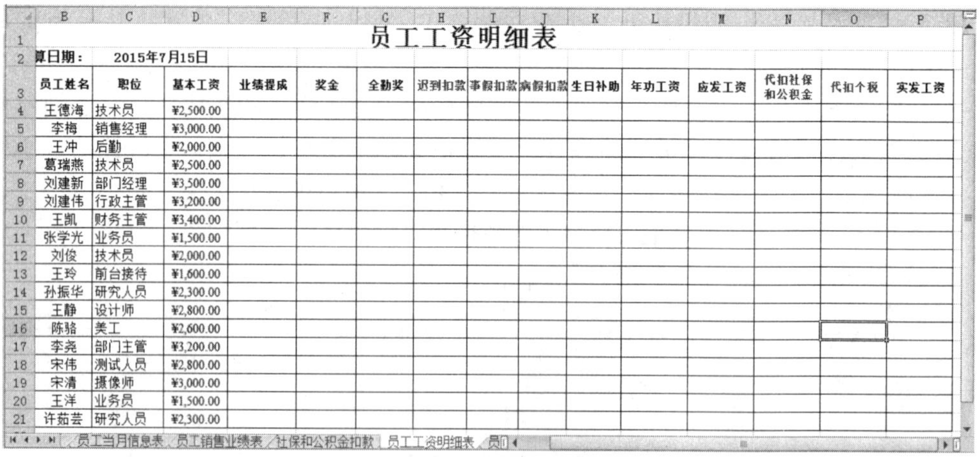

员工工资明细表

算日期： 2015年7月15日

员工姓名	职位	基本工资	业绩提成	奖金	全勤奖	迟到扣款	事假扣款	病假扣款	生日补助	年功工资	应发工资	代扣社保和公积金	代扣个税	实发工资
王德海	技术员	¥2,500.00												
李梅	销售经理	¥3,000.00												
王冲	后勤	¥2,000.00												
葛瑞燕	技术员	¥2,500.00												
刘建新	部门经理	¥3,500.00												
刘建伟	行政主管	¥3,200.00												
王凯	财务主管	¥3,400.00												
张学光	业务员	¥1,500.00												
刘俊	技术员	¥2,000.00												
王玲	前台接待	¥1,600.00												
孙振华	研究人员	¥2,300.00												
王静	设计师	¥2,800.00												
陈骆	美工	¥2,600.00												
李尧	部门主管	¥3,200.00												
宋伟	测试人员	¥2,800.00												
宋清	摄像师	¥3,000.00												
王洋	业务员	¥1,500.00												
许茹芸	研究人员	¥2,300.00												

员工当月信息表 / 员工销售业绩表 / 社保和公积金扣款 / 员工工资明细表 / 员

图 S6-3　填充基本数据

步骤 3：选择 E 列至 P 列单元格区域，单击鼠标右键，在弹出的快捷菜单中选择【设置单元格格式】命令，打开【设置单元格格式】对话框。

步骤 4：在对话框中选择【数字】选项卡，在【分类】列表框中选择【货币】选项，在【货币符号(国家/地区)】下拉列表框中选择【￥】选项，在【负数】列表框中选择【￥1234.10】选项，单击【确定】按钮，如图 S6-4 所示。

图 S6-4　设置货币格式

2．计算员工的业绩提成

一般公司中的销售人员和业务员的工资组成通常都包含业绩提成。本实践按每日总销售额计算销售人员的提成：总销售额大于 300,000 时，提成 3%；总销售额大于 100,000 且小于 300,000 时，提成 2%；总销售额小于 100,000 时，提成 1%。

下面在"员工销售业绩表"工作簿中计算出销售部员工应获得的提成，再将计算结果调用到"员工工资明细表"工作簿中。

步骤 1：单击"员工销售业绩表"工作簿，选择【数据】/【排序和筛选】组，单击【排序】按钮，打开【排序】对话框。在【主要关键字】下拉列表框中选择排序的主要条件为【员工姓名】选项，然后依次在其后的下拉列表框中选择【数值】和【升序】选项，然后单击【确定】按钮，如图 S6-5 所示。

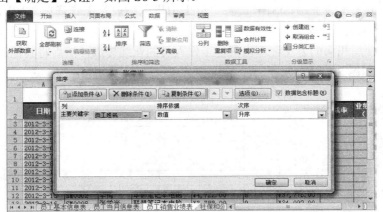

图 S6-5　按员工姓名进行排序

步骤 2：选择【数据】/【分级显示】组，单击【分类汇总】按钮，打开【分类汇总】对话框，在【分类字段】下拉列表框中选择【员工姓名】选项。在【汇总方式】下拉列表框中选择【求和】选项，在【选定汇总项】列表框中勾选【总销售额】复选框，然后单击【确定】按钮，如图 S6-6 所示。

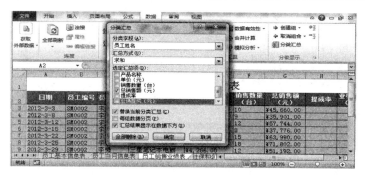

图 S6-6　进行分类汇总

步骤 3：选择 H10 单元格，在其中输入公式"=IF(G10>=300000,"3%",IF(G10>=100000, "2%","1%"))"，计算销售人员的提成率。使用相同的方法计算其他销售人员的提成率，如图 S6-7 所示。

步骤 4：选择 I10 单元格，输入公式"=G10*H10"，计算出销售人员的业绩提成。然后使用相同的方法计算出所有销售人员的业绩提成。最终效果如图 S6-7 所示。

	H10		⨍	=IF(G10=300000,"3%",IF(G10=100000,"2%","1%"))				
	A	B	C	D	E	F	G	H	I

员工销售业绩表								
日期	员工编号	员工姓名	产品名称	单价（元）	销售数量（台）	总销售额（元）	提成率	业绩提成（元）
2012-3-3	SM0002	李梅	三星笔记本电脑	¥4,566.00	10	¥45,660.00		
2012-3-8	SM0002	李梅	索尼笔记本电脑	¥3,989.00	9	¥35,901.00		
2012-3-12	SM0002	李梅	戴尔笔记本电脑	¥4,812.00	12	¥57,744.00		
2012-3-15	SM0002	李梅	华硕笔记本电脑	¥4,722.00	8	¥37,776.00		
2012-3-22	SM0002	李梅	三星笔记本电脑	¥4,266.00	15	¥63,990.00		
2012-3-25	SM0002	李梅	索尼笔记本电脑	¥3,989.00	18	¥71,802.00		
2012-3-29	SM0002	李梅	三星笔记本电脑	¥4,266.00	12	¥51,192.00		
李梅 汇总						¥364,065.00	3%	¥10,921.95
2012-3-5	SM0017	王洋	华硕笔记本电脑	¥4,722.00	8	¥37,776.00		

图 S6-7　计算员工提成率和业绩提成

步骤 5：返回"员工工资明细表"工作表，选择 E5 单元格，输入公式"=[员工销售业绩表.xlsx]员工销售业绩!$I$10"，将"员工销售业绩表"工作簿中对应的数据提取到"员工工资明细表"工作簿中。

步骤 6：使用相同的方法计算出其他工作人员的业绩提成，然后将其他部门的业绩提成填充为 0，如图 S6-8 所示。

员工工资明细表														
算日期：	2015年7月15日													
员工姓名	职位	基本工资	业绩提成	奖金	全勤奖	迟到扣款	事假扣款	病假扣款	生日补助	年功工资	应发工资	代扣社保和公积金	代扣个税	实发工资
王德海	技术员	¥2,500.00	¥0.00											
李梅	销售经理	¥3,000.00	=员工销售业绩表!I10											
王冲	后勤	¥2,000.00	¥0.00											
葛瑞燕	技术员	¥2,500.00	¥0.00											
刘建新	部门经理	¥3,500.00	¥0.00											
刘建伟	行政主管	¥3,200.00	¥0.00											
王凯	财务主管	¥3,400.00	¥0.00											
张学光	业务员	¥1,500.00	¥9,154.86											
刘俊	技术员	¥2,000.00	¥0.00											
王玲	前台接待	¥1,600.00	¥0.00											
孙振华	研究人员	¥2,300.00	¥0.00											
王静	设计师	¥2,800.00	¥0.00											
陈骏	美工	¥2,600.00	¥0.00											
李亮	部门主管	¥3,200.00	¥0.00											
宋伟	测试人员	¥2,800.00	¥0.00											
宋清	摄像师	¥3,000.00	¥0.00											
王泽	业务员	¥1,500.00	¥4,069.60											
许茹芸	研究人员	¥2,300.00	¥0.00											

图 S6-8　填充员工业绩提成

3．计算员工奖金

为了激励员工的工作积极性，企业在制定工资标准时，一般会根据不同的职位设置不同的奖金。假设在本实践中，主管类职位的奖金为每月 500 元，业务员类职位每月 100元，其他职位每月 200 元。下面通过函数自动计算每个员工的奖金。

步骤 1：在"员工工资明细表"工作簿中选择 F4 单元格，输入公式"=IF(C4="业务员",100,IF(OR(C4="行政主管",C4="财务主管"),500,200))"。

步骤 2：将光标放在 F4 单元格右下角，当光标变为"十"字形状时，向下拖动鼠标至 F21 单元格，快速计算所有员工的奖金，如图 S6-9 所示。

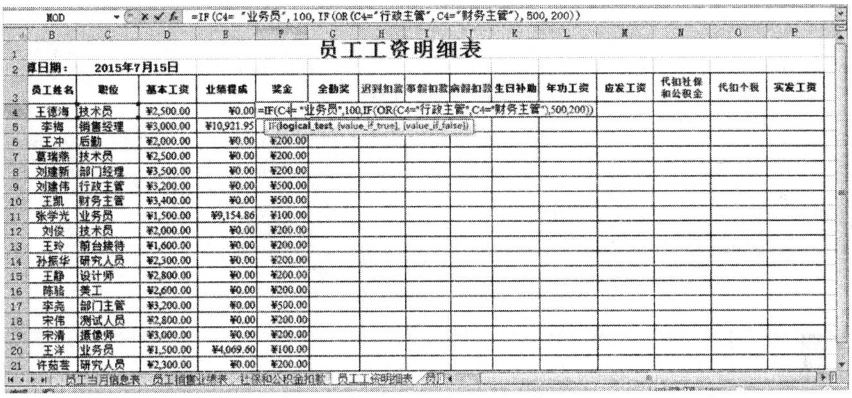

图 S6-9　计算员工奖金

4．计算员工生日补助

随着企业文化的发展，企业管理也越来越趋向人性化，大多数企业在发放工资时，都会对过生日的员工发放一定的补助，用于表明企业对员工的慰问与重视，促进企业与员工的和谐发展。

下面将在"员工基本信息表"工作簿中根据员工的出生日期计算当月是否有员工过生日，如果有，则发放 100 元的慰问金，没有则为 0。

步骤 1：选择 K4 单元格，输入公式"=IF(MONTH(员工基本信息表!E3)=6,100,0)"，计算出上一个月中过生日的员工的补助奖金。

步骤 2：将光标放在 K4 单元格右下角，当光标变为"十"字形状时，向下拖动鼠标，复制公式到 K5:K21 单元格区域，快速计算出其他员工的补助奖金，如图 S6-10 所示。

图 S6-10　计算员工的生日补助

5．计算员工年功工资

年功工资是根据员工在企业的年限，按照规定标准支付给员工的工资。年功工资是企业为了挽留人才，体现企业员工贡献的一种工资形式。假设该公司工作每满一年，给予 50 元的年功工资。

下面将通过"员工基本信息表"工作簿中的"工龄"字段来计算"员工工资明细表"中员工工资。

步骤 1：在"员工工资明细表"工作簿中选择 L4 单元格，输入公式"=员工基本信息表!H3*50"，计算出员工的年功工资。

步骤 2：将光标放在 L4 单元格右下角，向下拖动鼠标，使用拖动控制柄的方法计算出其他员工的年功工资，复制公式到 L5:L21 单元格区域，如图 S6-11 所示。

图 S6-11　计算员工年功工资

6．计算员工出勤工资

员工出勤工资一般包括全勤奖和迟到、事假及病假扣款等。其中全勤奖是企业为了鼓励员工按时上下班，而对于出现迟到、请事假或病假的员工则处以一定的扣款处罚。假设该单位全勤奖为 200 元，迟到一次扣 10 元，事假和病假一次扣 30 元。

下面将通过"员工当月信息表"工作簿来查看员工的出勤情况，并根据其中的数据计算员工是否有全勤奖、迟到扣款、事假扣款及病假扣款。

步骤 1：单击"员工当月信息表"工作簿，在"员工工资明细表"工作簿中选择 G4 单元格，输入公式"=IF(AND(员工当月信息表!D3=0,员工当月信息表!E3=0,员工当月信息表!F3=0),200,0)"，计算出员工的出勤奖金。使用拖动控制柄的方法计算其他员工的出勤奖金，如图 S6-12 所示。

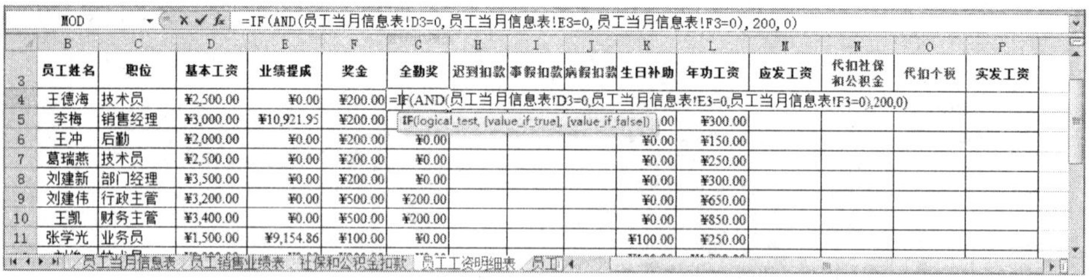

图 S6-12　计算员工全勤奖

步骤 2：选择 H4 单元格，输入公式"=员工当月信息表!D3*10"，计算员工的迟到扣款，然后使用拖动控制柄的方法复制公式计算其他员工的迟到扣款。选择 I4 单元格，输入公式"=员工当月信息表!E3*30"，按【Ctrl+Enter】组合键计算出员工的事假扣款，然后再使用拖动控制柄的方法计算出其他员工的事假扣款。选择 J4 单元格，输入公式"=员工当月信息表!F3*30"，按【Ctrl+Enter】组合键计算出员工的病假扣款，然后再使用拖动控制柄的方法计算出其他员工的病假扣款，如图 S6-13 所示。

员工姓名	职位	基本工资	业绩提成	奖金	全勤奖	迟到扣款	事假扣款	病假扣款	生日补助	年功工资	应发工资	代扣社保和公积金	代扣个税	实发工资
王德海	技术员	¥2,500.00	¥0.00	¥200.00	¥0.00	¥10.00	¥0.00	=员工当月信息表!F3*30						
李梅	销售经理	¥3,000.00	¥10,921.95	¥200.00	¥200.00	¥0.00	¥0.00	¥0.00	¥0.00	¥300.00				
王冲	后勤	¥2,000.00	¥0.00	¥200.00	¥0.00	¥0.00	¥30.00	¥0.00	¥0.00	¥150.00				
葛瑞燕	技术员	¥2,500.00	¥0.00	¥200.00	¥0.00	¥20.00	¥0.00	¥0.00	¥0.00	¥250.00				
刘建新	部门经理	¥3,500.00	¥0.00	¥200.00	¥0.00	¥10.00	¥0.00	¥0.00	¥0.00	¥300.00				
刘建伟	行政主管	¥3,200.00	¥0.00	¥500.00	¥200.00	¥0.00	¥0.00	¥0.00	¥0.00	¥650.00				
王凯	财务主管	¥3,400.00	¥0.00	¥500.00	¥200.00	¥0.00	¥0.00	¥0.00	¥0.00	¥850.00				
张学光	业务员	¥1,500.00	¥9,154.86	¥100.00	¥0.00	¥20.00	¥0.00	¥60.00	¥100.00	¥250.00				
刘俊	技术员								¥0.00	¥100.00	¥1,700.00			

图 S6-13　计算迟到、病假和事假扣款

7. 计算代扣社保和公积金

企业应按国家规定为员工缴纳社会保险及公积金，由企业和员工共同承担，各自分摊一定比例的费用。

本实践设定企业上一年的保险基数为 2314 元，公积金为基数的 4%。

下面将以这两个指标为标准计算员工应缴纳的社会劳动保障金和住房公积金金额。

步骤 1：单击"社保和公积金扣款"工作簿，选择 C3:C20 单元格区域，输入公式"=2314*8%"，按【Ctrl+Shift+Enter】组合键计算出员工的养老保险。选择 D3:D20 单元格区域，在输入公式"=2314*2%"，按【Ctrl+Shift+Enter】组合键计算出员工的医疗保险。选择 E3:E20 单元格区域，输入公式"=2314*1%"，按【Ctrl+Shift+Enter】组合键计算出员工的失业保险。选择 F3:F20 单元格区域，输入公式"=2314*15%"，按【Ctrl+Shift+Enter】组合键计算出员工的住房公积金。完成合计数，如图 S6-14 所示。

	A	B	C	D	E	F	G
1				社保和公积金扣款			
2	员工代码	员工姓名	养老保险	医疗保险	失业保险	住房公积	合计
3	SM0001	王德海	185.12	46.28	23.14	92.56	347.1
4	SM0002	李梅	185.12	46.28	23.14	92.56	347.1
5	SM0003	王冲	185.12	46.28	23.14	92.56	347.1
6	SM0004	葛瑞燕	185.12	46.28	23.14	92.56	347.1
7	SM0005	刘建新	185.12	46.28	23.14	92.56	347.1
8	SM0006	刘建伟	185.12	46.28	23.14	92.56	347.1
9	SM0007	王凯	185.12	46.28	23.14	92.56	347.1
10	SM0008	张学光	185.12	46.28	23.14	92.56	347.1
11	SM0009	刘俊	185.12	46.28	23.14	92.56	347.1

图 S6-14　计算社保和公积金

步骤 2：返回"员工工资明细表"工作簿，选择 N4 单元格，输入公式"=社保和公积金扣款!G3"，按【Ctrl+Enter】组合键计算出员工的社保和住房公积金应扣总额。使用拖动填充柄的方法复制公式并填充所有员工的社保和住房公积金应扣总额，如图 S6-15 所示。

	B	C	D	E	F	G	H	I	J	K	L	M	N	O	P
1							员工工资明细表								
2	算日期：	2015年7月15日													
3	员工姓名	职位	基本工资	业绩提成	奖金	全勤奖	迟到扣款	事假扣款	病假扣款	生日补助	年功工资	应发工资	代扣社保和公积金	代扣个税	实发工资
4	王德海	技术员	¥2,500.00	¥0.00	¥200.00	¥0.00	¥10.00	¥0.00	¥0.00	¥0.00	¥400.00	¥3,090.00	=社保和公积金扣款!G3		
5	李梅	销售经理	¥3,000.00	¥10,921.95	¥200.00	¥200.00	¥0.00	¥0.00	¥0.00	¥0.00	¥350.00	¥14,671.95	¥347.10		
6	王冲	后勤	¥2,000.00	¥0.00	¥200.00	¥0.00	¥0.00	¥30.00	¥0.00	¥0.00	¥200.00	¥2,370.00	¥347.10		
7	葛瑞燕	技术员	¥2,500.00	¥0.00	¥200.00	¥0.00	¥20.00	¥0.00	¥0.00	¥0.00	¥300.00	¥2,980.00	¥347.10		
8	刘建新	部门经理	¥3,500.00	¥0.00	¥200.00	¥0.00	¥10.00	¥0.00	¥0.00	¥0.00	¥350.00	¥4,040.00	¥347.10		
9	刘建伟	行政主管	¥3,200.00	¥0.00	¥500.00	¥200.00	¥0.00	¥0.00	¥0.00	¥0.00	¥650.00	¥4,550.00	¥347.10		
10	王凯	财务主管	¥3,400.00	¥0.00	¥500.00	¥200.00	¥0.00	¥0.00	¥0.00	¥0.00	¥850.00	¥4,950.00	¥347.10		

图 S6-15　计算员工的代扣社保和公积金

8．计算员工实发工资

在计算员工实发工资前，还需计算员工的应发工资和所得税金额。个人所得税是根据国家发布的有关规定按个人收入的百分比计算的，是工资的重要组成部分。

员工实发工资＝应发工资－个人所得税，而应发工资＝基本工资+业绩提成+奖金+生日补助+年功工资+全勤奖－迟到扣款－病假扣款－社保和公积金扣款。

计算员工应发工资，具体操作如下：

步骤 1：在"员工工资明细表"工作簿中选择 N4 单元格，输入公式"=SUM(D4:G4)+SUM(K4:L4)－SUM(H4:J4)－M4"，按【Ctrl+Enter】组合键计算出员工的应发工资。然后使用控制柄计算出所有员工的应发工资。

步骤 2：选择 O4 单元格区域，输入公式"=IF(N4－3500＜0,0,IF(N4－3500＜1500,0.03*(N4－3500),IF(N4－3500＜4500,0.1*(N4－3500)－105,IF(N4－3500＜9000,0.20*(N4－3500)－555,IF(N4－3500＜35000,0.25*(N4－3500)－1005)))))"，按【Ctrl+Enter】组合键计算出员工的代扣个税。使用控制柄计算所有员工的代扣个税。

步骤 3：然后选择 P4:P21 单元格区域，输入公式"=N4:N21－O4:O21"，按【Ctrl+Enter】组合键计算出员工的实发工资。完成效果如图 S6-16 所示。

图 S6-16　计算员工代扣个税

实践 6.2　制作工资条

工资条是员工所在单位定期发给员工的反映工资情况的凭证，本实践以制作完成的"员工工资明细表"为基础，使用 IF、INT、MOD、INDEX、ROW 和 COLUMN 函数获取"员工工资明细表"中的数据，并使每个员工的工资记录都能与项目对应，然后再打印工作表。完成效果如图 S6-17 所示。

图 S6-17　完成效果图

制作工资条需要使用 INT、MOD、INDEX、ROW、COLUMN 函数，各个函数的含义及语法结构如下：

INT 函数：INT 函数用于提取不大于自变量的最大整数，即将数字向下舍入到最接近的整数。其语法结构为 INT(number)，其中参数 number 表示需要进行向下取整的实数。例如，INT(5.7)=5，INT(-5.7)=-6。

MOD 函数：用于返回两数相除的余数。结果的正负号与除数相同。语法结构为 MOD(number,divisor)，其中 number 为被除数，divisor 为除数。

INDEX 函数：INDEX 函数有数组和引用两种形式，其中数组形式用于返回由行和列编号索引选定的表或数组中的元素值。其语法结构为 INDEX(array,row_num,column_num,)，其中参数 array 表示一个单元格区域或数组常量，row_num 表示需要获得返回值的数组中的行，column_num 表示需要获得返回值的数组中的列。当表示引用形式时，返回指定的行与交叉列处的单元格引用，其语法结构为 INDEX(reference,row_num,column_num,area_num)，其中参数 reference 表示一个单元格区域，area_num 用于连续需要返回 row_num 和 column_num 的交叉点引用区域。

ROW 函数：用于返回给定引用的行号。其语法结构为 ROW(reference)，其中参数 reference 表示需要得到其行号或单元格区域。

COLUMN 函数，用于返回给定引用的列标。其语法结构为 COLUMN(reference)，其中参数 reference 表示需要得到其列标的单元格或单元格区域。ROW 函数与 COLUMN 函数都可省略参数，表示对当前单元格进行引用。

【参考解决方案】

步骤 1：在"员工基本信息表"工作簿中新建一个工作表，名称重命名为"员工工资条"。选择 A1:A2 单元格区域，输入公式"=IF(MOD(ROW(),3)=0,"",IF(MOD (ROW(),3)=1,员工工资明细表!A$3,INDEX(员工工资明细表!$A:$Q,INT((ROW()-1)/3)+4,COLUMN())))"，按【Ctrl+Enter】组合键复制。

步骤 2：将光标移到 A1:A2 单元格区域右下角，当光标变为"十"字形状时，按住鼠标左键不放并拖动鼠标至 P 列后释放鼠标，完成第一位员工工资条的复制，如图 S6-18 所示。

图 S6-18 输入公式和复制公式

步骤 3：选择 A2:P2 单元格区域，将光标放在 P2 单元格的右下角，当光标变成"十"字形状时，按住鼠标左键不放，向下拖动鼠标，达到相应位置后松开左键，即可完成公式的复制，如图 S6-19 所示。

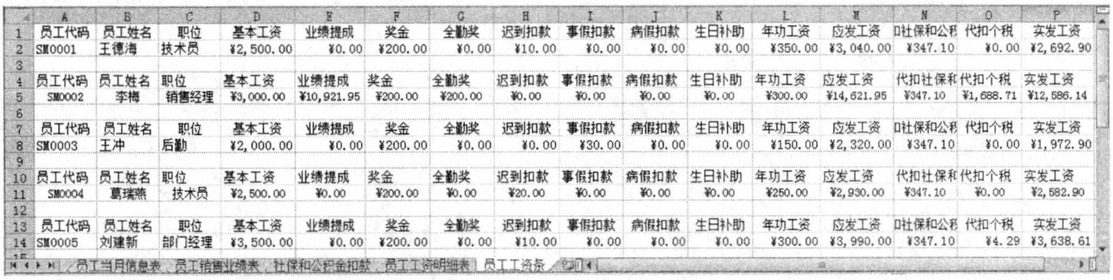

图 S6-19 完成全部人员的工资条复制

步骤 4：选择【文件】/【选项】命令，打开【Excel 选项】对话框，选择【高级】选项卡，在【此工作表的显示选项】栏中取消勾选【在具有零值的单元格中显示零】复选框，单击【确定】按钮完成设置，如图 S6-20 所示。

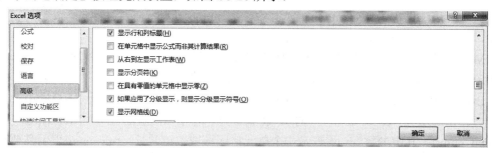

图 S6-20　设置零不显示

步骤 5：选择 A1:P1 单元格区域，在【开始】/【字体】组中单击【边框】按钮后的下拉按钮，在弹出的下拉列表中选择【所有框线】命令。双击【开始】/【剪贴板】组中的【格式刷】按钮，依次在其他员工对应的单元格区域中单击鼠标，设置所有员工工资条的格式，如图 S6-21 所示。

	A	B	C	D	E	F	G	H	I	J	K	L	M	N	O	P
1	员工代码	员工姓名	职位	基本工资	业绩提成	奖金	全勤奖	迟到扣款	事假扣款	病假扣款	生日补助	年功工资	应发工资	扣社保和公积	代扣个税	实发工资
2	SM0001	王德海	技术员	2500		200		10				350	3040	347.1		2692.9
3																
4	员工代码	员工姓名	职位	基本工资	业绩提成	奖金	全勤奖	迟到扣款	事假扣款	病假扣款	生日补助	年功工资	应发工资	扣社保和公积	代扣个税	实发工资
5	SM0002	李梅	销售经理	3000	10921.95	200	200					300	14621.95	347.1	1688.7125	12586.1375
6																
7	员工代码	员工姓名	职位	基本工资	业绩提成	奖金	全勤奖	迟到扣款	事假扣款	病假扣款	生日补助	年功工资	应发工资	扣社保和公积	代扣个税	实发工资
8	SM0003	王冲	后勤	2000		200		30				150	2320	347.1		1972.9
9																
10	员工代码	员工姓名	职位	基本工资	业绩提成	奖金	全勤奖	迟到扣款	事假扣款	病假扣款	生日补助	年功工资	应发工资	扣社保和公积	代扣个税	实发工资
11	SM0004	葛瑞燕	技术员	2500		200		20				250	2930	347.1		2582.9
12																
13	员工代码	员工姓名	职位	基本工资	业绩提成	奖金	全勤奖	迟到扣款	事假扣款	病假扣款	生日补助	年功工资	应发工资	扣社保和公积	代扣个税	实发工资
14	SM0005	刘建新	部门经理	3500		200		10				300	3990	347.1	4.287	3638.613

员工当月信息表　员工销售业绩表　社保和公积金扣款　员工工资明细表　员工工资条

图 S6-21　运用格式刷设置边框格式

步骤 6：根据单元格显示的内容，适当调整单元格的行高与列宽，并对字体样式进行适当设置后，选择【视图】/【显示】组，取消勾选【网格线】复选框，隐藏工作表中的网格线，如图 S6-22 所示。选择【文件】/【打印】命令，将工资条打印出来并进行裁剪后发放给每位员工。

	A	B	C	D	E	F	G	H	I	J	K	L	M	N	O	P
1	员工代码	员工姓名	职位	基本工资	业绩提成	奖金	全勤奖	迟到扣款	事假扣款	病假扣款	生日补助	年功工资	应发工资	扣社保和公积	代扣个税	实发工资
2	SM0001	王德海	技术员	2500		200		10				350	3040	347.1		2692.9
3																
4	员工代码	员工姓名	职位	基本工资	业绩提成	奖金	全勤奖	迟到扣款	事假扣款	病假扣款	生日补助	年功工资	应发工资	扣社保和公积	代扣个税	实发工资
5	SM0002	李梅	销售经理	3000	10921.95	200	200					300	14621.95	347.1	1688.7125	12586.1375
6																
7	员工代码	员工姓名	职位	基本工资	业绩提成	奖金	全勤奖	迟到扣款	事假扣款	病假扣款	生日补助	年功工资	应发工资	扣社保和公积	代扣个税	实发工资
8	SM0003	王冲	后勤	2000		200		30				150	2320	347.1		1972.9
9																
10	员工代码	员工姓名	职位	基本工资	业绩提成	奖金	全勤奖	迟到扣款	事假扣款	病假扣款	生日补助	年功工资	应发工资	扣社保和公积	代扣个税	实发工资
11	SM0004	葛瑞燕	技术员	2500		200		20				250	2930	347.1		2582.9
12																
13	员工代码	员工姓名	职位	基本工资	业绩提成	奖金	全勤奖	迟到扣款	事假扣款	病假扣款	生日补助	年功工资	应发工资	扣社保和公积	代扣个税	实发工资
14	SM0005	刘建新	部门经理	3500		200		10				300	3990	347.1	4.287	3638.613

员工当月信息表　员工销售业绩表　社保和公积金扣款　员工工资明细表　员工工资条

图 S6-22　设置网格线

实践 7 收入成本费用核算

实践指导

本实践是在学习第 10 章的基础上，通过对费用类表格的操作训练，使读者进一步掌握收入成本费用基本分析方法。

实践 7.1 收入成本费用分析

对产品的销售数据进行分析、统计和对比，可以对企业的产品销量进行总结和分析，为企业制定产品发展计划提供依据。本实践将统计企业上半年产品销售收入、销售成本、销售费用、销售税金、销售成本率、销售费用率和销售税金率等数据，然后使用图表对这些数据进行对比分析，最终效果如图 S7-1 所示。

图 S7-1 最终效果图

产品销售是指企业通过货币计算其经营出售的产品，转移所有权并取得销售收入的交易行为。产品销售管理主要包括销售收入、销售成本、销售费用和销售税金等数据的分析和管理，各项数据的含义和计算公式如下：

❖ 销售收入是指产品生产企业在一定时期内的所有产品销售货币收入的总额。
  其计算公式为：销售收入 = 产品销售数量 × 产品单价。

❖ 销售成本是指企业所销售的产品的生产成本。其计算公式为：销售成本=销售收入×销售成本率。

⋄ 销售费用是指企业在销售产品、自制半成品和提供劳务等过程中发生的费用，如包装费、运输费、广告费、保险费、展览费、职工工资、差旅费、办公费、折旧费和维修费等。销售费用等于这些费用的总和。

⋄ 销售税金是指根据产品或劳动服务的流转额征收的税金，属于损益类科目范畴，主要包括营业税、消费税、城市维护建设税、资源税和教育附加等。

⋄ 销售成本率是用于表现成本占收入的比例，其数值越大，则利润越小。其计算公式为：销售成本率=销售成本÷销售收入×100%。

⋄ 销售费用率是体现市场销售费用占销售额的比例。其计算公式为：销售费用率 = 销售费用 ÷ 销售收入 × 100%。

⋄ 销售税金率用于体现销售税金占销售额的比例。其计算公式为：销售税金率 = 销售税金 ÷ 销售收入 × 100%。

本实践内容主要包括制作产品销量表、制作产品销售分析表、图表分析销售费用和产品销售比率。

1. 制作产品销量表

本实践将在"产品销售管理"工作簿中根据每个产品的销售收入、销售成本和销售数量来计算产品的销售单价、单位成本和销售成本率，然后再对产品每月的销售收入和销售成本进行汇总计算。

【参考解决方案】

步骤 1：计算产品 A 的销售单价。打开"产品销售管理"工作簿，在"上半年产品销售管理费用记录表"工作表中选择 C6:H6 单元格区域，输入公式"=IF(ISERROR(C3/C5),"-",C3/C5)"，按【Ctrl+Enter】组合键计算出产品 A 的销售单价，如图 S7-2 所示。

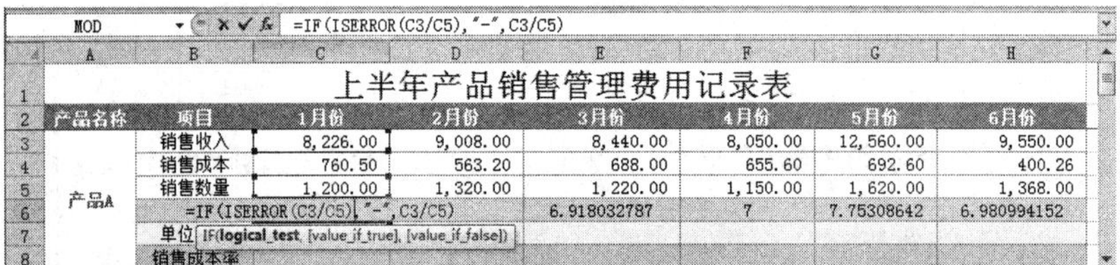

图 S7-2　计算产品 A 每月的销售单价

步骤 2：计算产品 A 的单位成本。选择 C7:H7 单元格区域，输入公式"=IF(ISERROR(C4/C5),"-",C4/C5)"，按【Ctrl+Enter】组合键计算出产品 A 的单位成本，如图 S7-3 所示。

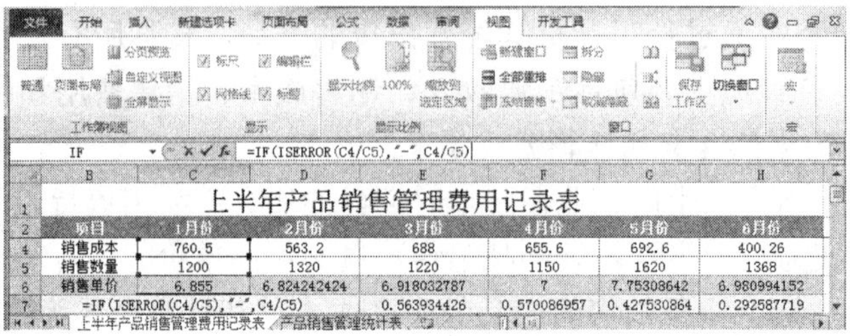

图 S7-3　计算产品 A 每月的单位成本

步骤 3：计算产品 A 每月的销售成本率。选择 C8:H8 单元格区域，输入公式“=IF(ISERROR(C4/C3),"–",C4/C3)”，按【Ctrl+Enter】组合键计算出产品 A 的销售成本率，如图 S7-4 所示。

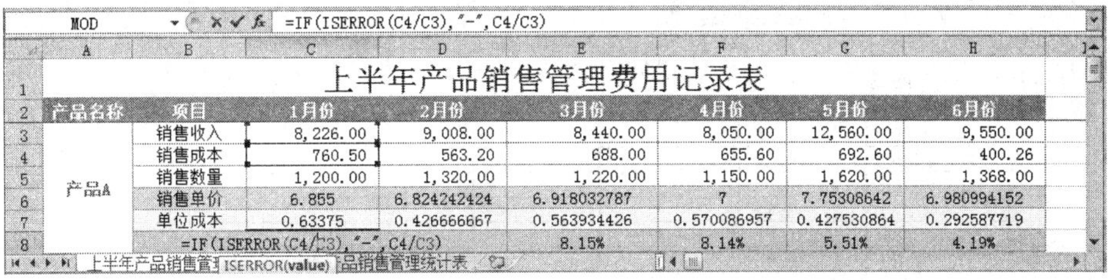

MOD　=IF(ISERROR(C4/C3),"-",C4/C3)

上半年产品销售管理费用记录表

产品名称	项目	1月份	2月份	3月份	4月份	5月份	6月份
产品A	销售收入	8,226.00	9,008.00	8,440.00	8,050.00	12,560.00	9,550.00
	销售成本	760.50	563.20	688.00	655.60	692.60	400.26
	销售数量	1,200.00	1,320.00	1,220.00	1,150.00	1,620.00	1,368.00
	销售单价	6.855	6.824242424	6.918032787	7	7.75308642	6.980994152
	单位成本	0.63375	0.426666667	0.563934426	0.570086957	0.427530864	0.292587719
	=IF(ISERROR(C4/C3),"-",C4/C3)			8.15%	8.14%	5.51%	4.19%

图 S7-4　计算产品 A 每月的销售成本率

步骤 4：使用相同的方法，计算出其他产品的销售单价、单位成本和销售成本率，其中产品 B 在 1 月份的销售单价、单位成本和销售成本率的计算公式分别为“=IF(ISNA(OR(C9=0,C11=0)),"–",C9/C11)”、“=IF(ISNA(OR(C10=0,C11=0)),"-",C10/C11)”和“=IF(ISNA(OR(C10=0,C9=0)),"–",C10/C9)”。

步骤 5：计算每月总收入。选择 C33:H33 单元格区域，输入公式“=C3+C9+C15+C21+C27”，按【Ctrl+Enter】组合键计算出每月的产品销售总收入。

步骤 6：计算每月总成本。选择 C34:H34 单元格区域，输入公式“=C4+C10+C16+C22+C28”，按【Ctrl+Enter】组合键计算出每月的产品销售成本。完成效果如图 S7-5 所示。

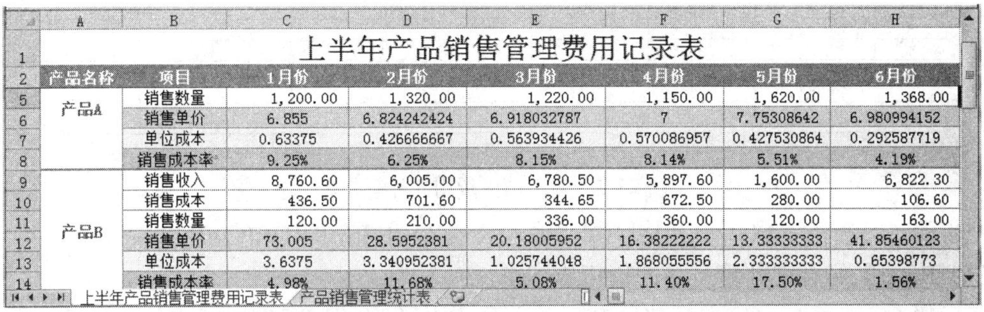

上半年产品销售管理费用记录表

产品名称	项目	1月份	2月份	3月份	4月份	5月份	6月份
产品A	销售数量	1,200.00	1,320.00	1,220.00	1,150.00	1,620.00	1,368.00
	销售单价	6.855	6.824242424	6.918032787	7	7.75308642	6.980994152
	单位成本	0.63375	0.426666667	0.563934426	0.570086957	0.427530864	0.292587719
	销售成本率	9.25%	6.25%	8.15%	8.14%	5.51%	4.19%
产品B	销售收入	8,760.60	6,005.00	6,780.50	5,897.60	1,600.00	6,822.30
	销售成本	436.50	701.60	344.65	672.50	280.00	106.60
	销售数量	120.00	210.00	336.00	360.00	120.00	163.00
	销售单价	73.005	28.5952381	20.18005952	16.38222222	13.33333333	41.85460123
	单位成本	3.6375	3.340952381	1.025744048	1.868055556	2.333333333	0.65398773
	销售成本率	4.98%	11.68%	5.08%	11.40%	17.50%	1.56%

图 S7-5　完成效果图

2. 制作产品销售分析表

产品销售分析是将产品销售过程中产生的销售收入、销售成本、销售费用、销售成本率、销售费用率和销售税金率进行计算和求和，并通过图表对其进行比较分析。

下面将在“产品费用统计表”工作表中汇总引用“上半年产品销售费用记录表”工作表中各项产品的销售收入、销售成本和销售费用的值，并根据公式计算销售税金、销售成本率、销售费用率和销售税金率的值。

【参考解决方案】

步骤 1：在“产品销售管理”工作簿中的“产品销售管理费用统计表”工作表中选择 B4 单元格，输入公式“=上半年产品销售管理费用记录表!$C$33”，按【Enter】键从“上半年产品销售费用记录表”工作表中引用 1 月份产品的销售收入。

步骤 2：使用相同的方法从“上半年产品销售管理费用记录表”工作表的 D33:H33 单元格区域中引用其他月份的销售收入，并从 C34:H34 单元格区域中引用每月的产品销售成本，如图 S7-6 所示。

产品销售管理费用统计表

制表时间 2012年7月

月份	销售收入	销售成本	销售费用	销售税金	销售成本率	销售费用率	销售税金率
1	34,594.82	2,604.86					
2	28,116.55	2,646.90					
3	29,162.86	2,188.06					
4	33,021.75	2,298.52					
5	29,160.64	1,651.71					
6	27,827.28	1,375.46					
合计							

上半年产品销售管理费用记录表　产品销售管理统计表

图 S7-6　引用数据

步骤 3：在 D4:D9 单元格区域中输入产品的销售费用(已知数据)，然后选择 E4 单元格，输入公式“=D4*0.15”，然后按【Ctrl+Enter】组合键计算产品 1 月份应交纳的销售税金(假设税金占销售费用的 15%)。

步骤 4：将光标放在 E4 单元格右下角，当光标变为“十”字形状时，按住鼠标左键不放并拖动到 E9 单元格，完成公式的复制，如图 S7-7 所示。

产品销售管理费用统计表

制表时间 2012年7月

月份	销售收入	销售成本	销售费用	销售税金	销售成本率	销售费用率	销售税金率
1	34,594.82	2,604.86	6,852.60	1,027.89			
2	28,116.55	2,646.90	2,210.03	331.50			
3	29,162.86	2,188.06	4,226.19	633.93			
4	33,021.75	2,298.52	3,456.23	518.43			
5	29,160.64	1,651.71	3,552.60	532.89			
6	27,827.28	1,375.46	2,486.08	372.91			
合计							

上半年产品销售管理费用记录表　产品销售管理统计表

图 S7-7　输入销售费用并计算税金

步骤 5：选择 F4:F9 单元格区域，输入公式“=IF(ISERROR(C4/B4),"–",C4/B4)”，按【Ctrl+Enter】组合键计算产品的销售成本率。

步骤 6：选择 G4:G9 单元格区域，输入公式“=IF(ISERROR(D4/B4),"–",D4/B4)”，按【Ctrl+Enter】组合键计算产品的销售费用率。

步骤 7：选择 H4:H9 单元格区域，输入公式“=IF(ISERROR(E4/B4),"–",E4/B4)”，按【Ctrl+Enter】组合键计算产品的销售税金率。最终效果如图 S7-8 所示。

产品销售管理费用统计表

制表时间 2012年7月

月份	销售收入	销售成本	销售费用	销售税金	销售成本率	销售费用率	销售税金率
1	34,594.82	2,604.86	6,852.60	1,027.89	7.53%	19.81%	2.97%
2	28,116.55	2,646.90	2,210.03	331.50	9.41%	7.86%	1.18%
3	29,162.86	2,188.06	4,226.19	633.93	7.50%	14.49%	2.17%
4	33,021.75	2,298.52	3,456.23	518.43	6.96%	10.47%	1.57%
5	29,160.64	1,651.71	3,552.60	532.89	5.66%	12.18%	1.83%
6	27,827.28	1,375.46	2,486.08	372.91	4.94%	8.93%	1.34%
合计	181,883.90	12,765.51	22,783.73	3,417.56	42.01%	73.74%	11.06%

上半年产品销售管理费用记录表　产品销售管理统计表

图 S7-8　计算销售成本率、销售费用率、销售税金率步骤 8：选择 B10:H10 单元格区域，输入公式"=SUM(B4:B9)"，按【Ctrl+Enter】组合键计算产品每项数据的总和。

3．使用图表分析收入成本费用

下面在"产品销售管理费用统计表"中创建柱形图，分析产品的销售收入、成本费用和税金。

【参考解决方案】

步骤 1：在"产品销售管理费用统计表"工作表中选择 B3:E9 单元格区域。在【插入】/【图表】组中单击【柱形图】按钮，在弹出的下拉列表中选择【三维柱形图】栏中的【三维簇状柱形图】选项。

步骤 2：系统自动在 Excel 中插入柱形图，单击【图表工具】/【设计】/【数据】组中的【选择数据】按钮，打开【选择数据源】对话框，在其中单击【切换行/列】按钮。系统自动切换图例项与水平(分类)轴标签中的数据。然后选择【图例项(系列)】栏中的【系列 1】选项，单击【编辑】按钮。打开【编辑数据系列】对话框，在【系列名称】文本框中输入图例的名称为"1 月份"，单击【确定】按钮。返回"选择数据源"对话框，"系列 1"被修改为"1 月份"。使用相同的方法修改其他图例项的名称。最终效果如图 S7-9 和图 S7-10 所示。

图 S7-9 修改数据系列名称

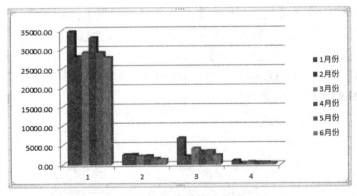

图 S7-10 查看修改结果

步骤 3：选择【图表工具】/【布局】/【标签】组，单击【图表标题】按钮，在弹出的下拉列表中选择【图表上方】选项，设置图表标题的位置，然后将标题内容修改为"产品销售费用分析表"，如图 S7-11 所示。

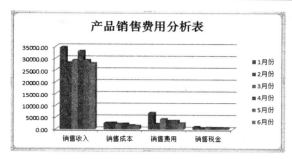

图 S7-11　设置图标题

步骤 4：选择图表，选择【图表工具】/【布局】/【标签】组，单击【图例】按钮，在弹出的下拉列表中选择【在底部显示图例】选项。在【图表工具】/【设计】/【图表样式】组中的下拉列表框中选择【样式 10】选项。在【图表工具】/【格式】/【形状样式】组中的下拉列表框中选择【细微效果，黑色-效果 1】选项，为图表设置填充色。完成效果如图 S7-12 所示。

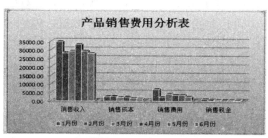

图 S7-12　完成效果图

4．比较分析产品销售比率

下面继续在表格中创建折线图，对比产品销售成本率、费用率和税金率的变化，观察企业产品的销售走势。

【参考解决方案】

步骤 1：选择 F3:H9 单元格区域。在【插入】/【图表】组中单击【折线图】按钮，在弹出的下拉列表中选择【二维折线图】栏中的【折线图】选项。返回工作表，系统自动插入一个折线图，并默认其图例项和水平(分类)轴标签的显示数据。单击【图表工具】/【设计】/【数据】组中的【选择数据】按钮，打开【选择数据源】对话框，在其中的图例项名称分别修改为"销售成本率"、"销售费用率"和"销售税金率"，完成后单击【确定】按钮，如图 S7-13 所示。

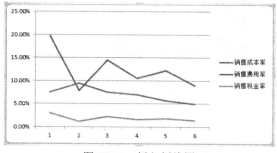

图 S7-13　插入折线图

步骤 2：在图表中添加图表标题为"产品销售费用比率分析表"，并在【图表工具】/【设计】/【图表样式】组中的下拉列表框中选择【样式 18】选项，设置图表的样式。选择图表，在【图表工具】/【格式】/【形状样式】组中的下拉列表框中选择【细微效果，黑色-效果 1】选项，为图表设置填充色。完成效果如图 S7-14 所示。

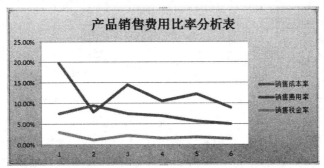

图 S7-14　完成效果

实践 7.2　成本费用分析

一般来说，成本费用泛指企业在生产经营过程中所发生的各种资金耗费。就类别而言，成本费用可划分为制造成本和期间费用两大类。当然，按成本分为固定和可变成本的划分方法，成本费用也可以分为固定成本费用和可变成本费用。

本实践是在"成本费用分析表"基础上，使用复合饼图来分析企业的费用结构情况。完成效果如图 S7-15 所示。

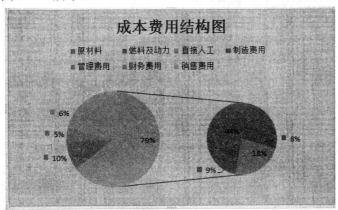

图 S7-15　最终完成效果图

【参考解决方案】

步骤 1：计算空白表格的数值。计算生产成本合计值：打开"成本费用分析表"，运用 SUM 函数计算生产成本合计值。计算总成本费用值：选中 B11 单元格，输入公式"=B7+B8+B9+B10"，按【Enter】键计算总成本费用。计算可变成本费用：选中 B13 单元格，输入公式"=B11−B12"，按【Enter】键计算可变成本费用。最终效果如图 S7-16 所示。

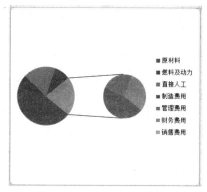

图 S7-16　计算空白表格数值

步骤 2：插入复合型饼图。选取单元格区域 A3:B6 与 A8:B10，切换到【插入】选项卡，单击【饼图】按钮，在展开下拉列表中选择【复合饼图】图表，如图 S7-17 所示。

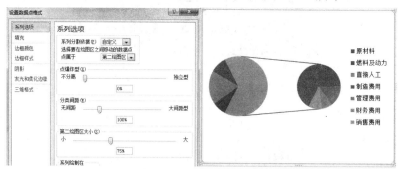

图 S7-17　插入复合型饼图

步骤 3：设置原材料数据点格式。鼠标右键单击右边饼图"原材料"系列，在弹出快捷菜单中选择【设置数据点格式】命令，在【系列选项】选项下单击【系列分割依据】右侧下三角按钮，在展开的下拉列表中选择【自定义】选项，单击【点属于】下三角按钮，在展开的下拉列表中选择【第二绘图区】选项，如图 S7-18 所示。

图 S7-18　设置原材料数据点格式

步骤 4：设置销售费用数据点格式。打开【设置数据点格式】对话框，在第二绘图区点击"销售费用"系列，在弹出的快捷菜单中选择【设置数据点格式】命令，在【系列选项】选项下单击【点属于】下三角按钮，在展开的下拉列表中选择【第一绘图区】选

项。经过操作，即可将"销售费用"系列移动到第一绘图区的位置。最终效果如图 S7-19
所示。

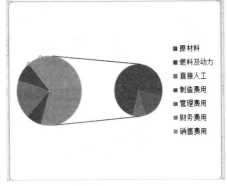

图 S7-19　设置销售费用数据点格式

步骤 5：调整其他数据点的位置。用同样的方法将燃料及动力、直接人工、制造费用
移动到第二绘图区，再将管理费用、财务费用移动到第一绘图区，如图 S7-20 所示。

步骤 6：快速布局及编辑图表标题。更改数据点的位置后，切换到【图表工具】/
【设计】选项卡，单击【图表布局】快翻按钮，在展开的布局库中选择【布局 2】样式。
为图应用快速布局后，接着编辑图表标题。完成效果如图 S7-21 所示。

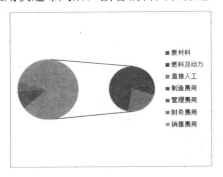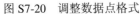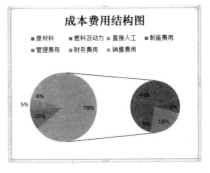

图 S7-20　调整数据点格式　　　　　图 S7-21　布局和编辑图表标题

步骤 7：设置数据标签格式和完成美化。单击图表系列，在弹出的快捷菜单中选择
【设置数据标签格式】命令，在【标签选项】下勾选【标签中包括图例项标示】复选
框。关闭对话框美化图表，完成成本费用结构图制作。完成效果如图 S7-22 所示。

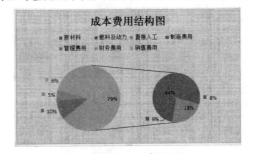

图 S7-22　最终完成效果图

实践 8 财务报表编制

 实践指导

本实践是在学习第 11 章财务报表编制的基础上，通过实践让学生掌握"资产负债表"、"利润表"、"现金流量表"三大报表的编制方法。

实践 8.1 编制资产负债表及创建资产负债表结构图

根据给定的"总账科目余额表"和"明细账科目余额表"编制资产负债表。再根据资产负债表创建资产负债表结构图。

1. 编制资产负债表

编制如图 S8-1 所示的资产负债表。

资产负债表							
编制单位：大华公司			2015年12月31日			单位：元	
资产	行次	期末数	期初数	负债和所有者权益	行次	期末数	期初数
流动资产：				流动负债：			
货币资金	1	154,687.30	7,158.87	短期借款	32	500,000.00	
以公与价值计量且其变动计入当期损益的金融资产	2	21,000.00		以公允价值计量且其变动计入当期损益的金融负债	33	30,000.00	
应收票据	3			应付票据	34		
应收账款	4	606,000.00	135,276.50	应付账款	35	108,351.00	528,419.44
预付款项	5	37,351.00	495,455.12	预收款项	36	43,000.00	592,527.76
应收利息	6			应付职工薪酬	37	322,503.59	
应收股利	7			应交税费	38	-3,017.43	8,405.08
其他应收款	8	3,265.82	40,916.90	应付利息	39		
存货	9	1,007,141.21	1,278,967.57	应付股利	40		
一年到期的非流动资产	10			其他应付款	41	302,989.76	198,546.17
其他流动资产	11			一年内到期的非流动负债	42		
流动资产合计	12	1,829,445.33	1,957,774.96	其他流动负债	43		
非流动资产：				流动负债合计	44	1,303,826.92	1,327,898.45
可供出售金融资产	13			非流动负债：			
持有至到期投资	14	209,260.90		长期借款	44		
长期应收款	15			应付债券	45		
长期股权投资	16	500,000.00		长期应付款	46		
投资性房地产	17			专项应付款	47		
固定资产	18	33,418.59	45,719.89	预计负债	48		
在建工程	19			递延所得税负债	49		
工程物资	20			其他非流动负债	50		

固定资产清理	21			非流动负债合计	51	0.00	
生产性生物资产	22			负债合计	52	1,303,826.92	1,327,898.45
油气资产	23			所有者权益（或股东权益：）			
无形资产	24	80,000.00		实收资本（或股本）	53	1,000,000.00	1,000,000.00
开发支出	25			资本公积	54		
商誉	26			减：库存股	55		
长期待摊费用	27	40,270.39	54,365.93	盈余公积	56		
递延所得税资产	28			未分配利润	57	388,568.29	-270,037.67
其他非流动资产	29			所有者权益（或股东权益）合计	58	1,388,568.29	729,962.33
非流动资产合计	30	862,949.88	100,085.82	负债和所有者权益（或股东权益）总计	59	2,692,395.21	2,057,860.78
资产总计	31	2,692,395.21	2,057,860.78				

图 S8-1 资产负债表

【参考解决方案】

步骤 1：标题的输入。打开"财务报表"文件，在表中新建一个 Sheet 表，将表的名称重命名为"资产负债表"，并在单元格 A1 中输入"资产负债表"，输入完毕后选中 A1:H1 单元格区域，将格式设置为【合并后居中】，字体为【黑体】并加粗，字号为【16】。

步骤 2：选中单元格 A2:H2，单击鼠标右键，设置格式为【合并单元格】，在其中输入"编制单位：大华公司"、输入日期"2015 年 12 月 31 日"以及"单位:元"，并将字体设置为【黑体】。

步骤 3：在单元格 A3:H3 中，按照资产负债表的格式，依次输入"资产"、"行次"、"期末数"、"期初数"、"负债和所有者权益"、"行次"、"期末数"以及"期初数"。输入完毕后，将字体设置为【黑体】，字号为【11】，填充颜色为"深蓝,强调文字颜色 2,淡色 60%"，对齐方式为【居中】。最终效果如图 S8-2 所示。

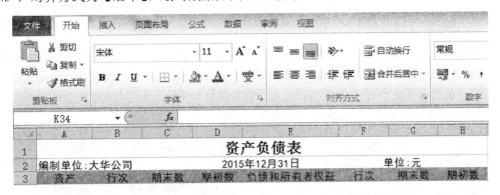

图 S8-2 标题的设置

步骤 4：按照资产负债表的格式，将资产负债表中各项目输入对应的单元格中，并设置相关格式，如图 S8-3 所示。

	资产	行次	期末数	期初数	负债和所有者权益	行次	期末数	期初数
3	资产	行次	期末数	期初数	负债和所有者权益	行次	期末数	期初数
4	流动资产:				流动负债:			
5	货币资金	1			短期借款	32		
6	交易性金融资产	2			交易性金融负债	33		
7	应收票据	3			应付票据	34		
8	应收账款	4			应付账款	35		
9	预付款项	5			预收款项	36		
10	应收利息	6			应付职工薪酬	37		
11	应收股利	7			应交税费	38		
12	其他应收款	8			应付利息	39		
13	存货	9			应付股利	40		
14	一年到期的非流动资产	10			其他应付款	41		
15	其他流动资产	11			一年内到期的非流动负债	42		
16	流动资产合计	12			其他流动负债	43		
17	非流动资产:				流动负债合计	44		
18	可供出售金融资产	13			非流动负债:			
19	持有至到期投资	14			长期借款	44		
20	长期应收款	15			应付债券	45		
21	长期股权投资	16			长期应付款	46		
22	投资性房地产	17			专项应付款	47		
23	固定资产	18			预计负债	48		
24	在建工程	19			递延所得税负债	49		
25	工程物资	20			其他非流动负债	50		
26	固定资产清理	21			非流动负债合计	51		
27	生产性生物资产	22			负债合计	52		
28	油气资产	23			所有者权益（或股东权益：）			
29	无形资产	24			实收资本（或股本）	53		
30	开发支出	25			资本公积	54		
31	商誉	26			减：库存股	55		
32	长期待摊费用	27			盈余公积	56		
33	递延所得税资产	28			未分配利润	57		
34	其他非流动资产	29			所有者权益（或股东权益）合计	58		
35	非流动资产合计	30						
36	资产总计	31			负债和所有者权益（或股东权益）总计	59		

图 S8-3　资产负债表表内项目输入

步骤 5：按住【Ctrl】键依次选中 C、D、G、H 列单元格区域，设置为【数值】格式。

步骤 6：该资产负债表的期初数根据 2014 年的资产负债表期末数据填写（题中给定，不需要填列）。

步骤 7：货币资金公式设置。选中货币资金单元格 C5，在其中输入公式"=总账科目余额表!C3+总账科目余额表!C4"，按照"货币资金=现金+银行存款+其他货币资金"的公式从总账中引用，如图 S8-4 所示。

步骤 8：以公允价值计量且其变动计入当期损益的金融资产公式设置。选中单元格 C6，在其中输入公式"=总账科目余额表!C5"，按照"以公允价值计量且其变动计入当期损益的金融资产=交易性金融资产+直接指定为以公允价值计量且其变动计入当期损益的金融资产"的公式从总账科目余额表中引用，如图 S8-5 所示。

图 S8-4　货币资金公式

图 S8-5　公允价值计量金融资产公式

步骤 9：应收账款公式设置。选中应收账款单元格 C8，在其中输入公式"=明细账科目余额表!B7"，按照"应收账款=应收账款明细科目期末借方余额+预收账款明细科目期末借方余额–坏账准备"的公式从明细账科目余额表中引用，如图 S8-6 所示。

步骤 10：预付账款公式设置。选中预付账款单元格 C9，在其中输入公式"=明细账科目余额表!B15"，按照"预付账款=预付账款明细科目期末借方余额+应付账款明细科目期末借方余额"的公式从明细账科目余额表中引用，如图 S8-7 所示。

图 S8-6　应收账款公式

图 S8-7　预付账款公式

步骤 11：其他应收款公式设置。选中预付账款单元格 C12，在其中输入公式"=明细账科目余额表!F4"，按照"其他应收款=其他应收款明细科目期末借方余额+其他应付款明细科目期末借方余额"的公式从明细账科目余额表中引用，如图 S8-8 所示。

步骤 12：存货公式设置。选中存货单元格 C13，在其中输入公式"=总账科目余额表!C8+总账科目余额表!C9+总账科目余额表!C10+总账科目余额表!C11+总账科目余额表!C27"，按照"存货=原材料+委托加工物资+库存商品+材料采购+在途物资+发出商品-材料成本差异+生产成本–存货跌价准备"的公式从总账科目余额表中引用，如图 S8-9 所示。

图 S8-8　其他应收款公式

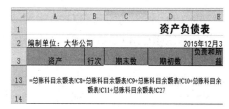

图 S8-9　存货公式

步骤 13：流动资产合计公式设置。选中流动资产合计单元格 C16，在其中输入公式"=SUM(C5:C15)"，将流动资产的项目进行加总求和，如图 S8-10 所示。

步骤 14：持有至到期投资公式设置。选中持有至到期投资单元格 C19，在其中输入公式="总账科目余额表!C12"，按照"持有至到期投资=持有至到期投资期末余额–持有至到期投资减值准备"的公式从总账中引用，如图 S8-11 所示。

图 S8-10　流动资产公式

图 S8-11　持有至到期投资公式

步骤 15：长期股权投资公式设置。选中长期股权投资单元格 C21，在其中输入公式"=总账科目余额表!C13"，按照"长期股权投资=长期股权投资期末余额–长期股权投资减值准备"的公式从总账科目余额表中引用，如图 S8-12 所示。

步骤 16：固定资产公式设置。选中固定资产单元格 C23，在其中输入公式"=总账科目余额表!C14–总账科目余额表!D15"，按照"固定资产=固定资产原值–累计折旧"的公式从总账科目余额表中引用，如图 S8-13 所示。

图 S8-12　长期股权投资公式

图 S8-13　固定资产公式

步骤 17：无形资产的公式设置。选中无形资产单元格 C29，在其中输入公式"=总账科目余额表!C16–总账科目余额表!D17"，按照"无形资产=无形资产原值–累计摊销"的公式从总账科目余额表中引用，如图 S8-14 所示。

步骤 18：长期待摊费用公式设置。选中长期待摊费用单元格 C32，在其中输入公式"=总账科目余额表!C18"，按照"长期待摊费用=长期待摊费用期末余额"的公式从总账科目余额表中引用，如图 S8-15 所示。

图 S8-14　无形资产公式

图 S8-15　长期待摊费用公式

步骤 19：非流动资产合计公式设置。选中非流动资产合计的单元格 C35，在其中输入公式"=SUM(C18:C34)"，求出选中的非流动资产的项目合计金额，如图 S8-16 所示。

步骤 20：资产总计公式设置。选中资产总计单元格 C36，在其中输入公式"=C16+C35"，将流动资产和非流动资产进行相加，得出总额数，如图 S8-17 所示。

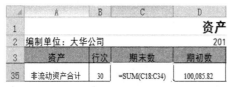

图 S8-16　非流动资产合计公式

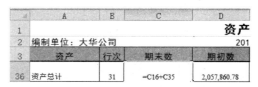

图 S8-17　资产总计公式

步骤 21：短期借款公式设置。选中短期借款单元格 G5，在其中输入公式"=总账科目余额表!D19"，按照"短期借款=短期借款期末余额"公式从总账科目余额表中引用，如图 S8-18 所示。

步骤 22：以公允价值计量且其变动计入当期损益的金融负债的公式设置。选中单元格 G6，在其中输入公式"=总账科目余额表!D20"，按照"以公允价值计量且其变动计入当期损益的金融负债=交易性金融负债+直接指定为以公允价值计量且其变动计入当期损益的金融负债"的公式从总账科目余额表中引用，如图 S8-19 所示。

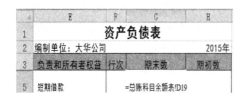

图 S8-18　短期借款公式

图 S8-19　公允价值金融负债公式

步骤 23：应付账款公式设置。选中应付账款单元格 G8，在其中输入公式“=明细账科目余额表!C15”，按照公式“应付账款=应付账款明细科目的期末贷方余额+预付账款的明细科目期末贷方余额”从明细账科目余额表中引用，如图 S8-20 所示。

步骤 24：预收账款公式设置。选中预收账款单元格 G9，在其中输入公式“=明细账科目余额表 C7”，按照公式“预收账款=预收账款明细科目的期末贷方余额+应收账款明细科目的期末贷方余额”从明细账科目余额表中引用，如图 S8-21 所示。

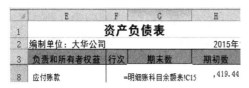

	E	F	G	H
1	资产负债表			
2	编制单位：大华公司			2015年
3	负责和所有者权益	行次	期末数	期初数
8	应付账款		=明细账科目余额表!C15	,419.44

图 S8-20　应付账款公式

	E	F	G	H
1	资产负债表			
2	编制单位：大华公司			2015年
3	负责和所有者权益	行次	期末数	期初数
9	预收款项		=明细账科目余额表!C7	,527.76

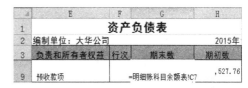

图 S8-21　预收账款公式

步骤 25：应付职工薪酬公式设置。选中应付职工薪酬单元格 G10，在其中输入公式“=总账科目余额表!D22”，按照公式“应付职工薪酬=应付职工薪酬期末余额”从总账科目余额表中引用，如图 S8-22 所示。

步骤 26：应交税费公式设置。选中应交税费单元格 G11，在其中输入公式“=总账科目余额表!D23”，按照公式“应交税费=应交税费期末余额”从总账科目余额表中引用，如图 S8-23 所示。

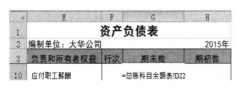

	E	F	G	H
1	资产负债表			
2	编制单位：大华公司			2015年
3	负责和所有者权益	行次	期末数	期初数
10	应付职工薪酬		=总账科目余额表!D22	

图 S8-22　应付职工薪酬公式

	E	F	G	H
1	资产负债表			
2	编制单位：大华公司			2015年12
3	负责和所有者权益	行次	期末数	期初数
11	应交税费	38	=总账科目余额表!D23	8,405.08

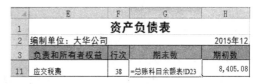

图 S8-23　应交税费公式

步骤 27：其他应付款公式设置。选中其他应付款单元格 G14，在其中输入公式“=明细账科目余额表!G13”按照公式“其他应付款=其他应收款明细科目的贷方期末余额+其他应付款明细科目的贷方期末余额”从明细账科目余额表中引用，如图 S8-24 所示。

步骤 28：流动负债公式设置。选中流动负债合计的单元格 G17，在其中输入公式“=SUM(G5:G16)”，将上面流动负债项目进行加总求和计算，如图 S8-25 所示。

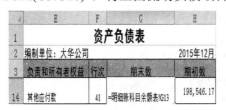

	E	F	G	H
1	资产负债表			
2	编制单位：大华公司			2015年12月
3	负责和所有者权益	行次	期末数	期初数
14	其他应付款	41	=明细账科目余额表!G13	198,546.17

图 S8-24　其他应付款公式

	E	F	G	H
1	资产负债表			
2	编制单位：大华公司			2015年12月
3	负责和所有者权益	行次	期末数	期初数
17	流动负债合计	44	=SUM(G5:G16)	1,327,898.45

图 S8-25　流动负债公式

步骤 29：负债合计公式设置。选中单元格 G27，输入公式“=G17+G26”，按照公式“负债=流动负债+非流动负债”进行计算，如图 S8-26 所示。

步骤 30：实收资本(股本)公式设置。选中实收资本单元格 G29，在其中输入公式“=总账科目余额表!D25”按照公式“实收资本(股本)=实收资本(股本)期末余额”从总账科目余额表中引用，如图 S8-27 所示。

图 S8-26 负债合计公式

图 S8-27 实收资本(或股本)公式

步骤 31：未分配利润公式设置。选中未分配利润单元格 G33，在其中输入公式"=明细账科目余额表!C20"按照公式"未分配利润=利润分配－未分配利润明细科目期末余额"从明细科目余额表中引用，如图 S8-28 所示。

步骤 32：所有者权益(或股东权益)合计公式设置。选中所有者权益合计单元格 G34，输入公式"=SUM(G29:G33)"，将所有者权益的相关项目进行加总求和，得出合计数，如图 S8-29 所示。

图 S8-28 未分配利润公式

图 S8-29 所有者权益(或股东权益)公式

步骤 33：选中单元 G36，输入公式"=G27+G34"，将负债和所有权益的数值进行总计，得出数值应与资产总计数相同。

步骤 34：上述编制完成后，需要按照恒等式"资产=负债+所有者权益"进行平衡检查。可以选中单元格 E39，在其中输入公式"=IF(C36=G36,"","借贷不平衡")"，当借贷双方的合计数出现不平衡时，将会提示。为显示效果，将借贷双方设置为不平衡，则 E39 提示"借贷不平衡"，将数值更正后将不显示，以此证明借贷平衡，如图 S8-30 所示。

	E39		fx	=IF(C36=G36,"","借贷不平衡")				
	A	B	C	D		F	G	H
34	其他非流动资产	29			所有者权益（或股东权益）合计	58	1,388,568.29	729,962.33
35	非流动资产合计	30	782,949.88	100,085.82				
36	资产总计	31	2,612,395.21	2,057,860.78	负债和所有者权益（或股东权益）总计	59	2,692,395.21	2,057,860.78
37								
38								
39					借贷不平衡			

	E39		fx	=IF(C36=G36,"","借贷不平衡")				
	A	B	C	D		F	G	H
34	其他非流动资产	29			所有者权益（或股东权益）合计	58	1,388,568.29	729,962.33
35	非流动资产合计	30	862,949.88	100,085.82				
36	资产总计	31	2,692,395.21	2,057,860.78	负债和所有者权益（或股东权益）总计	59	2,692,395.21	2,057,860.78
37								
38								
39								

图 S8-30 试算平衡

2．创建资产负债表结构图

根据已经编制完毕的大华公司 2015 年度的"资产负债表"，同时选取"库存现金、应收账款、存货、固定资产"四个项目来创建资产负债表结构图，比较 2014 至 2015 年这四个项目的增减变化情况。

【参考解决方案】

打开"资产负债表"，按照创建结构图的命令，选取"库存现金、应收账款、存货、固定资产"这四项内容建立"资产负债表结构图"。

步骤 1：在"财务报表"文件中新建一个 Sheet 表，并重命名为"资产负债表结构图"，单击【插入】/【图表】组中【柱状图】按钮，选择【圆柱图】中的【簇状圆柱图】。如图 S8-31 所示。

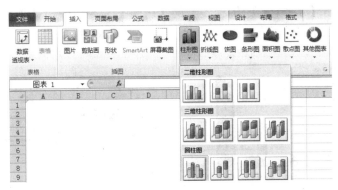

图 S8-31　资产负债表结构图创建

步骤 2：单击空白图，再单击【图表工具】/【设计】/【数据】组中的【选择数据】按钮，弹出【选择数据源】对话框。在对话框的【图表数据区域】命令中，按住【Ctrl】键，选择上面完成的资产负债表的"库存现金、应收账款、存货、固定资产"数据，如图 S8-32 所示。

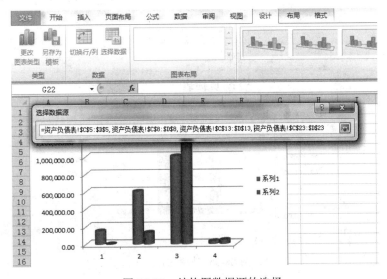

图 S8-32　结构图数据源的选择

步骤 3：单击对话框中【图例项】的【编辑】命令，弹出【编辑数据系列】。把系列名称分别命名为【期初】和【期末】，如图 S8-33 所示。

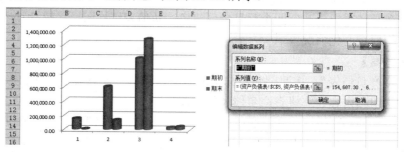

图 S8-33　系列名称设置

步骤 4：单击【水平(分类)轴标签】的【编辑】命令，弹出【轴标签】对话框，将"货币资金,应收账款,存货,固定资产"输入其中，如图 S8-34 所示。

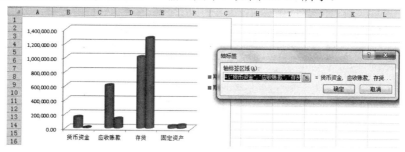

图 S8-34　轴标签设置

步骤 5：单击该图，再单击【图表工具】/【布局】/【标签】组中【图表标题】按钮，选择【图表上方】命令，并将该标题命名为"资产负债表结构图"，如图 S8-35 所示。

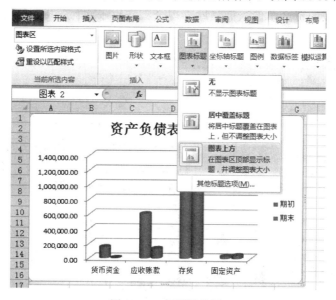

图 S8-35　标题的设置

实践 8.2　编制利润表及创建利润比较图

根据给定的大华公司 2015 年度的"损益类科目本年累计发生额表"编制大华公司 2015 年度"利润表",再应用利润表创建利润比较图。

1．编制利润表

编制如图 S8-36 所示的利润表。

	A	B	C	D
1	利润表			
2	编制单位：大华公司	2015年		单位：元
3	项目	行次	本期金额	上期金额
4	一、营业收入	1	1,600,000.00	1,210,990.72
5	减：营业成本	2	800,000.00	865,982.65
6	营业税金及附加	3	28,000.00	35,625.21
7	销售费用	4	235,600.00	21,405.94
8	管理费用	5	69,820.00	265,702.31
9	财务费用	6	3,652.00	948.63
10	资产减值损失	7	1,500.00	365.12
11	加：公允价值变动收益（损失以"-"号填列）	8		695.35
12	投资收益（损失以"-"号填列）	9		26,985.25
13	其中：对联营企业和合营企业的投资收益	10		
14	二、营业利润（亏损以"-"号填列）	11	461,428.00	48,641.46
15	加：营业外收入	12	65,850.00	6,500.00
16	减：营业外支出	13	26,530.00	3,600.00
17	其中：非流动资产处置损失	14		
18	三、利润总额（亏损总额以"-"号填列）	15	500,748.00	51,541.46
19	减：所得税费用	16	55,000.00	13,521.20
20	四、净利润（净亏损以"-"号填列）	17	445,748.00	38,020.26

图 S8-36　利润表效果图

【参考解决方案】

引用已有的"损益类科目本年累计发生额表",应用利润表各项目编制的公式,填列利润表。

步骤 1：创建利润表。打开"财务报表"文件,插入新 Sheet 页,重命名为"利润表"。选中单元格 A1 并在其中输入"利润表",输入完毕后选中 A1:D1 区域,将格式设置为【合并后居中】,字体为【黑体】并加粗,字号为【16】,如图 S8-37 所示。

步骤 2：标题格式的设置。选中单元格 A2:D2 区域,单击鼠标右键,并执行【合并单元格】命令,再在其中输入编制单位、年份、单位等内容,将字体设置为【黑体】,如图 S8-38 所示。

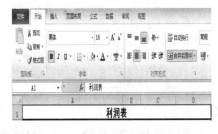
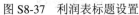

图 S8-37　利润表标题设置

图 S8-38　利润表标题设置

步骤 3：按照利润表的样式,在单元格 A3:D20 区域内输入利润表的内容,将字体设置【宋体】,字号为【10】。最后效果如图 S8-39 所示。

图 S8-39 利润表的内容输入

步骤 4："上期金额"已经根据 2014 年度利润表的"本期金额"填列完毕。单击鼠标右键，选择快捷菜单中的【设置单元格】命令，将"本期金额"和"上期金额"列的数值设置为【数值】格式，【小数位数】保留 2 位，且使用【千分位】分隔符。

步骤 5：选中单元格 C4，在其中输入公式"=损益类科目发生额表!D3+损益类科目发生额表!D4"，按照公式"营业收入=主营业务收入本期贷方发生额累计金额+其他业务收入本期贷方发生额累计金额"从总账中引入，如图 S8-40 所示。

图 S8-40 营业收入公式的设置

步骤 6：选中单元格 C5，在其中输入公式"=损益类科目发生额表!C6+损益类科目发生额表!C7"，按照公式"营业成本=主营业务成本本期借方发生额累计金额+其他业务成本本期借方发生额累计金额"从总账中引入，如图 S8-41 所示。

图 S8-41 营业成本的公式设置

步骤 7：选中单元格 C6，在其中输入公式"=损益类科目发生额表!C8"，将总账中的营业税金及附加本期借方发生额累计金额引入利润表，如图 S8-42 所示。

图 S8-42 营业税金及附加公式的设置

步骤 8：选中单元格 C7，在其中输入公式"=损益类科目发生额表!C9"，将总账中的销售费用本期借方发生额累计金额引入利润表中。

步骤 9：选中单元格 C8，在其中输入公式"=损益类科目发生额表!C10"，将总账中的管理费用本期借方发生额累计金额引入利润表中。

步骤 10：选中单元格 C9，在其中输入公式"=损益类科目发生额表!C11"，将总账中的财务费用本期借方发生额累计金额引入利润表中。

步骤 11：选中单元格 C10，在其中输入公式"=损益类科目发生额表!C12"，将总账中的资产减值损失本期借方发生额累计金额引入利润表中。

步骤 12：选中营业利润单元格 C14，在其中输入公式"=C4–C5–C6–C7–C8–C9–C10+C11+C12"，计算得出营业利润的数值，如图 S8-43 所示。

	A	B	C	D	E
1	利润表				
2	编制单位：大华公司	2015年		单位：元	
3	项目	行次	本期金额	上期金额	
14	二、营业利润（亏损以"－"号填列）	11	=C4-C5-C6-C7-C8-C9-C10+C11+C12		

图 S8-43　营业利润的公式设置

步骤 13：选中单元格 C15，在其中输入公式"=损益类科目发生额表!C13"，将总账中的营业外收入本期贷方累计发生额引入利润表中。

步骤 14：选中单元格 C16，在其中输入公式"=损益类科目发生额表!C14"，将总账中的营业外支出本期借方发生额累计金额引入利润表中。

步骤 15：选中利润总额单元格 C18，在其中输入公式"=C14+C15–C16"，通过计算得出利润总额的数值，如图 S8-44 所示。

	A	B	C	D	E
1	利润表				
2	编制单位：大华公司	2015年		单位：元	
3	项目	行次	本期金额	上期金额	
18	三、利润总额（亏损总额以"－"号填列）	15	=C14+C15-C16	51,541.46	

图 S8-44　利润总额的公式设置

步骤 16：选中单元 C19，在其中输入公式"=损益类科目发生额表!C15"，将总账中的所得税费用引入利润表中。

步骤 17：选中净利润单元格 C20，在其中输入公式"=C18–C19"，通过公式计算得出净利润的数值，如图 S8-45 所示。

	A	B	C	D	E
1	利润表				
2	编制单位：大华公司	2015年		单位：元	
3	项目	行次	本期金额	上期金额	
20	四、净利润（净亏损以"－"号填列）	17	=C18-C19	38,020.26	

图 S8-45　净利润公式的设置

2．创建利润比较图

应用上述已经填列的大华公司 2015 年度利润表，创建利润比较图，比较大华公司两个年度利润表中主要项目的增减变动情况。最终效果如图 S8-46 所示。

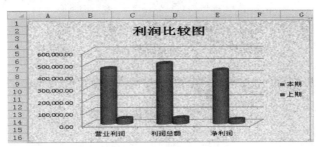

图 S8-46　利润比较图效果图

【参考解决方案】

打开已经编制的"利润表",运用图表的创建命令和方法创建"利润比较图"。

步骤 1：在"财务报表"文件中插入 Sheet 表将其重命名为"利润比较图"，单击【插入】/【插图】组中的【柱形图】按钮，选择【簇状圆柱图】，如图 S8-47 所示。

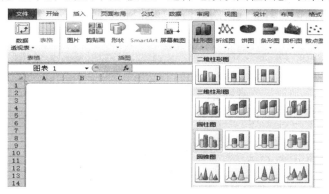

图 S8-47　利润比较图的选择

步骤 2：单击空白图，再单击【图表工具】/【设计】/【数据】组中的【选择数据】按钮，弹出【选择数据源】对话框，在对话框的【图表数据区域】命令中，按住【Ctrl】键，选择利润表中的营业利润、利润总额和净利润单元格区域，输入公式"=利润表!\$C\$14:\$D\$14, 利润表!\$C\$18:\$D\$18, 利润表!\$C\$20:\$D\$20"，如图 S8-48 所示。

图 S8-48　数据区域的选择

步骤 3：单击对话框中【图例项】的【编辑】命令，弹出【编辑数据系列】对话框，在其中系列名称分别命名为"本期"和"上期"，如图 S8-49 所示。

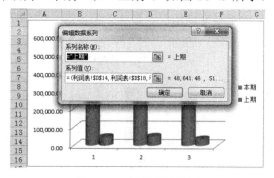

图 S8-49　图例项的设置

步骤 4：单击对话框中【水平(分类)轴标签】的【编辑】命令，弹出【轴标签】对话框，再选中三项会计科目"营业利润"、"利润总额"、"净利润"，如图 S8-50 所示。

图 S8-50　轴标签的设置

步骤 5：单击该图，再单击【图表工具】/【布局】/【标签】组中【图表标题】按钮，选择【图表上方】命令，并将该标题重命名为"利润比较图"，如图 S8-51 所示。

步骤 6：单击【图表工具】/【格式】/【形状样式】组中【填充】按钮，选择【纹理】命令中的【新闻纸】，对该"利润比较图"进行简单的背景美化，如图 S8-52 所示。

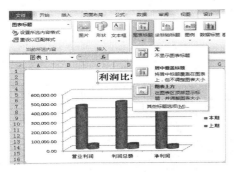

图 S8-51　图标题的设置

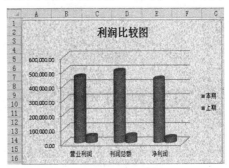

图 S8-52　图表格式的设置

从图 S8-52 中可以看出，大华公司 2015 年的营业利润、利润总额和净利润较 2014 年度均有大幅增加。

实践 8.3　编制现金流量表及创建现金流量趋势图

根据已经分析填列的"现金流量表工作底稿"编制现金流量表，再根据各个季度的现金流量汇总表创建现金流量趋势图。

1. 编制现金流量表

【参考解决方案】

引用已经填列的"现金流量表工作底稿"以及现金流量表填列方法，编制现金流量表。

步骤 1：创建现金流量表。打开"财务报表"文件，新建 Sheet 表，将其重命名为"现金流量表"。在单元格 A1 中输入"现金流量表"，然后选中单元格 A1:C1，格式设置为【合并后居中】，字体为【黑体】并加粗，字号为【16】。

步骤 2：标题格式的设置。选中单元格 A2:C2 区域并将其合并，再在其中输入编制单位、年份、单位等内容，并将字体设置为【黑体】。

步骤 3：按照现金流量表的样式，在单元格 A3:B40 区域内输入现金流量表的内容。将字体设置为【宋体】，字号为【10】。将 A3:C3 区域填充为“深蓝，强调文字颜色 2，淡色 40%”。将 A8:C8、A13:C13、A20:C20、A24:C24、A31:C31、A35:C35 区域填充为“橙色，强调文字颜色 6，淡色 80%”，将 A14:C14、A25:C25、A36:C36、A37:C37、A38:C38、A40:C40 区域填充为“橙色，强调文字颜色 6，淡色 40%”。最后选中金额列，设置格式为【数值】格式，【小数位数】保留 2 位，使用【千分位】分隔符。最终效果如图 S8-53 所示。

	A	B	C
1	现金流量表		
2	编制单位：大华公司	2015年度	单位：
3	项　　目	行次	金额
4	一、经营活动产生的现金流量：		
5	销售商品、提供劳务收到的现金	1	
6	收到的税费返还	2	
7	收到其他与经营活动有关的现金	3	
8	经营活动现金流入小计	4	0
9	购买商品、接受劳务支付的现金	5	
10	支付给职工以及为职工支付的现金	6	
11	支付的各项税费	7	
12	支付其他与经营活动有关的现金	8	
13	经营活动现金流出小计	9	0
14	经营活动产生的现金流量净额	10	0
15	二、投资活动产生的现金流量：		
16	收回投资收到的现金	11	
17	取得投资收益收到的现金	12	
18	处置固定资产、无形资产和其他长期资产收回的现金净额	13	
19	收到其他与投资活动有关的现金	14	
20	投资活动现金流入小计	15	0
21	购建固定资产、无形资产和其他长期资产支付的现金	16	
22	投资支付的现金	17	
23	支付其他与投资活动有关的现金	18	
24	投资活动现金流出小计	20	0
25	投资活动产生的现金流量净额	21	0
26	三、筹资活动产生的现金流量：		
27	吸收投资收到的现金	22	
28	取得借款所收到的现金	23	
29	发行债券收到的现金	24	
30	收到其他与筹资活动有关的现金	25	
31	筹资活动现金流入小计	26	0
32	偿还债务所支付的现金	27	
33	分配股利、利润或偿付利息所支付的现金	28	
34	支付其他与筹资活动有关的现金	29	
35	筹资活动现金流出小计	30	0
36	筹资活动产生的现金流量净额	31	0
37	四、汇率变动对现金及现金等价物的影响	32	
38	五、现金及现金等价物净增加额	33	0
39	加：期初现金及现金等价物余额	34	
40	六、期末现金及现金等价物余额	35	0

图 S8-53　现金流量表格式

步骤 4：设置经营活动现金流入小计公式。选中单元格 C8，在其中输入公式“=SUM(C5:C7)”，如图 S8-54 所示。

步骤 5：设置经营活动现金流出小计公式。选中单元格 C13，在其中输入公式"=SUM(C9:C12)"，如图 S8-55 所示。

图 S8-54　经营活动现金流入小计公式　　　图 S8-55　经营活动现金流出小计公式

步骤 6：设置经营活动产生现金流量净额公式。选中单元格 C14，在其中输入公式"=C8-C13"，如图 S8-56 所示。

步骤 7：设置投资活动现金流入小计公式。选中单元格 C20，在其中输入公式"=SUM(C16:C19)"，如图 S8-57 所示。

图 S8-56　经营活动产生的现金流量净额公式　　　图 S8-57　投资活动现金流入小计公式

步骤 8：设置投资活动现金流出小计公式。选中单元格 C24，在其中输入公式"=SUM(C21:C23)"，如图 S8-58 所示。

步骤 9：设置投资活动产生的现金流量净额公式。选中单元格 C25，在其中输入公式"=C20-C24"，如图 S8-59 所示。

图 S8-58　投资活动现金流出公式　　　图 S8-59　投资活动产生的现金流量净额公式

步骤 10：设置筹资活动现金流入小计公式。选中单元格 C31，在其中输入公式"=SUM(C27:C30)"，如图 S8-60 所示。

步骤 11：设置筹资活动现金流出小计公式。选中单元格 C35，在其中输入公式"=SUM(C32:C34)"，如图 S8-61 所示。

图 S8-60　筹资活动现金流入公式　　　图 S8-61　筹资活动现金流出公式

步骤 12：设置筹资活动产生的现金流量净额公式。选中单元格 C36，在其中输入公式"=C31−C35",如图 S8-62 所示。

步骤 13:设置现金及现金等价物净增加额公式。选中单元格 C38,在其中输入公式"=C14+C25+C36",如图 S8-63 所示。

图 S8-62　筹资活动产生的现金流量净额公式　　图 S8-63　现金及现金等价物净增加额公式

步骤 14:设置期末现金及现金等价物余额公式。选中单元格 C40,在其中输入公式"=C38+C39"。

步骤 15:将"现金流量工作底稿"中的内容用公式引入到"现金流量表"中对应的项目中,同时,将给定的 2014 年年末"现金及现金等价物期末余额"填入 2015 年现金流量表中的"现金及现金等价物起初余额"项目。现金流量表填制完毕的最终效果如图 S8-64 所示。

图 S8-64　现金流量表最终效果图

2. 创建现金流量趋势图

大华公司 2015 年各个季度的现金流量汇总表如图 S8-65 所示。根据现金流量汇总表创建现金流量趋势图。

现金流量汇总表

项目	第一季度	第二季度	第三季度	第四季度
现金流入	1,585,926.58	1,524,555.91	1,231,563.83	1,380,436.71
经营活动现金流入	658,963.25	665,986.56	668,965.58	714,582.24
投资活动现金流入	326,963.33	358,569.35	362,598.25	365,854.47
筹资活动现金流入	600,000.00	500,000.00	200,000.00	300,000.00
现金流出	1,063,529.82	676,596.32	635,874.14	437,882.57
经营活动现金流出	263,529.82	276,596.32	285,874.14	287,882.57
投资活动现金流出	500,000.00	200,000.00	150,000.00	100,000.00
筹资活动现金流出	300,000.00	200,000.00	200,000.00	50,000.00

图 S8-65　大华公司每季度现金流量汇总表

【参考解决方案】

根据插入图表的命令和方法创建"现金流量趋势图"。

步骤 1：在该"现金流量汇总表"中，单击【插入】/【图表】组中的【折线图】按钮，选择【二维折线图】/【折线图】选项，如图 S8-66 所示。

图 S8-66　折线图选择

步骤 2：单击【图表工具】/【设计】组中的【选中数据】按钮，在弹出的【选择数据源】对话框中输入公式"=现金流量趋势图!$B$4:$E$6"，如图 S8-67 所示。

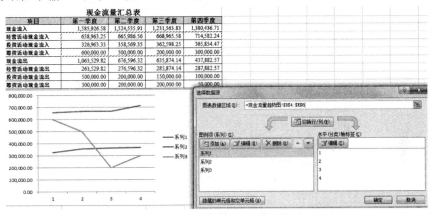

图 S8-67　数据源区域选择

步骤 3：选择【图例项】的【编辑】命令，将系列分别命名为【经营活动】、【投资活动】和【筹资活动】，如图 S8-68 所示。

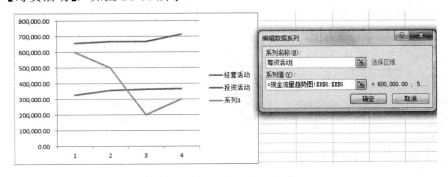

图 S8-68　图例项的命名

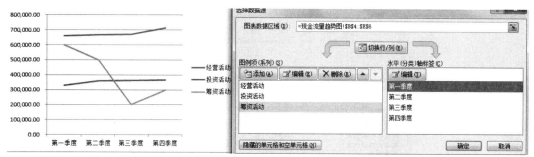

步骤 4：选中【选择数据源】对话框的【水平(分类)轴标签】的【编辑】命令，在其中输入"第一季度,第二季度,第三季度,第四季度"，编辑后将在【水平(分类)轴标签】命令下方——显示，如图 S8-69 所示。

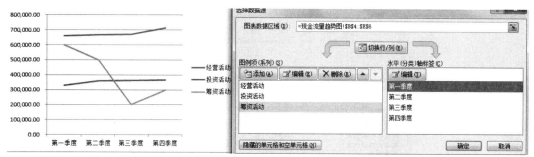

图 S8-69　轴标签的设置

步骤 5：点击该图表，选择【图表工具】/【布局】/【标签】组中的【图表标题】按钮，选择【图表上方】命令，将其命名为"现金流入图"，如图 S8-70 所示。

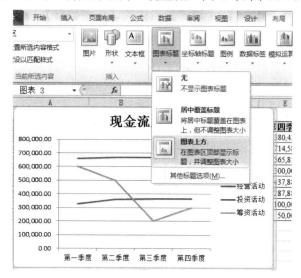

图 S8-70　图标题的设置

步骤 6：按照上述"现金流入图"操作步骤，选择"现金流量汇总表"的数据区间 B8:E10，将"现金流出图"制作完毕，如图 S8-71 所示。

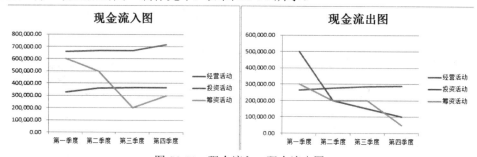

图 S8-71　现金流入、现金流出图

实践 9 财务分析

 实践指导

本实践是在学习第 12 章财务分析的基础上，通过实践，让学生掌握"财务指标分析表"、"杜邦分析体系"、"沃尔评分表"的编制和创建。

实践 9.1 创建财务指标分析表

根据"资产负债表"和"利润表"创建财务指标分析表。效果如图 S9-1 所示。

	A	B	C
1	**财务指标分析表**		
2	**项目**	**比率**	**公式**
3	**一、偿债能力指标**		
4	流动比率	230.75%	流动资产/流动负债
5	速动比率	97.12%	速动资产/流动负债
6	资产负债率	41.97%	负债总额/资产总额
7	已获利息倍数	449.23	息税前利润/利息费用
8	**二、营运能力指标**		
9	流动资产周转率	2.77	销售收入净额/流动资产平均余额
10	存货周转率	5.24	主营业务成本/存货平均余额
11	应收账款周转率	12.53	赊销收入净额/应收账款平均余额
12	总资产周转率	2.69	销售收入净额/平均总资产
13	**三、获利能力指标**		
14	总资产收益率	23.55%	净利润/平均总资产
15	净资产收益率	48.87%	净利润/平均净资产
16	**四、发展能力指标**		
17	营业增长率	3.78%	本年营业收入增长额/上年营业收入总额
18	资本积累率	64.67%	本年所有者权益增长额/年初所有者权益
19	总资产增长率	6.90%	本年总资产增长额/年初资产总额

| ◄ ► ►| 资产负债表 / 利润表 \ 财务指标分析 / ◄ | | |

图 S9-1 财务指标分析表

【参考解决方案】

从企业偿债能力及营运能力指标中各选取四个指标，从盈利能力指标中选取两个指标，从发展能力指标中选取三个指标。引用"资产负债表"和"利润表"中的相关数据，运用各项指标的填列公式，编制"财务指标分析表"。

步骤 1：打开"财务分析"文件，新建 Sheet 表，将其命名为"财务指标分析表"。在各单元格中输入相关标题，在单元格 A1 中输入"财务指标分析表"、A2:C2 中分别输入"项目"、"比率"、"公式"，在单元格 A3、A8、A13 和 A16 中分别输入"一、偿债能力指标"、"二、营运能力指标"、"三、获利能力指标"、"四、发展能力指标"，在单元格

A4:A19 其余的区域分别输入各标题"流动比率"、"速动比率"、"资产负债率"、"已获利息倍数"、"流动资产周转率"、"存货周转率"、"应收账款周转率"、"总资产周转率"、"总资产收益率"、"净资产收益率"、"营业增长率"、"资本积累率"以及"总资产增长率"。

步骤 2：选中 A1：C1 单元格区域，将格式设置为【合并后居中】并加粗，字号【14】。同样方式将单元格 A3:C3、A8:C8、A13:C13、A16:C16 设置为【合并后居中】并加粗，颜色填充为"黄色"。

步骤 3：选中单元格 A2:C2 区域，格式设置为【居中】，颜色填充为"绿色"，边框为所有边框，字体加粗，最后将单元格的行列宽调整到合适大小，如图 S9-2 所示。

步骤 4：公式列的内容输入。在"公式"列的单元格 C4:C7、C9:C12、C14:C15 和 C17:C19 区域内，分别将各项目对应的财务指标进行文字表述，如在 C4 中输入对于流动比率的公式介绍"流动资产/流动负债"，对其公式设置进行说明。字体为【Time New Roman】，字号为【11】，设置完毕后，再根据内容调整单元格行列宽度，如图 S9-3 所示。

图 S9-2　表格框架创建　　　　　　　　　图 S9-3　公式内容的输入

步骤 5：比率单元格的公式设置。选中单元格 B4，在其中引入资产负债表中的数据，输入公式"=资产负债表!C16/资产负债表!G17"，按【Enter】键进行确认。输入完毕后，格式设置为【百分比】，【小数位数】保留 2 位，最后单击【确定】按钮，如图 S9-4 所示。

步骤 6：选中单元格 B5，在其中引入资产负债表中的数据，输入公式"=(资产负债表!C16-资产负债表!C13-资产负债表!C9)/资产负债表!G17"，单元格设置为【百分比】，【小数位数】保留 2 位。

步骤 7：选中单元格 B6，在其中引入资产负债表中的数据，输入公式"=资产负债表!G27/资产负债表!C36"，单元格设置为【百分比】，【小数位数】保留 2 位。

步骤 8：选中单元格 B7，在其中引入利润表中的数据，输入公式"=(利润表!C18+利润表!C9)/利润表!C9"，单元格设置为【数值】，【小数位数】保留 2 位。

步骤 9：选中单元格 B9，在其中引入资产负债表和利润表的相关数据，输入公式"=利润表!C4/((资产负债表!C16+资产负债表!D16)/2)"，单元格设置为【数值】，【小数位数】保留 2 位。

财务指标分析表

项目	比率	公式
		一、偿债能力指标
流动比率		=资产负债表!C16/资产负债表!G17
速动比率		速动资产/流动负债
资产负债率		负债总额/资产总额
已获利息信数		息税前利润/利息费用
		二、营运能力指标
流动资产周转率		销售收入净额/流动资产平均余额
存货周转率		主营业务成本/存货平均余额
应收账款周转率		赊销收入净额/应收账款平均余额
总资产周转率		销售收入净额/平均总资产

图 S9-4 流动比率公式及格式设置

步骤 10：选中单元格 B10，在其中引入资产负债表和利润表的相关数据，输入公式"=利润表!C5/((资产负债表!C13+资产负债表!D13)/2)"，单元格设置为【数值】，【小数位数】保留 2 位

步骤 11：选中单元格 B11，在其中引入资产负债表和利润表的相关数据，输入公式"=利润表!C4/((资产负债表!C8+资产负债表!D8)/2)"，单元格设置为【数值】，【小数位数】保留 2 位。

步骤 12：选中单元格 B12，在其中引入资产负债表和利润表的相关数据，输入公式"=利润表!C4/((资产负债表!C36+资产负债表!D36)/2)"，单元格设置为【数值】，【小数位数】保留 2 位。

步骤 13：选中单元格 B14，在其中引入资产负债表和利润表的相关数据，输入公式"=利润表!C20/((资产负债表!C36+资产负债表!D36)/2)"，单元格设置为【百分比】，【小数位数】保留 2 位。

步骤 14：选中单元格 B15，在其中引入资产负债表和利润表的相关数据，输入公式"=利润表!C20/((资产负债表!G34+资产负债表!H34)/2)"，单元格设置为【百分比】，【小数位数】保留 2 位。

步骤 15：选中单元格 B17，在其中引入利润表的相关数据，输入公式"=(利润表!C4-利润表!D4)/利润表!D4"，单元格设置为【百分比】，【小数位数】保留 2 位。

步骤 16：选中单元格 B18，在其中引入资产负债表的相关数据，输入公式"=(资产负债表!G34–资产负债表!H34)/资产负债表!H34"，单元格格式设置为【百分比】，【小数位数】保留 2 位。

步骤 17：选中单元格 B19，在其中引入资产负债表的相关数据，输入公式"=(资产负债表!C36–资产负债表!D36)/资产负债表!D36"，单元格格式设置为【百分比】，【小数位数】保留 2 位。选中上述输入公式的单元格，将其数值显示居中。最终效果如图 S9-5 所示。

	A	B	C
1		财务指标分析表	
2	项目	比率	公式
3			一、偿债能力指标
4	流动比率	230.75%	流动资产/流动负债
5	速动比率	97.12%	速动资产/流动负债
6	资产负债率	41.97%	负债总额/资产总额
7	已获利息信数	449.23	息税前利润/利息费用
8			二、营运能力指标
9	流动资产周转率	2.77	销售收入净额/流动资产平均余额
10	存货周转率	5.24	主营业务成本/存货平均余额
11	应收账款周转率	12.53	赊销收入净额/应收账款平均余额
12	总资产周转率	2.69	销售收入净额/平均总资产
13			三、获利能力指标
14	总资产收益率	23.55%	净利润/平均总资产
15	净资产收益率	48.87%	净利润/平均净资产
16			四、发展能力指标
17	营业增长率	3.78%	本年营业收入增长额/上年营业收入总额
18	资本积累率	64.67%	本年所有者权益增长额/年初所有者权益
19	总资产增长率	6.90%	本年总资产增长额/年初资产总额

资产负债表 / 利润表 / **财务指标分析**

图 S9-5 最终效果图

实践 9.2 创建杜邦分析体系

根据 B 企业 2015 年的年度"资产负债表"和"利润表"创建杜邦分析体系。最终效果如图 S9-6 所示。

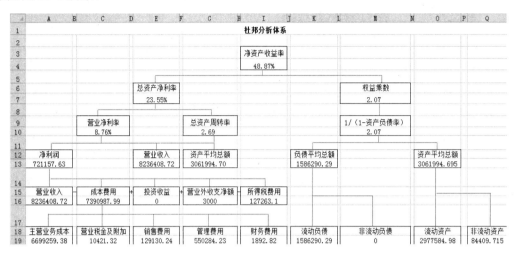

图 S9-6 杜邦分析效果图

【参考解决方案】

首先,将杜邦体系涉及的财务指标合理分布于 Excel 表的各个单元格中,然后再运用各个指标的计算公式将数据从"资产负债表"和"利润表"引入。

步骤 1:新建一张 Sheet 表,将表的名字命名为"杜邦分析体系"。在单元格 A1 中输入标题"杜邦分析体系",并选中 A1:Q1 单元格区域,格式设置为【居中】并加粗。

步骤 2:净资产收益率格式设置。选中单元格 I3,在其中输入"净资产收益率",格式设置为【Time New Roman】并居中,并将选中单元 I3:I4 区域设置外侧边框,调整单元格的大小。

步骤 3:总资产净利率格式设置。与净资产收益率的设置相同,选中单元格 E6,在其中输入"总资产净利率",格式设置为【Time New Roman】并居中,并将 E6:E7 区域加外边框,调整单元格的大小。

步骤 4:权益乘数格式设置。选中单元格 M6,在其中输入"权益乘数",格式设置为【Time New Roman】并居中,并将 M6:M7 区域加外边框,调整单元格的大小。最终效果如图 S9-7 所示。

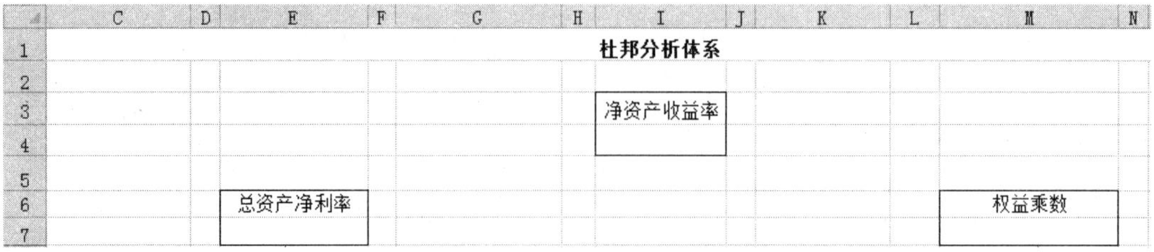

图 S9-7 净资产收益率、总资产净利率、权益乘数的设置

步骤5：营业净利率格式设置。选中单元格C9，在其中输入"营业净利率"，格式设置为【Time New Roman】并居中，并将C9:C10区域加外边框，调整单元格的大小。

步骤6：总资产周转率格式设置。选中单元格G9，在其中输入"总资产周转率"，格式设置为【Time New Roman】并居中，并将G9:G10区域加外边框，调整单元格的大小。

步骤7：权益乘数分解公式的格式设置。选中单元格M9，在其中输入"1/(1-资产负债率)"，格式设置为【Time New Roman】并居中，并将M9:M10区域加外边框，调整单元格的大小。最终效果如图S9-8所示。

图S9-8　营业净利率、总资产周转率、权益乘数分解等的设置

步骤8：净利润格式设置。选中单元格A12，在其中输入"净利润"，格式设置为【Time New Roman】并居中，并将A12:A13区域加外边框，调整单元格的大小。

步骤9：营业收入格式设置。选中单元格E12，在其中输入"营业收入"，格式设置为【Time New Roman】并居中，并将E12:E13区域加外边框，调整单元格的大小。

步骤10：资产平均总额格式设置。选中单元格G12，在其中输入"资产平均总额"，格式设置为【Time New Roman】并居中，并将G12:G13区域加外边框，调整单元格的大小。如图S9-9所示。

图S9-9　净利润、营业收入、资产平均总额的设置

步骤11：再次设置营业收入。选中单元格A15，在其中输入"营业收入"，格式设置为【Time New Roman】并居中，并将A15:A16区域加外边框，调整单元格的大小。

步骤12：成本费用总额格式设置。选中单元格C15，在其中输入"成本费用"，格式设置为【Time New Roman】并居中，并将 C15:C16 区域加外边框，调整单元格的大小。

步骤 13：投资收益格式设置。选中单元格 E15，在其中输入"投资收益"，格式设置为【Time New Roman】并居中，并将 E15:E16 区域加外边框，调整单元格的大小。

步骤 14：营业外收支净额格式设置。选中单元格 G15，在其中输入"营业外收支净额"，格式设置为【Time New Roman】并居中，并将 G15:G16 区域加外边框，调整单元格的大小。

步骤 15：所得税费用格式设置。选中单元格 I15，在其中输入"所得税费用"，格式设置为【Time New Roman】并居中，并将 I15:I16 区域加外边框，调整单元格的大小。最终效果如图 S9-10 所示。

图 S9-10　营业收入、成本费用、投资收益、营业外收支净额、所得税费用的设置

步骤 16：主营业务成本格式设置。选中单元格 A18，在其中输入"主营业务成本"，格式设置为【Time New Roman】并居中，并将 A18:A19 区域加外边框，调整单元格的大小。

步骤 17：营业税金及附加格式设置。选中单元格 C18，在其中输入"营业税金及附加"，格式设置为【Time New Roman】并居中，并将 C18:C19 区域加外边框，调整单元格的大小。

步骤 18：销售费用格式设置。选中单元格 E18，在其中输入"销售费用"，格式设置为【Time New Roman】并居中，并将 E18:E19 区域加外边框，调整单元格的大小。

步骤 19：管理费用格式设置。选中单元格 G18，在其中输入"管理费用"，格式设置为【Time New Roman】并居中，并将 G18:G19 区域加外边框，调整单元格的大小。

步骤 20：财务费用格式设置。选中单元格 I18，在其中输入"财务费用"，格式设置为【Time New Roman】并居中，并将 I18:I19 区域加外边框，调整单元格的大小。最终效果如图 S9-11 所示。

步骤 21：负债平均总额格式设置。选中单元格 K12，在其中输入"负债平均总额"，格式设置为【Time New Roman】并居中，并将 K12:K13 区域加外边框，调整单元格的大小。

图 S9-11 主营业务成本、营业税金及附加、销售费用、管理费用、财务费用的设置

步骤 22：资产平均总额格式设置。选中单元格 O12，在其中输入"资产平均总额"，格式设置为【Time New Roman】并居中，并将 O12:O13 区域加外边框，调整单元格的大小。

步骤 23：流动负债格式设置。选中单元格 K18，在其中输入"流动负债"，格式设置为【Time New Roman】并居中，并将 K18:K19 区域加外边框，调整单元格的大小。

步骤 24：非流动负债格式设置。选中单元格 M18，在其中输入"非流动负债"，格式设置为【Time New Roman】并居中，并将 M18:M19 区域加外边框，调整单元格的大小。

步骤 25：流动资产格式设置。选中单元格 O18，在其中输入"流动资产"，格式设置为【Time New Roman】并居中，并将 O18:O19 区域加外边框，调整单元格的大小。

步骤 26：非流动资产格式设置。选中单元格 Q18，在其中输入"非流动资产"，格式设置为【Time New Roman】并居中，并将 Q18:RQ19 区域加外边框，调整单元格的大小。最终效果如图 S9-12 所示。

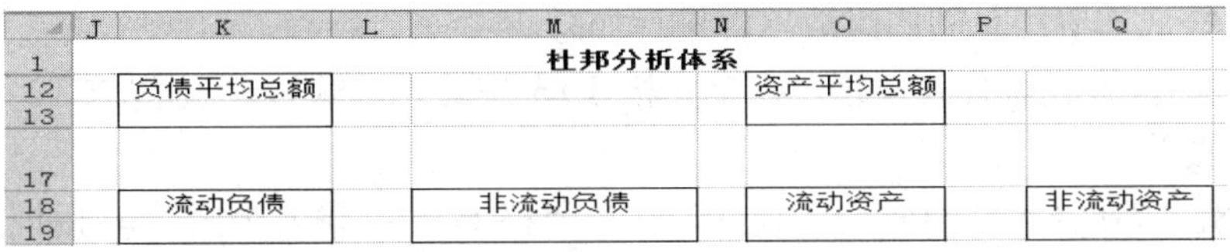

图 S9-12 负债平均总额、资产平均总额、流动负债、非流动负债、流动资产、非流动资产的设置

步骤 27：单元格大小调整。调整各行列以及单元格的大小，将单元格长宽进行统一设置，以便连接线的勾画。

步骤 28：连接线的设置。单击【插入】/【插图】组中的【形状】按钮，在【线条】中选择【直线】选项，选中完毕后，在图中进行框架关系的链接。

步骤 29：按照杜邦分析体系的勾稽关系，将各比率进行线条的连接。如某条勾稽线画线时出现歪斜，应进行调整美化。选中出现歪斜的线条，选择上方的【绘图工具】/【格式】组中的【大小】，将线条的【高度】或【宽度】进行调整。最终效果如图 S9-13 所示。

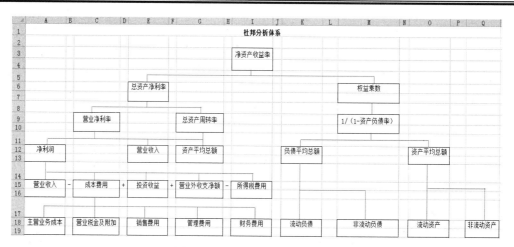

图 S9-13　杜邦分析体系图框架

步骤 30：主营业务成本公式设置。选中单元格 A19，在其中输入公式"=利润表!C5"，即引入利润表中的主营业务成本。

步骤 31：营业税金及附加公式设置。如步骤 30 所述，同样的方式，在单元格 C19 中输入公式"=利润表!C6"，引入利润表中的营业税金及附加。

步骤 32：销售费用公式设置。在单元格 E19 中输入公式"=利润表!C7"，引入利润表中的销售费用。

步骤 33：管理费用公式设置。在单元格 G19 中输入公式"=利润表!C8"，引入利润表中的管理费用。

步骤 34：财务费用公式设置。在单元格 I19 中输入公式"=利润表!C9"，引入利润表中的财务费用。

步骤 35：营业收入公式设置。在单元 A16 中输入公式"=利润表!C4"，引入利润表中的营业收入。

步骤 36：成本费用总额的公式设置。在单元格 C16 中输入公式"=A19+C19+E19+G19+I19"，按成本费用总额的组成项目进行加总。

步骤 37：投资收益公式设置。在单元格 E16 中输入公式"=利润表!C12"，引入利润表中的投资收益。

步骤 38：营业外收支净额公式设置。在单元格 G16 中输入公式"=利润表!C15−利润表!C16"，引入利润表中的营业外收入和营业外支出，计算得出净收支。

步骤 39：所得税费用公式设置。在单元格 I16 中输入公式"=利润表!C19"，引入利润表中的所得税费用。

步骤 40：净利润公式设置。在单元格 A13 中输入公式"=利润表!C20"，引入利润表中的净利润。

步骤 41：营业收入公式设置。在单元格 E13 中输入公式"=利润表!C4"，引入利润表中的营业收入。

步骤 42：资产平均总额公式设置。在单元格 G13 中输入公式"=(资产负债表!C36+资产负债表!D36)/2"，引入资产负债表中期初和期末的资产总额数据，计算得出资产平均总额。

步骤 43：营业净利润公式设置。在单元格 C10 中输入公式"=A13/E13"，计算得出营业净利率。将该单元格的格式设置为【百分比显示，且小数位数为 2 位】。

步骤 44：总资产周转率公式设置。在单元格 G10 中输入公式"=E13/G13"，计算得出总资产周转率。将该单元格的格式设置为【百分比显示，且小数位数为 2 位】。

步骤 45：总资产净利率。在单元格 E7 中输入公式"=C10*G10"，通过计算得出总资产净利率。格式设置为【百分比显示，且小数位数为 2 位】。

步骤 46：流动负债公式设置。在单元格 K19 中输入公式"=(资产负债表!G17+资产负债表!H17)/2"，计算得出资产负债表中期初和期末流动负债的平均总额。

步骤 47：非流动负债公式设置。在单元格 M19 中输入公式"=(资产负债表!G26+资产负债表!H26)/2"，计算得出非流动负债的平均总额。

步骤 48：流动资产公式设置。在单元格 O19 中输入公式"=(资产负债表!C16+资产负债表!D16)/2"，计算得出流动资产的平均总额。

步骤 49：非流动资产公式设置。在单元格 Q19 中输入公式"=(资产负债表!C35+资产负债表!D35)/2"，计算得出非流动资产的平均总额。

步骤 50：负债平均总额公式设置。在单元格 K13 中输入公式"=K19+M19"，通过流动负债与非流动负债的平均相加计算得出负债平均总额。

步骤 51：资产平均总额公式设置。在单元格 O13 中输入公式"=O19+Q19"，通过流动资产与非流动资产的平均相加计算得出资产平均总额。

步骤 52：权益乘数分解公式的设置。在单元格 M10 中输入公式"=1/(1-K13/O13)"，根据权益乘数的公式分解计算得出数值。

步骤 53：在单元格 M7 中输入公式"=M10"，计算得出权益乘数的数值。

步骤 54：选中单元格 I4，在其中输入公式"=E7*M7"，计算得出净资产收益率。将单元格的格式设置为【百分比】，【小数位数】保留 2 位。到该步骤，整个杜邦分析体系的 Excel 设计操作已经全部完成。当资产负债表和利润表的数据输入时，该分析体系将自动进行数值引用并计算，从而得出相关数值。最终如图 S9-14 所示。

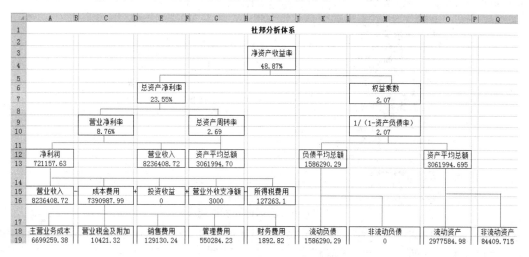

图 S9-14　杜邦分析体系效果图

实践 9.3 创建沃尔评分表

根据 B 公司的"资产负债表"、"利润表"和已经创建的"财务指标分析表"创建"沃尔评分表"。效果如图 S9-15 所示。

	A	B	C	D	E
1	沃尔评分表				
2	选定的指标	权重①	标准值②	实际值③	得分④=(③/②)*①
3	一、偿债能力指标	12			
4	1、资产负债率	11	70%	41.97%	6.59
5	2、已获利息倍数	1	10	449.23	44.92
6	二、获利能力指标	14			
7	1、净资产收益率	1	30%	48.87%	1.63
8	2、总资产收益率	13	25%	23.55%	12.25
9	三、营运能力指标	50			
10	1、总资产周转率	25	10	2.69	6.72
11	2、流动资产周转率	25	6	2.77	11.53
12	四、发展能力指标	24			
13	1、营业增长率	21	15%	3.78%	5.30
14	2、资本积累率	3	10%	64.67%	19.40
15	五、综合得分	100			108.34

图 S9-15 沃尔评分表最终效果图

【参考解决方案】

首先，建立沃尔评分表的表格框架。其次，选取资产负债率、已获利息倍数、净资产收益率、总资产收益率、总资产周转率、流动资产周转率、营业增长率、资本积累率这八项指标录入表格中。然后，确定各个指标的权重和标准值。最后，计算实际值和得分。

步骤 1：打开"财务分析"文件，插入一张新 Sheet 表，将其命名为"沃尔评分表"。按照沃尔评分表的格式，在 A1 中输入"沃尔评分表"，在 A2:E2 单元格中分别输入"选定的指标"、"权重①"、"标准值②"、"实际值③"、"得分④=(③/②)*①"。在 A3:A15 中分别输入"一、偿债能力指标"、"1、资产负债率"、"2、已获利息倍数"、"二、获利能力指标"、"1、净资产收益率"、"2、总资产收益率"、"三、营运能力指标"、"1、总资产周转率"、"2、流动资产周转率"、"四、发展能力指标"、"1、营业增长率"、"2、资本积累率"、"五、综合得分"。最终效果如图 S9-16 所示。

	A	B	C	D	E
1	沃尔评分表				
2	选定的指标	权重①	标准值②	实际值③	得分④=(③/②)*①
3	一、偿债能力指标				
4	1、资产负债率				
5	2、已获利息倍数				
6	二、获利能力指标				
7	1、净资产收益率				
8	2、总资产收益率				
9	三、营运能力指标				
10	1、总资产周转率				
11	2、流动资产周转率				
12	四、发展能力指标				
13	1、营业增长率				
14	2、资本积累率				
15	五、综合得分				

图 S9-16 沃尔评分表框架

步骤 2：主标题格式设置。选中单元格 A1:E1 区域，格式设置为【合并后居中】，字体为【黑体】并加粗，字号为【14】。

步骤 3：列标题格式设置。选中单元格 A2:E2 区域，格式设置为【居中】，字体为【黑体】并加粗，字号为【11】，填充颜色为"橙色,强调文字颜色 6,淡色 60%"。

步骤 4：行标题的格式设置。选中单元格 A3:E15 区域，选择【所有边框】对整个单元格区域进行边框设置，再将字体格式设置为【Time New Roman】，字号为【10】，各副标题行的填充颜色为"橙色，强调文字颜色 6，淡色 40%"。最终效果如图 S9-17 所示。

选定的指标	权重①	标准值②	实际值③	得分④=(③/②)*①
		沃尔评分表		
一、偿债能力指标				
1、资产负债率				
2、已获利息倍数				
二、获利能力指标				
1、净资产收益率				
2、总资产收益率				
三、营运能力指标				
1、总资产周转率				
2、流动资产周转率				
四、发展能力指标				
1、营业增长率				
2、资本积累率				
五、综合得分				

图 S9-17 标题格式设置

步骤 5：权重数值分配。在单元格 B4:B5、B7:B8、B10:B11、B13:B14 区域中分别输入权重数值"11"、"1"、"1"、"13"、"25"、"25"、"21"、"3"，在单元格 B3、B6、B9、B12、B15 区域中分别输入公式"=B4+B5"、"=B7+B8"、"=B10+B11"、"=B13+B14"、"=B3+B6+B9+B12"，计算出各项权重比的合计数为 100，如图 S9-18 所示。

步骤 6：标准值的设置。在单元格 C4:C5、C7:C8、C10:C11、C13:C14 区域中分别输入标准值"70%"、"10"、"30%"、"25%"、"10"、"6"、"15%"、"10%"，如图 S9-18 所示。

选定的指标	权重①	标准值②	实际值③	得分④=(③/②)*①
		沃尔评分表		
一、偿债能力指标	12			
1、资产负债率	11	70%		
2、已获利息倍数	1	10		
二、获利能力指标	14			
1、净资产收益率	1	30%		
2、总资产收益率	13	25%		
三、营运能力指标	50			
1、总资产周转率	25	10		
2、流动资产周转率	25	6		
四、发展能力指标	24			
1、营业增长率	21	15%		
2、资本积累率	3	10%		
五、综合得分	100			

图 S9-18 权重和标准值设置

步骤 7：计算实际值。选中单元格 D4，在其中输入公式"=财务指标分析表!B6"，将前面已经完成的"财务指标分析表"中的资产负债率引入。格式设置为【百分比】，【小数位数】保留 2 位。

步骤 8：选中单元格 D5，在其中输入公式"=财务指标分析表!B7"，将"财务指标分析表"中的已获利息倍数引入，【小数位数】保留 2 位。

步骤 9：选中单元格 D7，在其中输入公式"=财务指标分析表!B15"，将"财务指标分析表"中的净资产收益率引入，格式设置为【百分比】，【小数位数】保留 2 位。

步骤 10：选中单元格 D8，在其中输入公式"=财务指标分析表!B14"，将"财务指标分析表"中的总资产收益率引入，格式设置为【百分比】，【小数位数】保留 2 位。

步骤 11：选中单元格 D10，在其中输入公式"=财务指标分析表!B12"，将"财务指标分析表"中的总资产周转率引入，【小数位数】保留 2 位。

步骤 12：选中单元格 D11，在其中输入公式"=财务指标分析表!B9"，将"财务指标分析表"中的流动资产周转率引入，【小数位数】保留 2 位。

步骤 13：选中单元格 D13，在其中输入公式"=财务指标分析表!B17"，将"财务指标分析表"中的营业增长率引入，格式设置为【百分比】，【小数位数】保留 2 位。

步骤 14：选中单元格 D14，在其中输入公式"=财务指标分析表!B18"，将"财务指标分析表"中的资本积累率引入，格式设置为【百分比】，【小数位数】保留 2 位。最终效果如图 S9-19 所示。

图 S9-19　实际值计算

步骤 15：选中单元格 E4，按照标题的提示，在其中输入公式"=(D4/C4)*B4"，并将字体格式设置为【Times New Roman】，字号为【10】，居中对齐。

步骤 16：按照步骤 15 的操作方式，将其他单元格中的公式按照标题要求进行设置，并且字体格式设置为【Times New Roman】，字号为【10】，【小数位数】保留 2 位，如图 S9-20 所示。

步骤 17：选中单元格 E15，单击【开始】/【编辑】组中的【Σ自动求和】命令，再按住【Ctrl】键，并同时通过鼠标进行单元格区域的选择，设置公式为"=SUM(E4:E5,E7:E8,E10:E11,E13:E14)"，输入完毕后将字体格式设置为【Times New Roman】，字号为【10】，【小数位数】保留 2 位，如图 S9-20 所示。

图 S9-20　各项得分及综合得分的公式设置

实践 10　Excel 的扩展运用

实践指导

本实践是在学习第 13 章的基础上，通过具体实践，使学生进一步掌握宏的录制和运行以及 Excel 与其他软件的协调使用。

实践 10.1　录制和运行宏

宏是 Excel 中的一个重要功能，它可将一些能够执行 VBA 语句、命令或函数保存在 VBA 模块中，然后根据需要执行相应的任务。录制宏是宏功能最基本、最简单的操作。录制宏不需要编写任何代码，在录制过程中进行一系列的操作都会产生相应的代码。

本实践以“产品代码表”工作簿为基础，录制单元格格式为“货币”功能的宏。完成效果如 S10-1 所示。

产品代码	产品名称	单位	单价
1001	胶合板	张	¥80.00
1002	刨花板	张	¥300.00
1003	细木工板	张	¥130.00
1004	中密度纤维板	张	¥1,200.00
1005	蜂窝纸	张	¥160.00
1006	油漆	桶	¥480.00
1007	聚氨酯	吨	¥15,000.00
1008	玻璃	张	¥200.00
1009	紫擅木	公斤	¥700.00
1010	白乳胶	公斤	¥6.00
1011	热熔胶	吨	¥10,000.00

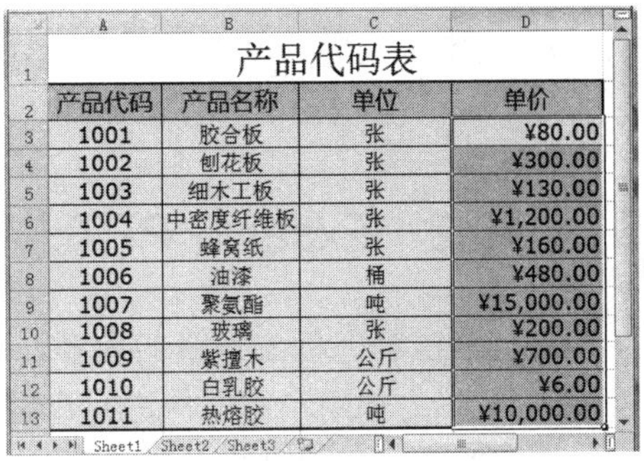

图 S10-1　完成效果图

【参考解决方案】

下面将在工作簿中录制设置单元格格式为“货币”功能的宏，其具体操作如下：

步骤 1：打开“产品代码表”工作簿，选择 D3 单元格，然后选择【开发工具】/【代码】组，单击【录制宏】按钮，打开【录制新宏】对话框。

步骤 2：在【宏名】文本框中输入录制的宏名称为【设置货币格式】，在【快捷键】栏中设置快捷键为“Ctrl+a”，在【说明】文本框中输入说明新宏的文字，单击【确定】按钮，如图 S10-2 所示。

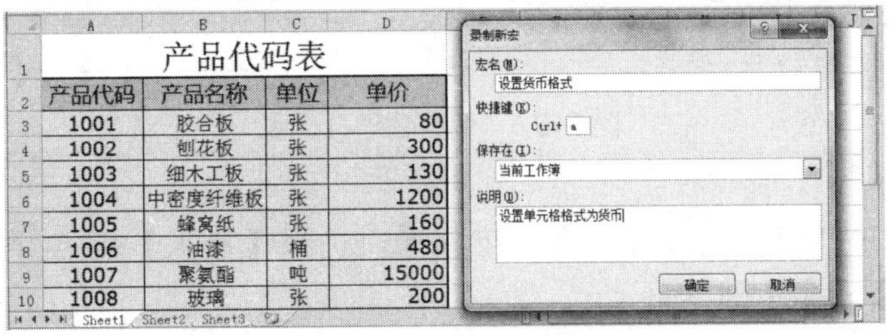

图 S10-2　录制新宏对话框

步骤 3：开始录制宏，在 D3 单元格中通过单击鼠标右键的方式打开【设置单元格格式】对话框，并设置显示货币的【小数位数】为【2】，【货币符号】为【￥】，单击【确定】按钮，如图 S10-3 所示。

步骤 4：选择【开发工具】/【代码】组，单击【停止录制】按钮，然后选择 D4 单元格，并选择【开发工具】/【代码】组，单击【宏】按钮，在打开的【宏】对话框中，单击【执行】按钮。选择 D5:D13 单元格区域，然后按【Ctrl+a】组合键，对选择的单元格区域运用录制的功能，如图 S10-4 所示。

图 S10-3　设置单元格格式　　　　　　图 S10-4　调用宏

实践 10.2　Excel 与 PPT 协同使用

为了丰富和完善工作簿的内容，可将 PowerPoint 2010 等其他组件中的文件嵌入到 Excel 中，以方便用户对文件进行查看和编辑。

本实践在"销售业绩分析表"工作簿中新建 PowerPoint，并添加图片和文字，最终效果如图 S10-5 所示。

销售地区	销售计划	实际销售	完成比率
广东	6,000.00	5,694.00	0.949
湖南	4,000.00	6,392.00	1.598
四川	8,000.00	8,900.00	1.1125
贵州	5,000.00	4,623.00	0.9246
江苏	4,000.00	4,520.00	1.13
上海	2,000.00	1,206.00	0.603
北京	3,000.00	3,526.00	1.175333333
重庆	3,000.00	3,216.00	1.072
沈阳	5,000.00	5,692.00	1.1384
山东	4,000.00	3,926.00	0.9815
黑龙江	5,000.00	4,500.00	0.9
青海	2,000.00	2,987.00	1.4935
西藏	1,000.00	1,740.00	1.74
湖北	5,000.00	6,879.00	1.3758
内蒙古	3,000.00	4,050.00	1.35

图 S10-5　销售业绩分析表

【参考解决方案】

步骤 1：打开"销售业绩分析表"工作簿，选择【插入】/【文本】组，单击【对象】按钮，打开【对象】对话框。

步骤 2：单击【新建】选项卡，在【对象类型】列表框中选择【Microsoft Office

PowerPoint 演示文稿】选项，单击【确定】按钮，如图 S10-6 所示。

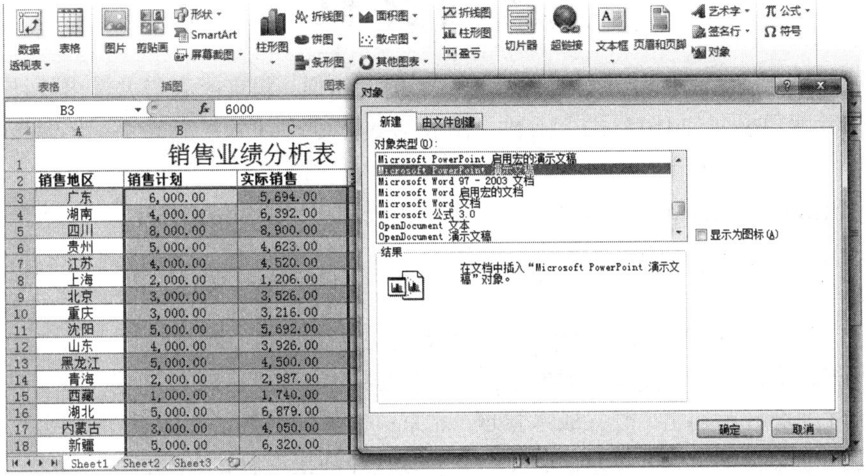

图 S10-6　插入演示文稿

步骤 3：插入演示文稿后，文档标题将变为"演示文稿在销售业绩分析表.xlsx"，且选项卡功能区将变为 PowerPoint 的功能区，同时在编辑区中将出现空白演示文稿。

步骤 4：按照编辑演示文稿的方法对嵌入的演示文稿的样式进行编辑，这里为演示文稿应用【奥斯汀】主题，并输入文稿的标题，完成后选择其周围任意的一个单元格即可返回 Excel 界面，如图 S10-7 所示。

图 S10-7　选择 ppt 样式格式

参 考 文 献

[1]   九州书源. Excel 2010会计与财务管理从入门到精通. 北京：清华大学出版社，2012.

[2]   九天科技. Excel 2010公式、函数、图表与数据处理从新手到高手. 北京：中国铁道出版社，2013.

[3]   Excel Home. Excel 2010应用大全. 北京：人民邮电出版社，2013.

[4]   杰成文化. Excel 2010财务与会计高效办公从入门到精通. 北京：化学工业出版社，2012.

[5]   杰创文化. Excel 2010从入门到精通. 北京：科学出版社，2013.

[6]   神龙工作室. 新手学Excel 2010. 北京：人民邮电出版社，2012.

[7]   中国注册会计师协会. 财务成本管理. 北京：中国财政经济出版社，2015.

[8]   中国注册会计师协会. 会计. 北京：中国财政经济出版社，2015.

[9]   Excel精英培训网. http://www.excelpx.com/

[10]   Office精英俱乐部. http://www.officefans.net/

[11]   Excel Home. http://www.excelhome.net/